南方典型河湖健康评价体系探索与实践

中水珠江规划勘测设计有限公司

肖许沐　伍　峥　马卓荦　杨凤娟　黄文达　著

黄河水利出版社

·郑州·

内容提要

本书是作者近年来在从事贵州、广东等地的河湖健康评价及治理工作中，通过提炼和总结南方地区河湖特点、健康评价方法与标准、河湖治理策略等编撰而成的。全书共分十章，第一章介绍了河湖健康评价的基础理论；第二章介绍了我国南方地区河湖的基本情况；第三章介绍了河湖健康评价体系框架；第四章介绍了南方地区河湖健康评价指标体系的构成；第五章介绍了南方地区河湖健康评价的方法及标准；第六章介绍了河湖健康评价调查与监测的对象和方法；第七章介绍了河湖健康管理对策；第八章介绍了河湖健康评价在贵阳市猫跳河的应用实践；第九章介绍了河湖健康评价在珠海市竹银水库的应用实践；第十章对全书内容进行了总结。

本书适合河湖健康评价、水资源保护、水环境治理、水生态修复、水利工程建设等领域的科研、规划、设计和管理工作者使用，也可作为高等学校水文水资源、水利工程、环境工程等专业学生及相关专业技术人员的参考用书。

图书在版编目(CIP)数据

南方典型河湖健康评价体系探索与实践/肖许沐等著.—郑州：黄河水利出版社，2022.5
ISBN 978-7-5509-3296-8

Ⅰ.①南… Ⅱ.①肖… Ⅲ.①河流-水环境质量评价-研究-南方地区 ②湖泊-水环境质量评价-研究-南方地区 Ⅳ.①X824

中国版本图书馆 CIP 数据核字(2022)第 088569 号

组稿编辑：王志宽 电话：0371-66024331 E-mail：wangzhikuan83@126.com

出 版 社：黄河水利出版社 网址：www.yrcp.com
地址：河南省郑州市顺河路黄委会综合楼 14 层 邮政编码：450003
发行单位：黄河水利出版社
发行部电话：0371-66026940、66020550、66028024、66022620(传真)
E-mail：hhslcbs@126.com
承印单位：广东虎彩云印刷有限公司
开本：787 mm×1 092 mm 1/16
印张：21.25
字数：490 千字 印数：1—1 000
版次：2022 年 5 月第 1 版 印次：2022 年 5 月第 1 次印刷

定价：160.00 元

前 言

河流、湖泊是重要的淡水生态系统,也是水系生态廊道的重要组成部分,具有重要的生态功能,是陆地生态系统和水生态系统之间物质循环、能量流动和信息传递的主要渠道。河流、湖泊生态系统具有生态系统产品功能、生命支持功能,还具有调节功能、文化功能(Daily,1997;MA,2003),其健康与否对人类生存至关重要。由于河湖生态系统对人类生存及社会发展具有重要作用,同样也容易受到人类活动胁迫而引发生态系统破坏和退化。

河湖生态系统受到的人类活动胁迫主要有土地开发利用、城市化建设、工业活动、工程建设等,进而引起流域内土壤侵蚀、盐碱化,河湖水文情势改变、水污染、物理形态破坏等现象(Macklin,2018)。随着经济社会发展速度的加快、工业化及城市化发展进程的深入,世界各国的河流、湖泊受到不同程度的干扰和破坏。各地河流尤其是工业较发达区域普遍出现河流水质恶化、地貌形态结构破坏、水文情势改变、生境退化等多种问题。全球河流、湖泊生态系统退化已成为21世纪人类生存和发展面临的重大危机,并逐渐受到国际社会的广泛关注和重视。近几十年来,在全球气候变化与高强度人类活动的影响下,我国部分地区河湖健康状况呈现恶化趋势,出现河道断流、湖泊萎缩、生态服务功能退化等诸多问题(郝利霞,2014;马荣华,2011)。

生物多样性是生态系统功能发挥,尤其是服务功能发挥的重要基础。对淡水生物而言,河流、湖泊是其重要栖息类型,河流连通性、河湖连通性对淡水生物的数量与分布具有重要影响。然而,由于建筑堤坝、水库、对水资源的争夺等因素,河流的连通性受到不同程度的损害,极大地驱动了河流生物多样性的丧失。相关研究表明,全球长度在1 000 km以上的河流中,仅有37%能够在全长范围内自由流动(总计246条,自由流动的仅有90条),入海也畅通无阻的则只有23%(Grill,2019)。

由于水资源开发利用增加,我国断流河流愈来愈多,断流河道长度不断增加,断流时间不断延长。黄河27条主要支流中,11条常年干涸,黄河下游干流已经成为人工控制的“水渠”。海河流域的主要生态问题有生态系统质量低、水资源过度开发、地下水位持续下降、河流断流与水环境污染严重。海河流域优、良等级森林生态系统面积比例仅为4.6%,水土流失面积比例为30.7%,水资源总开发利用程度为98%,全流域浅层地下水超采严重,总开发利用程度高达110.4%(欧阳志云,2017)。

为了保护与修复被破坏的河流、湖泊,维护健康水生态和水安全,近年来国家和相关部门高度重视河流、湖泊水环境治理和生态修复。《水污染防治行动计划》(国发〔2015〕17号)、《中共中央 国务院关于全面加强生态环境保护 坚决打好污染防治攻坚战的意见》从防治水污染方面提出了河湖治理相关工作目标和要求。中共中央办公厅、国务院办公厅印发的《关于全面推行河长制的意见》(厅字〔2016〕42号)提出推进河湖生态修复和保护，开展河湖健康评估。2011年中央一号文件、中共十八大报告、《水利部关于加快推进水生态文明建设工作的意见》、水利部《关于加强河湖管理工作的指导意见》均明确提出：到2020年，基本建成水资源保护和河湖健康保障体系，保障水资源和水生态系统的良性循环，最终以水资源的可持续利用支撑经济社会的可持续发展（耿雷华，2016）。

河湖健康评价工作是一项重要且紧迫的工作，也是技术性很强的工作。我国经过几十年的不断深入研究，对生态系统进行健康评价的研究由河流扩展到湖泊、水库等其他流域类型，逐渐形成了评价的体系。水利部自2010年起组织开展全国重要河湖健康评估试点工作，在全国7大流域对36个河（湖、库）开展了健康评估，在流域河湖水生态保护治理工作中发挥了重要的支撑作用。在近10年研究探索与实践检验的基础上，水利部总结各地河湖健康评价经验与启示，结合我国国情、水情和河湖管理的实际情况，从行业层面推动完成了《河湖健康评价指南（试行）》编制，对全国河湖健康评价工作具有重要的指导意义。基于我国各流域河流水文水资源及生态环境特征差异较大的特点，本书以我国南方地区河湖为研究对象，探讨优化我国南方地区河湖健康评价指标体系与评价方法，为河湖健康评价和科学管理提供科学依据。

本书适合从事水生态调查评价、生态保护与修复规划和设计等方面的技术人员和管理人员阅读。全书共计10章，第一章介绍了河湖健康评价相关理论研究，第二章概述了南方地区河湖概况，第三至六章介绍了河湖健康评价指标体系、评价方法及标准、调查与监测等内容，第七章介绍了河湖健康管理对策，第八、九章为案例介绍，第十章为结语。全书由中水珠江规划勘测设计有限公司技术人员编写，第一、五、六章由肖许沐主笔，第二、八章由伍峥主笔，第三、七章由马卓荦、杨凤娟共同主笔，第四、九章由黄文达主笔，第十章由肖许沐主笔。谢海旗正高级工程师、蒋任飞正高级工程师等对全书编写进行了悉心指导。另外，在编写过程中，参考引用了同行公开发表的有关文献与技术资料，在此一并表示感谢！

限于作者理论和实践的认知水平，书中难免存在不足甚至是错误之处，敬请读者批评指正。

作　者

2022年3月

目 录

第一章　河湖健康评价基础理论

第一节　河湖水域生态系统及功能

一、水域生态系统概述

生态系统是指在自然界的一定空间内，生物与环境构成的统一整体。在这个统一整体中，生物与环境之间相互影响、相互制约，并在一定时期内处于相对稳定的动态平衡状态。生态系统结构包括营养结构、空间与时间结构、层级结构、系统的整体性以及正负反馈等。生态系统功能包括在外界环境驱动下的物种流动、物质循环、能量流动和信息流动，生物群落对于各种非生命因子的适应性和自我调节，以及生物生产等。

水生态系统，是指在一定的空间和时间范围内，水域环境中栖息的各种生物和它们周围的自然环境所共同构成的基本功能单位。它的时空范围有大有小，大到海洋，小到一口池塘、一个鱼缸，都是一个水域生态系统。按照水域环境的具体特征，水域生态系统可以划分为淡水生态系统和海洋生态系统。淡水生态系统又可以进一步划分为流水生态系统和静水生态系统，前者包括江河、溪流和水渠等，后者包括湖泊、池塘和水库等。海洋生态系统又可以进一步划分为潮间带生态系统、浅海生态系统、深海大洋生态系统。

（一）河流生态系统

河流是陆地表面宣泄水流的通道，是溪、川、江、河的总称。河水来源一般为降水、冰雪融水以及地下水补给。河流生态系统是指河流水体的生态系统，属流水生态系统的一种，是陆地和海洋联系的纽带，在生物圈的物质循环中起着主要作用。河流生态系统包括陆地河岸生态系统、水生态系统、相关湿地及沼泽生态系统在内的一系列子系统，是一个复合生态系统，并具有栖息地功能、过滤作用、屏蔽作用、通道作用、源和汇功能等多种功能。

河流生态系统由生物和生境两部分组成，并且在不同空间尺度和不同时间尺度上呈现不同的特点。河流生态系统研究可从背景系统、时间尺度与空间尺度、生境要素、生物特征等方面进行（董哲仁，2009）。

1. 背景系统

河流生态系统与其所在的背景系统紧密联系、相互影响。其背景系统主要包括自然系统、经济系统、社会系统和工程系统。

（1）自然系统。自然系统为河流生态系统提供了能源（太阳能）以及在太阳能驱动下的气候变化和水文循环，提供了丰富的营养物质。在自然河流经历的数万年以至数百万年的演变过程中，承受着多种自然力的作用，表现为各种干扰效应，生态学中称为胁迫（stress）。

(2)经济系统。在庞大的经济系统中涉水的行业和部门繁多,诸如工农业和生活供水、防洪、农业、水电、航运、渔业、养殖、林业、牧业、旅游等。无论哪一个部门对于水资源的过度开发利用都会对河流生态系统造成胁迫,宜采用更大的空间尺度考察这种胁迫效应。在生境方面,需从水、大气和土地三方面考察,涉及水体、土地和大气污染、超量取水、毁林、围垦、城市化、水土流失、荒漠化等诸多因素;在生物方面,因贸易、旅游等导致的生物入侵以及鱼类过度捕捞是土著物种退化的直接原因。

(3)社会系统。由于水资源过度开发引起的河流生态系统的退化,以市场经济主导的经济系统无法得到正确的反馈信息,也无法理智地调节自身的行为,这是由市场机制本质所决定的。由此,保护生态系统的任务就责无旁贷地落到了政府决策者的肩上。人类改造自然河流的威力强大,因此一个国家的政治意愿和政策制定将成为影响河流生态系统变化的大事。所以,开展河流生态系统的研究,不能不考察国家立法、河流管理、资金走向以及流域战略规划等重大社会背景。

(4)工程系统。水利水电工程对于河流生态系统的胁迫可以归纳为三大类:一是自然河流的人工渠道化,包括河流平面几何形态的直线化、河流横断面的几何规则化以及护坡材料的硬质化;二是自然河流的非连续化,包括筑坝对于顺水流方向以及筑堤对于洪水侧向漫溢这两个方向的非连续化,另外,各类闸坝工程对河流、湖泊和湿地之间连通性的破坏也属此类;三是跨流域调水工程引起调水区、受水区和运河沿线的生态胁迫效应。最后,在各类水利工程运行中,自然水文情势被人工径流调节所代替,由此引发的生态过程变化也是一种胁迫效应。

2. 河流生态系统的时间尺度

河流生态系统的演进是一个动态过程,确定合理的时间尺度才能正确反映系统的动态性。对河流产生重要影响的地貌和气候变化,其时间尺度往往是数千年到数百万年,因此如果要追溯河流的演进历史,其时间尺度起码要跨越数千年。靠人工适度干预的河流生态修复规划的时间尺度往往需要数十年,比如湿地的恢复和重建就需要15~20年。另外,同一种过程也会有不同的时间尺度,比如对于河流变化产生重要影响的土地利用方式改变的时间尺度就有多种,农业种植结构变化的尺度要几年,城市化进程要数十年,森林植被变化要数百年,如此等等。总之,要基于不同的研究目标选择适当的时间尺度。

3. 河流生态系统的空间尺度

不同尺度的河流生态系统之间是相互作用的,生态系统的诸多功能比如物质运动(径流、泥沙、营养物质等)、能量运动(食物网)、生物迁徙等都是在不同尺度的生态系统之间进行的。这可以解释为某一尺度的生态系统的外部环境是一个尺度更大的生态系统。一方面,该系统的结构、功能是更大尺度系统的一部分;另一方面,该系统与较大尺度的系统存在着输入-输出关系。比如河流廊道尺度被流域尺度所环绕,在流域尺度发生的物质运动、能量运动、物种迁徙等,对于河流廊道来说是一种外部环境。同时,物质、能量是在河流廊道与流域之间进行交换和相互作用,生物体也在二者间进行迁徙运动。在景观生态学中,用3种基本元素定义特定尺度下的空间结构,这3种基本元素是基底(matrix)、斑块(patch)和廊道(corridor)。每一级尺度在其层次内都具有自身的空间格局。不同尺度对应的空间结构要素具有不同定义和不同的空间格局。河流生态系统的空间尺度有多种划分，可以划分为景观、流域、河流廊道和河段等4种（董哲仁，2009）。

4. 生境要素

河流生态系统主要生境要素分别为水文情势、河流地貌、河流流态和水质。其中，水文情势要素主要在景观和流域尺度上影响生态过程和系统的结构与功能，而河流地貌、流态和水质主要在河流廊道和河段这样相对较小的尺度上发挥作用。

水文情势（Hydrological regime）既包括流量、水量，也包括水文过程，其特征用流量、频率、持续时间、时机和变化率等参数表示。水文情势是河流生物群落重要的生境条件之一，特定的河流生物群落的生物构成和生物过程与特定的水文情势具有明显的相关性。

河流地貌是景观格局（Landscape pattern）的重要组成部分之一。所谓景观格局，指空间结构特征，包括景观组成的多样性、结构和空间配置。空间异质性（Spatial heterogeneity）是指系统特征在空间分布上的复杂性和变异性。

河流流态可以理解为河流的水力学条件。由流速、水深、水温、脉动压力、水力坡度等因子构成了河流的流场特征，这些特征在时间尺度上随水文条件和气温条件的变化而变化，在空间尺度上随河流地貌特征变化沿程发生变化，呈现出空间异质性特征。流场特征是水生生物的重要栖息地条件之一。不同的水生生物物种都对应有适宜的水动力学条件。

水质也是生物生境的要素之一，对生物的分布、存活影响至关重要。我国工业、农业和生活造成的水污染，已经对河流生态系统形成了重大威胁，导致不少河流的生态系统退化。

5. 河流生物特征

生物的分布在河流生态系统空间上也有一定规律。从河流上游到下游，随着流量、流速、水温等生境因子的变化，水生生物的种类、数量等在上下游之间不同。在河流上游地区，水流速度快、水温较低、生物循环周期缩短，生产力较低；在很多高海拔地区，河流生物种类较缺乏，鱼的种类也较少，多为冷水性鱼类，河流主要提供和输送营养物质；在河流中下游，水生生物不受温度和水流的限制，具有较为稳定的生存环境，而且营养物质丰富，水生生物种类多样，生产力较高；在河流下游平原地区，鱼的种类丰富，生产力较高。

在研究河流生态系统过程中，很多学者围绕河流生态系统结构与功能提出了相关概念模型，如地带性概念（Zonationconcept）（Huet，1954）、河流连续体概念（River continuum concept）（Vannote，1980）、溪流水力学概念（Stream hydraulics concept）（Ward，1980）、资源螺旋线概念（Spiralling resource concept）（Bernhard，1986）、串连非连续体概念（Serial discontinuity concept）（Wallace，1977）、洪水脉冲概念（Floodpulse concept）（Ward，1983）、河流生产力模型（Riverine productivity model）（Thorp，1994）、流域概念（Catchment concepts）（Nainan，1992）、自然水流范式（Nature flow paradigm）（Poff，1997）、近岸保持力概念（Inshore retentivity concept）（Schiemer，2001）。董哲仁等（2010）在整合已有模型基础上，发展提出了“河流生态系统结构功能整体性概念模型”（Holistic concept model for the structure and function of river ecosystems，HCM）。

现有关于河流生态系统的研究，从结构和功能整体出发，系统地进行了解构，为开展河湖健康评价奠定了重要的理论基础。河流生态系统结构功能整体性概念模型抽象概括了河流生态系统结构与功能的主要特征，既包括河流生态系统各个组分之间相互联系、相互作用、相互制约的结构关系，也包括与结构关系相对应的生物生产、物质循环、信息流动等生态系统功能特征。在模型中选择了水文情势、水力条件和地貌景观这3大类生境因子，建立它们与生态过程、河流生物生活史特征和生物群落多样性的相关关系，以期涵盖河流生态系统的主要特征。河流生态系统结构功能整体性概念模型由以下4个模型构成：河流四维连续体模型（4-Dimension river continuum model，4-D RCM），水文情势-河流生态过程耦合模型（Coupling model of hydrological regime and ecological process，CMHE），水力条件-生物生活史特征适宜模型（Suitability model of hydraulic conditions and life history traits of biology，SMHB），地貌景观空间异质性-生物群落多样性关联模型（Associated model of spatial heterogeneity of geomorphology and thediversity of biocenose，AMGB）。

（二）湖泊生态系统

湖泊是陆地上洼地积水形成的、水域比较宽广、水流缓慢的水体，地壳构造运动、冰川作用、风力作用、河流冲淤等作用是形成湖泊的主要原因。湖泊因换水周期长而不同于河流，又因与海洋不发生直接联系又有别于海洋。在各种因素的影响下，湖盆、湖水和水中的物质，相互作用、相互制约，构成了湖泊的演替过程。

湖泊生态系统，是由湖泊内生物群落及其生态环境共同组成的动态平衡系统。湖泊内的生物群落同其生存环境之间，以及生物群落内不同种群生物之间不断进行着物质交换和能量流动，并处于互相作用和互相影响的动态平衡之中。在湖泊内构成的动态平衡系统就是湖泊生态系统。

湖泊生态系统具有为人类提供自然资源和生存环境两个方面的多种服务功能，在水资源供给、径流调节、生态保护等方面起着不可替代的作用，是人类生存和发展的重要基础之一，也是人类社会可持续发展的基本保证（马克明，2001）。

1. 基本特征

界限明显、面积较小，水温分层现象明显，水量变化大，演替、发育缓慢。

2. 湖泊生物群落

沿岸带生物群落：挺水植物、漂浮（浮水）植物、沉水植物、浮游植物、浮游动物、自游动物、附生生物。

敞水带生物群落：开阔水面的浮游植物（硅藻、绿藻、蓝藻）和动物。

深水带生物群落：生物主要在沿岸带和湖沼带获取食物，深水带生物主要为分解者（微生物和无脊椎低等动物）。

3. 湖泊营养循环

湖泊中的植物生产一般形成湖泊的捕食者与被食者群体的有机质基础，称为食物网。虽然某些水体（特别是水流速度较快的水库）主要可以从入湖河流及溪流中得到有机质的补充，但大多数湖泊都必须保持一定数量的藻类和大型植物，才能维系其食物网。

初级生产者（大型植物和藻类）通过光合作用所产生的部分有机质为食草动物提供食物来源。从初级生产者到食草动物再到食肉动物，不同营养水平组成湖泊食物链，通过能量流动把其中的各个营养级连接起来。

这些有机体都会产生废物并死亡，废物和尸体又以特殊可溶性有机物形式为细菌和真菌提供食物。这种有机物质的分解作用又形成营养物闭循环并促进植物生长(见图 1-1)。

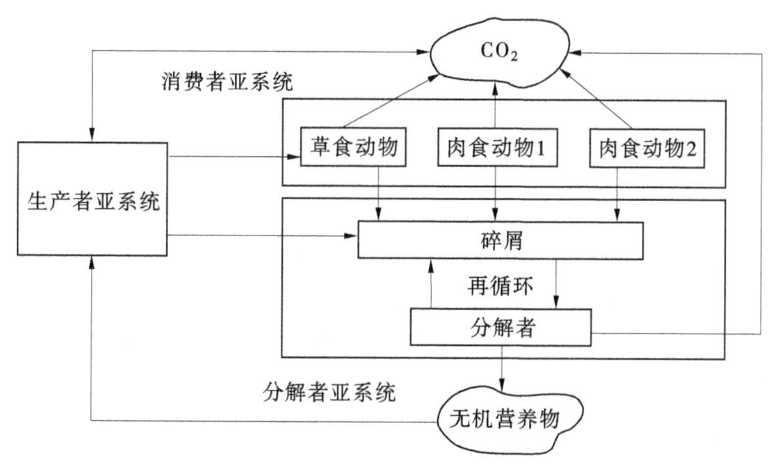

图 1-1　湖泊生态系统营养循环过程

4. 湖泊富营养化

湖泊富营养化是由于营养物逐步积累和生产力增加引起的。湖泊富营养化现象使水质变坏,动植物群落结构改变,深水动植物群落与高级鱼类逐渐消失,浮游藻类大量繁殖,加之流入湖体的泥沙和生物残体的淤积,使湖床逐渐抬高,湖水不断变浅,日积月累,逐步使湖泊完成富营养型的过渡,进而转化为沼泽,直至最后消亡。

典型的湖泊演替,通常描述为贫营养、中等营养、富营养、超富营养的单向性系列。然而,湖泊营养状态的变化并不一定是逐步或单向的。如果人类对流域的干扰较少,湖泊则能在几千年内维持同一营养状态。而人类活动影响大,不到 10 年时间湖泊就会完成富营养化进程。当然,也有的湖泊是天然富营养型的,许多流域或自然条件优越的湖泊也有富营养状态的可能性(杨文龙,1997)。

(三)水库生态系统

水库是指在山沟或河流的狭口处建造拦河坝形成的人工湖泊,一般解释为拦洪蓄水和调节水流的水利工程建筑物,可以用来灌溉、发电、防洪和进行水产养殖。水库建成后,可起防洪、蓄水灌溉、供水、发电、养鱼等作用。有时天然湖泊也称为水库。

水库生态系统是指由水库水域内所有生物与非生物因素相互作用,通过物质循环与能量流动构成的具有一定结构和功能的系统。

1. 生态环境分类

水库生态系统由库内水域、库岸及回水变动区的水生态系统和陆地生态系统两部分组成。

水库的环境条件与天然湖泊有许多相似之处。作为生物栖息地,可按光照条件和水力条件划分为库岸及回水变动区、沿岸带、敞水带和深水带等 4 个不同的生态环境(郭文献,2009)。

(1)库岸及回水变动区在水库水位低时露出,恢复河流生态系统特征;在水库水位较高时淹没,又变为水生态系统。其具有季节性交替变换的特点。

(2)沿岸带指靠近岸边,日光能透射到底部的浅水区,这里光线充足、温度高,水中富含溶解氧和营养物质。

(3)敞水带是沿岸带以外的全部水域内从水面到光的有效透射深度(补偿深度)以上的水层。

(4)深水带是敞水带以下,即从补偿深度至水底的区域,这里光照微弱或无光线,不能进行光合作用。

2. 生物群落分类

依据水库生境特点的不同,水库生物群落又可分为库岸及回水变动区生物群落、沿岸带生物群落、敞水带生物群落和深水带生物群落 4 个生物群落类型。

(1)库岸及回水变动区生物群落在未淹没时,河道内以河流生物群落为主,岸边以沼生、湿生植物为主。

(2)沿岸带生物群落的生产者主要包括底生植物和各种藻类,其次是漂浮植物。

(3)敞水带生物群落生产者包括浮游植物和一些浮游自养菌。

(4)深水带生物群落以异养生物和厌氧性细菌为主。

二、河湖生态系统社会服务功能

生态系统服务是指人类通过生态系统的结构、过程和功能直接或间接获取的各种效益,主要包括供给服务、调节服务、支持服务及文化服务,是生态系统功能向人类福祉转化的媒介。河湖生态系统服务的分类或指标体系也呈现多样化特征,但主要包括水资源、农产品和原材料、水和气候调节、水土保持、生物多样性以及文化娱乐这 6 大类。其中,水资源包括工农业用水、生活用水和船舶运输等,水和气候调节包括水体自净、防洪、基流、固碳作用和固氮作用等,水土保持包括维持土壤肥力、减少土地废弃和减轻泥沙淤积等,生物多样性包括生物栖息地、珍禽特有越冬地和植被生产力等,文化娱乐包括狩猎和捕鱼、湿地景观、水鸟景观、科考旅游等。

第二节　河湖健康概念及内涵

一、河湖健康的内在机制

河湖健康评价涉及河湖物理结构、水文水资源、水质、生物、社会服务功能等多个方面,各个方面都有相应的理论支撑。

(一)水量平衡理论

水量平衡理论是水文科学的基本理论之一。在流域/区域尺度上,水量平衡理论通常包含三个方面的含义:第一是降水径流平衡,即降水量与蒸发量、径流量的平衡,即流域/区域尺度上总的水量平衡关系,也是水文循环意义上的水量平衡;第二是水资源的供、用、耗、排平衡,它是从机制上认识和描述一个流域内已经形成的水资源量收支平衡关系,即来水量(水资源量)与耗水量、排水量的平衡;第三是水资源的供需平衡关系,即自然条件可以供给的水资源量与社会经济环境对水资源的需求关系之间的平衡(Likens,2014)。

在自然条件下,河湖主要通过降水、地表水入流、冰雪融水、地下水入流等方式集蓄水量;水量损失途径则主要包括蒸散发、地表出流、地下水出流、人工取水等。

充足的水量供给是维系河湖健康的基本条件之一。对于健康的河湖而言,应具备水文完整性,既能够进行其正常的水文循环,又能够维持其自身的水量平衡。具体而言,对于一个健康的河流,在不同的水文年,尽管同一断面的径流量存在一定的差异,但丰水年、平水年、枯水年对应的径流量应能够维持相对稳定,无明显的径流量衰减、流速减缓或水位下降现象;一个健康的湖泊,其多年平均水量输入与水量输出应均衡,无明显的水位下降、面积萎缩现象。作为水文科学最基本的理论之一,水量平衡理论为生态需水理论等奠定了基础,也为河湖健康评价过程中水文水资源属性层指标的筛选提供了支撑。

(二)生态需水理论

通常,生态需水可理解为在特定的生态目标下,维持特定时空范围内的生态系统水分平衡所需要的总水量。维持生态系统水分平衡所需用的水分一般包括维持水热平衡、水沙平衡、水盐平衡等方面的内容。生态系统作为一个有机体,具有一定的自我调节功能。因此,维持生态系统健康所需的水分不是在一个特定的点上,而是在一定范围内变化的,变化的范围就构成了生态系统水分需求的阈值区间。

通常情况下,将用以维持生态系统物质、能量输入输出平衡的最小水分状况称为最小生态需水量。随着水量条件进一步得到满足并达到最佳生态需水量,生态系统的生产潜力将得以最大限度的发挥。当水分条件超过生态需水的上界时,过多的水分条件可能反过来抑制生态系统的健康发展。因此,实现生态目标,保护生态系统,必须综合考虑生态需水的阈值,应根据实际情况加以控制和调整。对于河流这类流水生态系统来说,流量、流速等水文指标是系统组成、结构和功能等状况的决定性因子。因此,在讨论河流生态系统的健康状况时,通常需要对生态流量进行描述和评价;对于湖泊等静水生态系统来说,水位及其波动过程则是系统的决定性因子。因此,通常对生态水位进行描述和评价。可见,生态需水理论为河湖生态系统保护与修复,以及健康评价指标选取奠定了基础。

(三)河湖水系连通理论

河流和湖泊是构成水系的两个最基本的水体要素,水库、沼泽也可以看作某种形式的湖泊。“脉络相通”便是水系的连通性。水系连通性包含两个基本要素:①要有能满足一定需求的保持流动的水流;②要有水流的连接通道。判断连通性的好坏也取决于两个条件:首先,水流在满足一定需求情况下的连续性;其次,连接通道是否保持畅通。水系的连通性是天然存在的,否则不成为水系。通过自然与人工手段,包括修建人工河渠、水库、闸坝等,调整水系中河与河、河与湖(湿地)、湖与湖等之间的连通关系,可以有效地保证水系连通性,增加水系应对环境变化的适应能力,从而维持水系长期、稳定、健康存在,源源不断地为经济社会发展提供清洁的淡水资源(王中根,2011)。

维持水系连通性实质上就是要保持河流水体的流动性和连续性,发挥湖泊水体的调蓄能力和生态效益,实现河湖健康与河流水体可持续开发利用,实现河湖的长久健康稳定存在,达到良性水循环的综合目标(王中根,2011)。

(四)河流连续体理论

河流连续体(River continuum concept,RCC)概念强调河流生态系统的结构和功能与流域的统一性。从河流源头到下游,河流系统内不仅具有宽度、深度、流速、流量、水温等物理变量的空间连续变化特征,生态系统中的生物学过程与物理体系的能量耗散模式保持一致,生物群落的结构和功能也会沿河流纵向发生有机物数量和时空分布变化(傅伯杰,2014)。该概念首次描述了河流不同河段的结构和功能,由于源头、上游、中游、下游河段的非生命环境系统特征的差异,有机物质的分配以及不同能量级别生物链上的生物分布与组成也不同。

在河流连续体概念的基础上,河流生态系统可描述为四维系统,即具有纵向、横向、竖向和时间尺度的生态系统。

(1)纵向。河流是一个线性系统,从河源到河口均发生物理、化学和生物变化。生物物种和群落随上中下游河道物理条件的连续变化而不断地进行调整和适应。

(2)横向。指河流与河滩、湿地、死水区、河岸等周围区域的横向流通性。堤防、硬质护岸等妨碍了水流、营养物质、泥沙等的横向扩展,形成了一种侧向的非连续性,使岸边地带和洪泛区的栖息地特性发生改变,有可能导致河流周围区域的生态功能退化。

(3)竖向。与河流发生相互作用的垂直范围,包括地下水对河流水文要素和化学成分的影响,以及生活在下层土壤中的有机体与河流的相互作用。人类活动的影响主要是不透水材料衬砌的负面作用,如不透水的混凝土或浆砌块石材料作为护坡材料或河床底部材料,基本割断了地表水与地下水间的通道,也割断了物质流。

(4)时间。河流生态系统的演进是一个动态过程,河流生态系统是随着降雨、水文变化等条件在时间与空间中扩展或收缩的动态系统。水域生境的易变性、流动性和随机性表现为流量、水位、水量的水文周期变化和随机变化,也表现为河流淤积与河流形态的变化,泥沙淤积与侵蚀的交替变化造成河势的摆动等。

河流系统不仅是个上中下游的连续体,也在横向、竖向上与河漫滩、河床等发生联系,同时随时间发生动态演变。在进行河流健康评价过程中,有必要充分认识河流的这些基本特性、联系规律和变化特征等,从而促进对河流生态系统的理解,促进河流可持续管理。

在进行河流健康评价时,一方面要充分尊重河流的自然属性,分析河流上中下游不同位置的自然流量、水质、物种、基质等方面的特征;另一方面,要充分认识河流上中下游所处的流域环境,按河流自身的演变规律和所处环境开展河流健康评价。

(五)水质基准理论

水质基准是指一定自然特征下,水质成分对特定保护对象不产生有害影响的最大可接受浓度水平或限度。事实上,水质基准不是单一的浓度或者剂量,而是一个基于不同保护对象的一个范围值。“水质基准”与“水质标准”是两个不同范畴的概念,两者之间又有密切的关系。“水质基准”是一个自然科学的概念,是基于科学实验和推论获取的客观结果,基准资料的正确获取需要持续较长时间、做大量细致的研究工作,但由于研究介质和对象的可变性,以及研究方法的差异性,其结果也往往具有不确定性。“水质标准”是由国家(或地方政府)制定,关于水体中污染物容许含量的强制性管理限值或限度,具有法律强制性。水质标准是环境规划、环境管理的法律依据,体现了国家或地区的环境保护政策和要求。水质基准理论为水质、水生态指标筛选及评价标准的确定奠定了理论基础。

基于保护对象的不同,水质基准主要分为保护水生生物水质基准和保护人体健康水质基准,两者在理论和方法学上也是有差异的。其中,水生生物水质基准是指水环境中的污染物对水生生物不产生长期和短期不良或有害效应的最大允许浓度。国际上具有代表性的水质基准体系主要为美国和欧盟使用的水质基准。美国的水质基准指南采用的是毒性百分数排序法,是双值基准体系。欧盟通过推导预测的无效应浓度,来最终确定水质基准。而我国的水质基准研究近几年才起步,涉及的水体污染物包括重金属、非金属无机污染物、有机污染物以及一些水质参数,如 pH、色度、浊度和大肠杆菌数量等。

(六)水体中污染物的迁移转化理论

污染物的迁移转化是指污染物在环境中发生空间位置变化并由此引起污染物在物理、化学、生物等作用下改变形态或转变成另一种物质的过程。迁移和转化是两个不同而又相互联系的过程,两者往往是伴随进行的。对于河湖水体而言,其中的主要污染物可分为无机无毒物(如无机盐、氮、磷等)、无机有毒物(如重金属、氰化物等)、有机无毒物(如易降解有机物、蛋白质等)、有机有毒物(如有机农药等)4 大类。上述各类污染物的迁移形式包括机械迁移、物理化学迁移和生物迁移等,转化形式主要有氧化还原、络合水解和生物降解等方式。

河湖中污染物的进入及迁移转化在很大程度上影响着河湖水质,而河湖水质与河湖系统的健康状况息息相关。河湖水体中污染物的迁移转化规律为水质指标的筛选奠定了基础。

(七)河流整体性理论

生态系统是指在一定空间范围内,由生物群落与其环境所组成,具有一定格局,借助于功能流(物种流、能量流、物质流、信息流和价值流)形成的统一整体。生态系统具有以下特点:

(1)生态系统是客观存在的实体,有时间、空间的概念。

(2)以生物为主体,由生物和非生物成分组成一个整体。

(3)系统处于动态之中,其过程就是系统的行为,体现了生态系统的多种功能。

(4)系统对变动(干扰),无论来自系统内部,还是外界,都具有一定的适应和调控能力。

河流生态系统是复杂的生态系统,其生物成分包括底栖动物、浮游植物、浮游动物、鱼类等,非生物因素包括气候条件、水文条件、地形条件、水环境条件等方面,生物成分和非生物成分相互影响、相互作用。河流生态系统从源头延伸到河口,包括河岸带、河道和河岸相关的地下水、洪泛区、湿地、河口以及依靠淡水输入的近海环境等。对一个完整的、健康的河流生态系统而言,不仅包括水体子系统,还应该包括影响水体的水陆缓冲带子系统和陆域子系统,三者通过水文循环作用构成了一个不可分割的统一的整体(董哲仁,2013)。

在对河流的研究过程中,20 世纪 80 年代前的研究着重强调河流的水质或生物等单因素方面,很少以生态系统的整体性为理念开展研究。20 世纪 90 年代后,无论是对河流生态需水的研究,还是对河流保护和修复的研究,都开始关注河流的整体性结构和功能。因此,在进行河流健康研究时,应以河流整体性理论为指导,在系统水平上进行研究,把河流水体、岸带和陆域作为统一的整体加以考虑。不仅要选择河流的水文指标,也应该考虑河岸带植被对河流健康的影响,选择能够反映河岸带健康的指标。

(八)生态系统健康理论

生态系统健康是指系统内的物质循环和能量流动未受到损害,关键生态组分和有机组织保存完整且无疾病,对长期或突发的自然或人为扰动能保持着弹性和稳定性,整体功能表现出多样性、复杂性和活力。作为典型的自然-经济-社会复合系统,河湖的健康是其可持续性的保障。河湖生态系统要持久地维持或支持其内在的组分、组织结构和功能动态健康及其进化发展,必须实现其生态合理性、经济有效性和社会可接受性,从而有助于实现流域或区域的可持续发展。因此,不仅要将生态、经济、社会三要素进行整合,而且需要考虑不同保护目标和管理条件下导致的河湖生态过程、经济结构、社会组成的动态变化,以利于维持河湖系统的可持续性。

生态系统健康评价指标是指用来推断或解释该生态系统其他属性的相应变量或组成,并提供生态系统或其组分的综合特性或概况。最典型的是单一的生态系统指标可以用来推断几个属性,对于任何一个基于生态系统的有效管理和评价计划,生态系统健康评价指标的数量尽可能减少到一个控制和操作的水平上是最重要的。确定生态系统指标的目的是提供一个简便方法,精确地反映生态系统的结构和功能,辨识已发生或可能发生的各种变化,特别是具有早期预警和诊断性指标最有价值。从理论上讲,生态系统如此复杂,单一的观测或指标不能够准确地概括这种复杂性,需要不同类型的观测和评价要素。从实践上讲,需要通过增加观测和指标数量来增加获取信息的可能性。因此,构建既具有科学性又具有可操作性的评价指标体系,是生态系统健康评价的核心问题。

(九)生态系统的等级理论

生态系统等级理论认为任何生态系统皆属于一定的等级,并具有一定的时间和空间尺度(scale)(Sedell,1989)。对于河湖等水生态系统,等级理论能够解释存在于某一尺度内的不同组分是如何与另一尺度的其他组分发生联系的。由于在探究多时空尺度下的格局和过程、理解和预测复杂生态系统的结构与功能方面的优越性,其在景观生态学中的重要性逐渐受到越来越多的关注,成为解释尺度效应以及构建多尺度模型的重要依据。尤其是等级理论大大增加了生态学研究的"尺度感",为深入认识和理解尺度的重要性以及发展多尺度景观研究方法起到了显著的促进作用。

生态系统等级理论可用于河流分级,基于等级理论可建立扰动和恢复的连续性生态敏感区,将不同空间尺度的河流系统分为流域、河流、河区、河段、生态区和微生态区等。由于研究对象具有较为明显的等级性和尺度性优势,河流健康评价应强调等级和尺度概念,把握流域的等级系统及不同等级系统之间的关系。

二、河湖健康概念、内涵及河湖管理

(一)河湖健康概念的起源与发展

20世纪70年代,随着生态系统理论、生态水文学等相关理论的快速发展,人类开始重新审视河湖的价值,并逐渐认识到河湖不仅是可供开发的物质资源,而且是水生态系统的载体;不仅直接提供诸多物质产品,还具有维持生物多样性、景观娱乐等多种生态服务功能。同时也认识到以资源开发为核心、以水污染控制为主要手段的传统水资源管理模式已不能满足实践需求,亟待探索以经济社会可持续发展与河湖资源可持续利用为核心的水资源管理新模式。

自20世纪80年代开始,英国、美国等发达国家陆续开始实施河湖保护行动计划,并通过制定、修改完善水法和环境保护法,加强对河湖的保护与修复;与此同时,生态系统健康、生态完整性等方面的研究也取得了较大进展。

至20世纪90年代,Karr在水生态系统健康与生态稳定性理论的基础上,提出了河流健康的概念(Karr,1999)。该概念一经提出,便迅速成为河流保护与修复领域的研究热点。在西方发达国家的河流管理实践中,最迫切需要解决的问题主要是由于水体污染引发的水环境与水生态问题。因此,在研究模式上,更倾向于从生态系统的角度出发,研究河流生态系统的健康问题(Norris, 1999; Fairweather, 1999; Scrimgeour, 1996; Ladson, 1999)。

在我国,河流健康的概念于2002年提出,对河流健康的认识与国外学者基本一致,即从生态系统健康的角度出发,重点关注河流的水质和水生态问题(唐涛,2002)。2003年首届黄河国际论坛上提出了"维持河流健康生命"的理念,所谓健康生命,不仅针对河流水质与水生态问题,而且注重"水量"这一河流健康的基本构成要素,将河湖健康研究关注的重点由"水质、水生态"扩展为"水量、水质、水生态"统筹兼顾,从而为河流健康概念的"本土化"奠定了基础。此后,我国水利工作者结合我国水资源管理的实践,就河流健康概念展开了深入细致的讨论,取得了诸多进展,形成了对我国乃至国际上具有重要影响的河流健康研究学术流派——"社会经济服务派"(耿雷华,2006)。

通过梳理河湖健康概念的历史发展脉络,可以将其归纳为三个阶段,即萌芽阶段、发展阶段和完善阶段(见图1-2)。在萌芽阶段(1935—1982年),"生态系统""生态完整性""生态系统健康"等与河湖健康紧密相关的概念相继被提出,该阶段的标志性事件是Lee于1982年首次明确提出了"生态系统健康"的概念,为河湖健康概念的提出奠定了理论基础。在发展阶段(20世纪80年代至2009年),"河流健康"(River health)这一术语被正式提出,随即成为水资源保护和河流管理领域的热点,其间,国内外学者不仅对河流健康的内涵和实质进行了深入细致的讨论,也提出了多种评价方法,如IBI、RIVPACS、RBPs、RCE、RHP、SERCON、RHS、ISC、AusRivas等,河流健康评价的理论、方法和技术得到了空前的发展;我国自21世纪初陆续开展了长江、黄河等几大流域的河流健康评价工作,取得了诸多研究成果,该阶段的标志性事件有1981年Karr提出生物完整性评价方法(Karr, 1981),2007年《水科学进展》组织领域多名专家就河流健康展开大讨论等(文伏波, 2007)。在完善阶段(2010年至今),河湖健康的概念得到了进一步拓展与完善,该阶段以我国"全国河湖健康评估计划"的提出为标志,主张在河湖健康评价过程中,统筹考虑水量、水质、水生态三个方面,进行三位一体的健康诊断和评价,突破了以往研究和实践多从生态系统角度出发,重点围绕水环境、水生态进行健康评价的束缚。

(二)河湖健康概念和内涵

河湖健康概念明确提出,已有30余年的历史,由于它易被决策者与公众理解和接受,迅速成为河湖管理与保护领域的热点,但由于研究的出发点、关注的重点不同,不同学者

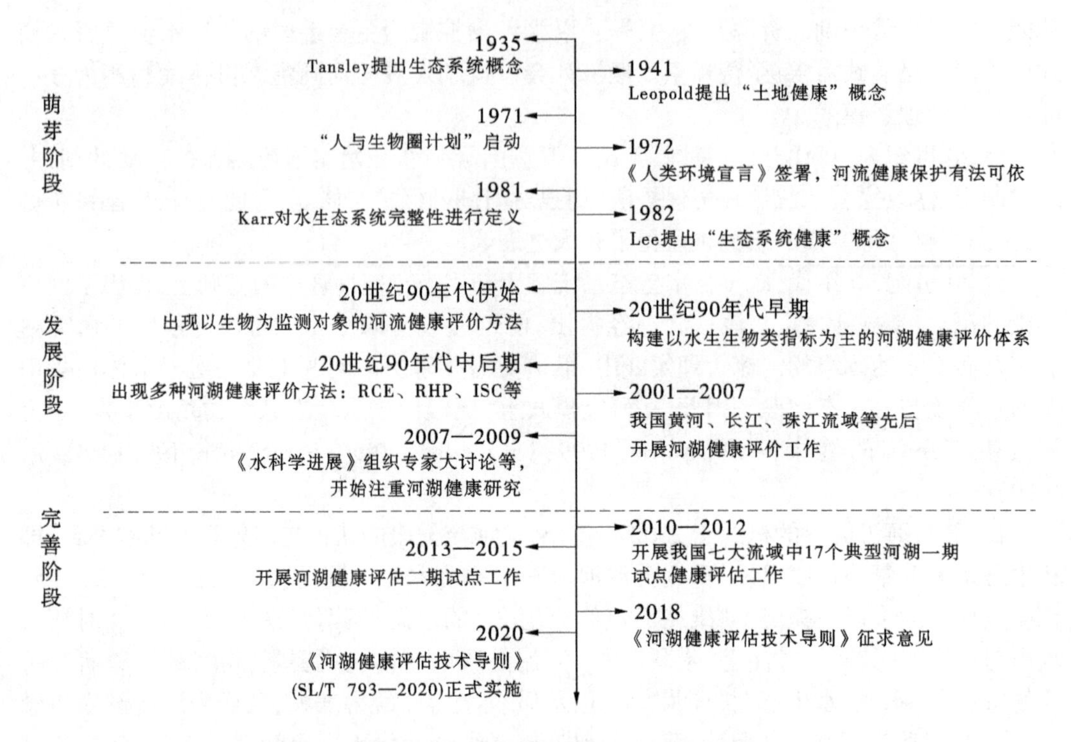

图 1-2　河湖健康评价发展历程[引自耿雷华(2016)]

对河湖健康的理解并不完全一致。表 1-1 列出了当前国内外专家学者对河湖健康的概念和内涵的主流认识。

(三)新时代河湖健康内涵

我国对于河湖健康的认识建立于国外研究基础之上,受我国江河湖库问题阶段性与复杂性的影响,国内有关河湖健康概念的定义较国外更为丰富。我国水利工作者先后提出了“黄河健康生命”“健康长江”“河湖健康生命”等具有深刻内涵的河湖健康概念。2010 年的全国河湖健康试点评估工作首次通过广泛的专家咨询与讨论,在遵循“人水和谐”理念的前提下,提出了河湖健康的概念,指出健康的河湖应自然生态状况良好,同时具有可持续的社会服务功能。

对比国内外河湖健康现有概念,国外从侧重于河湖生态系统完整性与自然恢复程度,逐步发展到兼顾生态系统完整性与社会服务价值;而国内侧重于河湖本身对生态与社会服务功能的满足程度,也开始关注生态系统的可恢复性,注重河湖生态系统与社会功能的平衡,强调自然与社会功能的可持续性,并开始提升到人水和谐的哲学境界。

健康的河湖是河湖自然生态状况良好,同时具有可持续的社会服务功能。人们对于美好生活的向往使河湖健康的概念不断更新和丰富。2019 年,习近平总书记在黄河流域生态保护和高质量发展座谈会上发表了重要讲话,发出了“让黄河成为造福人民的幸福河”的伟大号召,为新时代全国江河治理保护提供了遵循。为贯彻落实习近平总书记考察黄河的重要指示,水利部提出了“防洪保安全、优质水资源、健康水生态和宜居水环境”的幸福河内涵,以人类幸福的需求作为出发点,既考虑了河湖自身健康的要义,又考虑了人类与河流相互制约支撑以及人水和谐发展的关系，赋予了新时代基于河(湖)长制管理工作的河湖健康新内涵。

表 1-1 对河流健康概念和内涵的不同理解[引自耿雷华(2016)]

年份	提出者	河湖健康概念和内涵
1996	Schofield	河湖健康指与相同类型的未受干扰(原始)河湖的相似程度，尤其是在生物完整性和生态功能方面
1997	Meyer	能维持河湖生态系统的结构与功能，同时满足人类与社会的需要和期望，在健康概念中涵盖了生物完整性与人类服务价值
1999	Norris	健康的生态系统即生物完整性以及可持续性
1999	Fairweather	河湖健康包含着活力、生命力、功能未受损害及其他表述健康的状态，应包含公众对河流的环境预期
1999	Karr	河湖健康即河湖生态完整性，采用 IBI 方法评价河湖健康
2002	An	健康即完整性，采用生物完整性、生境状况和化学参数评价河湖健康
2006	Vugteveen	能维持生态系统结构和功能(活力和恢复力)，同时满足社会经济需要的能力
2006	刘晓燕	河湖健康是相对意义上的健康，不同背景下的河湖健康标准实际上是一种社会选择
2007	文伏波	健康的河湖应该既是生态良好的，又是造福人类的河湖，是水资源可持续利用的河湖
2005	李国英	在河湖生命存在的前提下，河湖的社会功能与自然生态功能能够取得平衡
2007	王光谦	河湖健康的内涵，就是体现人水和谐
2008	刘昌明	表现在河湖的自然功能能够维持在可接受的良好水平，并能够为相关区域经济社会提供可持续的支持
2009	董哲仁	实质上是河湖管理工作的工具，它提供一种社会认同的、在河湖生态现状与水资源利用现状之间进行折中的标准，力求在河流保护与开发利用之间取得平衡
2010	卞锦宇	河湖健康应包括河湖的自然状态健康以及能提供良好的生态环境、社会服务功能

第三节 河湖健康评价研究现状

一、生态系统健康概述

生态系统健康总体上是对生态系统状态特征进行系统诊断的理论与方法。自 20 世纪 80 年代末至 90 年代初,国内外学者提出了多种生态系统健康的概念,但其研究对象主要是自然生态系统,而且关于生态系统健康的概念国内外学者仍未达成共识(Karr,1986;Costanza,1992;Rapport,1998)。众多学者分别从不同的学科视角和研究个案出发对其进行了界定。主要观点有以下几个:①如果一个生态系统的潜能能够得到实现,条件稳定,受干扰时具有自我修复能力,这样的生态系统就是健康的(Karr,1986);②当生态系统的功能阈限没有超过时,生态系统是健康的,这里的阈限定义为“当超过后可使危及生态系统持续发展的不利因素增加的任何条件,包括内部的和外部的”(Schaeffer,1992);③生态系统健康可以从系统功能和系统目标两个方面来理解:系统功能是指生态系统的完整性、弹性、有效性以及使生境群落保持活力的必要性(Haworth,1997);④一个生态系统如果是稳定和可持续的,而且能够随时间的推移维持其自身状况和对外力胁迫具有抵抗力,那么该系统就是健康的。相关研究总结了有关生态系统健康的含义(杨斌,2010),主要具有双重含义:一是生态系统自身的健康,即生态系统是否可维持自身结构、功能与其过程的完整;二是生态系统对于评价者而言是否健康,即生态系统服务功能能否满足人类需求,这是人类关注生态系统健康的实质(Rapport,1995)。

确定生态系统健康的标准是对生态系统进行健康评价的关键,若未确定健康生态系统的标准,则不可能对生态系统展开健康评价。对于生态系统健康进行研究,首先应确定研究途径,其次提出评价方法,然后围绕特定生态系统制订评价方案。

生态系统健康研究途径主要包括以下几种:

(1)从生态系统受胁迫压力角度研究生态系统健康。只有在生态系统受到严重干扰且系统严重退化情况下,生态系统受到胁迫时才会表现出不健康症状。但生态系统功能从健康到不健康表现有一定时滞,而该时滞会给研究生态系统健康状况带来一定错觉(Bird,1986),而经过较长时间胁迫累积后,系统物种多样性和生产力才会下降(Walter,1985)。因此,仅从生态系统胁迫角度评价生态系统健康远远不够(Rapport,1995)。

(2)从系统恢复力角度研究生态系统健康。生态系统健康研究框架中,系统表现的一个关键性指标是可指示系统受到干扰后的恢复能力指标。一个生态系统越健康,从干扰中恢复的能力也就越大(Rapport,1985)。当今几乎不存在一个不受干扰胁迫的生态系统,无论这种干扰来自哪方面。大部分生态系统与干扰和胁迫相联系,一定的、有周期的“干扰和破坏”为系统发展提供了新生机(Rapport,1992)。一定程度上的干扰是一种很正常的生态属性,且由于生态系统是一个动态过程,该过程中存在很多平衡点(Harris,1988)。生态系统健康评价研究的根本问题是要在这些一定长时间尺度内,在类似波动中找到显著不同的波动,并给系统处于显著不同状况下在时间序列上分类。一定时间尺度上的干扰状况,如干旱、降雨、病害、虫害、化学污染、火灾等胁迫及其等级等系统属性数据的累积是研究生态系统健康及其评价指标选取的关键所在。

(3)从模型角度入手研究生态系统健康。长期胁迫历史和相对应的响应历史是一个系统状态动态的直观表现。对于系统受胁迫的历史,包括系统受到的胁迫类型、胁迫强度、胁迫存在时间、系统响应胁迫压力的时间等都是建立模型的关键所在(Hilden,1993)。目前,多因素胁迫模型的研究尚较少,较典型的研究主要集中在水生态系统,且以单因素胁迫为主。

二、国内外河湖健康评价研究

19 世纪末,欧洲为了解决河湖污染问题,通过水质评价初步判定河湖健康,由水质指标浓度高低来判定水体污染的严重程度。但基于水质指标分析,仅能从化学水平反映河湖"水质"健康。20 世纪 70~80 年代,为了更全面地反映河流生态健康状况,河湖"健康"的研究逐渐由水质延伸到包含多种环境因素的评价,包含水文水利、水生生物等因素(唐涛,2002)。

河湖生态健康评价研究始于英国,通过应用 Trem 生物指数法和 Chanddler 指数法进行水体有机物的分析。直至 20 世纪 80 年代,河湖生物预测模型法和生态多指标评价法得到越来越多的研究(Chanddler,1970)。1981 年,美国学者 Karr 提出以生态完整性指数的评价方法,运用河湖物种多样性指标(12 项)分析河湖生物群落和功能,此方法得到普遍应用(Karr,1986)。该时期,关于河湖健康,学者多关注水生生物指标。

后续中国也逐渐开展河湖生态系统健康评价,杨莲芳等(1992)于 1992 年开展底栖动物完整性指数评价研究,将大型底栖动物生物学、生态学和生理学特征反应作为水生态系统质量的重要指标,基于群落结构特征而构建了底栖生物完整性指数 BIBI。2001—2009 年,我国黄河、长江、珠江等几大流域先后建立起本流域的河湖健康评价指标体系,其中黄河流域包括低限流量、河道最大排洪能力、河槽过流能力、滩地横比降、水质类别、水生生物、湿地规模、可供水量等 8 个指标(彭勃,2014;刘晓燕,2006);长江流域包括河道生态需水量满足程度、水功能区水质达标率、水土流失比例、血吸虫传播阻断率、水系连通性、湿地保留率、优良河势保持率、通航水深保证率、鱼类生物完整性指数、珍稀水生动物存活情况、防洪工程措施完善率、防洪非工程措施完善率、水资源开发利用率、水能资源利用率等 14 个指标(郭建威,2008;郑江丽,2007;许继军,2011);珠江流域包括河流形态、生态功能、社会服务和社会影响等 4 大类 14 个指标(李向阳,2007;金占伟,2009)。此外,太湖流域和松辽流域也相继提出了各自的河湖健康评价指标(程南宁,2011;张远,2013)。

2010 年,水利部启动了全国重要河湖健康评估试点工作,旨在用 6 年左右时间构建全国重要河湖健康评估试点工作制度,为定期开展我国重要江河湖库"健康诊断"提供坚实基础,为在 2020 年基本建成河湖健康保障体系提供强有力的支持。试点工作共分为两期,其中一期试点从 7 大流域中共选择了 18 个河湖开展试点研究,并分别编制了《河流健康评估指标、标准与方法》和《湖泊健康评估指标、标准与方法》,用于指导河湖健康评估工作。基于试点工作基础,2020 年 8 月,水利部河长制湖长制工作领导小组办公室印发了《河湖健康评价指南(试行)》,对全国河湖健康评价工作具有重要的指导意义。该指南结合我国的国情、水情和河湖管理实际，基于河湖健康概念，从生态系统结构完整性、生态系统抗扰动弹性、社会服务功能可持续性三个方面建立河湖健康评价指标体系与评价方法，从“盆”、“水”、生物、社会服务功能等4个准则层对河湖健康状态进行评价，可帮助公众了解河湖真实健康状况，为各级河(湖)长及相关主管部门履行河湖管理保护职责提供参考。

第二章　南方地区河湖概况

第一节　南方河流水系基本情况

一、南方河流水系组成

南方地区是指中国东部季风区的南部，当今中国四大地理区划之一，主要指秦岭—淮河一线以南，青藏高原以东地区，其东面和南面分别濒临东海和南海，大陆海岸线长度占全国的2/3以上，面积约占全国的25%。在区域上，南方地区主要包括长江中下游、南部沿海各省（区、市）和西南三省一市，分别为琼、粤、台、闽、桂、滇、川的大部、渝、黔、湘、赣、浙、沪、鄂、苏和皖的大部、港、澳。

南方地区河流水系包含长江、珠江、东南诸河、西南诸河四大水系。其中，东南诸河是指中国东南部除长江和珠江外的独立入海的中小河流；西南诸河位于我国西南地区，是青藏高原和云贵高原的一部分，自西向东有七大水系：藏西诸河、藏南诸河、雅鲁藏布江、滇西诸河、怒江、澜沧江及元江。本书主要讨论长江流域和珠江流域水系。

二、长江流域水系

长江发源于"世界屋脊"——青藏高原的唐古拉山脉各拉丹冬峰西南侧。干流流经青海、西藏、四川、云南、重庆、湖北、湖南、江西、安徽、江苏、上海11个省（区、市），于崇明岛以东注入东海，全长6 300余km，比黄河长800余km，在世界大河中长度仅次于非洲的尼罗河和南美洲的亚马孙河，居世界第三位。长江干流自西而东横贯中国中部。数百条支流辐辏南北，延伸至贵州、甘肃、陕西、河南、广西、广东、浙江、福建8个省（区）的部分地区。流域面积达180万km^2，约占中国陆地总面积的1/5。

长江是中国水量最丰富的河流，水资源总量9 616亿m^3，约占全国河流径流总量的36%，为黄河的20倍。在世界上仅次于赤道雨林地带的亚马孙河和刚果河（扎伊尔河），居第三位。与长江流域所处纬度带相似的南美洲巴拉那-拉普拉塔河和北美洲的密西西比河，流域面积虽然都超过长江，水量却远比长江少，前者约为长江的70%，后者约为长江的60%。

（一）水系组成

长江干流宜昌以上为上游，长4 504 km，流域面积100万km^2，其中直门达至宜宾称金沙江，长3 464 km，宜宾至宜昌河段习称川江，长1 040 km；宜昌至湖口为中游，长955 km，流域面积68万km^2；湖口以下为下游，长938 km，流域面积12万km^2。

长江水系发育，由数以千计的大小支流组成，其中流域面积在1 000 km^2以上的支流有437条,1万 km^2 以上的有49条,8万 km^2 以上的有8条。其中雅砻江、岷江、嘉陵江和汉江4条支流的流域面积都超过了10万 km^2。支流流域面积以嘉陵江最大,年径流量、年平均流量以岷江最大,长度以汉江最长。

(二)地貌特征

长江流域呈多级阶梯性地形。流经山地、高原、盆地(支流)、丘陵、平原等,包括青藏高原、横断山脉、云贵高原、四川盆地、江南丘陵、长江中下游平原。按地貌组合特点,长江流域分为4个主要地貌区:平原地区、丘陵地区、山区、高山区。

1. 平原地区

平原地区为大致平坦的冲积平地,其坡度在2%以下。平原包括冲积河谷平原所固有的各种地形形态和因素。在平原地区可以看到倾斜的、凹形的、波浪式的平缓地形。较大型的灌溉系统都位于平原地区。绝大部分平原地区都人为地用小堤修成梯田,并又被无数的田埂分成许多小块田,在这些小块田上,主要种植水稻。流域中平原地区面积为22.9万 km^2,占长江流域总面积的12.7%。

2. 丘陵地区

丘陵是聚集许多孤丘和岗陵而成的,其间夹有盆地、峡谷及河谷等各种形式的低地。丘陵地区地形坡度以2%~20%为准,有的直接与平原地区相毗邻,有的分布于山间,宽阔或狭长,形状不一。根据丘陵的高度和坡地性质,长江流域丘陵地区地形可被认为是大丘陵地,其相对高度为50~200 m。在此地区还可看到大型坡地,也可遇到其间夹有河谷的类似山脉式的形成物。丘陵地区坡地大多已人为梯田化,在梯田化的小块田上主要种植水稻。流域中丘陵地区的总面积达39.8万 km^2,占长江流域总面积的22.1%。

3. 山区

山区是由高山余脉所形成的,其间夹有无数的河谷,其绝对高程在2 000 m以下。流域中山区的总面积为73.2万 km^2,占长江流域总面积的38%。

4. 高山区

高山区绝对高程达2 000 m以上,其山脉与山岭为深谷所切割。高山区主要包括青海地区及部分云南地区。长江流域中部的极高与陡坡地段也可认为属于高山区。流域中高山区的总面积达44.1万 km^2,占长江流域总面积的24.8%。

(三)降水

长江流域平均年降水量1 067 mm,由于地域辽阔,地形复杂,季风气候十分典型,年降水量和暴雨的时空分布很不均匀。江源地区年降水量小于400 mm,属于干旱带;流域内大部分地区年降水量为800~1 600 mm,属湿润带。年降水量大于1 600 mm的特别湿润带主要位于四川盆地西部和东部边缘、江西和湖南、湖北部分地区。年降水量在400~800 mm的半湿润带主要位于川西高原、青海、甘肃部分地区及汉江中游北部。年降水量达2 000 mm以上的多雨区都分布在山区,范围较小,其中四川荥经的金山站年降水量达2 590 mm,为全流域之冠。

长江流域降水量的年内分配很不均匀。冬季(12月至翌年1月)降水量为全年最少。春季(3—5月)降水量逐月增加。6—7月,长江中下游月降水量达200余mm。8月,主要雨区已推移至长江上游,四川盆地西部月降水量超过 200 mm,长江下游受副热带高压控制,8 月的降水量比 4 月还少。秋季(9—11 月),各地降水量逐月减少,大部分地区 10 月降水量比 7 月减少 100 mm 左右。连续最大 4 个月降水量占年总量的百分率,在下游地区为 50%~60%,出现时间鄱阳湖区为 3—6 月,干流区间上段为 4—7 月,下段为 6—9 月;在中游地区,为 60%左右,出现时间湘江流域为 3—6 月,干流区间为 4—7 月,汉江下游为 5—8 月;上游地区为 60%~80%,出现时间大多在 6—9 月。月最大降水量上游多出现在 7—8 月,两月降水量占全年的 40%左右;中下游南岸大多为 5—6 月,两月降水量占全年的 35%左右;中下游北岸大多出现在 6—7 月,两月降水量占全年的 30%左右。在雅砻江下游、渠江、乌江东部及汉江上游,9 月降水量大于 8 月。降水量年内分配不均匀性以上游较大,中下游南岸较小。

长江流域年暴雨日数分布的总趋势是:中下游年暴雨日数自东南向西北递减;上游年暴雨日数自四川盆地西北部边缘向盆地腹部及西部高原递减;山区暴雨多于河谷及平原。全流域有 5 个地区多暴雨,其多年平均年暴雨日数均在 5 d 以上。流域大部分地区暴雨发生在 4~10 月。

暴雨出现最多月,在中下游南岸、金沙江巧家至永兴一带和乌江流域为 6 月,暴雨日约占全年暴雨日的 30%。中下游北岸、汉江石泉、澧水大坪、嘉陵江昭化、峨眉山等地以 7 月暴雨最多,占全年的 30%~50%。沱江李家湾、岷江汉王场及云南昆明一带 8 月暴雨最多,其次是 7 月。上游雅砻江的冕宁、渠江的铁溪、三峡地区的巫溪及三角洲一带以 9 月暴雨最多,占全年的 25%~30%。

暴雨的年际变化比年降水量的年际变化大得多,如大别山多暴雨区的田桥平均年暴雨日数为 6.6 d,1969 年暴雨日数多达 17 d,而 1965 年却只有 1 d;年暴雨日数较少的雅砻江冕宁平均年暴雨日数为 2.5 d,1975 年暴雨日数多达 10 d,而 1969 年、1973 年、1974 年三年却没有暴雨。

暴雨的落区和强度直接影响到干支流悬移质输沙量的多寡。上游烈度产沙区(输沙模数≥2 000 t/(km^2 · a)的平均年暴雨日数为 1 d 左右,年降水量 600~1 000 mm。当强产沙区暴雨日数及强度比正常偏多偏强时,上游干流的年输沙量就偏多,称为大沙年份,相反则为小沙年份。

三、珠江流域水系

珠江年径流量 3 492 多亿 m^3,居全国江河水系的第二位,仅次于长江,是黄河年径流量的 6 倍。珠江流域面积 45.37 万 km^2,其中中国境内流域面积 44.21 万 km^2,干流全长 2 214 km,是中国境内第三长河流。

(一)水系组成

珠江由西江、北江、东江、珠江三角洲诸河组成。西江为珠江的主干流,发源于云南省曲靖市沾益县境内的马雄山,从上游往下游分为南盘江、红水河、黔江、浔江及西江等段,主要支流有北盘江、柳江、郁江、桂江及贺江等,在广东省珠海市的磨刀门注入南海,干流全长 2 214 km。北江发源于江西省信丰县石碣大茅山,上源称浈江,由墨江、锦江、武江、滃江、连江等汇合而成，主流在思贤滘与西江相通后汇入珠江三角洲，思贤滘以上河长 468 km，流域面积 4.67 万 km^2。东江发源于江西省寻乌县大竹岭，上源称寻乌水，由安远水、篛江、新丰江等汇合而成，主流在石龙镇汇入三角洲网河，石龙以上河长 520 km，流域面积 2.70 万 km^2。珠江三角洲是复合三角洲，由思贤滘以下的西、北江三角洲和石龙以下的东江三角洲以及流溪河、潭江、增江、深圳河等中小流域及香港九龙、澳门等地区水系组成，面积 2.68 万 km^2。韩江由梅江、汀江汇合而成，流域面积 3.01 万 km^2。粤桂沿海诸河，由众多源短坡陡的独流入海中小河流组成，总流域面积 7.14 万 km^2。海南省陆地面积 3.41 万 km^2，有众多大小河流，从中部山区或丘陵区向四周分流入海，构成放射状的海岛水系。国际河流有红河等，红河在中国境内流域面积 7.64 万 km^2。

（二）地貌特征

珠江流域平面轮廓近似长方形，中轴约在北回归线上，自西向东沿纬向展布。东西跨越经度 13°39′，南北跨越纬度 5°18′。流域全境在亚热带范围内。流域周缘为分水岭山地环绕，北以南岭、苗岭山脉，西北以乌蒙山脉，西以梁王山脉等与长江流域分界；西南以哀牢山余脉与红河流域分界；南以十万大山、六万大山、云开大山、云雾山脉等与桂粤注入南海诸河分界；东以武夷山脉、莲花山脉与韩江流域分界。珠江水系诸河于流域的东南角汇注珠江三角洲，流入南海。珠江三角洲漏斗湾外，还有莲花山脉的入海余脉，呈北东走向的万山、高栏列岛为屏障。珠江流域周边山地以中山为主，个别高峰海拔在 2 000 m 以上，最高为乌蒙山，海拔 2 866 m。流域地势大体上是西高东低、北高南低。前者造成珠江水系主干西江及其最大支流郁江大体上呈西—东流向，后者造成东、北两江干流以及西江上源南、北盘江和主要支流柳江、桂江、贺江等皆自北向南分别流注于珠江三角洲和西江干流。

珠江流域由自西至东的云贵高原、广西盆地、珠江三角洲平原三个宏观地貌单元构成。三大地貌单元间均有山地、丘陵作为过渡或分隔，其中广西盆地是流域主体。西江自西向东贯通三个主要地貌单元，并与北江、东江等在珠江三角洲汇流，形成以西江流域为主体的复合流域。

按地貌组合特点，珠江流域分为 4 个主要地貌区：云贵高原区、黔桂高原斜坡区、桂粤中低山丘陵和盆地区、珠江三角洲平原区。

（1）云贵高原区。该区处于流域最西部，其东以六枝—盘县—兴义—广南一线为界，包括滇中、滇东、滇东南和黔西的一部分。云贵高原以黔西地区最高，一般峰顶高程 2 200~2 500 m，多被切割成高差 300~500 m 的山地，亦称山原，可见到高程分别为 2 000 m、1 800 m 和 1 600 m 的三级夷平面。滇东峰顶高程约 2 000 m，属断陷湖盆高原，相对高差小，一般为 100~300 m。区内湖盆发育，较大的有抚仙湖、杞麓湖、阳宗海、异龙湖、通海（杞麓湖）以及建水、蒙自等盆地。

该区碳酸盐岩分布广泛，岩溶发育。南、北盘江流域范围内，岩溶面积占该区面积的 57.8%。滇东高原北部，岩溶演化以水平作用为主，地貌表现为溶原-岩丘和溶盆-丘峰景观。滇东高原南部以峰林地貌为主。珠江干流南盘江和支流北盘江上游位于该区，其中南盘江上游呈老年期宽谷地形，自宜良以下进入峡谷。河流阶地不发育。

(2)黔桂高原斜坡区。该区为云贵高原与桂粤中低山丘陵盆地间过渡带,包括桂西、黔西南和黔南等地区,东以三都—天峨—百色—那坡一线为界。地势从西向东逐渐降低,西部峰顶高程 1 600~1 800 m,东部降至 1 000~1 200 m,峰顶与谷地高差 300~600 m,存在高程 1 600 m、1 400 m 和 1 200 m 三级夷平面。

该区山脉走向多变,广布着碳酸盐岩,岩溶发育,地貌景观以峰林峰丛为主。苗岭南侧从贵州六枝至独山以及黄泥河与北盘江之间,以峰林溶洼为主。珠江干流南盘江下段、红水河上段、支流北盘江和右江上段均位于该区,河流河谷深切,横断面呈狭窄的"V"形,岸坡陡峭,岩溶发育区的支流多暗河,与主流汇合处常成吊谷和瀑布。

(3)桂粤中低山丘陵和盆地区。该区位于高原斜坡区以东除珠江三角洲平原外的广大地区,面积约占全流域的 70%。区内山地丘陵混杂,以中低山及丘陵为主,其余为盆地、谷地。地形总趋势是周边高、中间低。其北为中山山地,峰顶高程 1 000~1 500 m,最高的越城岭猫儿山,海拔 2 141 m。南部为十万大山、六万大山、大容山、云开大山和云雾山,亦为中山山地,峰顶高程 800~1 500 m,以云雾山大田顶最高,海拔 1 703 m。中部主要分布着广西弧形山脉和广东境内的罗平山脉,峰顶高程多为 1 000 m 以下,为低山丘陵地带。盆地和谷地沿河分布,规模较大的有柳州盆地、百色盆地、南宁盆地、桂平盆地、韶关盆地和惠阳平原等。该区中低山丘陵区同样广布着碳酸盐岩,岩溶发育,岩溶形态复杂,特别是广西境内岩溶景观驰名中外。桂中、桂西南,包括红水河和右江中游为峰林溶洼。桂中东部、桂东和粤北,包括郁江下游、黔江、柳江、浔江和北江流域逐渐过渡为峰林-溶盆和孤峰-溶原,即从山地景观转为平原景观。区内南宁盆地、桂平盆地、北江上游以及一些中新生代坳陷区分布着白垩系和第三系陆相红色地层,形成别具一格的丹霞地形。西江主要河段和支流、北江和东江位于该区,河流众多,水量充沛,河床纵剖面渐趋平缓,岸坡较平缓稳定,阶地发育。

(4)珠江三角洲平原区。该区位于流域东南部,地貌较为简单,主要分为冲积平原及网河平原两大部分,平原上兀立着 160 多个由丘陵、台地和残丘组成的丘岛,地层为河海交互相。

(三)降水

珠江流域降水的水汽来源于南海、西太平洋及孟加拉湾,3—5 月的东南季风把西太平洋的水汽输入,影响东经 105°以东地区,5—8 月盛行西南季风,则把孟加拉湾及南海的水汽输送到东经 110°以西地区。热带气旋的偏南风也可带来相当多的水汽,西太平洋和南海海面的热带气旋所生成的台风,每年夏秋季常侵袭或影响珠江下游及三角洲,台风所经之地和波及范围内出现狂风暴雨,台风雨多出现于 7—9 月。珠江流域地势西北高、东南低,有利于海洋气流向流域内地流动,但流域内的山脉阻隔又使深入内地的水汽含量减少,形成降水量的地区分布自东向西递减的趋势。此外,降水量具有沿海地区多于内地,山地多于平原,迎风面多于背风坡及河谷、盆地的特点。

珠江流域多年平均年降水量 1 470 mm,全流域可分为多雨带、湿润带和半湿润带。年降水量大于 1 600 mm 的多雨带,西起桂南的十万大山、粤西的云开大山、桂东的大瑶山一线,以及雷州半岛以北、南岭以南的广大地区,这一地区内除珠江三角洲年平均降水量小于 1 600 mm 外,大部分地区的平均年降水量为 1 600~3 000 mm。主要降水高值区有深圳、惠来一带粤东沿海地区，新会、阳春、阳江一带粤西沿海地区，河源、博罗、怀集、曲江一带粤北地区；桂林、永福、融安、资源一带桂北地区，这些地区的年平均降水量为1 800~2 500 mm，年平均降水量800~1 600 mm的湿润带，包括桂南十万大山、粤西云开大山、桂东大瑶山一线以西地区，这一地区内降水量自东向西明显减少，其东部大部分地区的年平均降水量为1 300~1 600 mm，中部大部分地区的年平均降水量为1 200~1 400 mm，西部地区包括南盘江的中上游年平均降水量为800~1 200 mm。同年平均降水量最低的地区为半湿润带，主要在南盘江的开远、建水、蒙自一带，其年平均降水量为400~800 mm，流域内各地区的降水量随季节而变化，西江上游夏雨占全年降水量的50%~55%，秋雨及春雨分别占20%和15%，冬雨仅占5%；柳江、桂江、贺江及东江、北江的中上游夏雨及春雨分别占全年降水量的38%~45%，秋雨占15%左右，冬雨占8%~10%；流域内其余地区夏雨占年降水量的45%左右，秋雨和春雨分别占18%和25%，冬雨占5%左右，降水量的分布相当集中，流域的东北部3—6月及4—7月最大降水量占全年降水量的55%~60%，中部及东南部5—8月最大降水量占全年降水量的60%~70%，西部地区6—9月最大降水量占全年降水量的65%~70%，降水量的年际变化程度较大。

珠江流域河川水资源总量3 860亿m^3，其中出海径流总量3 260亿m^3，即还原水量约为100亿m^3。西江（思贤滘西滘口以上）年径流量2 300亿m^3，约占全流域年径流量的68.5%；北江（思贤滘北滘口以上）年径流量510亿m^3，占全流域年径流量的15.2%；东江年径流量257亿m^3，占全流域年径流量的7.6%；三角洲诸河年径流量293亿m^3，占全流域总径流量的8.7%。流域天然径流量的变化主要受气候和下垫面的影响，年径流深的地区分布与年降水量的地区分布基本一致，年平均径流深最大的地区分布于珠江口门以及北江中下游，这些地区平均年径流深1 000~1 600 mm，其中桂北青狮潭水库上游年平均径流深达1 800 mm。流域内大部分地区的年径流深为300~1 000 mm，年平均径流深自东向西逐渐减少，西江高要、梧州、大湟江口等站的多年平均年径流深分别为702 mm、690 mm、641 mm。平均年径流量最小的地区是流域西部的南盘江流域的陆良、开远、蒙自一带，平均年径流深100~300 mm。径流的年内变化受降水支配，其中汛期降水量集中，径流量占全年的75%~85%。径流的季节变化与降水一致，其中西江中游夏季径流占全年径流量的48%~56%，秋季及春季分别占25%~30%及8%~18%，冬季占6%~8%。柳江、桂江、贺江及东江、北江的中上游夏季径流量占全年径流量的37%~60%，春季径流量占23%~43%，秋季径流量占15%~28%，冬季径流量占5%~9%。西江、北江、东江下游及沿海地区，夏、春、秋、冬各季径流量占全年径流量的百分比分别为42%~57%、16%~30%、18%~25%、6%~9%。

径流的集中程度：广西的上思至河池一线以西的西江上游地区，多年平均连续最大4个月径流量占全年径流量的70%左右，以东地区为60%左右。多年平均连续最大4个月径流出现的时间：柳江上游、桂江、贺江、北江为4—7月，红水河中段，左、右江和沿海地区为6—9月，局部地区为7—10月。

珠江流域各水系的年际径流变化，北江比东江、西江大；西江水系中则以郁江的径流年际变化最大，其次是南、北盘江，西江干流的径流年际变化最小。

第二节　现状特征及存在问题

一、南方河流水系主要特征

(一)河流水系特征

南方河流因受流域地形地貌、气候条件、区域经济社会发展等方面影响,河流水系具有区别于其他区域的一系列特征,主要如下:

(1)水网发达,支流众多,流域面积大。

从地形上看,南方地区地势东西差异大,主要位于第二、三级阶梯,东部平原、丘陵面积广大,长江中下游平原是我国地势最低的平原,河汊纵横交错,湖泊星罗棋布,江南丘陵又是我国最大的丘陵,可谓丘陵交错,平原地区河湖众多,总体上水网纵横,具有典型的南国水乡特色。因南方地区地表径流丰富,河网密度较大,天然河网密度平均达到0.81 km/km^2,大江大河的支流众多,如珠江有大小支流700多条,对比黄河支流仅有30多条,延伸范围广,故流域面积也大。下游地段更是水网密布,湖泊众多,故南方水乡也多,“南船北马”就形象地说明了南北河流方面的差别。

(2)降水丰富,径流量大。

从气候条件看,南方河流因地处热带、亚热带湿润地区,以亚热带、热带季风气候为主,夏季高温多雨,区域降水量非常丰富,年降水量大多在800 mm以上,以东南沿海和山地迎风坡降水最多,因而南方河流的径流量非常大,从全国各区的大江大河径流量对比看(见图2-1),长江的年径流量是黄河的14倍多,珠江的年径流量是黄河的7倍多。

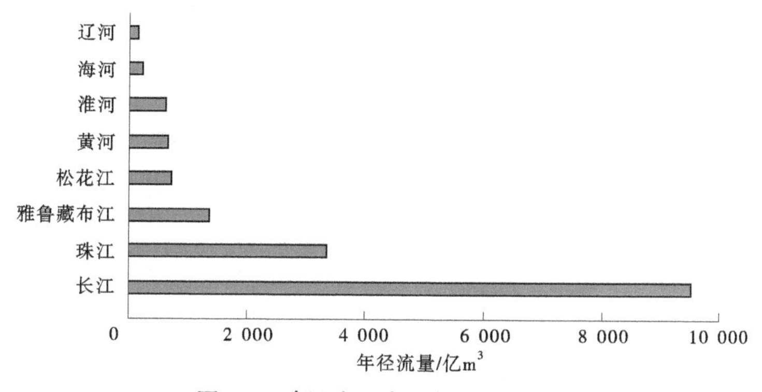

图2-1　我国大江大河年径流量统计

(3)汛期长,水量季节变化明显,无结冰期。

南方因雨量丰沛,雨季长,夏季高温多雨,冬季温和少雨,故汛期长且集中在夏秋季,水量季节变化明显。如珠江汛期为4—9月,枯期为10月至翌年3月,汛期径流量占年径流量的80%左右。此外,南方地区冬季温度高于0 ℃,故河流无结冰期,与北方河流因冬季长、气温低而结冰期长这一特点具有明显差异。

此外,对比北方地区,南方地区的植物生长茂盛,植被覆盖率较高,人为破坏较少,因此水土保持能力较强,水土流失较为轻微,故河流的含沙量和输沙量均较小。如黄河含沙量是珠江的58倍,输沙量比珠江多38倍。

(4)河流结构多样复杂。

南方河流水系具有跨越地貌类型多样、流域降雨分布不均、径流洪峰大等特点,造就了多种多样的河流廊道结构。

在河道上体现不同河段的河道类型各不相同。从流域大尺度上看,如长江流域或珠江流域,上游段以高山、峡谷河流为主,河床深切,河岸陡峭,气势宏伟险峻;中下游河流以山地河流为特点,河道由河涌、两岸斜坡组成,具有一定的河漫滩地;下游河口以丘陵、平原河流为特点,河道较宽,纵坡缓,具有较宽的河漫滩地。

在河漫滩、河岸植被等方面,也体现为上、中、下游不同的特点。在峡谷河段,体现为无河漫滩发育;在平原河网区,河漫滩发育充分,生物多样性丰富。在高原地区,河岸植被以高原草甸、草地或高山植被为主;在丘陵地区,沿河森林植被茂盛,可为生物提供多种多样的栖息场所;在平原河网区域,河岸植被多种多样,陆生、水生植物群落丰富。

(5)河流梯级多,航运价值高。

南方河流水系因水资源年内分配不均,且河流纵向坡降大,汛期水流湍急且水位高,往下游或河流输出了大量的水资源。为了充分利用水资源、水能资源,在南方大大小小的河流上修建了众多梯级电站、水库等,在很大程度上造成了河道纵向阻隔现象明显,这一现象同时也是影响河流廊道纵向连通性的重要问题。

南方河流径流量大且季节变化相对较小,河道深而宽,通航能力大,通航里程长,且无结冰期,全年可通航,故航运能力强,航运价值高。如西江号称我国的“黄金水道”,珠江干支流通航里程达14 000余km,100 t级航道达3 000多km,广州至黄浦能够通航3 000~5 000 t级海轮;而黄河通航里程仅约500 km,除潼关—三门峡段有115 km的100 t级航道外,其余航段基本在20万t级以下。

(6)水环境形势不容乐观。

南方地区经济社会发展迅速,人口占全国人口总量的53.9%,GDP占全国的55.5%。近年来,由于人类活动影响,南方河流水质逐步下降。通过对南方地区具有代表性的武汉、长沙、成都等12个城市饮用水水源的水质状况调查、监测与分析,结果显示,南方地区的水源普遍存在着低浊、高藻、微污染的特征。据统计,78.6%的水源浊度平均值处于50 NTU以下,63.6%的水源藻类污染严重,57.1%的水源微污染状况正逐渐加剧。根据《2018年中国环保生态环境检测行业分析报告——市场深度调研与投资前景预测》,2018年,我国已认定黑臭水体总数为2 172个(不含港澳台地区),南方地区占62.2%,且主要分布在广东(243个)、安徽(217个)、湖南(170个)、湖北(145个)及江苏(152个)。

(二)河流廊道特征

南方地区具有地貌类型多样、水热条件优越、水资源丰富、河流流量变幅相对较小、含沙量较小等特点,因而孕育了丰富的河流水系廊道。

1.“山水林田湖草生命共同体”特征更为突出

南方河流流经地貌类型多样,上、中游支流众多,河口区域水网发达,河流廊道基底和斑块类型多样,与北方地区相比,其“山水林田湖草生命共同体”特征明显,各生态要素之间的联系也更为紧密。

河流廊道所处的基底是其所处流域范围内的与廊道存在异质性且自身同质的大面积土地范围。南方河流所处流域地形地貌多样,因此也形成了多种多样的景观生态基底。长江流域流经山地、高原、盆地(支流)、丘陵、平原、河网等,其河流廊道所处的基底也相应体现为山地森林基底、高原草甸基底、丘陵农田基底、平原农田基底、河口水网基底等多种类型。珠江流域流经云贵高原、广西盆地、珠江三角洲平原三个宏观地貌单元,其河流廊道基底与长江流域类似,多种多样。

南方河流水系流域内具有多种多样的自然特征,有高原湖泊、低洼水塘、水库、湿地等。而且人类逐水而居,自古以来就在河流两岸形成多样的聚落,慢慢发展演变形成众多依水而建的大都市。

不同地貌类型基底、斑块依托河流廊道进行上下游物质交换、能量流动和信息传递,完成水文循环、生命信号传递,支撑水生生物完成生活史全阶段过程。南方河流因流经范围广、支流众多、水资源丰富,使河流廊道得以将山地、高原、盆地(支流)、丘陵、平原、河网等基底以及湖泊、水库、湿地等紧密联系起来,山水林田湖草生命共同体特征更为明显。

2. 抵抗力稳定性和恢复力稳定性较强

南方地区位于热带、亚热带区域,具有日照充足、雨量充沛、水资源丰富等气候、水文特点。水是生命之源,南方地区占有全国水资源总量的80%以上,孕育丰富多样的生态系统,不同的生态系统又包含了多种多样的群落结构,具备较强的抵抗力稳定性。当河流廊道受到破坏时,丰富的雨热资源促进生物快速恢复或新的生态系统快速形成,具有较强的恢复力稳定性。

因此,与北方相比,南方河流廊道生态系统的抵抗力稳定性和恢复力稳定性较强。

二、南方河流水系存在的问题

我国南方地区人多地少,经济体量大,水量丰沛但新老水问题交织,具体表现在水污染形式与组分更趋复杂和多样,水生态和资源系统退化形势日益严峻等方面,同时,受不合理开发模式和人为活动等因素影响,南方地区河流水系本身存在生存空间持续萎缩、空间结构不连续、生态系统遭到破坏、调蓄涵养等生态功能有所减弱等问题。

(1)水生态格局整体性、关联性不足。

针对南方特定河流来说,一般生态单元连续性不足,未能形成纵横交错、有机构建的生态网络体系,生态系统的基本空间格局距离形成整体性和关联性还有一定的提升空间。

东江下游段,都设有堤防,两岸开发程度较高,东江北干流上游段左岸开发强度过大,自然岸线20.48 km,现状利用岸线19.78 km,占96.6%;岸线缺乏统筹管理,河流岸线存在无序开发,部分河段沿河工业企业布局集中,岸线使用与陆域布局不协调,导致腹地土地价值的巨大落差以及城市特色风貌丧失。

岸线是河流水系生态廊道的重要组成部分,是水生态系统和陆地生态系统、自然生态系统和人文生态系统相互作用、相互影响的脆弱敏感地带。维护岸线地区原有的生态系统,对保持城市生物多样性具有重大意义。但过度的水消耗、污染物的大量排放、硬质化的护岸,造成水面枯竭、水质恶化、动植物栖息地丧失、岸线生态功能逐渐消失,影响了水陆物质能量等交换以及生物基因的交流。

(2)水生态和资源系统退化形势严峻。

因人为原因导致部分河段廊道缩窄甚至被侵占,水网有效连通性有退化趋势;河道无序采砂导致河床过度下切,直接破坏河流生态系统的生境,改变河道形态,对河流生态系统造成严重破坏;部分河段渠系化严重,堤岸结构硬化,导致水岸物质能量交换受阻;水污染及各类问题导致河流廊道的生物多样性降低。

(3)河流廊道纵向阻隔现象明显。

为了充分利用水资源、水能资源,在南方大大小小的河流上修建了众多梯级电站、水库等,从而造成了河道纵向阻隔现象明显。而这一现象同时也是影响河流廊道纵向连通性的重要问题。

以长江流域猫跳河为例,猫跳河地处贵州省中部,是乌江右岸一级支流,发源于安顺市西秀区塔墓山,在贵阳市修文县汇入乌江,流域面积 3 246 km^2,河长 179 km,落差 549 m,平均坡降 3.07‰,流域内建有大小水利水电工程 200 多处,基本改变了流域内河道及河水的天然状态,淹没区内的流水生境变成了水库静水环境。坝址下游河段的水情水势也发生了巨大变化,影响了流量规律性,大坝泄洪也直接改变了下游部分河段水流的流速、流量等,甚至造成水文、生物等方面的阻隔现象。修建梯级降低了河流纵向连通性,阻隔了水生生物特别是鱼类的纵向迁徙,流域陆生生态系统也受到不同程度的干扰,影响河流横向连通性。

以东江为例,东江干流全长 562 km,其中在江西省境内长度 127 km,广东省境内 435 km,平均坡降为 0.35‰,石龙以上干流长 520 km,广东省境内 393 km。流域总面积 35 340 km^2,其中广东省境内 31 840 km^2,占流域总面积的 90%;石龙以上流域总面积 27 024 km^2,广东省境内 23 540 km^2。历史上东江盛产洄游性、半洄游性鱼类,每年 4—6 月,鲥鱼、花鲦等都溯河洄游至新丰江形成渔汛。但 20 世纪 60 年代以后,东江下游 8 个河口中有 5 个陆续修建了防咸潮水闸,干流和支流也兴建了新丰江水库等水利工程,2003 年东江干流水电梯级开始大规模开发建设,如枫树坝以下江段完成建设的水电站就有 11 个之多。各类水利工程从根本上改变了生物长期适应的自然水文节律,阻碍了鱼类等的洄游和繁殖,破坏了洪泛区湿地生态系统,也使得东江干流的纵向连通性受损。

(4)水污染形势与组分更趋复杂和多样。

南方河流尤其是下游经济发达地区水污染严重,且区域经济布局逐渐向上游转移,使得流域水环境风险呈现复合态势,工业等行业发展及上游畜禽养殖形成流域结构性污染,又增加了下游污染风险,导致水污染面临的形势较为严峻。

第三章　河湖健康评价体系框架

河流作为重要的生物聚集地和栖息地,提供了人类生产生活的必要物质基础。而河流服务功能的实现以生态系统的结构和健康过程为基础。随着人类社会的不断进步,人类对自然生态系统干扰逐渐加剧,河流生态系统河道形状、水生生物组成、河流连续性、水文和生物过程等发生变化,进而影响到其功能的发挥。基于此,对河流开展针对性的保护与研究工作。在推进河流生态系统保护和修复的过程中,河流健康评价已经成为重要的评估工具和技术手段,而河湖健康评价指标体系则是进行河湖健康评价的重要技术支撑。

第一节　河湖健康的影响因素

河湖健康是指河湖自然生态状况良好,同时具有可持续的社会服务功能,在外界胁迫下容易恢复的一种状态。我国河流数量多,全国大小河流总长达 42 万 km,流域大于 100 km^2 的河流有 5 万多条,流域面积达 1 000 km^2 的河流也有 1 500 多条,这些河流为国家社会经济发展和保障人民生活发挥着重要的作用(蔡守华,2008)。随着水资源开发利用和污染物排放强度的增大,河流健康受损,河流水生态问题已成为当前迫切要解决的环境问题之一。而我国的湖泊当前也正在面临着湖泊萎缩与调蓄能力减小、水质下降与富营养化加重、生物多样性减少与生态退化、河湖水力和生态联系阻隔以及湖岸线和环湖地带过度开发等问题(杨桂山,2010)。

河湖健康不等于原始或者零干扰。影响河湖健康的因素有很多,主要包括水质污染、水量短缺、水域岸线侵占、水生态退化、河湖系统功能退化问题突出等。

一、水质污染

随着近年来各地持续加大水环境治理力度,全国水环境有所好转。但当前仍然存在点源和非点源污染问题严重,水质状况整体较差,湖库富营养化问题严重,水功能区水质达标率偏低的问题。

(一)地表水水质总体状况

为了解中国河流水质状况,中国水利部门每年均开展一定规模的河流水质调查。自 1997 年起,中国水利部逐年发布中国水资源公报,提供当年中国水资源、水质状况的客观信息,根据 1997—2017 年中国江河不同水质级别河长占比的变化情况,2007—2017 年间,我国江河水质有转好趋势(王乐扬,2019),见图 3-1 和图 3-2。

根据生态环境部发布的《2020 中国生态环境状况公报》, 2020 年 1—12 月,1940 个国家地表水考核断面中,水质优良(Ⅰ～Ⅲ类)断面比例为 83. 5%,同比上升 8. 5 个百分点;劣Ⅴ类断面比例为 0. 6%,同比下降 2. 8 个百分点(见图 3-3)。主要污染指标为化学需氧量、总磷和高锰酸盐指数。

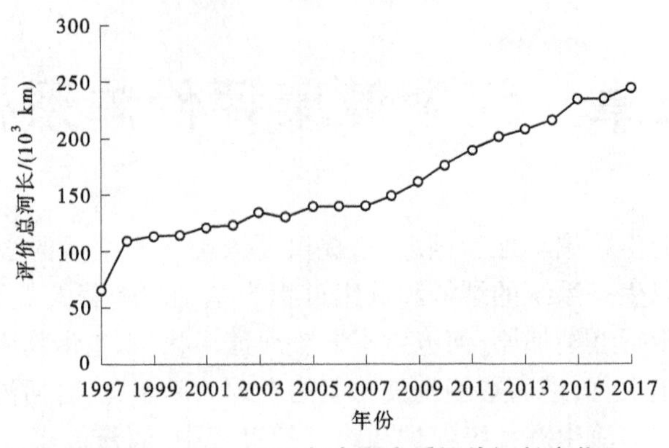

图 3-1　1997—2017 年中国水质评价河长变化

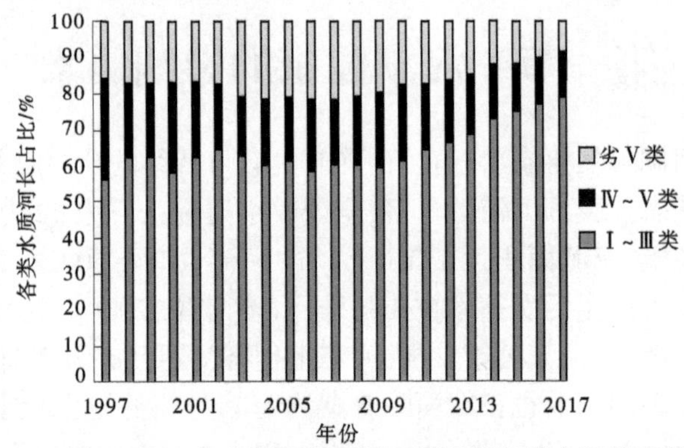

图 3-2　1997—2017 年中国江河不同水质级别河长占比的变化趋势

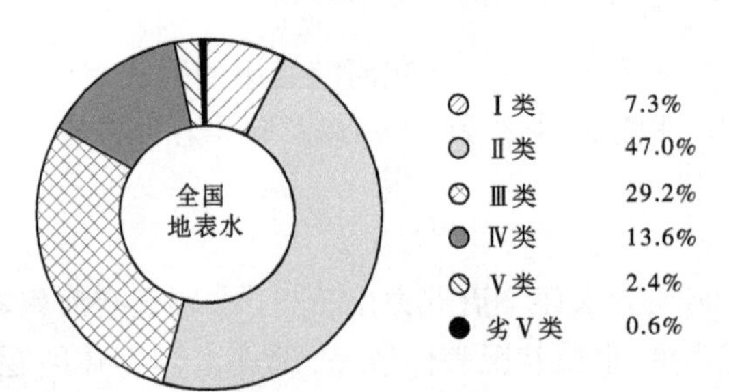

图 3-3　2020 年 1—12 月全国地表水水质类别比例
（引自《2020 中国生态环境状况公报》）

(二)主要江河水质状况

根据生态环境部通报 2020 年 1—12 月全国地表水、环境空气质量状况，2020 年 1—12 月，长江、黄河、珠江、松花江、淮河、海河、辽河等七大流域及西北诸河、西南诸河和浙闽片河流水质优良（Ⅰ~Ⅲ类）断面比例为 87.4%，比 2019 年上升 8.3 个百分点；劣Ⅴ类断面比例为 0.2%，比 2019 年下降 2.8 个百分点（见图 3-4）。主要污染指标为化学需氧量、高锰酸盐指数和五日生化需氧量。其中，西北诸河、浙闽片河流、长江流域、西南诸河和珠江流域水质为优，黄河、松花江和淮河流域水质良好，辽河和海河流域为轻度污染。

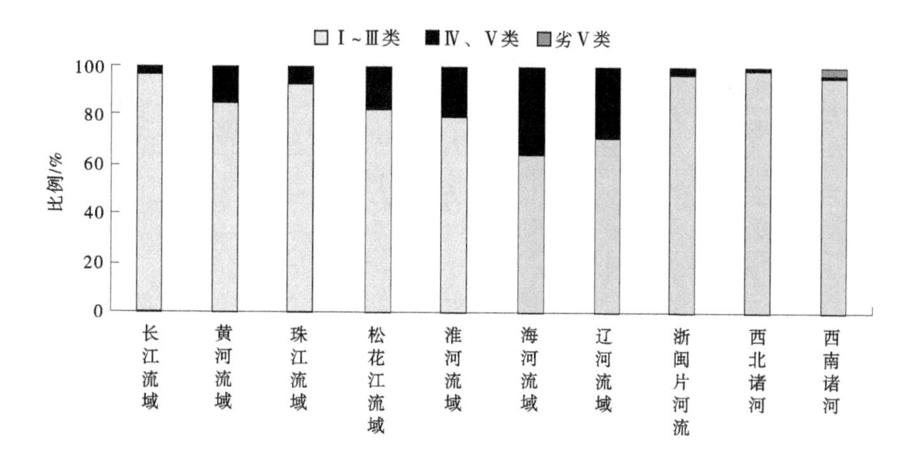

图 3-4　2020 年 1—12 月七大流域和浙闽片河流、西北诸河、西南诸河水质状况

（引自《2020 中国生态环境状况公报》）

（三）重要湖（库）水质状况及营养状态

2020 年 1—12 月，开展水质监测的 112 个重点湖（库）中，Ⅰ～Ⅲ类水质湖库个数占比 76.8%，同比上升 7.7 个百分点；劣Ⅴ类水质湖库个数占比 5.4%，同比下降 1.9 个百分点。主要污染指标为总磷、化学需氧量和高锰酸盐指数。

110 个开展监测营养状态的湖（库）中，重度富营养的有 1 个，占 0.9%；中度富营养的有 5 个，占 4.5%；轻度富营养的有 26 个，占 23.6%；其余湖（库）未呈现富营养化。其中，太湖和巢湖为轻度污染、轻度富营养，主要污染指标为总磷；滇池为轻度污染、中度富营养，主要污染指标为化学需氧量和总磷；丹江口水库和洱海水质为优、中营养；白洋淀为轻度污染、轻度富营养，主要污染指标为化学需氧量和总磷。与 2019 年同期相比，洱海水质有所好转，太湖、巢湖、滇池、丹江口水库和白洋淀水质均无明显变化；滇池营养状态有所下降，太湖、巢湖、洱海、丹江口水库和白洋淀营养状态均无明显变化。

（四）地级及以上城市国家地表水考核断面排名

参加排名的全国地级及以上城市，覆盖 2 050 个国控断面（其中 1 940 个为国家地表水考核断面，110 个为入海控制断面）。2020 年 12 月，全国地级及以上城市中，林芝、河源和崇左市等 30 个城市国家地表水考核断面水环境质量相对较好（从第 1 名至第 30 名），东营、庆阳和铜川市等 30 个城市国家地表水考核断面水环境质量相对较差（从倒数第 1 名至倒数第 30 名）。2020 年 1—12 月，全国地级及以上城市中，柳州、桂林和张掖市等 30 个城市国家地表水考核断面水环境质量相对较好（从第 1 名至第 30 名），铜川、沧州和邢台市等 30 个城市国家地表水考核断面水环境质量相对较差（从倒数第 1 名至倒数第 30 名）；营口、吕梁和东莞市等 30 个城市国家地表水考核断面水环境质量变化情况相对较好（从第 1 名至第 30 名），铜川、东营和海口市等 30 个城市国家地表水考核断面水环境质量变化情况相对较差（从倒数第 1 名至倒数第 30 名），见表 3-1～表 3-4。

表 3-1　2020 年 1—12 月国家地表水考核断面水环境质量状况排名前 30 位城市及所在水体

排名	城市	考核断面所在水体
1	柳州市	融江,洛清江,柳江
2	桂林市	寻江,甘棠江,湘江,漓江,桂江,洛清江,夫夷水
3	张掖市	黑河,北大河,东大河
4	金昌市	金川河
5	吐鲁番市	白杨河
6	云浮市	西江
7	来宾市	红水河,黔江,柳江
8	黔东南苗族侗族自治州	沅江,清水江,都柳江,舞水,渠水,巴拉河
9	河源市	新丰江水库,东江
10	崇左市	明江,左江
11	河池市	龙岩滩水库,红水河,龙江
12	肇庆市	西江,北江
13	攀枝花市	雅砻江,金沙江
14	永州市	湘江,潇水
15	贵港市	郁江,浔江
16	梧州市	西江,浔江,贺江
17	昌吉回族自治州	开垦河,三屯河
18	嘉峪关市	北大河(干渠)
19	阿拉善盟	额济纳河
20	雅安市	大渡河,青衣江
21	文山壮族苗族自治州	盘龙河,谷拉河,南利河
22	贺州市	贺江,桂江
23	百色市	澄碧河,右江,难滩河,剥隘河,万峰湖
24	喀什地区	克孜河,叶尔羌河,提孜那甫河
25	黔南布依族苗族自治州	濛江,都柳江,清水江,重安江,红水河,樟江,羊昌河
26	邵阳市	邵水,巫水,赧水,蒸水,资江,夫夷水
27	恩施土家族苗族自治州	郁江,长江,溇水,清江,唐岩河,酉水
28	黄山市	太平湖,练江,新安江,横江,率水,昌江
29	丽水市	湖南镇水库,好溪,龙泉溪,松阴溪,小溪,瓯江,大溪,松源溪
30	吉安市	孤江,乌江,蜀水,遂川江,赣江,禾水

资料来源:《2020 中国生态环境状况公报》。

表 3-2　2020 年 1—12 月国家地表水考核断面水环境质量状况排名后 30 位城市及所在水体

排名	城市	考核断面所在水体
倒 1	铜川市	石川河
倒 2	沧州市	子牙河,石碑河,宣惠河,沧浪渠,子牙新河,北排河,漳卫新河,廖佳洼河,南排河,青静黄排水渠
倒 3	邢台市	牛尾河,卫运河,滏阳河
倒 4	东营市	挑河,神仙沟,广利河
倒 5	滨州市	黄河*,幸福河*,小清河,小米河,德惠新河,徒骇河,马颊河,支脉河,漳卫新河,潮河
倒 6	阜新市	西细河
倒 7	日照市	沭河,付疃河
倒 8	商丘市	包河,惠济河,浍河,大沙河,沱河
倒 9	淮北市	澥河,濉河,浍河,沱河
倒 10	临汾市	沁河*,昕水河*,汾河,浍河
倒 11	沈阳市	蒲河,浑河,柳河,拉马河,辽河,细河
倒 12	吕梁市	岚漪河*,黄河*,屈产河,岚河,文峪河,三川河,磁窑河,湫水河,蔚汾河
倒 13	潍坊市	潍河,白浪河,虞河,峡山水库,弥河,小清河,北胶莱河
倒 14	廊坊市	龙河*,泃河,北运河,潮白河,子牙河,潮白新河,大清河
倒 15	辽源市	东辽河
倒 16	通辽市	西辽河
倒 17	天津市	南水北调天津段*,南运河*,子牙河*,尔王庄水库*,北运河*,于桥水库,引滦天津河,洪泥河,果河,州河,子牙新河,海河,永定新河,潮白新河,北排河,独流减河,沧浪渠,青静黄排水渠,蓟运河
倒 18	鹤壁市	卫河,淇河
倒 19	盘锦市	绕阳河,大辽河,辽河
倒 20	聊城市	高唐湖*,马颊河,卫运河,徒骇河
倒 21	连云港市	车轴河,范河,五灌河,青口河,西盐大浦河,新沭河,淮沭新河,龙王河,朱稽河,灌河,通榆河,古泊善后河,沙旺河,蔷薇河,大浦河,新沂河,烧香河,兴庄河,排淡河
倒 22	菏泽市	新万福河,洙赵新河,东渔河
倒 23	徐州市	沭河,复新河,徐洪河,大沙河,京杭大运河(不牢河段),沿河,京杭大运河(中运河段),运料河,奎河
倒 24	宿州市	新汴河,新濉河,沱河,浍河
倒 25	青岛市	李村河,崂山水库,吉利河,风河,海泊河,墨水河,大沽河,白沙河,北胶莱河
倒 26	开封市	惠济河,涡河
倒 27	淄博市	沂河*,小清河
倒 28	四平市	东辽河,招苏台河,西辽河,条子河
倒 29	周口市	泉河,颍河,黑茨河,贾鲁河,涡河
倒 30	玉溪市	抚仙湖*,元江*,曲江,南盘江,星云湖,杞麓湖

注:表中带*水体水质达到《地表水环境质量标准》(GB 3838) Ⅰ类或Ⅱ类。

表3-3 2020年1—12月国家地表水考核断面水环境质量变化情况排名前30位城市及所在水体

排名	城市	变化幅度/%	考核断面所在水体
1	营口市	-67.78	碧流河,大清河,熊岳河,沙河,大旱河,大辽河
2	吕梁市	-60.30	岚漪河,黄河,岚河,屈产河,文峪河,三川河,磁窑河,湫水河,蔚汾河
3	东莞市	-43.32	珠江广州段,茅洲河,东莞运河,石马河,东江
4	晋中市	-39.30	清漳河,松溪河,潇河,汾河
5	茂名市	-39.01	高州水库,袂花江,关屋河,鉴江,寨头河,小东江,森高河
6	太原市	-36.23	汾河
7	惠州市	-35.83	西枝江,霞涌河,柏岗河,东江,增江,岩前河,沙河,南边灶河,吉隆河,淡水河,淡澳河
8	临汾市	-34.16	沁河,昕水河,汾河,浍河
9	辽源市	-33.04	东辽河
10	廊坊市	-31.70	龙河,泃河,北运河,潮白河,子牙河,潮白新河,大清河
11	乌兰察布市	-30.54	大黑河,御河
12	鞍山市	-27.40	哨子河,大洋河,海城河,太子河,辽河
13	普洱市	-27.06	南拉河,李仙江,南马河,澜沧江,威远江,思茅河
14	深圳市	-26.83	赤石河,深圳河,茅洲河
15	怒江傈僳族自治州	-26.62	怒江
16	邢台市	-26.49	牛尾河,卫运河,滏阳河
17	阜新市	-26.06	西细河
18	锦州市	-25.11	女儿河,大凌河,小凌河,庞家河
19	朔州市	-23.75	桑干河,苍头河
20	延安市	-23.58	北洛河,王瑶水库,延河,仕望河,清涧河
21	盘锦市	-22.85	绕阳河,大辽河,辽河
22	阳泉市	-21.96	绵河,滹沱河,桃河
23	安阳市	-21.96	淅河,淇河,露水河,安阳河,卫河
24	聊城市	-21.80	高唐湖,卫运河,马颊河,徒骇河
25	庆阳市	-20.99	马莲河,蒲河
26	武威市	-19.70	黄羊河,石羊河,红崖山水库
27	沧州市	-19.62	子牙河,石碑河,沧浪渠,宣惠河,北排河,子牙新河,漳卫新河,廖佳洼河,青静黄排水渠,南排河
28	辽阳市	-19.23	二道河,下达河,汤河,太子河,北沙河
29	巴中市	-18.93	巴河
30	呼和浩特市	-18.82	黄河,浑河,大黑河

表 3-4　2020 年 1—12 月国家地表水考核断面水环境质量变化情况排名后 30 位城市及所在水体

排名	城市	变化幅度/%	考核断面所在水体
倒 1	铜川市	8.45	石川河
倒 2	东营市	5.73	挑河，神仙沟，广利河
倒 3	海口市	5.55	南渡江*，文昌河，演州河
倒 4	莆田市	5.42	木兰溪，萩芦溪
倒 5	自贡市	4.13	越溪河，沱江，釜溪河
倒 6	淄博市	2.74	沂河*，小清河
倒 7	上饶市	1.81	饶河*，洎水河*，乐安河*，昌江*，信江*，信江西支*，鄱阳湖
倒 8	汕尾市	1.76	螺河*，乌坎河，黄江河
倒 9	商丘市	1.71	包河，惠济河，浍河，沱河，大沙河
倒 10	揭阳市	1.15	龙江（粤东），榕江南河，榕江北河
倒 11	常德市	1.11	沅江*，澧水*，洞庭湖
倒 12	赤峰市	1.03	老虎山河*，西拉木沦河，老哈河，乌尔吉沐沦河
倒 13	红河哈尼族彝族自治州	0.95	南溪河*，红河*，藤条江*，小河底河，南盘江，异龙湖
倒 14	滨州市	0.69	黄河*，幸福河*，小清河，小米河，德惠新河，徒骇河，马颊河，支脉河，漳卫新河，潮河
倒 15	锡林郭勒盟	0.25	锡林河，滦河
倒 16	开封市	0.14	惠济河，涡河
倒 17	宿迁市	0.04	京杭大运河（中运河段）*，骆马湖，徐洪河，柴米河，老汴河，溧河，洪泽湖
倒 18	湛江市	-0.06	鹤地水库，南渡河，雷州青年运河，鉴江，袂花江，九洲江
倒 19	台州市	-0.08	长潭水库*，里石门水库*，始丰溪*，海游溪*，永安溪*，永宁江，江厦大港，椒江，金清港
倒 20	双鸭山市	-0.19	挠力河，乌苏里江，安邦河
倒 21	徐州市	-0.29	沭河，复新河，京杭大运河（不牢河段），徐洪河，大沙河，沿河，京杭大运河（中运河段），运料河，奎河
倒 22	威海市	-0.90	黄垒河*，乳山河*，沽河，母猪河
倒 23	中山市	-1.13	洪奇沥水道*，磨刀门水道*，横门水道*，中心河，兰溪河，泮沙排洪渠
倒 24	七台河市	-1.35	倭肯河

续表 3-4

排名	城市	变化幅度/%	考核断面所在水体
倒 25	巴音郭楞蒙古自治州	-2.02	开都河*，孔雀河*，塔里木河*，车尔臣河*，博斯腾湖
倒 26	包头市	-2.07	黄河*，昆河，四道沙河
倒 27	济南市	-2.15	黄河*，牟汶河*，玉符河*，小清河，瀛汶河
倒 28	漯河市	-2.32	沙河*，汾河*，清濮河，颍河，黑河
倒 29	日照市	-2.90	沭河，付疃河
倒 30	淮北市	-3.16	澥河，濉河，浍河，沱河

注：表中带＊表示水体水质达到《地表水环境质量标准》(GB 3838) Ⅰ类或Ⅱ类。

(五)污水排放情况

1997—2017 年中国平均污水排放量为 713 亿 t，污水排放量在 1997—2011 年从最小值 584 亿 t 上升到最大值 807 亿 t，呈现出高速持续上升的状态；在 2012 年之后逐年稳定下降(见图 3-5)。总体来说，20 年来的污水排放呈现上升趋势(王乐扬，2019)。这主要是因为近些年来国内开展了大规模的污水治理工程，河流水质整体上得到了提升。

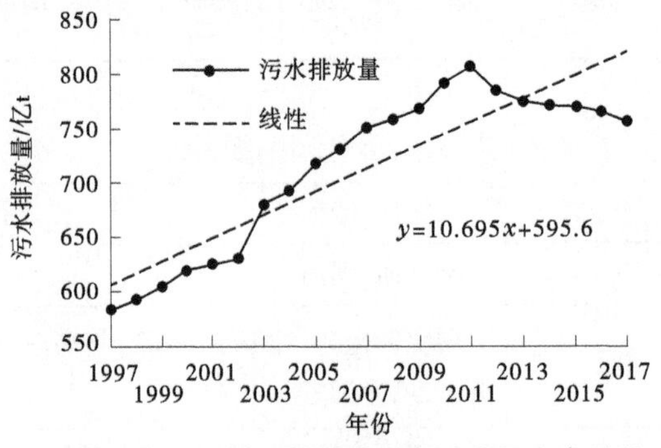

图 3-5　1997—2017 年中国污水排放量变化趋势

王乐扬(2019)等对全国污水排放量与各类水质河长占比之间的关系进行了研究，见图 3-6。在 2009 年之后，污水排放量与各类水质河长占比就呈现出了明显的线性关系，随着污水排放量的增大，Ⅰ~Ⅲ类水质河长占比明显减少，而Ⅳ~Ⅴ类和劣Ⅴ类水质河长的占比明显增加，说明减少污水排放对改善水质效果明显，这也是近些年河流水质改善的重要原因之一。

二、水量短缺

2020 年，全国水资源总量 31 605.2 亿 m^3，比多年平均值偏多 14.0%，比 2019 年增加 8.8%。其中，地表水资源量 30 407.0 亿 m^3，地下水资源量 8 553.5 亿 m^3，地下水与地表水资源不重复量为 1 198.2 亿 m^3。全国水资源总量占降水总量的 47.2%，平均单位面积产水量为 33.4 万 m^3/km^2。2020 年各水资源一级区水资源总量见表 3-5。

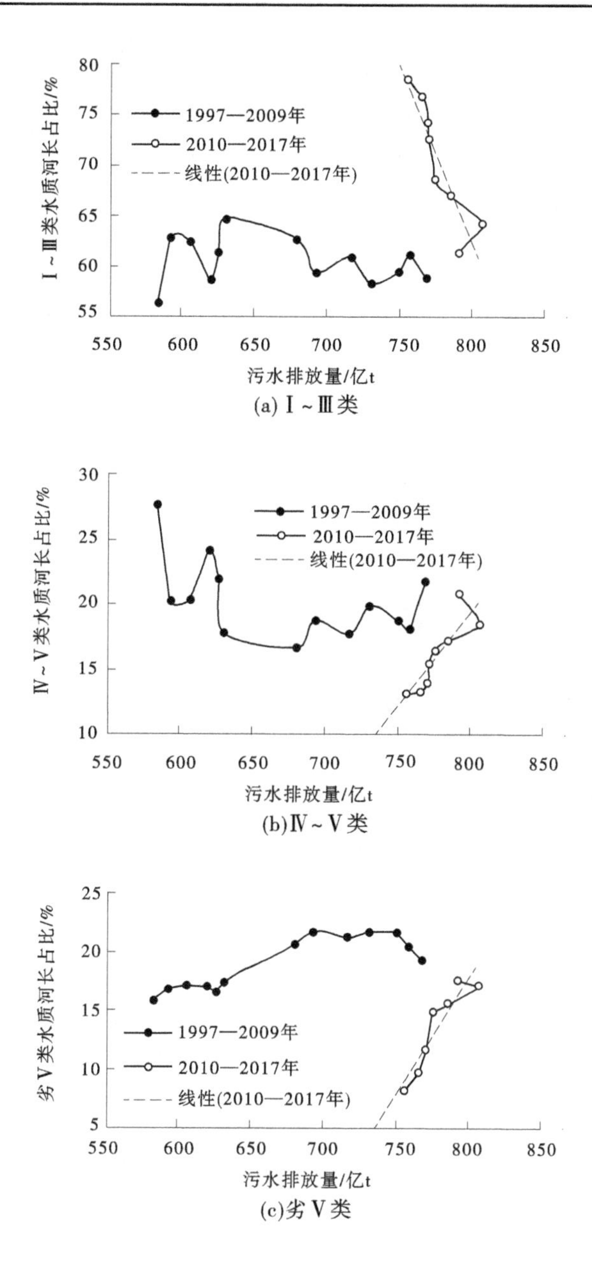

(a) Ⅰ～Ⅲ类

(b)Ⅳ～Ⅴ类

(c)劣Ⅴ类

图 3-6　不同水质级别河长占比与相应年份污水排放量之间的相关关系

1956—2020 年全国水资源总量变化过程见图 3-7。与多年平均值比较，全国各年代水资源总量变化不大，1990—1999 年偏多 3.9%，2000—2009 年偏少 3.9%，2010 年以来偏多 3.7%。南方 4 区 1990—1999 年偏多 4.8%，2000—2009 年偏少 3.2%，2010 年以来偏多 3.2%；北方 6 区 1990—1999 年接近多年平均值，2000—2009 年偏少 6.9%，2010 年以来则偏多 5.8%。

表 3-5　2020 年各水资源一级区水资源量

水资源一级区	降水量/mm	地表水资源量/亿 m³	地下水资源量/亿 m³	地下水与地表水资源不重复量/亿 m³	水资源总量/亿 m³
全国	706.5	30 407.0	8 553.5	1 198.2	31 605.2
北方 6 区	373.1	5 594.0	2 820.1	1 021.0	6 645.0
南方 6 区	1 297.0	24 813.0	5 733.4	147.2	24 960.2
松花江区	649.4	1 950.5	647.3	302.6	2 253.1
辽河区	589.4	470.3	200.0	94.7	565.0
海河区	552.4	121.5	238.5	161.6	283.1
黄河区	507.3	796.3	451.6	121.2	917.4
淮河区	1 060.9	1 042.5	463.1	261.2	1 303.6
长江区	1 282.0	12 741.7	2 823.0	121.2	12 862.9
其中:太湖流域	1 543.4	292.3	54.5	20.8	313.1
东南诸河区	1 582.3	1 665.1	429.4	12.1	1 677.3
珠江区	1 540.3	4 655.2	1 068.7	13.8	4 669.0
西南诸河区	1 091.9	5 751.1	1 412.4	0	5 751.1
西北诸河区	159.6	1 213.1	819.6	109.7	1 322.8

注:地下水资源量包括当地降水和地表水及外调水入渗对地下水的补给量。

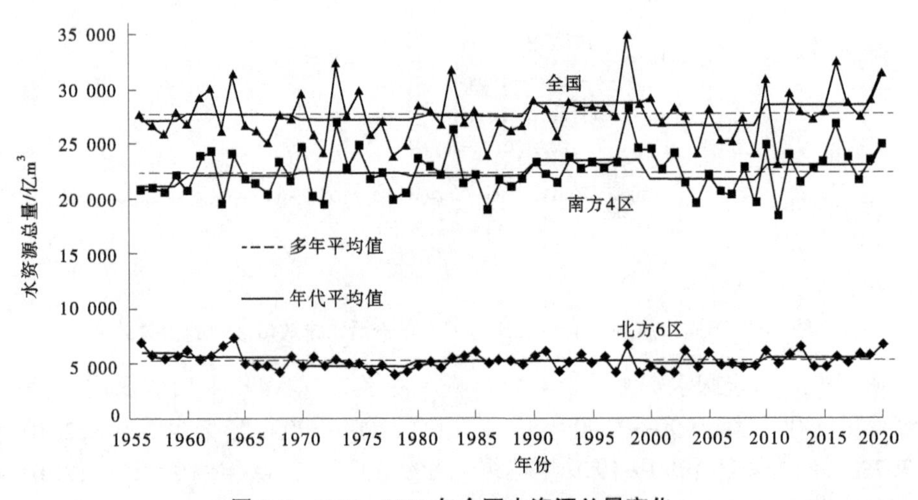

图 3-7　1956—2020 年全国水资源总量变化

根据以上结果,尽管历年来全国水资源总量变化不大,但由于人类对水资源的需求与日俱增,加之人为破坏,水已经成为我国严重短缺的产品,成了制约环境质量的主要因素。根据国家统计局数据,中国水资源在 2016 年达到峰值,随后开始下降。中国水资源总量从 2016 年的 32 466.4 亿 m^3 下降至 2018 年的 27 462.5 亿 m^3，人均水资源量也从 2016 年的 2 354.92 m^3/人下降至 2018 年的 1 971.85 m^3/人。在近年来“节水优先、空间均衡、系统治理、两手发力”的治水思路倡导下，2020 年有所回升，2020 年中国水资源总量为 31 605.2 亿 m^3，人均水资源量为 2 188.73 m^3/人（见图 3-8、图 3-9）。

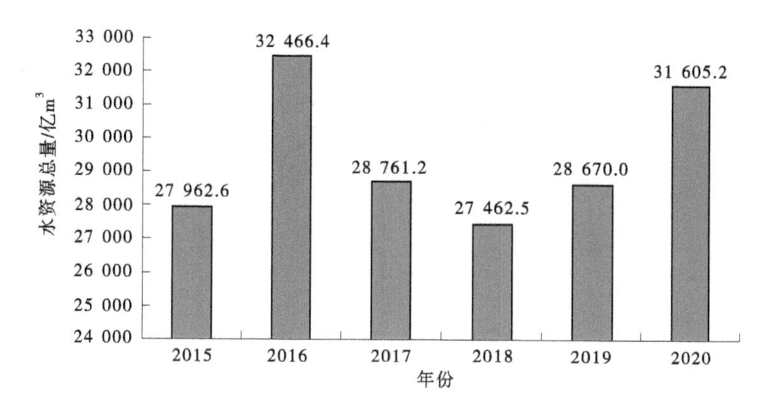

图 3-8　2015—2020 年水资源总量变化

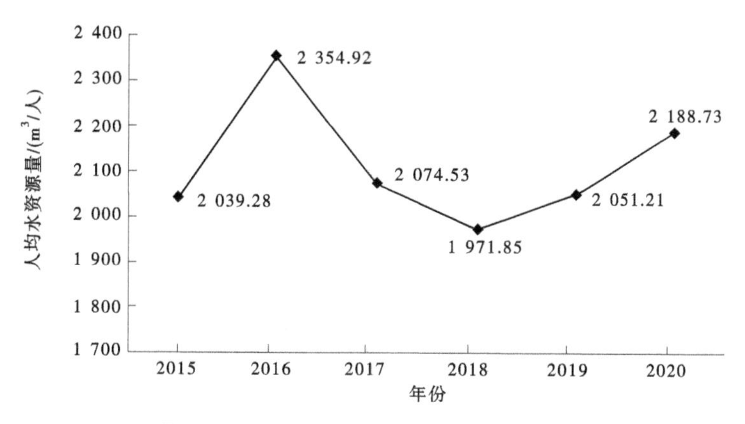

图 3-9　2015—2020 年人均水资源量变化

习近平总书记强调，要善用系统思维统筹水的全过程治理，分清主次、因果关系，当前的关键环节是节水，从观念、意识、措施等各方面都要把节水放在优先位置。随着节约用水的观念不断深入人心，中国用水总量持续下降。2015 年中国用水总量为 6 103.2 亿 m^3，2016—2019 年除 2017 年略有增长外，整体呈现出下降趋势（见图 3-10）。其中，2020 年中国用水总量为 5 812.9 亿 m^3，与 2019 年相比，受新型冠状病毒肺炎疫情、降水偏丰等因素影响，用水总量减少 178 亿 m^3。人均用水量也持续下降，2020 年人均用水量为 412 m^3/人（见图 3-11）。

尽管近年来我国人均用水量呈现逐年下降的状态，但我国人均水资源拥有量远低于全球平均水平。在近 50 年来水资源开发利用中，人们更多地关注农业、生产、生活用水，生态环境保护及生态环境建设对水资源的需求被忽视。但生态环境是人类生存发展的基

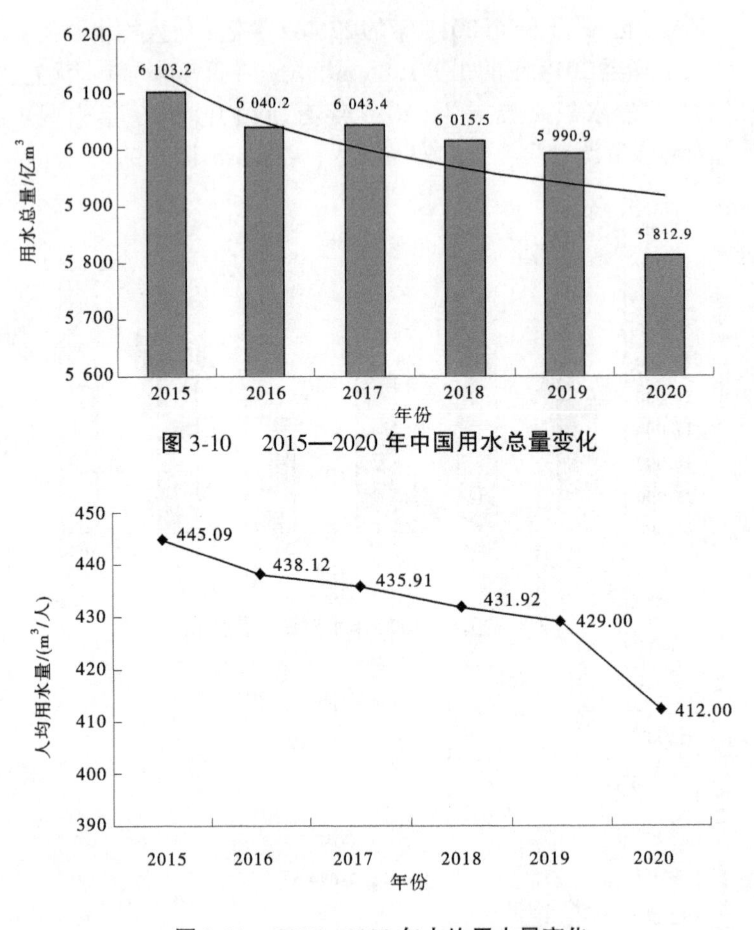

图 3-10　2015—2020 年中国用水总量变化

图 3-11　2015—2020 年人均用水量变化

本自然条件,而水对维持人类赖以生存的生态环境起着决定性作用。近年来,由于流域水资源开发利用过度,河湖水文情势发生变化,河流环境容量和湖泊生态水量问题突出。根据彭文启《河湖健康评估指南简介》,全国断流问题严重(见图 3-12),断流长度约 2 100 km。

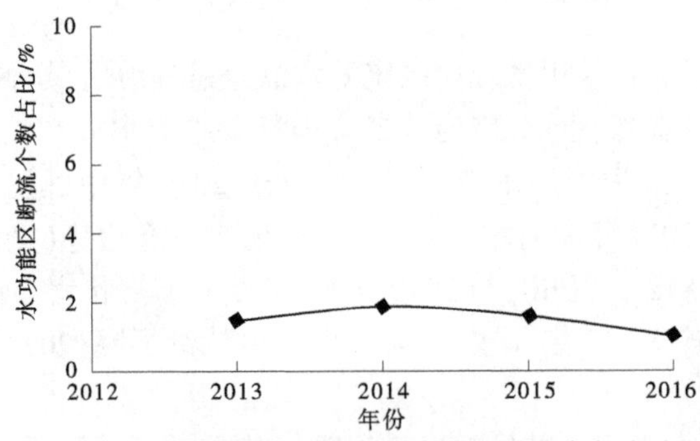

图 3-12　全国重要江河湖泊水功能区断流个数占比

(引自彭文启《河湖健康评估指南简介》)

而保证河道常流水对提高河流水质至关重要,“流”是河水保持自净的关键因素,是水生生物生存和繁衍的重要生境,同时也是河流健康的重要标志。如果河道断流,水体中的生物失去了赖以生存的环境,水文和生态功能将会部分或全部丧失,河道的水文循环和输水作用名存实亡,地下水位下降,两岸旱情加重,生态环境恶化等问题将会随之出现。

国际上公认的江河水资源开发利用率为总流量的30%,最高不超过40%,而黄河开发利用已超过70%,海河更是接近90%,从而导致了黄淮海流域河湖干涸,黄河下游断流频数、历时和河道长度不断增加,断流历时高达133 d,断流河道长度达700 km。富饶的黄淮海平原一度成为我国最缺水的地区(宋炳煜,2003)。

黑河中上游由于大规模取水进行农业灌溉,进入额济纳绿洲的径流量逐年减少,直接导致终端湖泊东、西居延海相继干涸,绿洲面积不断萎缩,沙漠化扩大率达到5.0%,生态环境急剧恶化(王根绪,2002)。塔里木河则由于下游水量减少、河道断流、地下水位下降、两岸植被衰败、沙漠化扩大、台特玛湖干涸,对新疆的战略开发和经济可持续发展形成了严重的威胁(王让会,2007)。

智研咨询发布的《2020—2026年中国水资源利用行业发展动态分析及投资方向研究报告》数据显示:2019年用水占比最大的产业为农业用水,占全国用水量的61%,2019年农业用水总量为3 675亿m^3;其次是工业用水,占全国用水量的21%,2019年工业用水总量达到1 237亿m^3;再次为生活用水,占全国用水量的15%,生活用水总量达到877亿m^3;最后为生态用水,2019年生态用水总量为202亿m^3(见图3-13、图3-14)。

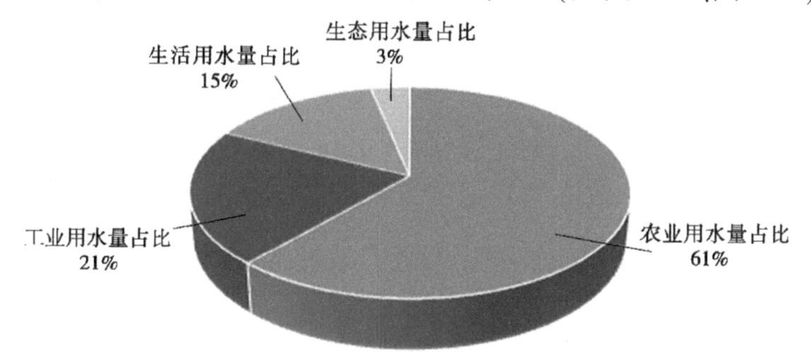

图3-13　2019年中国各类型用水占比情况

三、水域岸线侵占

我国河流总长4.2万km,河岸湿地面积占总湿地面积的21.33%(同琳静,2018)。随着经济社会的发展,人水争地的矛盾日益突出,河流渠化、河流(湖)连通性、河岸带与湖滨带等为主要特征的河湖物理形态发生了较大的改变,河湖水域岸线被侵占,河岸湿地退化严重。

一方面,表现为面积缩减。近30年来,我国面积大于1.0 km^2的湖泊消失243个,远远超过新生和新发现的湖泊数量(马荣华,2011)。长江中下游湖泊面积1949年为25 828 km^2,至1979年仅剩14 073 km^2。被誉为“千湖之省”的湖北,江汉平原上原有湖泊609个,面积4 707 km^2,目前仅余300个左右,面积2 050 km^2;洞庭湖1949年面积约为4 350 km^2,容积293亿m^3,1995年时面积降为2 625 km^2,容积仅剩167亿m^3。太湖流域

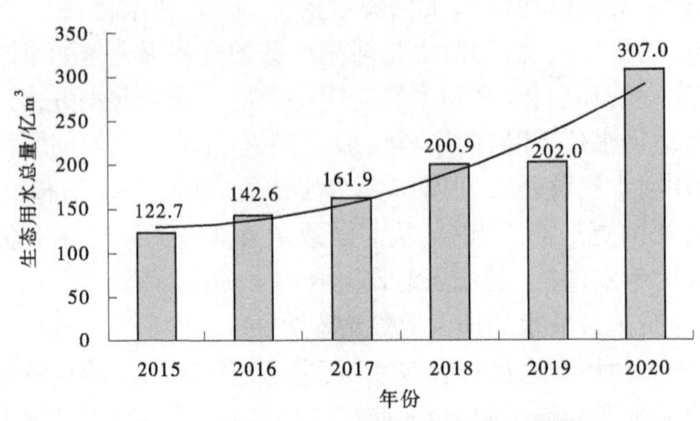

图 3-14　2015—2020 年生态用水总量变化

20 世纪 50—80 年代,因围垦减少水面面积 528 km^2(汪贻飞,2012)。湖泊萎缩状况如图 3-15 所示。

另一方面,表现在对河道边滩、洲滩的大量围垦和侵占。主要有:①在河道管理范围内,包括河岸、河床、湖心岛等,违章搭建各种建筑物;②向河道内、河坡上倾倒垃圾和杂物,甚至倾倒建筑垃圾;③在河道坡面、河内滩涂等地垦种农作物、建设河滨公园等;④在引排河道内设置影响行水和航运的码头,弃置沉船等。其中最突出的是在城区河道和河口上,城区河道多被人为渠化,有的甚至被填埋成为马路。据统计,浙江 1998—2003 年 6 年间水面占用达 200 km^2,珠江三角洲河口地区 1988—1997 年围垦 407 km^2(汪贻飞,2012)。

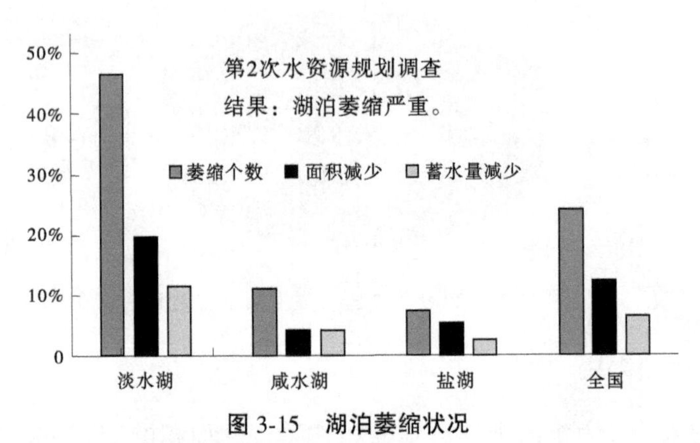

图 3-15　湖泊萎缩状况

(引自彭文启《河湖健康评估指南简介》)

非法侵占河湖水域的事件不断发生,给防洪安全、堤防安全、航运安全和人民生命财产安全带来严重隐患。同时,违法侵占河湖水域也可能会改变现状相对稳定的水生态系统,从而影响整个水系的生态环境。违法侵占水域岸线的行为,阻隔了水体与水体、水体与水体周边陆地间物质与物种的流通,导致湖泊生态系统的退化和生态功能的削弱。以太湖流域为例,因对马山围的围垦影响了湖泊环流,笠山湖、梅梁湖水体交换降低和减缓,两个湖湾成了死湖湾,加剧了水质的恶化。

四、水生态退化

随着水资源的过度开发、水污染加剧和水利设施管理不善,水生态问题日益凸显。根据2010—2016年全国重要河湖健康评价成果,全国评价的36个河湖水体中,属于不健康及亚健康的占60%左右,全国重要河湖生态状况整体偏差(彭文启,2019)。主要表现为江河断流、湖泊萎缩,河湖相关湿地大幅减少,海水入侵、水生物种受到威胁,生物多样性降低,珍稀生物存活状况堪忧。

根据《2020年中国生态环境状况公报》,2020年,在长江、黄河、淮河、海河、珠江、松花江和辽河等七大流域开展水生态状况调查监测试点工作,调查指标包括水质理化指标、水生生物指标和物理生境指标。507个断面(点位)评价结果显示,全国重点流域水生态状况以中等-良好状态为主,优良断面(点位)占35.7%,中等状态占50.4%,较差及很差状态占14.0%。

与2010—2016年全国重要河湖健康评价成果相比,河湖整体状况向好,但受污染的河流依然存在。严重的水污染会导致水生态系统中生物成分的改变,原有生物群落无法在胁迫环境下生存,从而发生生物群落的改变或消失,使得水生生物物种退化,生物多样性降低,并产生一系列的水生态问题。研究表明,水体含氧量、浮游生物的密度、种类和生物量随污染程度加重会出现骤减,严重时会导致物种的灭绝(Kilham,1988)。

我国长江流域最初淡水渔业捕捞量每年约50万t,但由于污染的加重和水资源的过度开发,1954—1970年年产量下降了近一半,近年来还在持续减少(同琳静,2018)。

长江流域是世界生物多样性的热点区域,分布有鱼类400余种,其中纯淡水鱼类350种左右,特有鱼类多达156种。20世纪80年代初中下游湖泊面积约有23 123 km^2。1950—1970年间,沿江大建节制闸,除鄱阳湖(2 933 km^2)和洞庭湖(2 625 km^2)等外,绝大多数湖泊失去了与长江的自然联系,江湖阻隔使支撑长江鱼类的有效湖泊面积减少了76%。1981年,长江上建成了第一个大坝——葛洲坝;2003年,三峡大坝开始蓄水。长江干流的渔业捕捞量从1954年的43万t下降到20世纪80年代的20万t,2011年下降到8万t(降幅为81%)。与此完全不同的是,20世纪50年代以来,洞庭湖和鄱阳湖的渔产量分别在2万~4万t徘徊。长江干流的饵料生物丰度不足两湖的1/7。根据对长江生物多样性危机成因的粗略估算,节制闸和水电站等水利工程"贡献"了70%,酷渔乱捕等其他因素"贡献"了30%(谢平,2017)。

五、河湖系统功能退化问题突出

河湖系统的功能主要体现在行洪安全、供水安全、渔业水产养殖、航运、景观娱乐、文化价值等。在人口增长和社会经济发展形势下,点源污染和面源污染的增多使得河流水质恶化、生境破坏。资源的迫切需求和过度开发改变了河流的原有形态和稳定性。在自然因素和人为因素双重因素的驱动下,河湖物理完整性被破坏、化学循环失衡、生物完整性受损,从而引发了河湖生态系统功能的退化(同琳静,2018)。在生态退化的情况下,生态系统不仅无法提供生产力,而且还可能导致生命维持系统的破坏,从而走向物种灭绝。生态退化对于人类社会的生存和发展极为不利,会动摇社会经济发展乃至人类生存的生态基础。自然资源日益枯竭,生物多样性不断减少,严重阻碍社会经济的持续发展,进而威胁人类的生存和发展(刘国华等, 2000)。

城市河流是城市景观和生态环境的重要组成部分,水体的生态系统被破坏,整个城市的形象受到严重影响,城市景观娱乐价值也随之降低。

第二节　河湖健康评价的空间尺度

河流被看作是一个连续的整体系统,强调河流生态系统的结构、功能与流域特性的统一性,上下游、左右岸构成一个完整的体系。河湖健康评价作为一种管理制度,用以评估河流、湖泊生态系统在自然条件与人类活动共同作用下长期演化过程中的完整性和可持续性,以期在生态系统保护与水资源开发利用间取得平衡,其实质是对河流、湖泊在某一时间的生态、环境和社会服务状态进行诊断(王乙震,2016)。随着社会对河流健康的关注度不断提高,对河流健康评价也不仅仅只是理论研究的需要,而是要全面铺开的生产性技术工作。而河流的系统变化是一个复杂的动态过程,并且这种动态变化具有显著的时空相关性,对河湖健康的评价,需要从空间尺度着手,结合评价者的需求,来选取适合的方法。

一、时空尺度的划分

据统计,我国流域面积100 km^2 以上的河流超过50 000 条。这些河流区域背景、河流规模差异很大,河流行为特征也各不相同。基于河流管理的目的,对河流进行分类管理(赵银军,2016)。如以河流管理为目的的分类方法常以河段作为研究对象,并考虑流域背景(Rosgen,1994);以研究水文情势为目的的分类方法常以流域作为研究对象;以渔业管理为目的的分类方法常以河流作为研究对象,以鱼类等物种作为具体分类指标。

而河流健康综合评价也离不开评价的尺度,一个完整的河流评价应涵盖各个尺度。对于不同的决策者和管理者来说,需要不同尺度的评价结果。如国家层面关注的是宏观大尺度的评价结果;流域管理机构则需要的是防洪、水土保持、水环境、输沙采砂、水库调度、水库和水电站建设及生态环境保护的指标;生态与环境保护部门关心的是河流环境与生态;而对于特定生态学者来说,更多的是关心河流断面或小生境、微生境的情况(金小娟,2010)。因此,影响河流健康的主要因素、决策者的总体目标、管理行为都与空间尺度有关,而且对河流的评价、开发利用和管理行为都是在一定的尺度范围内进行的,所以河流健康评价首先要明确的关键问题就是尺度的问题(赵进勇, 2008)。

河流健康评价的空间尺度由大到小可依次划分为全河长、景观河段、工程河段、断面和微生境,按照便于操作的原则考虑,可概化为大尺度(全河长)、中尺度(景观河段、工程河段)、小尺度(断面、微生境)。不同的评价尺度对评价方法有不同的要求。大尺度的评价要求方法具有较好的综合性,能够反映全河长的健康状况和各河段的健康均衡状况;小尺度的评价要求评价方法具有较强的针对性,能准确反映河流断面或微生境的健康状况(王波,2011)。但无论是大尺度、中尺度还是小尺度,河流既可以作为横向通道,也可以作为纵向通道。因此,河湖健康评价的空间尺度可以针对纵向分段和横向分区来进行。

二、纵向分段

按照保护面积的大小，河流可分为大、中、小型河流，不同规模的河流分段有所不同。对于大河而言，河流分段从源头到河口，按照水流作用的不同以及所处地理位置的差异，可将河流划分为上游、中游、下游和河口段。上游直接连着河源，一般位于山区或高原，以河流的侵蚀作用为主，特点是河道坡度大，水流急，流量小，水情变化大，河谷窄，多急滩瀑布，河槽以冲刷下切占优势；中游大多位于山区与平原交界的山前丘陵和平原地区，以河流的搬运作用和堆积作用为主，特点是河道坡度变缓，流速减小，流量加大，冲淤不严重，河床比较稳定，但侧蚀力量增强，河槽逐渐拓宽和曲折，两岸出现滩地；下游多位于平原地区，河谷宽阔、平坦，以河流的堆积作用为主，河流坡度更缓，流速更小，流量更大，淤积作用显著，多浅滩或沙洲，河曲发育；河口段位于河流的终段，处于河流与受水盆（海洋、湖泊以及支流注入主流处）水体相互作用下的河段。对于小河来讲，如全部位于山区，则具有山区河流地貌的特点；全部位于平原，则具有平原河流地貌的特点。山区河流与平原河流分段也各有不同，见表 3-6。

表 3-6　河流河段分类

<table>
<tr><td rowspan="4">山区河流</td><td>非冲积性河段</td><td></td></tr>
<tr><td rowspan="3">半冲积性河段</td><td>顺直微弯曲型河段-河岸不可冲</td></tr>
<tr><td>弯曲型河段-强制性河弯</td></tr>
<tr><td>分汊型河段</td></tr>
<tr><td rowspan="4">平原河流</td><td>非冲积性河段</td><td></td></tr>
<tr><td rowspan="3">冲积性河段</td><td>顺直微弯曲型河段</td></tr>
<tr><td>弯曲型河段（有限弯曲河段、弯曲河段）</td></tr>
<tr><td>分汊型河段（潜洲型、明洲型-江心洲型）</td></tr>
</table>

Ward（1989）将河流生态环境用四维空间来描述，即河流纵向、横向、深度和时间。由于河流纵向尺度与横向和深度方向相差很大，所以分析河流生境时，可以将河流纵向再分成 3 个尺度，即整条河长、与陆地生态区尺度相当的景观河段（几十千米到上百千米）和工程河段（一般涉河工程影响范围为几千米到几十千米）、生物微生境。高度的连通性对物质和能量的循环流动以及动物和植物的运动非常重要。河段划分主要是基于河流特定的生态学特征，通过截断河流获得特征差异显著的河段，并按照一定的相似性对其进行分组或分类的过程，从而得到不同类型特征相对一致的河段单元。河段划分的实质是河流截断和河段分类。河流截断是基于河流自身的自然地理特征和社会经济特征等环境因子的空间异质性，以环境因子的变化规律作为划分依据来确定边界截断点，从而获得河段单元的过程。河段分类则是在既有河段的基础上，通过空间叠加聚类等技术方法，将各个分类指标划分的河段结果，按照一定的相似性进行区别归类的过程（高喆，2016）。在生态学上，河段划分有些是为不同河段鱼类保护提供依据，因为在长期的生物地理进化过程中，水生生物群落适应其生存环境，使得相似河段具有相似的生物群落（倪晋仁，2011），

利用河道坡度、宽度，按照典型鱼类群落对河段进行区分(Huet，1959)；有些是认为从源头小河到下游大河物种的数量会增加，为了理解河流生态系统的结构和功能，将河流划分为源头河流、中等河流和大型河流(Vannole et al ，1980)；还有些是基于河流等级、坡降、蜿蜒度及河网密度，对生境类型进行识别(孔维静等，2013)。高喆等在河流流域分类研究的基础上，探讨并提炼了适用于湖泊流域入湖河流划分的指标和框架，建立了由地貌类型、土地利用方式、河水来源、河道人工化情况及水体营养程度构成的指标划分体系。

根据《河湖健康评价指南(试行)》，河流健康评价中，河流分段应根据河流水文特征、河床及河滨带形态、水质状况、水生生物特征以及流域经济社会发展特征的相同性和差异性，同时以河长管辖段作为依据，沿河流纵向将河流分为若干评价河段。

评价河段按照以下方法确定：

(1)河道地貌形态变异点，可根据河流地貌形态差异性分段：①按河型分类分段，分为顺直型、弯曲型、分汊型、游荡型河段；②按照地形地貌分段，分为山区(包括高原)河段和平原河段。

(2)流域水文分区点，如河流上游、中游、下游等。

(3)水文及水力学状况变异点，如闸坝、大的支流汇入断面、大的支流分汊点。

(4)河岸邻近陆域土地利用状况差异分区点，如城市河段、乡村河段等。

三、横向分区

自然河流横向结构组成要素主要有 3 个，即主河槽、河漫滩和过渡带。其中，主河槽和河漫滩构成了河道-滩区系统。滩区系统的连通性是维持河流生态系统结构和功能的重要基础，也是影响其健康的重要因素(赵进勇，2011)。河流健康评价范围横向分区应包括水面及左右河岸带，见图 3-16。

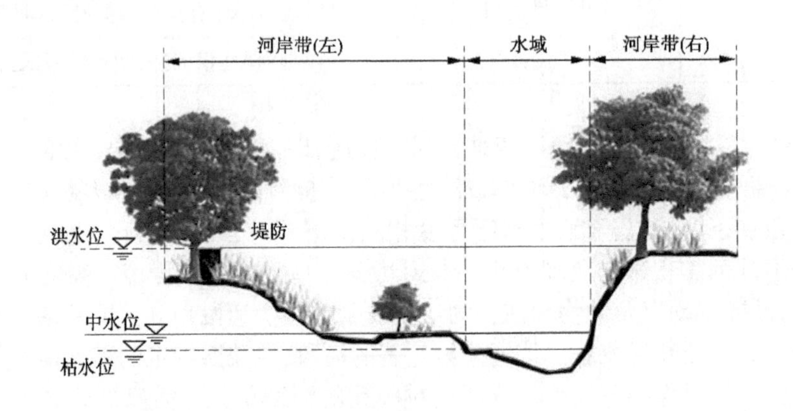

图 3-16　河流横向分区示意图

(引自《河湖健康评价指南(试行)》)

水文横向连通是水生态系统中水量、沉积物、有机物质、营养物质和生物体交换、循环的重要环节，保持洪泛区系统内周期性的漫滩过程是实现水文横向连通性的重要途径。因大规模的大坝建设、水库调节等人类活动显著改变了径流天然情势，洪水脉冲效应减弱、枯水流量增加、中水期延长、流量过程的起伏变小,坝下河流-洪泛区系统横向连通的生态格局受到明显干扰,需横向连通保护;河道沿岸带护岸和建堤占用部分河床或岸滩,河道沿岸带基质变化,也使河道横向连通性受到一定影响。

第三节 河湖健康评价的研究方法

随着河流健康评价在河流管理中得到越来越多的关注,很多国家相继基于自身国家河流的健康状况与特点,提出一系列河流健康评价的方法和框架。河湖健康评价最先在西方国家得到广泛的研究和应用。目前,关于河湖健康的评估各研究学者有不同的看法,但是大家都有一个基本共识,河湖健康不是一个单一性的指标,而是一个综合性的评估。有些原始生态专家认为,不能被一点干扰,只要有人为干扰就不算健康;另外一些学者认为这样的观点是偏颇的,最为重要的是健康就是为了输出一定的功能,如果不能提供河流应有的功能,也不能算作健康。河湖健康评价是河湖管理工作的重要抓手,是各级河(湖)长决策河湖治理保护工作的重要参考(陈健,2020),我们进行河湖健康评价,既是为了找出“病因”,对症施策,恢复健康,又是为了检验河(湖)长制的实施效果。

一、国外研究方法

为了评价河湖健康,美国、英国、澳大利亚、南非等国家当前出台了很多技术性文件,提出了河湖健康评价的技术方法、河湖健康评价的表达方式、河湖健康评价的指标、河湖健康评价工作开展的频次等。

美国于 1972 年发布了《清洁水法》,将维持和恢复水体物理化学和生物完整性作为法律颁布施行;1981 年,Karr 指出过去基于水质的河流污染评估无法衡量人类对鱼类的影响,提出生物完整性指数方法(IBI),根据水生生物群落结构和功能,从物种组成丰度和生态因素两个方面选取 12 项指标评价河流健康程度,评价结果分为 5 个等级:优秀、好、一般、差、非常差(James,1981);1982 年,Hughes 以生物完整性指数为基础,构建生物完整性评价基本框架,基于一定生态区划的多个样点建立参考状态,通过受影响状态和参照状态的比值代表相对质量,全面评价所研究的河流(Hughes,1982);1984 年,英国提出河流无脊椎动物预测和分类系统 (RIVPACS),用于评价英国河流生态情况,RIVPACS 利用区域特征预测河流自然状态下的大型无脊椎动物,然后通过比较现场观察到的动物群落和预测的动物群落获得生物状况,评价河流健康状态(John,2000);1989 年,美国环境保护署(EPA)提出了旨在为全国水质管理提供基础水生生物数据的快速生物监测协议(RBPs),1999 年推出新版 RBPs,RBPs 最初设计用于确定河流是否适合水生生物生存,后来发展为表征水资源受损状态、帮助确定损害的来源和原因、评估参考状态下的区域群落属性等功能,提供河流鱼类、藻类、大型无脊椎动物的监测方法和评价标准(Barbour,1999),由于其成本可控和高效的设计原则,RBPs 已经被许多国家用于评估河流生态系统的水生、水质和生态健康(Daniel,2008),2006 年提出不可徒涉河溪的生物评价概念和方法,以及大型河流生态系统的环境监测与评价计划,2007 年发布美国湖泊调查现场操作手册。

澳大利亚在很多州开展了河湖健康评估工作。1992年，澳大利亚开展国家河流健康计划(NRHP)，主要目的是评估澳大利亚河流生态状况。基于英国RIVPACS的预测模型方法开发了澳大利亚河流评估方案（AUSRIVAS)，使用水生大型无脊椎动物提供河流健康评估(Wright,1984)；澳大利亚河流健康全面评估计划(AWARH)(1998—2000年)是在河流健康监测行动(MRHI)(1993—1996年)的基础上，对第一次全国评估河流健康(FNARH)(1997)的扩展，对分布在澳大利亚的4 000~6 000个站点进行采样监测。

1997年，南非提出的河流健康计划(RHP)是评估河流生态系统整体健康状况的全国性生态监测评估计划，该计划基于大型无脊椎动物、鱼类和河岸植被进行河流健康评估，采用南非评分系统（SASS）的快速生物评估技术，将河流的敏感度/容忍度分为0~15，分数越高表明生物的敏感度越高、容忍度越低，用来判断河流生态是否被破坏，进而采取其他措施进行补救(Helen Dallas,2000)，旨在通过RHP系统理解河流生态状况，更好地管理河流，支持基于生态的水资源健全管理。

欧盟2000年颁布了《欧盟水框架指令》(WFD)，其目标是在2015年之前，使欧洲所有水体具有良好的生态状况或具备这方面的特征，将水生态管理上升到法律层次。欧盟各成员国在水生态评估和流域管理方面进行了大量的研究和实践，促进了管理目标从单一的污染控制向保护整个生态系统完整性发展，使得2015年前所有水体达到良好生态状况。欧盟有很多法规性文件，但并不是所有的法律都是强制性的，而水框架指令是强制性的法律(之后不断有技术文件出台，至2015年已经出台了13个水框架指令的附件)。

二、国内研究方法

相比起步早、法律和体系完备的国外河流健康评价体系，国内河流健康评价体系还在探索阶段，但在21世纪引入我国后得到了快速的发展。

2001年，马克明从生态系统健康评价的角度指出，评价生态系统健康需要结合功能过程确定评价指标，评价生态系统的完整性、适应性和效率，其未来的发展方向是结合经济学、社会学和健康科学的定量化生物途径。2002年，唐涛首次将河流健康概念引入国内，介绍了以着生藻类、无脊椎动物、鱼类为主要指示生物的河流生态系统健康评价方法，认为健康的河流必将成为河流管理的主要目标。之后众多国内研究者从河流生态系统健康的概念内涵、评价方法指标和模型等方面进行了广泛研究。张凤玲(2005)从生态系统健康的活力和组织结构出发，建立了城市河湖评价的指标体系和模型，涵盖水文、生态、环境和社会等4个方面，包括水文特征、水环境质量、水生态系统结构与功能、水滨空间结构、景观效果、胁迫因素等6个评价要素，应用到北京六海健康评价中。颜利(2008)根据联合国“压力-状态-响应”（PSR）框架模型和流域生态系统特点，从压力、状态、响应等3个方面选取能够反映流域生态系统健康状态的17个指标，建立流域生态系统评价的指标体系和评价模型，对福建省诏安东溪流域的生态系统健康状态进行评价。董哲仁(2005)对国外河流健康评估具有代表性的技术标准，如物理-化学评估、生物栖息地评估、水文评估、生物评估的方法和要点分别进行了评述。2014年，王超等初步探讨了河流健康的概念、定义和内涵，概括了国内外河流健康的评价方法及国内外研究发展的状况，并针对我国河流健康的发展现状，提出了一些评述和建议，认为河流健康涉及的要素比较多，也十分重要，尤其是生态环境监测与质量评价及其联系的生态水文学和水系统理论研究，今后应该开展长期的河流监控计划并建立全国性的河流健康评价的指南。2018 年，彭文启指出河湖健康评估是河湖生态保护管理的重要基础性技术工作，是全面推行河（湖）长制建设的重要任务，重点介绍了全国河湖健康评估工作的技术成果，主要内容包括：构建了包括水文水资源、河湖物理形态、水质、水生生物及河湖社会服务功能 5 个方面的健康评估指标体系，提出了 5 个等级的河湖健康分级标准，形成了系统的河湖健康调查评价方法。苏辉东等在 2019 年提出了河流健康评价指标与权重分配的统计分析，通过文献调研，筛选出 150 篇代表性文献，并对其中 41 个典型评价案例中准则层和指标权重进行了统计分析。

我国政府和流域管理机构在国内外河流健康研究成果基础上进行了积极的河流健康研究（罗火钱，2019）。2000 年初颁布实施了关于水生态系统保护与修复的若干意见，提出了 2002 年河流代言人，长江、黄河、海河等流域都围绕河流代言人开展了大量的工作，之后开展了河湖健康评估准备工作。2003 年，黄河水利委员会主任李国英在首届黄河国际论坛上提出将“维持河流健康生命”作为第二届黄河国际论坛的主题。2005 年，长江水利委员会提出了以“维护健康长江、促进人水和谐”为基本宗旨的新时期治江思路，包括水土资源与水环境、河流完整性和稳定性、水生生物多样性、蓄泄能力、服务功能等五大内涵，提出了由总目标层、系统层、状态层和要素层等 4 级共 14 个指标构建的健康长江评价指标体系。同年，珠江水利委员会也提出了“维护珠江健康生命，建设绿色珠江，当好河流代言人”的治水新思路，给以后的珠江治理指明了方向，并于 2006 年宣布珠江河流健康评价指标体系，进一步推动了中国河流健康指标工作的发展。海河流域（任宪韶，2006）、太湖流域（吴东浩，2013）等的水行政主管部门也依据各自河流特点和现状，相继提出了本流域的河流健康管理和评价体系。

水利部自 2010 年起组织开展全国重要河湖健康评估试点工作，先后出台了《全国重要河湖（试点）健康评估工作大纲》《全国河流健康评估指标标准与方法》《全国湖泊健康评估指标、标准与方法》，为河湖健康评价工作提供指导。于 2010—2013 年完成了 13 个河（湖、库）的健康评估试点，对河湖健康评估指标、标准与方法进行了全面检验。在系统总结试点工作基础上，于 2014—2016 年完成了 23 个河（湖、库）的健康评估。选取了汉江中下游、黄河下游干流、淮河干流上中游、滦河、桂江、嫩江下游、丹江口水库、小浪底水库、洪泽湖、白洋淀、百色水库、查干湖、太湖等河湖作为试点，选用常规水文站 161 个，常规水质站 76 个；补充监测水文断面 40 个，水质断面 169 个；259 个河（湖）岸带 1～2 期健康状况进行监测，对 166 个河（湖）断面开展 2～4 期水生生物取样调查，2 600 余人开展了河湖健康公众调查。在全国河湖健康评估试点技术标准基础上，结合大范围多类型水体健康评估检验与应用，形成了一套科学的河湖健康评估指标与标准、实用可行的技术方法。

2012 年 8 月，山东省出台了中国第一个省级水生态文明城市评价准则，推动了城市河流健康评价的发展（张杰，2017）。2017 年，《辽宁省河湖（库）健康评价导则》结合辽宁省河流、湖库的特点与实际，构建了包括水文水资源、物理结构、水质、水生物及社会属性 5 个准则层的河湖（库）健康评价指标体系，《山东省生态河道评价标准》除水文、生物、环境、社会服务功能外，增加了河道管护能力和管理范围两项管理指标。2018 年，《浙江省重要河湖健康评价》对河湖系统物理完整性(水文和结构)、化学完整性、生物完整性和服务功能以及其相互协调进行评价。2019年,福建省编制完成《福建省生态河流评估指标体系和方法(试行)》,从河流生态系统状况与社会服务功能两方面筛选了14个评价指标;《江苏生态河湖状况评价规范》提出了水安全、水生物、水生境、水空间及公众满意度五种指标类型;《贵阳市河(湖)考核评价细则》根据水文、物理结构、化学、生物及服务功能的完整性评价结果,将河湖健康状况分成理想状态、健康、亚健康、不健康及病态5个等级(李云,2020)。

综观国内外河湖健康评价已有的研究成果,维护及恢复河湖健康逐步成为河湖管理的重要任务,并纳入河湖保护管理实践。国内河湖健康评价指标体系借鉴并沿用了国外的评价方法,准则层方面主要包括物理、化学、生物和社会服务功能,已达成共识,但指标层尚存在较大的差异,很多自定义指标有待进一步斟酌。

综上,河流评价方法的发展阶段如图3-17所示。

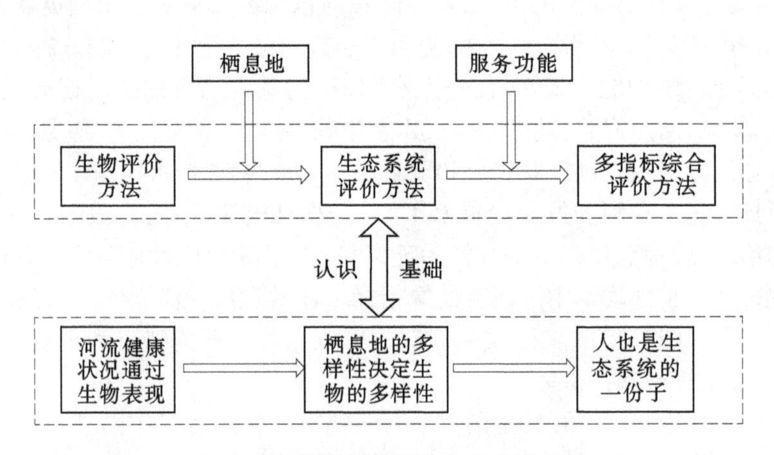

图3-17　河流健康评价方法发展过程

由于河湖生态系统认知的日益累积以及河湖生态系统的复杂性,河湖健康评估技术体系需要通过持续的研究与评价工作予以改进。我国各地已陆续开展河湖健康评价工作,所涉及的水体数量及区域范围逐渐增多,水生态系统基础数据整体基本空白的局面将会被改变,在今后的工作中,仍需结合河(湖)长制开展河湖健康评价工作,不断改进研究方法,修订和完善河湖健康评价技术体系。

第四节　评价体系框架

自20世纪70年代河流健康概念提出后,河流健康评价体系不断发展,最先在西方国家得到广泛运用。在21世纪引入我国后得到快速发展,相比起步早、法律和体系完备的国外河流健康评价体系,国内河流健康评价体系还在探索阶段。

一、评价体系构成

河流健康评价体系是河流健康评价的重要技术支撑，合理的河流健康评价应能为河流开发及保护提供可靠的管理工具，量化人类活动对河湖健康的影响。而河流健康评价体系的构建过程是一个从复杂信息流中筛选主导性指标进行研究的过程，除具有一般评价体系的科学性、规范性、简明性及动态性外，还应满足可操作性、层次性、整体性、定性与定量相结合等原则（郭大平，2018）。

从河流健康评价体系构建的方法原理看，主要分为两类：模型预测法和综合评价指标法。模型预测法根据评价河流生态系统的特性确定可靠的评价指标。假设河流在自然状态下不受人类活动影响，得到生物自然状态下的参考状态，与河流在环境中的实际状态进行对比，评估河流受到人类活动的影响程度，进而确定河流是否健康。由于河流生态系统中对所有干扰都敏感的指标不存在，模型预测法评价指标过于单一，主要通过某一指标的变化反映河流健康状态，不能真实反映研究区域的客观状态（郭娜，2017）。目前，国内外关于河流健康评价体系构建与实践较多的是综合指标评价法，这类方法一般是对河流的水文水资源、生物、物理结构、水质、社会服务功能等各项指标进行权重和赋分值的确定，通过加权得出河流健康指数（River Health Index，RHI），根据 RHI 的数值大小对照健康等级划分确定河流的健康状况（刘存，2018），可以全面、系统地反映河流系统状态（见图 3-18）。

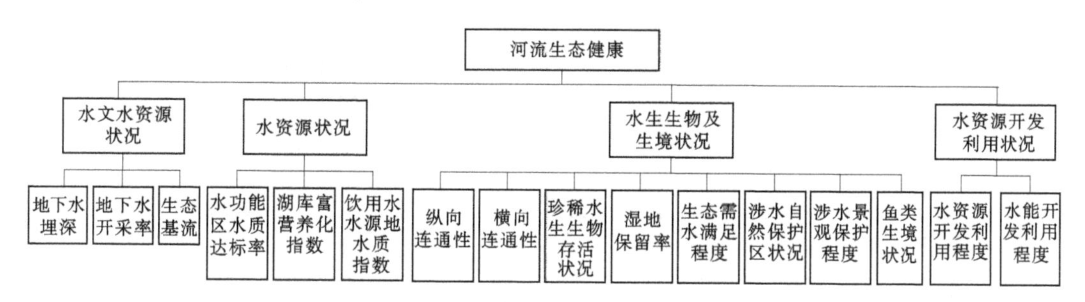

图 3-18　河流生态系统健康评价指标体系

（引自郑保等《河流生态系统健康评价指标体系及权重的研究》）

通过对各种标准、文献、规划、文件等资料中的有关评价指标的综合分析，对评价指标筛选结果，构建河流健康评价指标体系，并约定河流健康评价标准分为 5 个等级，分别为“理想状况”（80~100 分）、“健康”（60~80 分）、“亚健康”（40~60 分）、“不健康”（20~40 分）和“病态”（0~20 分），具体河流评价指标体系健康刻度见表 3-7。

河湖健康评价应考虑河流本身形态结构及生态系统状况，并且要注重河流的社会服务功能，要能够较为客观、准确、全面地反映河流健康状况，简单来说，即包含了生态健康及功能健康。河湖健康评价范围应综合考虑水系整体性与濒水陆域，河湖健康评价指标体系的构建也应包含水、岸及其功能。主要表现在以下四个方面：一是盛水的“盆”，盆的结构要完整且稳定，有河（湖）河岸带且有植被覆盖，能够为洪水、生物保留足够的空间，各类污染可视、可测、可控，无乱采、乱占、乱堆、乱建等“四乱”现象；二是“盆”里的“水”，

表 3-7　河流评价指标体系健康刻度

准则层	指标层	健康刻度				
		80~100 分	60~80 分	40~60 分	20~40 分	0~20 分
自然形态 B_1	河床稳定性 C_1	稳定	较稳定	基本稳定	不稳定	极不稳定
	河岸稳定性 C_2	稳定	较稳定	基本稳定	不稳定	极不稳定
	水系连通性 C_3	极好	好	一般	差	极差
	流量过程变异程度 C_4	0.05	0.1	0.3	1.5	>5
	植被覆盖率 C_5	>80%	50%~80%	20%~50%	10%~20%	0~10%
	滩槽比 C_6	>3	1.5~3	0.5~1.5	0.2~0.5	<0.2
生态环境 B_2	生态流量满足程度 C_7	EF1>30% EF2>50%	EF1>20% EF2>40%	EF1>10% EF2>30%	EF1>10% EF2>10%	EF1<10% EF2<10%
	水质达标率 C_8	100%	80%	60%	40%	<20%
	生物完整性 C_9	58~60	48~56	38~46	28~36	12~26
	天然湿地保留率 C_{10}	93%	86%	72%	44%	16%
社会功能 B_3	水资源开发利用率 C_{11}	30%	15%或 45%	10%或 50%	5%或 55%	>60%或<50%
	供水保证率 C_{12}	100%	95%	85%	80%	<75%
	灌溉保证率 C_{13}	>90%	85%	70%	55%	<50%
	通航水深保证率 C_{14}	>95%	90%	85%	75%	<70%
	防洪指标 C_{15}	>95%	90%	85%	75%	<50%

资源来源：陆海田等《河流健康评价指标权重分析》。

有足够的水量及较好的水质，能保持足够的水动力与活力，且要具备一定的自净能力；三是滨水及水中的生物，生态系统健康，群落结构合理且稳定；四是具备社会服务功能，能够满足人类防洪、供水、航运、观景、文化等需求。我国河流健康评价在系统总结国内外健康调查评估理论与方法，并合理吸收美国、澳大利亚、南非及欧盟相关工作经验的基础上，建立了与流域水生态特点相适应、与河（湖）长制相结合、覆盖多类型水体的评价指标体系，主要包括水文水资源、河湖物理形态、水质、水生生物及河湖社会服务功能 5 个方面。经过试点检验，评估指标体系能够系统表征我国河湖生态及功能特点，评价结论符合河湖生态现状，指标总体科学、合理，具有较强的指导性和针对性。在此基础上，进一步优化调整，提出全国河湖健康评估指标体系（见表 3-8）。

表 3-8　河湖健康评价指标标准建立方法说明

目标层	准则层	指标层			标准		
		河流	湖泊	水库	标准建立方法	标准制定依据	适用范围
河湖健康	水文水资源	水资源开发利用率	水资源开发利用率	水资源开发利用率	管理预期/专家判断	水文水资源调查评价相关技术标准	全国（南北分区）
		流量过程变异程度	入湖流量变异程度	入库流量变异程度	模型推算法	全国约 600 个径流控制站 50 年（1950—2000 年）数据系列（包括还原径流数据）——全国水资源综合规划调查数据	全国
		生态用水满足程度	最低生态水位满足程度	下泄生态基流满足程度	管理预期/专家判断	水文学、水力学等方法	全国
		水土流失治理程度	水土流失治理程度	水土流失治理程度	管理预期/专家判断	水生态文明城市等相关标准	全国
	物理结构	河岸带稳定性指标	湖岸带稳定性指标	库岸带稳定性指标	参考系/专家判断	美国、澳大利亚河湖健康评价标准	区域/全国
		河岸带植被覆盖度指标	湖岸带植被覆盖度指标	库岸带植被覆盖度指标	参考系/专家判断	美国、澳大利亚河湖健康评价标准	区域/全国
		河岸带人工干扰程度	湖岸带人工干扰程度	库岸带人工干扰程度	专家判断	现有法规	全国
		河流纵向连通性指数	湖库连通指数	湖库连通指数	专家判断	澳大利亚河流健康评价相关技术标准，水资源保护规划技术大纲等	全国
		天然湿地保留率	湖泊面积萎缩比例	库容淤积损失率	历史状态法	河湖：水资源综合规划全国调查评价数据/20 世纪 80 年代以前的调查统计数据；水库：田海涛等，中国内地水库淤积的差异性分析	全国
	水质	入河湖排污口布局合理程度	入河湖排污口布局合理程度	入河湖排污口布局合理程度	管理预期/专家判断	相关法律法规	全国
		水体整洁程度	水体整洁程度	水体整洁程度	管理预期/专家判断	现有标准及规定	全国
		水质优劣程度	水质优劣程度	水质优劣程度	管理预期/专家判断	现有标准及规定	全国
			富营养化状况	富营养化状况	管理预期/专家判断	现有标准	全国
		底泥污染状况	底泥污染状况	底泥污染状况	管理预期/专家判断	现有标准	全国
		水功能区达标率	水功能区达标率	水功能区达标率	管理预期/专家判断	现有标准	全国

续表 3-8

目标层	准则层	指标层			标准		
		河流	湖泊	水库	标准建立方法	标准制定依据	适用范围
河湖健康	生物		浮游植物密度	浮游植物密度	历史状态法/专家判断	参考美国等河流及湖泊调查评价标准	区域/全国
			浮游动物生物损失指数		历史状态法	参考美国等河流及湖泊调查评价标准	区域/全国
			大型水生植物覆盖度		历史状态法/专家判断	参考美国等河流及湖泊调查评价标准	区域/全国
		大型无脊椎动物生物完整性指数	大型无脊椎动物生物完整性指数	大型无脊椎动物生物完整性指数	参考系	Kan,王备新等,张远等	区域
		鱼类保有指数	鱼类保有指数	鱼类保有指数	历史状态法	参考美国河流及湖泊调查评价标准	区域/全国
	社会服务功能	公众满意度	公众满意度	公众满意度	管理预期/专家判断	现有标准	全国
		防洪指标	防洪指标	防洪指标	管理预期/专家判断	现有标准	全国
		供水指标	供水指标	供水指标	管理预期/专家判断	现有标准	全国
		航运指标	航运指标	航运指标	管理预期/专家判断	现有标准	全国

资料来源:彭文启《河流健康评估指标、标准与方法研究》。

根据我国《河湖健康评估技术导则》,评估指标体系包括目标层、准则层以及指标层。目标层为河湖健康,是河湖生态系统状况与社会服务功能状况的综合反映。准则层分为完整性准则层及河(湖)长制任务准则层。其中,完整性准则层包括水文水资源完整性(简称“水文水资源”)、物理结构完整性(简称“物理结构”)、化学完整性(简称“水质”)、生物完整性(简称“生物”)和社会服务功能完整性(简称“社会服务功能”);河(湖)长制任务准则层主要是结合河(湖)长制指导意见,按照河(湖)长制主要任务内容划分,包括水资源保护、水域岸线保护、水污染防治、水生态保护与社会服务保障。

之后为深入贯彻落实中共中央办公厅、国务院办公厅《关于全面推行河长制的意见》《关于在湖泊实施湖长制的指导意见》要求,指导各地开展河湖健康评价工作,推动河

(湖)长制"有名""有实""有能",水利部河湖管理司组织南京水利科学研究院等单位编制了《河湖健康评价指南(试行)》。

《河湖健康评价指南(试行)》结合我国的国情、水情和河湖管理实际,基于河湖健康概念从生态系统结构完整性、生态系统抗扰动弹性、社会服务功能可持续性3个方面建立河湖健康评价指标体系与评价方法,从"盆"、"水"、生物、社会服务功能等4个准则层对河湖健康状态进行评价,有助于快速辨识问题,及时分析原因,帮助公众了解河湖真实健康状况,为各级河长湖长及相关主管部门履行河湖管理保护职责提供参考。

综上,河湖健康评价体系主要分为3个层次4个方面(见图3-19)。

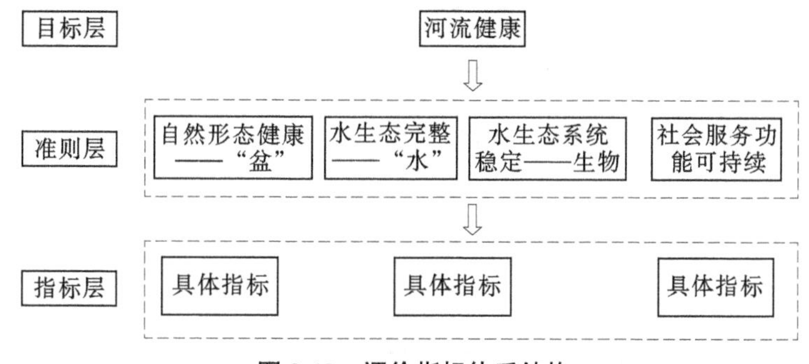

图3-19　评价指标体系结构

(1)目标层。通过河流健康评价指标体系各评价指标的分析,对河流的健康状况进行综合评价,确定河流所处的健康状态,并发现威胁河流健康发展的问题,从而为指导河流的开发利用、管理以及保护提供科学依据(耿雷华,2006)。

(2)准则层。包括4方面准则,分别是"盆"、"水"、生物、社会服务功能。其中,"盆"准则层主要考查河湖形态结构完整性,重点评估人类活动对河湖物理形态的扰动而导致的偏离程度;"水"准则层分为水量和水质两部分,主要考查水生态完整性与抗扰动弹性,重点评估河湖水文情势变异特征及流量或生态水位满足程度和水体化学特征与状况;生物准则层主要考察生物多样性及生态系统的稳定程度,重点评估水生态生物特征与状况;社会服务功能则是主要考察社会服务功能的可持续性,重点评估河湖水系在服务人类社会水资源利用、防洪、景观娱乐等功能需求的满足程度。

(3)指标层。针对准则层3个方面,建立对应各准则层下的具体评价指标,并给出具体评价指标的计算方法或者评判标准,以及具体的健康刻度分值,就可对评价指标的健康分值进行定量或定性计算。根据《河湖健康评价指南(试行)》,评价指标体系具有开放性,既可以对河湖健康进行综合评价,也可以对河湖"盆"、"水"、生物、社会服务功能或其中的指标进行单项评价;除必选指标外,各地可结合实际选择备选指标或自选指标。根据《河湖健康评价指南(试行)》,河流和湖泊的评价指标如表3-9、表3-10所示。

二、评价体系权重

指标权重是指各指标对河流健康的"贡献程度"或者"影响因子",在河流健康评价实践中起到关键的作用(苏辉东,2019)。确定权重的方法主要有层次分析法(李传哲等,2005)、专家咨询法、主成分分析法、熵值法、博弈论的综合权重法(耿芳等,2016)等。

表 3-9　河流评价指标体系

目标层	准则层		指标层	指标类型
河流健康	“盆”		河流纵向连通指数	备选指标
			岸线自然状况	必选指标
			河岸带宽度指数	备选指标
			违规开发利用水域岸线程度	必选指标
	“水”	水量	生态流量/水位满足程度	必选指标
			流量过程变异程度	备选指标
		水质	水质优劣程度	必选指标
			底泥污染状况	备选指标
			水体自净能力	必选指标
	生物		大型底栖无脊椎动物生物完整性指数	备选指标
			鱼类保有指数	必选指标
			水鸟状况	备选指标
			水生植物群落状况	备选指标
	社会服务功能		防洪达标率	备选指标
			供水水量保证程度	备选指标
			河流集中式饮用水水源地水质达标率	备选指标
			岸线利用管理指数	备选指标
			通航保证率	备选指标
			公众满意度	必选指标

河流健康评价指标权重分析采用层次分析法(AHP)。层次分析法是美国学者 T. L. Saaty 于1970—1979年间提出的,它运用1~9标度把人的主观判断进行了客观量化,将定性问题进行定量分析,是一种简单实用的多准则评价方法。层次分析法为管理决策者提供了用一个简单的结构层次形式解决复杂问题的方法(郑保,2019)。其本质上是一种“分解—判断—综合”的基本决策思维过程(洪源源等,2000),共包含建立递阶层次结构、构造两两比较判断矩阵、层次单排序、一致性检验、层级总排序及其一致性检验等五个步骤(陆海田,2018)。

(1)建立递阶层次结构。根据属性的不同对评价指标进行分类组合,形成一种“目标层—准则层—指标层”递阶层次结构。

表 3-10　湖泊评价指标体系

目标层	准则层		指标层	指标类型
湖泊健康	“盆”		湖泊连通指标	备选指标
			湖泊面积萎缩比例	必选指标
			岸线自然状况	必选指标
			违规开发利用水域岸线程度	必选指标
	“水”	水量	最低生态水位满足程度	必选指标
			入湖流量变异程度	备选指标
		水质	水质优劣程度	必选指标
			湖泊营养状态	必选指标
			底泥污染状况	备选指标
			水体自净能力	必选指标
	生物		大型底栖无脊椎动物生物完整性指数	备选指标
			鱼类保有指数	必选指标
			水鸟状况	备选指标
			浮游植物密度	必选指标
			大型水生植物覆盖度	备选指标
	社会服务功能		防洪达标率	备选指标
			供水水量保证程度	备选指标
			湖泊集中式饮用水水源地水质达标率	备选指标
			岸线利用管理指数	备选指标
			公众满意度	必选指标

(2)构造两两比较判断矩阵。运用“1~9”比较标度法把各因素之间的相对重要性判断结果用数值表示。准则层的“盆”、“水”、生物、社会服务功能 4 方面因素进行两两比较,对重要性进行赋值,据此构建准则层的判断矩阵。同理,构建各指标层的判断矩阵。

(3)层次单排序。计算构建的准则层判断矩阵的最大特征根及对应的特征向量,可以计算得出 3 个准则层对应目标层所占权重,同理计算出各具体指标对应准则层所占的权重,然后进行层次单排序分析。层次单排序的两个关键问题是对构造的判断矩阵进行最大特征根和特征向量的计算,采用求和法。

(4)一致性检验。权重分配计算是否合理,还需要通过一致性检验确定。

(5)层级总排序及其一致性检验。层次总排序是指在层次单排序的结果基础上,综合分析得出最底层(指标层)对于最顶层(目标层)的相对重要性权值。层次总排序同单排序一样也需进行一致性检验。

通过层析分析法对准则层及各指标层的权重进行计算,主要是采用 MATLAB 软件。根据准则层及各指标层权重分配计算结果,确定河流健康评价指标体系中所有评价指标在河流健康评价指标体系中的权重。

第四章　南方地区河湖健康评价指标体系构建

河湖健康评价指标体系是进行河湖健康评价的重要技术支撑。传统意义上的河流评估，以河流开发和工程建设为目的，以水文条件和水质评估为主，而河流健康评估方法则以河流生态系统状况为主线，着眼于建立河流状况变化与生物过程的关系，建立一种兼顾合理开发利用和生态保护的综合评估体系。如何建立评估体系，是河流健康评估的关键技术问题（董哲仁，2005）。

由于不同地域、不同类型的河流千差万别，如存在南北方、东西部差异，城市河道与天然河流差异，干流与支流差异，水文水资源、生态环境、生物、经济社会属性不尽相同，加之评价者或者管理者的知识背景、评价目的、选用方法、数据多少等因素都会导致河流健康评价结果的差异。为了给南方河湖健康评价提供技术依据，为顶层决策、管理及生态修复提供技术支撑，对南方地区河湖健康评价指标体系构建方法进行探讨。

第一节　河湖健康评价指标体系构建思路

河流、湖泊即是在相应的地理、气候、水文条件下长期演变过程中形成的完整、和谐的生态系统，河流、湖泊与健康的结合是社会可持续发展和价值进步的必然结果，其健康内涵应从本质上可以反映出人类对河流、湖泊管理的目标与方向，这成为河流、湖泊管理的导向。南方河湖健康评价指标体系构建在系统总结国内外调查评估理论与方法，并合理吸收国外相关工作经验的基础上，建立与区域水生态特点相适应、与河湖长制相结合、覆盖多类型水体的评价指标体系。

一、构建原则

指标体系的构建是河流健康评价的基础，所选取的指标应能反映河流的健康状况，指导河流的生态保护工作。评价指标体系应能系统表征我国南方地区河湖生态及功能特点，评价结果应符合河湖生态现状。河湖健康评价指标体系的科学性、合理性、针对性和有效性，直接决定了河湖健康评价结果的可信度。指标体系的构建，主要遵循以下原则：

（1）科学认知原则。基于现有的科学认知，可以明确判断影响评价指标的驱动要素，应被较多人采用，并被证明适应性较好。

（2）数据获得原则。指标所需要的评估数据应比较容易获取，可在现有监测统计成果基础上进行收集整理，或采用合理（时间和经费）的补充监测手段可获取。

（3）可量化原则。基于现有成熟或易于接受的方法，所选取的指标应可量化，可用具体的数值来体现，可制定相对严谨的评估标准。

（4）相对独立原则。与其他评估指标内涵不存在明显重复。

(5)特色性原则。所选取的指标应特色鲜明,能突出流域生态环境特色。

(6)全面性原则。指标体系应尽可能地覆盖评价内容,且要相对独立,指标之间不重复。

二、构建方法

针对河流健康评价会“因河而异”采用不同的指标体系、权重和指标赋值标准的问题,目前主要有两种解决方法(苏辉东,2019):一种是将不同河流的信息分类加以整理,比如将河流分为生态型河流、山区型河流、城市型河流、灌溉区河流等,以及特定的河流,如长江、黄河和珠江,根据相邻或相似性原理,将一条河流的评价指标和方法移植到另一条河流。由于相似河流往往比较难找,而且无法对不同类型河流的健康程度进行横向对比,适用范围有限。另一种方法是构建一种普适性的评价指标体系与方法指导全国的河湖健康评价,如水利部试行的《河流健康评估指标、标准与方法》(1.0 版)以及冯彦等(2012)提出的河流健康评价主评指标体系。此方法指标体系的构建、权重的分配以及评价标准的选择等都存在一定的问题,有待进一步研究与完善。冯彦等及杨丽萍通过对大量河流健康相关文献的河流健康评价指标体系以及指标的归纳、整理和筛选,得到一个完整的河流健康评价主评指标体系,但其对指标体系权重的分配和主评指标的赋值并未展开详细的分析。

河流生态系统作为一个开放的动态系统,河流与河流周边、流域内自然环境、人类社会之间存在着输入和输出的信息流。河流健康评价体系的构建过程是一个从复杂信息流中筛选主导性指标进行研究的过程,除具有一般评价体系的科学性、规范性、简明性及动态性外,还应满足可操作性、层次性、整体性、定性与定量相结合等原则(郭大平,2018)。从河流健康评价体系构建的方法原理看,主要分为模型预测法和综合评价指标法。

河流生态系统内部的任何微小改变都有可能导致水生生物的种群密度、群落结构和生理功能等产生变化,预测模型法则是利用生物的这个特点,监测生物种群一些指标的动态变化,进而展现河流生态系统的健康状况。模型预测法根据评价河流生态系统的特性确定可靠的评价指标。假设河流在自然状态下不受人类活动影响,得到生物自然状态下的参考状态,与河流在环境中的实际状态进行对比,评估河流受到人类活动的影响程度,进而确定河流是否健康。张方方等(2011) 通过构建基于底栖动物的完整性指数分别评价赣江河流的健康状况;刘明典等(2010) 则基于鱼类生物完整性指数评价长江中上游段河流健康状况。由于河流生态系统中对所有干扰都敏感的指标不存在,模型预测法评价指标过于单一,主要通过某一指标的变化反映河流健康状态,不能真实反映研究区域的客观状态(张杰,2017),目前国内很少使用这一方法评价河流健康,更多的是采用综合评价指标法,可对河流健康进行更全面的评价。

综合评价指标法是先依据评价标准对调查河流的物理结构、生物、化学特征及社会服务功能等指标进行打分,再通过计算每项指标的权重,最后计算得到总分,这个总分就反映河流的健康状况。综合评价指标法可以全面、系统地反映河流系统状态,在河流健康评价体系构建中被广泛应用(高凡,2017)。其中代表性的构建方法有目标-准则-指标(Target-Criteria-Indicator,TCI) 模型、压力-状态-响应(Pressure-State-Response, PSR) 模型、活力性-清洁性-完整性(Active-Clean-Integrity,ACI)模型等(罗火钱,2019)。但该方法考虑因素太多,一方面评价标准受评价者主观因素影响较大,另一方面部分指标难以量化,因此在精度上有所欠缺,目前国内采用此种方法研究河流健康的较多。

第二节　指标选择与体系构成

河湖健康评估指标体系包括目标层、准则层以及指标层。目标层为河湖健康,是河湖生态系统状况与社会服务功能状况的综合反映。准则层包括水文水资源完整性(简称"水文水资源")、物理结构完整性(简称"物理结构")、化学完整性(简称"水质")、生物完整性(简称"生物")和社会服务功能完整性(简称"社会服务功能")。同时,结合河(湖)长制指导意见,再设置河湖长制任务准则层。河湖健康评估指标设置基本指标与备选指标,其中基本指标为必选指标,备选指标可结合实际选择。

一、评价指标选取原则

鉴于我国河湖生态系统多样,区域差异明显,南方河湖健康评估在全国规定统一评价指标的基础上,可根据评价河湖的特点,增设自选指标。为了规范指标选择,提出以下遴选原则:

(1)科学性原则。评价指标设置合理,体现普适性与区域差异性,评价方法科学,评价程序正确,基础数据来源客观、真实,评价结果准确反映河湖健康状况。

(2)实用性原则。评价指标体系符合我国的国情、水情与河湖管理实际,评价成果能够帮助公众了解河湖真实健康状况,有效服务于河(湖)长制工作,为各级河长湖长及相关主管部门履行河湖管理保护职责提供参考。

(3)可操作性原则。评价所需基础数据应易获取、可监测。评价指标体系具有开放性,既可以对河湖健康进行综合评价,也可以对河湖"盆"、"水"、生物、社会服务功能或其中的指标进行单项评价;除必选指标外,各地可结合实际选择备选指标或自选指标。

(4)管理抓手原则。指标应与河(湖)长制紧密结合,能体现自然科学与社会科学的有机融合,符合我国的国情、水情与河湖管理实际,将河长、湖长日常管理工作采用通俗、可监测的指标进行量化。评价结果也与河(湖)长制工作紧密结合,可直接用于指导河长、湖长及相关主管部门履行河湖管理保护职责。

二、评价指标

(一)评价指标体系

南方河湖健康评价指标体系采用目标层(南方河湖健康状况)、准则层和指标层三级体系(见图4-1)。河湖健康评价指标体系具有开放性,除必选指标外,各地可结合实际选择备选指标。如遇到某些特征明显的河湖,如重金属污染、河湖淤积等,可以增加自选指标。

苏辉东、郑保等对河湖健康评价指标体系进行了统计分析,见表4-1、表4-2。

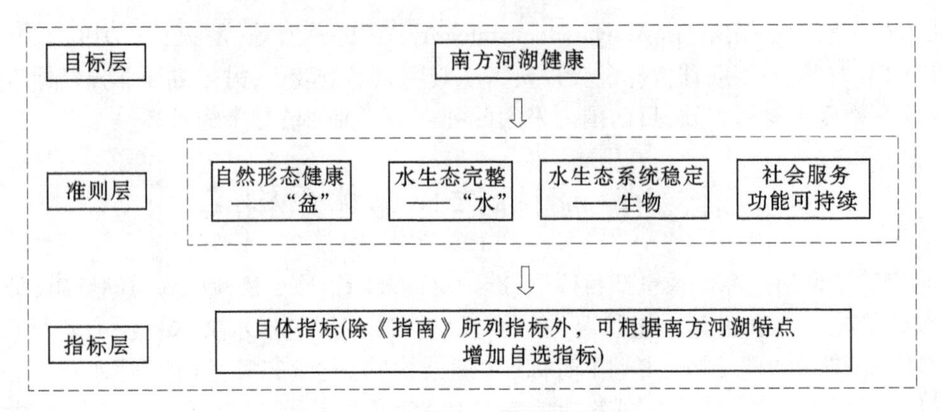

图 4-1　河湖健康评价指标体系构成

表 4-1　河湖健康各准则层采用指标情况

准则层	指标层采用的指标及出现的次数
水文水资源	径流变化率(37)、输沙变化(19)、流速-流态(17)、水位变化(13)、断流概率(7)
水质	生态需水保证率(45)、水质达标率(40)、水质综合污染指数(37)、DO(29)、盐度(22)、水温(21)、总磷(16)、底泥污染状况(15)、BOD_5(14)、富营养化指数(14)、pH 值(14)、氨氮(11)、重金属污染指数(10)、高锰酸盐指数(10)、浑浊度(10)
生物	鱼类(33)、大型底栖动物(28)、浮游动物(25)、浮游植物(23)、珍稀动物存活状况(20)、流域生物多样性指数(15)、水生植物(11)、外来物种(7)
物理结构	河岸植被覆盖率(47)、河床稳定性(43)、河岸稳定性(38)、河流连通性(38)、底质(28)、湿地保留率(22)、流域天然植被覆盖率(25)、蜿蜒度(23)、生境数量与质量(20)、土壤侵蚀(15)、河道稳定性(14)、比降(12)、河道遮阴率(12)、水面宽变化(12)、栖息地状况(11)
社会服务功能	水资源利用率(46)、防洪工程完善率(39)、景观适宜指数(34)、城市供水保证率(29)、土地利用(28)、航运(25)、取水量(20)、人工设施造成的生境破碎率(15)、饮水安全保障程度(14)、单方水 GDP(10)、城市化面积(10)、污水处理率(9)

资料来源:苏辉东《河流健康评价指标与权重分配的统计分析》。

总之,在评价指标体系方面,应尽量涵盖物理结构、水文水资源、水质、生物以及社会服务功能等多方面的要素,充分体现评价体系全面性、综合性的特点,从而客观、准确地反映参评河湖的健康状况。

(二)基本指标与备选指标

1. 指标选取

从国内外对河湖健康概念、体系和实践的发展历程可以看出,河湖健康评价的实质是河湖功能完整性的科学描述,所以评价指标选取要考虑河湖物理结构完整性、水文水资源完整性、化学完整性、生态系统的生物完整性、社会服务功能的完整性等,这些功能相互依存、相互影响、相互辅助，构成完整的河湖生态过程。此外，所选取指标应能系统表征我国南方地区河湖生态及功能特点，评价结论应基本符合南方河湖生态现状，指标总体科学、合理，具有较强的指导性、针对性，整体技术方法相对简易，易于普遍接受与推广。

表 4-2　河流生态系统健康系统评价指标

指标分类	指标名称	指标说明
水文水资源状况	地下水埋深	评价范围内地表至浅层地下水位之间的平均垂线距离
	地下水开采率	年平均地下水实际开采量与年均地下水可开采量之比
	生态基流	维持河流基本形态和基本生态功能，避免河流水生生物群落遭受到无法恢复破坏的河道内最小流量，以及生态用水配置保障程度
水环境状况	水功能区水质达标率	水功能区水质达到其水质目标的数量（河长、面积）占水功能区总数（总河长、总面积）的比例
	湖库富营养化指数	评价湖泊、水库水体富营养化程度
	饮用水水源地水质指数	以《地表水环境质量标准》（GB 3838）、《生活饮用水卫生标准》（GB 5749）为基础，结合饮用水安全保障的要求，进行综合调整，提出的综合评价标准和水质分级指数，客观反映饮用水水源地水质状况
水生生物及生境状况	纵向连通性	在河流系统内生态元素在空间结构上的纵向联系
	横向连通性	具有连通性的水面面积或滨岸带长度占评价水体的比值
	珍稀水生生物存活状况	珍稀水生生物或者特征水生生物物种存活质量与数量的状况
	湿地保留率	指某区域或流域的湿地面积所占土地面积（含水域面积）的比例。具体体现对河流湿地调蓄洪水的能力，资源的保护状况，景观、生态和人类生存环境状况等
	生态需水满足程度	指天然最小流量与维持河流水沙平衡、水生生物生存和河口生态、污染物稀释自净所需要的最小流量之比。反映河道内水资源量满足生态保护要求的状况
	涉水自然保护区状况	定性评价涉水自然保护区保护状况
	涉水景观保护程度	定性评价自然或人工形成的，因其独特性、多样性而具有景观价值并以水为主体的景观体系保护程度
	鱼类生境状况	国家重点保护的、珍稀濒危的、土著的、特有的、重要经济价值的鱼类种群生存繁衍的栖息地状况
水环境开发利用状况	水环境开发利用程度	按区域或流域已开发利用的水资源量与水资源总量之比。反映区域或流域内水资源开发利用的程度以及经济社会发展与水资源开发利用的协调程度
	水能开发利用程度	按区域或流域已开发利用的水能资源量与水能资源技术可开发量之比。反映流域内水能资源的开发利用程度

资料来源：郑保等《河流生态系统健康评价指标体系及权重的研究》。

(1)物理结构完整性。

河流结构的变化是人类活动的直接后果,从河湖滨岸状态、河湖连通状况、天然湿地保存情况等指标表达健康状况。由美国鱼类和野生动物服务协会颁布的生境适宜指数 HIS 就是用来评估生物的生境质量(罗火钱,2019)。对于河流生态系统来说,通过河流纵向连通指数、岸线自然状况、河岸带宽度指数、违规开发水域岸线程度来表征物理结构的完整性。

(2)水文水资源完整性。

水文水资源完整性是河流生态系统的基本属性和驱动力,水文年内和年际变化会引起河流及河岸形态、水流流态和水质、动植物群落等变化,进而影响河流生态系统的结构和功能。国际上常用的水文完整性指数有水文变化指数 IHA、范围变化法 RVA、溪流地貌指数 ISG 等(翁士创,2018),河流水文条件是河流生态系统各种理化和生物过程的基础,水文条件变化会引起河流生态系统一系列改变,在国内外河流健康评价中,水文指标是指标体系的重要组成部分,主要关注的是生态流量/水位满足程度及流量过程变异程度。

(3)化学完整性。

化学完整性主要是指水化学指标。水质是直接反映水体健康状况的重要因素之一,也是生产生活、生物与人群健康的根本保障,可表征河湖水生态完整与抗扰动弹性。生境温度、溶解氧、营养盐含量等水化学指标可对河湖水生生物物种生长、存活和生物量产生影响。我们在该部分更关注的是水质是否优良、底质是否干净、水体的自净能力如何等。

(4)生物完整性。

水生生物是水生态系统的重要组成部分,其群落结构变化会对水生态系统、渔业资源和环境产生重要影响,并且对水文、污染物等环境因素的变化反映灵敏。生物完整性是指经过长期进化形成的和区域环境相适应的生物群落组成、结构和功能(James,1991),目前广泛应用的有基于群落特征的多参数指标 MMI 及反映样点观测生物组成(观测值 O)与期望生物组成(期望值 E)差异性的 O/E 指数。前者通过综合群落组成、结构、物种性状、功能等参数定量描述生物完整性(James,2000),后者基于英国提出的河流无脊椎动物预测和分类系统 RIVPACS 计算物种观测丰度(O)和期望丰度(E)两者的比值,定量生物组成的完整性,反映期望物种在调查样点的出现概率,一定程度上反映生物组成完整性的丧失程度(Charles,2006)。在河湖健康评价中,大型底栖无脊椎动物、鱼类、水鸟、水生生物状况是我们关注的重点。

(5)社会服务功能的完整性。

社会服务功能是指河湖具有的可以持续为人类提供服务的功能和能力,表征了人水关系的健康。主要体现为江河安澜、供水稳定、饮用水水源达标、管理优良、公众满意。

2. 指标分类

所有评价指标根据河湖功能、指标重要性、指标数据获取难易程度等方面划分为必选指标和备选指标。其中,基本指标为必选指标,备选指标可结合实际选择。其中,有防洪、供水、岸线开发利用功能的河湖,防洪达标率、供水水量保障程度、河流(湖泊)集中式饮用水水源地水质达标率指标和岸线利用管理指数指标应为必选。南方河湖健康评价基本遵循《河湖健康评价指南(试行)》(简称《指南》)所列指标(见表 4-3、表 4-4)。但南方各地可根据当地情况,适当新增指标。如广东省发布了《广东省 2021 年河湖健康评价技术指引》(简称《广东省指引》),规定将“碧道建设综合效益”和“流域水土保持率”新增为备选指标,并要求有碧道建设任务的评价对象,碧道建设综合效益指标应为必选(见表4-5、表4-6)。

表4-3　河流评价指标体系(《指南》)

<table>
<tr><th>目标层</th><th colspan="2">准则层</th><th>指标层</th><th>指标类型</th></tr>
<tr><td rowspan="19">河流健康</td><td rowspan="4" colspan="2">“盆”</td><td>河流纵向连通指数</td><td>备选指标</td></tr>
<tr><td>岸线自然状况</td><td>必选指标</td></tr>
<tr><td>河岸带宽度指数</td><td>备选指标</td></tr>
<tr><td>违规开发利用水域岸线程度</td><td>必选指标</td></tr>
<tr><td rowspan="5">“水”</td><td rowspan="2">水量</td><td>生态流量/水位满足程度</td><td>必选指标</td></tr>
<tr><td>流量过程变异程度</td><td>备选指标</td></tr>
<tr><td rowspan="3">水质</td><td>水质优劣程度</td><td>必选指标</td></tr>
<tr><td>底泥污染状况</td><td>备选指标</td></tr>
<tr><td>水体自净能力</td><td>必选指标</td></tr>
<tr><td rowspan="4" colspan="2">生物</td><td>大型底栖无脊椎动物生物完整性指数</td><td>备选指标</td></tr>
<tr><td>鱼类保有指数</td><td>必选指标</td></tr>
<tr><td>水鸟状况</td><td>备选指标</td></tr>
<tr><td>水生植物群落状况</td><td>备选指标</td></tr>
<tr><td rowspan="6" colspan="2">社会服务功能</td><td>防洪达标率</td><td>备选指标</td></tr>
<tr><td>供水水量保证程度</td><td>备选指标</td></tr>
<tr><td>河流集中式饮用水水源地水质达标率</td><td>备选指标</td></tr>
<tr><td>岸线利用管理指数</td><td>备选指标</td></tr>
<tr><td>通航保证率</td><td>备选指标</td></tr>
<tr><td>公众满意度</td><td>必选指标</td></tr>
</table>

(三)自选指标

我国的各大流域河流面临的问题不尽相同,普遍存在诸如流量减少、水质恶化、水土流失和生物多样性丧失等共性问题,也呈现不同的发展趋势,研究者在此基础上构建了相应的评价指标体系。如长江主要注重水土资源、水环境、河流完整性与稳定性、水生生物多样性、防洪能力、社会服务能力等方面;黄河则主要关注流量减少、水土流失、泥沙淤积、湿地萎缩、水资源供需矛盾突出等问题;珠江面临着水污染、水土流失、水资源短缺、水环境恶化等问题;海河主要是水量减少、水质恶化、水土流失、生态环境问题等。近些年,随着人们生活水平的提高,对河流的景观功能要求也在提高,希望能给自己的生活带来舒适和良好的环境。在此基础上,就不同典型河流的评价体系进行了梳理,具体如下。

表 4-4　湖泊评价指标体系(《指南》)

<table>
<tr><th>目标层</th><th colspan="2">准则层</th><th>指标层</th><th>指标类型</th></tr>
<tr><td rowspan="21">湖泊健康</td><td colspan="2" rowspan="4">“盆”</td><td>湖泊连通指数</td><td>备选指标</td></tr>
<tr><td>湖泊面积萎缩比例</td><td>必选指标</td></tr>
<tr><td>岸线自然状况</td><td>必选指标</td></tr>
<tr><td>违规开发利用水域岸线程度</td><td>必选指标</td></tr>
<tr><td rowspan="6">“水”</td><td rowspan="2">水量</td><td>最低生态水位满足程度</td><td>必选指标</td></tr>
<tr><td>入湖流量变异程度</td><td>备选指标</td></tr>
<tr><td rowspan="4">水质</td><td>水质优劣程度</td><td>必选指标</td></tr>
<tr><td>湖泊营养状态</td><td>必选指标</td></tr>
<tr><td>底泥污染状况</td><td>备选指标</td></tr>
<tr><td>水体自净能力</td><td>必选指标</td></tr>
<tr><td colspan="2" rowspan="6">生物</td><td>大型底栖无脊椎动物
生物完整性指数</td><td>备选指标</td></tr>
<tr><td>鱼类保有指数</td><td>必选指标</td></tr>
<tr><td>水鸟状况</td><td>备选指标</td></tr>
<tr><td>浮游植物密度</td><td>必选指标</td></tr>
<tr><td>大型水生植物覆盖度</td><td>备选指标</td></tr>
<tr style="display:none"></tr>
<tr><td colspan="2" rowspan="5">社会服务功能</td><td>防洪达标率</td><td>备选指标</td></tr>
<tr><td>供水水量保证程度</td><td>备选指标</td></tr>
<tr><td>湖泊集中式饮用水
水源地水质达标率</td><td>备选指标</td></tr>
<tr><td>岸线利用管理指数</td><td>备选指标</td></tr>
<tr><td>公众满意度</td><td>必选指标</td></tr>
</table>

杨文慧(2007)在对汾河健康评价中考虑河流的景观功能影响,构建了河流的综合指标评价体系。由于中国中西部地势特点,在对河流进行健康评价时,都会把当地河流的一些特点考虑进去,耿雷华等(2006)就加入河流的防洪功能对澜沧江进行了健康评价,得出澜沧江健康处于良好偏下状态。

各地在进行河湖健康评价时,应结合本地河湖自然地理、社会环境和服务功能等差异性特征,开展河湖健康评价工作。如在河湖主要面临富营养化、城市水体黑臭以及部分河流重金属污染等问题的地区,评价体系中应相应增加水体富营养化程度、河湖重金属污染等指标;如在河流出现季节性断流的北方地区,河湖污染以重金属为主,在开展地方河湖健康评价工作时,应考虑对“生态流量保障程度”指标进行调整,并重点关注反映河湖重金属污染的指标。

表 4-5　河流健康评价调查指标(《广东省指引》)

<table>
<tr><th>目标层</th><th colspan="2">准则层</th><th>指标层</th><th>指标类型</th></tr>
<tr><td rowspan="22">河流健康</td><td colspan="2" rowspan="4">“盆”</td><td>河流纵向连通性</td><td>备选指标</td></tr>
<tr><td>岸线自然状况</td><td>必选指标</td></tr>
<tr><td>河岸带宽度指数</td><td>备选指标</td></tr>
<tr><td>违规开发利用水域岸线程度</td><td>必选指标</td></tr>
<tr><td rowspan="5">“水”</td><td rowspan="2">水量</td><td>生态流量/水位满足程度</td><td>必选指标</td></tr>
<tr><td>流量过程变异程度</td><td>备选指标</td></tr>
<tr><td rowspan="3">水质</td><td>水质优劣程度</td><td>必选指标</td></tr>
<tr><td>底泥污染状况</td><td>备选指标</td></tr>
<tr><td>水体自净能力</td><td>必选指标</td></tr>
<tr><td colspan="2" rowspan="4">生物</td><td>大型底栖无脊椎动物生物完整性指数</td><td>备选指标</td></tr>
<tr><td>鱼类保有指数</td><td>必选指标</td></tr>
<tr><td>水鸟状况</td><td>备选指标</td></tr>
<tr><td>水生植物群落状况</td><td>备选指标</td></tr>
<tr><td colspan="2" rowspan="9">社会服务功能</td><td>防洪达标率</td><td>备选指标</td></tr>
<tr><td>供水水量保障程度</td><td>备选指标</td></tr>
<tr><td>河流集中式饮用水水源地水质达标率</td><td>备选指标</td></tr>
<tr><td>岸线利用管理指数</td><td>备选指标</td></tr>
<tr><td>碧道建设综合效益</td><td>备选指标</td></tr>
<tr><td>通航保证率</td><td>备选指标</td></tr>
<tr><td>流域水土保持率</td><td>备选指标</td></tr>
<tr><td>公众满意度</td><td>必选指标</td></tr>
</table>

鉴于我国河湖生态系统多样,区域差异明显,全国河湖健康评估在全国规定统一评价指标的基础上,可增设自选指标。自选指标还应研究制定评价标准,提出评价指标专项调查监测方案与技术细则。自选指标评价标准如下。

(1)河湖健康评价指标可采用下列方法确定评价标准:

①基于评价河湖所在生态分区的背景调查,根据参考点状况确定评价标准。涉及生物方面的指标宜采用该类方法。

②根据现有标准或在河湖管理工作中广泛应用的标准确定评价标准。在已颁布的标准中有规定的指标宜采用该类方法。

③基于历史调查数据确定评价标准。宜选择人类活动干扰影响相对较低的某个时间节点的状态作为评价标准,可选择 20 世纪 80 年代或以前的调查评价成果作为评价标准

的依据。

表 4-6　湖泊健康评价调查指标(《广东省指引》)

<table>
<tr><th>目标层</th><th colspan="2">准则层</th><th>指标层</th><th>指标类型</th></tr>
<tr><td rowspan="22">湖泊健康</td><td colspan="2" rowspan="4">“盆”</td><td>湖泊连通指数</td><td>备选指标</td></tr>
<tr><td>湖泊面积萎缩比例</td><td>必选指标</td></tr>
<tr><td>岸线自然状况</td><td>必选指标</td></tr>
<tr><td>违规开发利用水域岸线程度</td><td>必选指标</td></tr>
<tr><td rowspan="6">“水”</td><td rowspan="2">水量</td><td>最低生态水位满足程度</td><td>必选指标</td></tr>
<tr><td>入湖流量变异程度</td><td>备选指标</td></tr>
<tr><td rowspan="4">水质</td><td>水质优劣程度</td><td>必选指标</td></tr>
<tr><td>湖泊营养状态</td><td>必选指标</td></tr>
<tr><td>底泥污染状况</td><td>备选指标</td></tr>
<tr><td>水体自净能力</td><td>必选指标</td></tr>
<tr><td colspan="2" rowspan="5">生物</td><td>大型底栖无脊椎动物生物完整性指数</td><td>备选指标</td></tr>
<tr><td>鱼类保有指数</td><td>必选指标</td></tr>
<tr><td>水鸟状况</td><td>备选指标</td></tr>
<tr><td>浮游植物密度</td><td>必选指标</td></tr>
<tr><td>大型水生植物覆盖度</td><td>备选指标</td></tr>
<tr><td colspan="2" rowspan="7">社会服务功能</td><td>防洪达标率</td><td>备选指标</td></tr>
<tr><td>供水水量保障程度</td><td>备选指标</td></tr>
<tr><td>湖泊集中式饮用水水源地水质达标率</td><td>备选指标</td></tr>
<tr><td>岸线利用管理指数</td><td>备选指标</td></tr>
<tr><td>碧道建设综合效益</td><td>备选指标</td></tr>
<tr><td>流域水土保持率</td><td>备选指标</td></tr>
<tr><td>公众满意度</td><td>必选指标</td></tr>
</table>

④基于专家判断或管理预期目标确定评价标准。社会服务功能可持续性准则层指标宜采用该类方法,鱼类调查资料缺乏时也可采用此方法。

(2)河湖健康评价指标可采用一种方法或几种方法综合确定评价标准。根据上述方法确定的评价标准应经过典型河湖评价检验后方可应用。

南方地区河湖也可针对评价河湖特点,研究提出区域自选指标。如针对珠江三角洲地区,可提出咸度超标程度,以某河口区断面枯水期最大咸度连续超标天数或咸度超标倍数表示,反映珠江口咸潮上溯情况;针对有种质资源保护区或有珍稀水生动物生存的河段,可提出珍稀水生动物存活状况,分析珍稀水生动物在河流中生存繁衍并维持生存的最低种群数量以上的状况，可选择白鳍豚、中华鲟作为研究对象；针对有重要灌溉功能的河湖，可提出灌溉保证率，计算灌区多年期间灌溉用水量全部得到满足的频率。其中，自选指标的权重应低于必选指标的权重。

第三节　指标含义及说明

本节对所选取的指标进行释义。

一、“盆”准则层

“盆”准则层即物理结构准则层。所选取的“盆”的指标主要包括河流纵向连通性、湖库连通状况、岸线自然状况、违规开发利用水域岸线程度、湖泊面积萎缩比例。

（一）河流纵向连通性

河流连通阻隔状况主要调查评价河流对鱼类等生物物种迁徙及水流与营养物质传递阻断状况。重点调查评价河段内影响河流连通性的建筑物或设施数量，并根据单位河长个数进行评价。调查河流的闸坝阻隔特征，闸坝阻隔分为4类情况：①完全阻隔（断流）；②严重阻隔（无鱼道、下泄流量不满足生态基流要求）；③阻隔（无鱼道、下泄流量满足生态基流要求）；④轻度阻隔（有鱼道、下泄流量满足生态基流要求）。

（二）湖库连通状况

湖库连通状况重点评价主要环湖（库）河流与湖库水域之间的水流畅通程度，评估对象包括主要入湖（库）河流和出湖（库）河流，其中主要出入湖库河流径流量占出入湖库总径流量的比例不低于90%。湖库连通状况评价包括环湖（库）河流闸坝建设及调控状况（按断流阻隔月数计）、主要环湖（库）河流年入湖（库）水量与入湖（库）河流多年平均实测径流量的比例2类参数，并由其中的最差状况确定。

（三）岸线自然状况

岸线自然状况包括河（湖、库）岸稳定性和岸线植被覆盖率两个亚指标层。

1. 河（湖、库）岸带稳定性指标

根据河（湖、库）岸坡侵蚀现状（包括已经发生的或潜在发生的河岸侵蚀）进行评价，评价要素包括岸坡倾角、河岸高度、基质特征、岸坡植被覆盖度、坡脚冲刷强度等（见图4-2）。

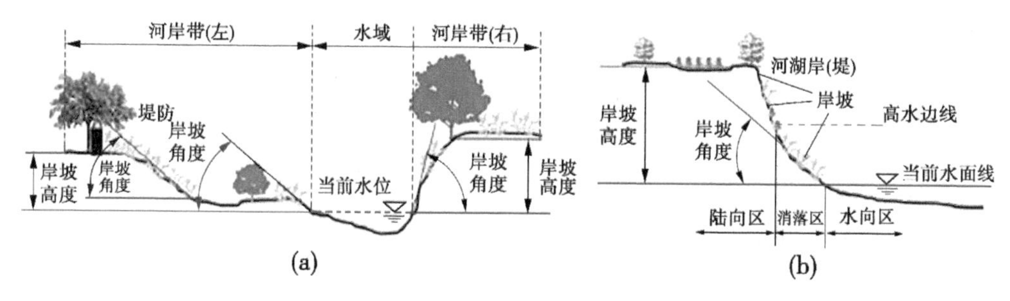

图4-2　河（湖、库）岸带稳定性指标评价要素

2. 岸线植被覆盖率

评估河岸带植被(包括自然和人工植物、乔木、灌木和草本植物)垂直投影面积占河(库)岸带面积比例,计算范围为当前水位水边线至河道管理范围线之间的范围(见图 4-3)。

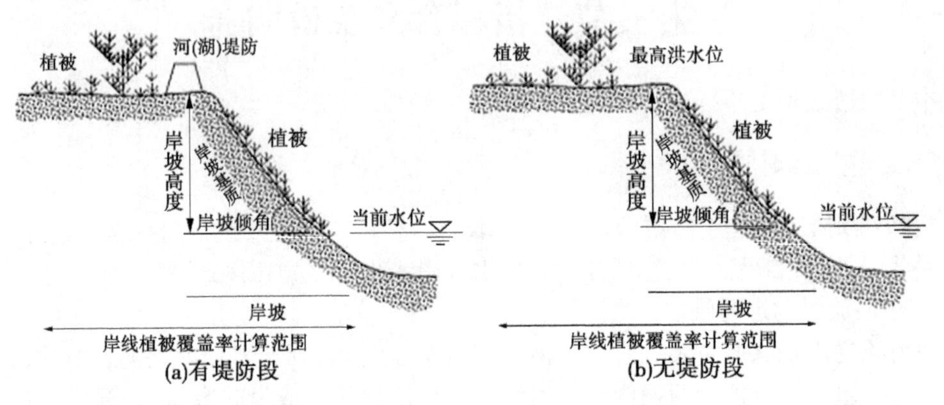

图 4-3　岸线植被覆盖度指标示意图

(四)违规开发利用水域岸线程度

违规开发利用水域岸线程度(RWK)综合考虑了入河排污口规范化建设率(RG)、入河湖排污口布局合理程度(RB)和河湖“四乱”状况(RS)3 个亚指标层进行综合评价。根据《中华人民共和国河道管理条例》第二十四条的规定,将河(湖、库)岸带人工干扰归纳为 15 类:河岸硬质性砌护、采砂、沿岸建筑物(房屋)、公路(铁路)、垃圾填埋场或垃圾堆放、管道、农业耕种、畜牧养殖、打井、挖窖、葬坟、晒粮、存放物料、开采地下资源、考古发掘及集市贸易。在河(湖、库)岸带调查样方范围内及邻近区域,观察到上述人类活动迹象,即为有人类扰动。记录人类扰动类型及其与河滨带的空间关系。空间关系分为 3 类:水边线以内、河湖岸带、河岸带邻近陆域(小河 10 m 以内,大河 30 m 以内)以及湖库岸带邻近陆域(50 m 以内)。

(五)湖泊面积萎缩比例

湖泊评价湖泊面积萎缩比例,水库评价库容淤积损失率。湖泊面积萎缩比例计算年湖泊水面萎缩面积与历史参考年湖泊水面面积的比例。考虑到我国对湖泊的大规模围垦主要发生在 20 世纪 50—80 年代,因此湖泊水面面积历史参考点宜选择在 20 世纪 50 年代以前。水库库容淤积损失率,计算截至评价基准年总计淤积损失库容占建库总库容的百分比。

二、“水”准则层

“水”准则层即水文水资源准则层和水质准则层。

(一)水文水资源准则层

1. 生态用水满足程度

河流生态用水满足程度评估河流流量过程的生态适宜程度,分别计算 4—9 月及 10 月至翌年 3 月最小日均流量占多年平均流量的百分比,根据 Tenant 推荐的阈值分别计算赋分值,取二者的最低赋分为河流生态用水满足程度赋分。湖泊生态用水满足程度根据湖泊最低水位及其持续时间进行评价。水库生态用水满足程度评价水库下泄生态基流满足程度,计算水库下泄生态基流满足天数占评价年总天数的百分比。

2. 流量过程变异程度

河流采用流量过程变异程度,湖库采用入湖(库)流量过程变异程度。河流流量过程变异程度指现状开发状态下,实测月径流过程与天然月径流过程的差异,主要反映流域水资源开发利用对评估河段水文情势的影响程度。入湖(库)流量过程变异程度指环湖河流入湖(库)实测月径流量与天然月径流过程的差异,着重反映流域水资源开发利用对湖泊(水库)水文情势的影响。

(二)水质准则层

1. 水质优劣程度

按照全指标评价河湖水质类别比例,湖库营养状况评价采用营养指数赋分法评价,水功能区水质达标率采用全因子对水功能区进行水质达标评价。具体评价要求遵循《地表水资源质量评价技术规程》(SL 395)的规定。

2. 水体自净能力

评价入河湖排污口合规性及其混合区规模。水体整洁程度根据河湖水域感官状况评价,重点评价嗅和味、漂浮废弃物状况。

三、生物准则层

(一)浮游植物密度

湖库浮游植物数量采用藻类密度指标评价,藻类密度指单位体积湖库水体中的藻类个数。

(二)浮游动物生物损失指数

采用生物完整性评估的生物物种损失方法确定,按照下式计算:

$$ZOE = ZO/ZE \tag{4-1}$$

式中　ZOE——浮游动物生物损失指数;

ZO——调查获得的浮游动物种类数量(剔除外来物种);

ZE——20 世纪 80 年代以前浮游动物种类数量。

(三)大型水生植物覆盖度

评价湖(库)岸带湖(库)向水域内的浮水植物、挺水植物和沉水植物三类植物(不包括外来物种)的总覆盖度。

(四)大型无脊椎动物生物完整性指数

通过对比参照点和受损点大型无脊椎动物状况进行评价。基于候选指标库选取核心评价指标,对评价河湖底栖生物调查数据按照评价参数分值计算方法,计算 BIBI 指数监测值,根据河湖所在水生态分区 BIBI 最佳期望值,按照下式计算 BIBI 指标赋分:

$$BIBIr = BIBIO/BIBIE \times 100 \tag{4-2}$$

式中　BIBIr——底栖动物完整性指标赋分;

BIBIO——底栖动物完整性指标监测值;

BIBIE——河湖所在水生态分区底栖动物完整性指标的最佳期望值。

(五)鱼类保有指数

评估河湖内鱼类种数现状与历史参考系鱼类种数的差异状况,采用生物完整性评估的生物物种损失方法确定。该指标反映河湖生态系统中顶级物种受损失状况。鱼类生物损失指标标准建立采用历史背景调查方法确定,选用20世纪80年代作为历史基点。调查评估河湖鱼类历史调查数据或文献。其中,比较典型的历史调查成果如《中国内陆水域渔业资源调查与区划》(1980—1988年)。

四、社会服务功能准则层

(一)公众满意度

公众满意度反映公众对评估河湖环境、水质水量、涉水景观、舒适性、美学价值等的满意程度。采用公众参与调查方法进行评价,重点调查对象为沿河(湖库)的居民,同时包括当地政府、环保及水利等相关部门的河湖管理者。统计分析公众参与调查表的调查结果,确定公众对河湖的综合满意度。

公众参与调查表包括:调查公众基本信息,公众与评估河流的关系,公众对河流水量、水质、河滩地状况、鱼类状况的评估,公众对河流适宜性的评估,以及公众根据上述方面认识及其对河湖的预期所给出的河湖健康状况总体评估。

(二)河湖社会服务功能

河湖社会服务功能包括防洪指标、供水指标和航运指标等。

1. 防洪指标

评估河流、湖泊及水库的安全蓄洪与泄洪能力。评价河湖堤防及沿河(环湖)口门建筑物防洪达标情况:河流计算已达到防洪标准的堤防长度占堤防总长度的比例,湖泊同时还需要评价环湖口门建筑物满足设计标准的比例。水库选用大坝安全、防洪运行调度、监控设施作为防洪评价指标,采用专家评估方法对上述3方面的达标状况进行评价赋分。

2. 供水指标

采用综合供水保证率评价,计算河湖所有供水工程的供水保证率。

3. 航运指标

评价河湖维持正常通航的保障程度,采用通航水深保证率进行评价,计算河流一年中航道实际水深达到航道要求水深的天数与统计的通航天数之比。

第五章　南方地区河湖健康评价方法及标准

目前,在国际上及国内有关河湖健康各指标的评价方法有很多,每种评价方法有其优缺点和适用范围。本章就适用于我国南方地区河湖特点的健康评价方法展开介绍,并阐述指标权重的确定和指标评价标准的确定,进而提出南方地区河湖健康指数计算方法及评价等级,最后介绍了常用的数据资料收集方法。

第一节　南方地区河湖健康评价方法

在河湖健康评价方面,国内已出台的规范有水利部发布的《河湖健康评估技术导则》(SL/T 793—2020)和环境监测总站发布的《河流水生态环境质量评价技术指南(试行)》,涉及水文水资源、物理结构、水质、生物和社会服务功能等多个领域。本节在上述规范的基础上,结合其他规范和相关研究,对适用于我国南方地区河湖特点的健康评价方法展开介绍。

一、水文水资源

水文水资源方面常用的评价指标有水资源开发利用率、流量过程变异程度、生态流量/水位满足程度、最低生态水位满足程度、水土流失治理程度等。在进行南方地区河湖健康评价时,可根据河湖特点、水体功能、开发利用程度、评价目的等因素选择合适的指标。

(一)水资源开发利用率

水资源开发利用率,是指流域或区域用水量占水资源总量的比率。水资源开发利用率体现的是一条河流水资源开发利用程度。水资源开发利用率越高,表明从河道内取用的水量占流域内水资源总量的比例越高,同时对水生态系统的影响也就越大,反之亦然。国际上一般认为,对一条河流的开发利用不能超过其水资源量的40%,否则就会严重挤占生态流量,导致水环境自净能力锐减,水生态系统产生退化。在我国,部分地区尤其是北方地区,有相当一部分河流的水资源开发利用率超过了国际上公认的40%警戒线。如2019年,黄河的水资源开发利用率达到74%,远远超过了40%警戒线,黄河流域的水资源开发利用程度之高,已经威胁到水生态系统的安全。

1. 评价方法

水资源开发利用率为河湖流域地表水供水量占流域地表水资源量的百分比,按式(5-1)计算。

$$WRU = WU/WR \tag{5-1}$$

式中　WRU——地表水资源开发利用率;

WU——河湖流域地表水取水量;

WR——河湖流域地表水资源总量。

2. 赋分标准

我国南方地区河湖水资源开发利用率可以参考表5-1作为赋分标准。

表5-1 水资源开发利用率评估赋分标准

水资源开发利用率/%	≤20	30	40	50	≥60
赋分	100	80	50	20	0

(二)流量过程变异程度

流量过程变异程度指现状开发状态下,评估河段评估年内实测月径流过程与天然月径流过程的差异,反映评估河段监测断面以上流域水资源开发利用对评估河段河流水文情势的影响程度。通常水资源开发利用率越高,河流的流量过程变异程度越大;而水资源开发利用率越低,河流的流量过程变异程度则越小。此外,不同水资源利用方式也会对河流的流量过程变异程度产生影响。如在以农业灌溉利用为主要目的的利用方式下,灌溉季节由于引水量大,产生的实测与天然月径流量差异也较大,从而导致全年的流量过程变异程度也会变大。流量过程变异程度越大,说明相对天然水文情势的河流水文情势变化越大,对河流生态的影响也越大。尤其是在鱼类产卵、洄游的季节,如果流量过程变异程度过大,将会对河流生态系统造成严重的破坏。河流和湖泊有各自的流量过程变异程度评价方法及赋分标准。

1. 河流流量过程变异程度

1)评价方法

河流流量过程变异程度计算评价年实测月径流量与天然月径流量的平均偏离程度(宜同时考虑丰水年、平水年、枯水年的差异性),按式(5-2)和式(5-3)计算:

$$\mathrm{FDI} = \sqrt{\sum_{m=1}^{12}\left(\frac{q_m - Q_m}{\overline{Q}}\right)^2} \tag{5-2}$$

$$\overline{Q} = \frac{1}{12}\sum_{m=1}^{12} Q_m \tag{5-3}$$

式中 FDI——河流流量过程变异程度;

q_m——评价年第 m 月实测月径流量,m^3/s;

Q_m——评价年第 m 月天然月径流量,m^3/s;

$\overline{Q}$——评价年天然月径流量年均值,m^3/s;

m——评价年内月份的序号。

2)赋分标准

我国南方地区河流流量过程变异程度可以参考表5-2作为赋分标准。

表5-2 河流流量过程变异程度指标评估赋分标准

流量过程变异程度	≤0.05	0.1	0.3	1.5	≥5
赋分	100	75	50	25	0

2. 湖泊流量过程变异程度

1）评价方法

湖库评估环湖（库）河流入湖（库）实测月径流量与天然月径流过程的差异。入湖（库）流量变异程度由基准年环湖（库）主要入湖河流逐月实测径流量之和与天然月径流量的平均偏离程度表达，按式（5-4）~式（5-7）计算：

$$\mathrm{FLI} = \sqrt{\sum_{m=1}^{12}\left(\frac{r_m - R_m}{\overline{R}}\right)^2} \tag{5-4}$$

$$r_m = \sum_{n=1}^{N} r_n \tag{5-5}$$

$$R_m = \sum_{n=1}^{N} R_n \tag{5-6}$$

$$\overline{R} = \frac{1}{12}\sum_{m=1}^{12} R_m \tag{5-7}$$

式中　FLI——入湖流量变异程度；

r_m——所有入湖河流第 m 月实测月径流量，m^3/s；

R_m——所有入湖河流第 m 月天然月径流量，m^3/s；

$\overline{R}$——所有入湖河流天然月径流量年均值，m^3/s；

r_n——第 n 条入湖河流实测月径流量，m^3/s；

R_n——第 n 条入湖河流天然月径流量，m^3/s；

N——所有入湖河流数量；

m——评价年内月份的序号。

2）赋分标准

我国南方地区湖泊流量过程变异程度可以参考表 5-3 作为赋分标准。

表 5-3　湖泊流量过程变异程度指标评估赋分标准

流量过程变异程度	≤0.05	0.1	0.3	1.5	≥5
赋分	100	75	50	25	0

（三）生态流量/水位满足程度

河流生态流量是指为维持河流生态系统的不同生态系统结构、功能而必须维持的流量过程。

对于常年有流量的河流，宜采用生态流量满足程度进行表征。分别计算 4—9 月及 10 月至翌年 3 月最小日均流量占相应时段多年平均流量的百分比，可根据表 5-4 分别计算赋分值，取二者的最低赋分为河流生态用水满足程度赋分。评估断面应选择国家有明确要求的、具有重要生态保护价值或重要敏感物种的水域或行政区界断面。针对季节性河流，可根据丰、平、枯水年分别计算满足生态流量的天数占各水期天数的百分比，按计算结果百分比数值赋分。

表 5-4　河流生态流量满足程度评估赋分标准

(10月至翌年3月)最小日均流量占比/%	≥30	20	10	5	<5
赋分	100	80	40	20	0
(4—9月)最小日均流量占比/%	≥50	40	30	10	<10
赋分	100	80	40	20	0

(四)最低生态水位满足程度

对于某些缺水河流,无法保障全年均有流量,可采用生态水位计算方法。采用近30年的90%保证率年最低水位作为生态水位,计算河流逐日水位满足生态水位的百分比,指标计算结果数即是对照的评分。对于资料覆盖度不高的区域,同一片区可采用流域规划确定的片区代表站生态水位最低值作为标准值。

湖泊最低生态水位宜选择规划或管理文件确定的限值,或采用天然水位资料法、湖泊形态法、生物空间最小需求法等确定。湖泊最低生态水位满足程度赋分标准可参照表5-5。

表 5-5　最低生态水位满足程度评估赋分标准

湖泊生态用水满足程度	赋分
年内日均水位均高于最低生态水位	100
日均水位低于最低生态水位,但3 d滑移平均水位不低于最低生态水位	75
3 d滑移平均水位低于最低生态水位,但7 d滑移平均水位不低于最低生态水位	50
7 d滑移平均水位低于最低生态水位	30
60 d滑移平均水位低于最低生态水位	0

(五)水土流失治理程度

水土流失治理程度反映了流域内水土流失的治理情况。水土流失治理程度越高,则流域内的水土资源保护得越好,越有利于生态系统的稳定发展。

1.评价方法

水土流失治理程度采用河湖集水区范围内水土流失治理面积占总水土流失面积的比例进行评价。

2.赋分标准

我国南方地区河湖水土流失治理程度可以参考表5-6作为赋分标准。

表 5-6　水土流失治理程度评估赋分标准

水土流失治理程度/%	100~90	90~75	75~60	60~50	<50
赋分	100	80	40	10	0

二、物理结构

物理结构方面常用的评价指标有河流纵向连通指数、湖泊连通指数、湖泊面积萎缩比例、岸线自然状况、河岸带宽度、违规开发利用水域岸线程度等。

(一)河流纵向连通指数

1.评价方法

河流纵向连通指数根据单位河长内影响河流连通性的建筑物或设施数量评价,有生态流量或生态水量保障,有过鱼设施且能正常运行的不在统计范围内。

2.赋分标准

我国南方地区河流纵向连通指数可以参考表5-7作为赋分标准。

表5-7　河流纵向连通指数评价赋分标准

河流纵向连通指数/(个/100 km)	0	0.25	0.5	1	≥1.2
赋分	100	60	40	20	0

(二)湖泊连通指数

1.评价方法

湖泊连通指数根据环湖主要入湖河流和出湖河流与湖泊之间的水流畅通程度评价。按照式(5-8)计算。

$$CIS=\frac{\sum_{n=1}^{N_s}CIS_nQ_n}{\sum_{n=1}^{N_s}Q_n} \tag{5-8}$$

式中　CIS——湖泊连通指数赋分;

N_s——环湖主要河流数量,条;

CIS_n——评价年第 n 条环湖河流连通性赋分;

Q_n——评价年第 n 条河流实测的出(入)湖泊水量,万 m^3/a。

2.赋分标准

我国南方地区湖泊连通指数可以参考表5-8作为赋分标准。

表5-8　湖泊连通指数评价赋分标准

连通性	阻隔时间/月	年入湖水量占入湖河流多年平均实测年径流量比例/%	赋分
顺畅	0	70	100
较顺畅	1	60	70
阻隔	2	40	40
严重阻隔	4	10	20
完全阻隔	12	0	0

(三)湖泊面积萎缩比例

1.评价方法

湖泊面积萎缩比例采用评价年湖泊水面萎缩面积与历史参考年湖泊水面面积的比例

表示,按照式(5-9)计算。历史参考年宜选择20世纪80年代末(1988年《中华人民共和国河道管理条例》颁布之后)与评价年水文频率相近年份。

$$ASI = \left(1 - \frac{AC}{AR}\right) \times 100 \quad (5\text{-}9)$$

式中 ASI——湖泊面积萎缩比例(%);

AC——评价年湖泊水面面积,km^2;

AR——历史参考年湖泊水面面积,km^2。

2. 赋分标准

我国南方地区湖泊面积萎缩比例可以参考表5-9作为赋分标准。

表5-9 湖泊面积萎缩比例评价赋分标准

湖泊面积萎缩比例/%	≤5	10	20	30	≥40
赋分	100	60	30	10	0

(四)岸线自然状况

岸线自然状况选取岸线自然状况指标评价河湖岸线健康状况,包括河(湖)岸稳定性和岸线植被覆盖率两个方面。

1. 河(湖)岸稳定性

1)评价方法

河(湖)岸稳定性按照式(5-10)计算。

$$BSr = (SAr + SCr + SHr + SMr + STr)/5 \quad (5\text{-}10)$$

式中 BSr——河(湖)岸稳定性赋分;

SAr——岸坡倾角分值;

SCr——岸坡植被覆盖度分值;

SHr——岸坡高度分值;

SMr——河岸基质分值;

STr——坡脚冲刷强度分值。

2)赋分标准

我国南方地区河(湖)岸稳定性可以参考表5-10作为赋分标准。

2. 岸线植被覆盖率

1)评价方法

岸线植被覆盖率按照式(5-11)计算。

$$PCr = \sum_{i=1}^{n} \frac{L_{vci}}{L} \times \frac{A_{ci}}{A_{ai}} \times 100 \quad (5\text{-}11)$$

式中 PCr——岸线植被覆盖率赋分;

A_{ci}——岸段 i 的植被覆盖面积,km^2;

A_{ai}——岸段 i 的岸带面积,km^2;

L_{vci}——岸段 i 的长度,km;

L——评价岸段的总长度,km。

表 5-10　河(湖)岸稳定性评价赋分标准

河(湖)岸特征	稳定	基本稳定	次不稳定	不稳定
赋分	100	75	25	0
岸坡倾角/(°)	15	30	45	60
岸坡植被覆盖度/%(≥)	75	50	25	0
岸坡高度/m(≤)	1	2	3	5
基质(类别)	基岩	岩土	黏土	非黏土
河岸冲刷状况	无冲刷迹象	轻度冲刷	中度冲刷	重度冲刷
总体特征描述	近期内河湖岸不会发生变形破坏,无水土流失现象	河湖岸结构有松动发育迹象,有水土流失迹象,但近期不会发生变形和破坏	河湖岸松动裂痕发育趋势明显,一定条件下可导致河岸变形和破坏,中度水土流失	河湖岸水土流失严重,随时可能发生大的变形和破坏,或已经发生破坏

2)赋分标准

我国南方地区岸线植被覆盖率可以参考表 5-11 作为赋分标准。

表 5-11　岸线植被覆盖率评价赋分标准

岸线植被覆盖率/%	说明	赋分
0~5	几乎无植被	0
5~25	植被稀疏	25
25~50	中密度覆盖	50
50~75	高密度覆盖	75
>75	极高密度覆盖	100

3. 岸线自然状况

1)评价方法

岸线自然状况按照式(5-12)计算。

$$BH = BSr \times BSw + PCr \times PCw \tag{5-12}$$

式中　BH——岸线自然状况赋分;

BSr——河(湖)岸稳定性赋分;

BSw——河(湖)岸稳定性权重;

PCr——岸线植被覆盖率赋分;

PCw——岸线植被覆盖率权重。

2)赋分标准

河流与湖泊计算方法及赋分相同。我国南方地区岸线自然状况评价的权重可以参考表 5-12。

表 5-12　岸线自然状况评价赋分标准

序号	名称	符号	权重
1	河(湖)岸稳定性	BSw	0.4
2	岸线植被覆盖率	PCw	0.6

(五)河岸带宽度

河岸带是水域与陆域系统间的过渡区域,是河流系统的保护屏障。通常,河槽宽度可以取临水边界线以内河槽宽度,河岸带宽度可取临水边界线与外缘边界线之间的宽度(临水边界线与外缘边界线确定方法参考水利部 2019 年印发的《河湖岸线保护与利用规划编制指南(试行)》),适宜的左右岸河岸宽度一般均应大于河槽的 0.4 倍。

1. 评价方法

河岸带宽度可以通过河岸带宽度指数来评价。河岸带宽度指数是指单位河长内满足宽度要求的河岸长度,按照式(5-13)计算。

$$\mathrm{AW} = \frac{L_w}{L} \tag{5-13}$$

式中　AW——河岸带宽度指数;

L_w——满足河岸带宽度要求的河岸总长度,m;

L——河岸总长度,m。

2. 赋分标准

对于不同类型的河流,其河岸带宽度不同,必须区别对待,采用不同的赋分标准。我国南方地区河岸带宽度指数可以参考表 5-13 作为赋分标准。

表 5-13　河岸带宽度指数赋分标准

河岸带宽度指数		说明	赋分
平原、丘陵河流	山区河流		
>0.8	>0.8	河岸带宽度优良	(80,100]
0.7~0.8	0.6~0.8	河岸带宽度适中	(60,80]
0.6~0.7	0.45~0.6	河岸带宽度不足	(40,60]
0.5~0.6	0.3~0.45	河岸带宽度严重不足	(20,40]
<0.5	<0.3	河岸带宽度极度不足	[0,20]

(六)违规开发利用水域岸线程度

违规开发利用水域岸线程度综合考虑了入河(湖)排污口规范化建设率、入河(湖)排污口布局合理程度和河湖“四乱”状况,需对三个方面分别进行评价。

1. 入河(湖)排污口规范化建设率

1)评价方法

入河(湖)排污口规范化建设率是指已按照要求开展规范化建设的入河(湖)排污口数量比例。入河湖排污口规范化建设是指实现入河(湖)排污口“看得见、可测量、有监控”的目标,其中包括:对暗管和潜没式排污口,要求在院墙外、入河(湖)前设置明渠段或取样井,以便监督采样;在排污口入河(湖)处竖立内容规范的标志牌,公布举报电话和微信等其他举报途径;因地制宜,对重点排污口安装在线计量和视频监控设施,强化对其排污情况的监管和信息共享。入河(湖)排污口规范化建设率按照式(5-14)计算。

$$R_G = N_i/N \times 100 \tag{5-14}$$

式中　R_G——入河(湖)排污口规范化建设率;

N_i——开展规范化建设的入河(湖)排污口数量,个;

N——入河(湖)排污口总数,个。

2)赋分标准

我国南方地区入河(湖)排污口规范化建设率可以参考表5-14作为赋分标准。如出现日排放量>300 m^{3}或年排放量>10万m^{3}的未规范化建设的排污口,该项得0分。

表5-14　入河(湖)排污口规范化建设率赋分标准

入河(湖)排污口规范化建设率	优	良	中	差	劣
赋分	100	[90,100)	[60,90)	[20,60)	[0,20)

2. 入河(湖)排污口布局合理程度

入河(湖)排污口布局合理程度直接定性评估入河(湖)排污口的合规性及其混合区规模,可以参考表5-15作为赋分标准,取其中最差状况确定最终得分。

表5-15　入河(湖)排污口布局合理程度赋分标准

入河(湖)排污口设置情况	赋分
河湖水域无入河(湖)排污口	80~100
(1)饮用水水源一、二级保护区均无入河(湖)排污口; (2)仅排污控制区有入河(湖)排污口,且不影响邻近水功能区水质达标,其他水功能区无入河(湖)排污口	60~80
(1)饮用水水源一、二级保护区均无入河(湖)排污口; (2)河流:取水口上游1 km无排污口;排污形成的污水带(混合区)长度小于1 km,或宽度小于1/4河宽; (3)湖:单个或多个排污口形成的污水带(混合区)面积总和占水域面积的1%~5%	40~60
(1)饮用水水源二级保护区存在入河(湖)排污口; (2)河流:取水口上游1 km内有排污口;排污口形成污水带(混合区)长度大于1 km,或宽度为1/4~1/2河宽; (3)湖:单个或多个排污口形成的污水带(混合区)面积总和占水域面积的5%~10%	20~40

续表 5-15

入河(湖)排污口设置情况	赋分
(1)饮用水水源一级保护区存在入河(湖)排污口; (2)河流:取水口上游 500 m 内有排污口;排污口形成的污水带(混合区)长度大于 2 km,或宽度大于 1/2 河宽; (3)湖:单个或多个排污口形成的污水带(混合区)面积总和超过水域面积的 10%	0~20

3. 河湖"四乱"状况

河湖"四乱"状况评价根据实际调查情况进行扣分处理。无"四乱"状况的河段/湖区赋分为 100 分,发现"四乱"扣分时应考虑其严重程度,扣完为止,可以参考表 5-16 作为赋分标准。河湖"四乱"问题及严重程度分类可参照表 5-17。

表 5-16　河湖"四乱"状况赋分标准

类型	"四乱"问题扣分标准(每发现 1 处)		
	一般问题	较严重问题	重大问题
乱占	-5	-25	-50
乱采	-5	-25	-50
乱堆	-5	-25	-50
乱建	-5	-25	-50

表 5-17　河湖"四乱"问题认定及严重程度分类

序号	问题类型	问题描述	严重程度		
			一般	较严重	重大
1	乱占	围垦湖泊的			√
2		未经省级人民政府批准围垦河流的,或者超批准范围围垦河流的			√
3		在行洪河道内种植阻碍行洪的高秆作物、林木(堤防防护林、河道防浪林除外)5 000 m^2 以上的			√
4		在行洪河道内种植阻碍行洪的高秆作物、林木(堤防防护林、河道防浪林除外)1 000 m^2 以上、5 000 m^2 以下的		√	
5		在行洪河道内种植阻碍行洪的高秆作物、林木(堤防防护林、河道防浪林除外)1 000 m^2 以下的	√		
6		擅自填堵、占用或者拆毁江河的故道、旧堤、原有工程设施的		√	

续表 5-17

序号	问题类型	问题描述	严重程度		
			一般	较严重	重大
7	乱占	擅自填堵、缩减原有河道沟汊、贮水湖塘洼淀和废除原有防洪围堤的		√	
8		擅自调整河湖水系、减少河湖水域面积或者将河湖改为暗河的			√
9		擅自开发利用沙洲的		√	
10		围网养殖等非法占用水面面积超过 5 000 m^2 以上的			√
11		围网养殖等非法占用水面面积超过 1 000 m^2 以上、5 000 m^2 以下的		√	
12		围网养殖等非法占用水面面积 1 000 m^2 以下的	√		
13	乱采	未经县级以上水行政主管部门或者流域管理机构批准，在河湖水域滩地内从事爆破、钻探、挖筑鱼塘或者开采地下资源及进行考古发掘的			√
14		未经县级以上有关水行政主管部门或者流域管理机构批准，在河湖管理范围内挖砂取土 500 m^2 以上的			√
15		未经县级以上有关水行政主管部门或者流域管理机构批准，在河湖管理范围内挖砂取土 100 m^3 以上、500 m^3 以下的		√	
16		未经县级以上有关水行政主管部门或者流域管理机构批准，在河湖管理范围内零星挖砂取土 100 m^3 以下的	√		
17		检查河段或湖泊存在 1 艘及以上大中型采砂船或 5 艘及以上小型采砂船正在从事非法采砂作业的			√
18		检查河段或湖泊存在 5 艘以下小型采砂船正在从事非法采砂作业		√	
19	乱堆	在河湖管理范围内倾倒（堆放、贮存、掩埋）危险废物、医疗废物的			√
20		在河湖管理范围内倾倒（堆放、贮存、掩埋）重量 100 t 以上一般工业固体废物或体积 500 m^3 以上生活垃圾、砂石泥土及其他物料的			√
21		在河湖管理范围内倾倒（堆放、贮存、掩埋）重量 1 t 以上、100 t 以下一般工业固体废物或体积 10 m^3 以上、500 m^3 以下生活垃圾、砂石泥土及其他物料的		√	

续表 5-17

序号	问题类型	问题描述	严重程度		
			一般	较严重	重大
22	乱堆	在河湖管理范围内倾倒(堆放、贮存、掩埋)重量 1 t 以下一般工业固体废物或体积 10 m^3 以下生活垃圾、砂石泥土等零星废弃物及其他物料的	√		
23	乱堆	在河湖水面存在 1 000 m^2 以上垃圾漂浮物的			√
24	乱堆	在河湖水面存在 100 m^2 以上、1 000 m^2 以下垃圾漂浮物的		√	
25	乱堆	在河湖水面存在 100 m^2 以下少量垃圾漂浮物的	√		
26	乱建	在河湖管理范围内建设或弃置严重妨碍行洪的大、中型建筑物、构筑物的			√
27	乱建	在河湖管理范围内建设、弃置妨碍行洪的建筑物、构筑物或者设置拦河渔具的		√	
28	乱建	在河湖管理范围内违法违规开发建设别墅、房地产、工矿企业、高尔夫球场的			√
29	乱建	在河道管理范围内违法违规布设妨碍行洪、影响水环境的光能风能发电、餐饮娱乐、旅游等设施的		√	
30	乱建	在堤防和护堤地安装设施(河道和水工程管理设施除外)、放牧、耕种、葬坟、晒粮、存放物料(防汛物料除外)的,或者在堤防保护范围内取土的		√	
31	乱建	在堤防和护堤地建房、打井、开渠、挖窖、开采地下资源、考古发掘以及开展集市贸易活动的		√	
32	乱建	在堤防保护范围内打井、钻探、爆破、挖筑池塘、采石、生产或者存放易燃易爆物品等危害堤防安全活动的		√	
33	乱建	未申请取得有关水行政主管部门或流域管理机构签署的规划同意书,擅自开工建设水工程的		√	
34	乱建	工程建设方案未报经有关水行政主管部门或者流域管理机构审查同意,擅自在河道管理范围内新建、扩建、改建跨河、穿河、穿堤、临河的大中型建设项目的		√	
35	乱建	工程建设方案未报经有关水行政主管部门或者流域管理机构审查同意,擅自在河道管理范围内新建、扩建、改建跨河、穿河、穿堤、临河的小型建设项目的,或者未按审查批准的位置和界限建设的	√		

4. 违规开发利用水域岸线程度

违规开发利用水域岸线程度评价赋分采用各指标的加权平均值，权重可以参考表5-18。

表5-18　违规开发利用水域岸线程度指标权重

序号	名称	权重
1	入河排污口规范化建设率	0.2
2	入河湖排污口布局合理程度	0.2
3	河湖“四乱”状况	0.6

三、水质

水质方面常用的评价指标有水质优劣程度、湖泊营养状态、底泥污染状况和水体自净能力等。

（一）水质优劣程度

1. 评价方法

水质优劣程度主要采用水质监测结果进行评价。水质监测的采样布点、监测频率及监测数据的处理应遵循《水环境监测规范》（SL 219）的相关规定。有多次监测数据时，应采用多次监测结果的平均值，有多个断面监测数据时，应以各监测断面的代表性河长作为权重，计算各个断面监测结果的加权平均值。

2. 赋分标准

水质优劣程度评判时分项指标（如总磷TP、总氮TN、溶解氧DO等）选择应符合各地河（湖）长制水质指标考核的要求，由评价时段内最差水质项目的水质类别代表该河流（湖泊）的水质类别，将该项目实测浓度值依据《地表水环境质量标准》（GB 3838）水质类别标准值和对照评分阈值进行线性内插得到评分值，赋分采用线性插值。我国南方地区河湖水质类别的对照评分可参照表5-19。当有多个水质项目浓度均为最差水质类别时，分别进行评分计算，取最低值。

表5-19　水质优劣程度赋分标准

水质类别	Ⅰ、Ⅱ	Ⅲ	Ⅳ	Ⅴ	劣Ⅴ
赋分	[90,100]	[75,90)	[60,75)	[40,60)	[0,40)

（二）湖泊营养状态

1. 评价方法

湖泊营养状态按照《地表水资源质量评价技术规程》（SL 395）的规定进行评价，湖泊营养状态指数评价标准可参照表5-20。

表 5-20　湖泊营养状态指数评价标准及分级方法

<table>
<tr><th colspan="2">营养状态分级
(EI=营养状态指数)</th><th>评估项目赋分值
(En)</th><th>总磷/
(mg/L)</th><th>总氮/
(mg/L)</th><th>叶绿素(a)/
(mg/L)</th><th>高锰酸盐指数/
(mg/L)</th><th>透明度/m</th></tr>
<tr><td colspan="2" rowspan="2">贫营养
(0≤EI≤20)</td><td>10</td><td>0.001</td><td>0.020</td><td>0.000 5</td><td>0.15</td><td>10.00</td></tr>
<tr><td>20</td><td>0.004</td><td>0.050</td><td>0.001 0</td><td>0.40</td><td>5.00</td></tr>
<tr><td colspan="2" rowspan="3">中营养
(20<EI≤50)</td><td>30</td><td>0.010</td><td>0.100</td><td>0.002 0</td><td>1.00</td><td>3.00</td></tr>
<tr><td>40</td><td>0.025</td><td>0.300</td><td>0.004 0</td><td>2.00</td><td>1.50</td></tr>
<tr><td>50</td><td>0.050</td><td>0.500</td><td>0.010 0</td><td>4.00</td><td>1.00</td></tr>
<tr><td rowspan="5">富营养</td><td>轻度富营养
(50<EI≤60)</td><td>60</td><td>0.100</td><td>1.000</td><td>0.026 0</td><td>8.00</td><td>0.50</td></tr>
<tr><td rowspan="2">中度富营养
(60<EI≤80)</td><td>70</td><td>0.200</td><td>2.000</td><td>0.064 0</td><td>10.00</td><td>0.40</td></tr>
<tr><td>80</td><td>0.600</td><td>6.000</td><td>0.160 0</td><td>25.00</td><td>0.30</td></tr>
<tr><td rowspan="2">重度富营养
(80<EI≤100)</td><td>90</td><td>0.900</td><td>9.000</td><td>0.400 0</td><td>40.00</td><td>0.20</td></tr>
<tr><td>100</td><td>1.300</td><td>16.000</td><td>1.000 0</td><td>60.00</td><td>0.12</td></tr>
</table>

2. 赋分标准

根据湖泊营养状态指数值确定湖泊营养状态赋分，我国南方地区湖泊营养状态的赋分标准可参照表 5-21。

表 5-21　湖泊营养状态赋分标准

湖泊营养状态指数	≤10	42	50	65	≥70
赋分	100	80	60	10	0

(三) 底泥污染状况

1. 评价方法

底泥污染状况采用底泥污染指数进行评价。底泥污染指数即对底泥中每一项污染物浓度占对应标准值的百分比进行评价。污染物浓度标准值参考《土壤环境质量 农用地土壤污染风险管控标准》(GB 15618)。

2. 赋分标准

底泥污染指数赋分时选用超标浓度最高的污染物倍数值，我国南方地区河湖底泥污染指数赋分标准可参照表 5-22。

表 5-22　底泥污染状况赋分标准

底泥污染指数	<1	2	3	5	>5
赋分	100	60	40	20	0

(四)水体自净能力

1. 评价方法

水体自净能力用水中溶解氧浓度进行评价。

2. 赋分标准

我国南方地区河湖水体自净能力赋分标准可参照表5-23。由于溶解氧(DO)对水生动植物十分重要,过高和过低的DO对水生生物均造成危害。饱和值与压强和温度有关,若溶解氧浓度超过当地大气压下饱和值的110%(在饱和值无法测算时,建议饱和值是14.4 mg/L或饱和度192%),此项0分。

表5-23　水体自净能力赋分标准

溶解氧浓度/(mg/L)	饱和度≥90%(≥7.5)	≥6	≥3	≥2	0
赋分	100	80	30	10	0

四、生物

生物方面常用的评价指标有大型底栖无脊椎动物生物完整性指数、鱼类保有指数、水鸟状况、水生植物群落状况、浮游植物密度、大型水生植物覆盖度等。

(一)大型底栖无脊椎动物生物完整性指数

1. 评价方法

大型底栖无脊椎动物生物完整性指数(BIBI)通过对比参照点和受损点大型无脊椎动物状况进行评估。BIBI通过以下过程进行计算。

1)参照状态确定

参照状态的确定是用于比较并监测环境损伤的基础,是进行生态评价的必要前提。根据评价的目的,可以分别采用特定位点参照状态和生态区参照状态。

(1)特定位点参照状态,是指将点源排放的“上游”位点作为参照状态。该类型参照状态减少了源于生境差异的复杂情况,排除其他点源和非点源污染造成的损害,有助于诊断特定排放与损害之间的因果关系,并提高精确度。但是,该类型参照状态的有效性较为有限,不适合广域(流域及其以上范围)的监测或评价。

(2)生态区参照状态,是指选择相对均质区域内相对未受干扰(接近自然状态)的位点以及生境类型作为参照状态。相对于特定位点的参照状态,生态区参照状态更适用于水域或流域范围的趋势性监测,评价资源利用损害或影响,并制定相应的水质标准及监测策略。

人类活动比较频繁的地区,很难找到没有受到干扰的位点,尤其是受到较大人为改变的系统,通常找不到合适的参照状态。这些情况下,可以借助历史数据或简单的生态模型确立参照状态,也可以选择现有的最佳状态以及环境治理目标作为参照状态。

2)备选生物参数

用于评价的生物参数必须符合以下条件:①与研究的生物类群或生物群落以及指定的项目目标具有生态相关性;②对环境压力具有敏感性,其响应能够与自然变化区分开来。

可以选择以下6大类代表性参数:①代表生物类群多样性或多样化的丰富度参数;②代表同一性及优势度的物种组成参数;③代表干扰敏感性的耐受性参数;④生物多样性参数;⑤代表取食策略及功能团的食性或习性参数;⑥生物量参数。表5-24所示为适用于河流的大型底栖无脊椎动物生物完整性指数的备选参数。

表5-24 大型底栖无脊椎动物生物完整性指数备选参数

类群	评估参数编号	评估参数
多样性和丰富性	1	总分类单元数
	2	蜉蝣目、毛翅目和襀翅目分类单元数
	3	蜉蝣目分类单元数
	4	襀翅目分类单元数
	5	毛翅目分类单元数
群落结构组成	6	蜉蝣目、毛翅目和襀翅目个体数百分比
	7	蜉蝣目个体数百分比
	8	摇蚊类个体数百分比
耐污能力	9	敏感类群分类单元数
	10	耐污类群个体数百分比
	11	Hisenhoff 生物指数
	12	优势类群个体数百分比
功能摄食类群与生活型	13	粘食者分类单元数
	14	粘食者个体数百分比
	15	滤食者个体数百分比
	16	刮食者个体数百分比

3)评估参数选择

(1)变异度分析。

检查候选参数的数值范围,筛除以下两类参数:①随干扰增强参数变化幅度减小的参数,这类参数不易准确区分受不同干扰程度的水体,不适宜用于生物评价;同理,随干扰增加参数变化幅度过大的指标,也不适宜用于生物评价。②在参照位点范围内自身变化性过高的参数,这类参数无法有效区分不同环境条件下的位点。

每个候选参数必须有足够大的信息量,以及特定范围的变异性,可以在位点类型和生物状态之间进行区分。只有那些变异度较小的参数才能最终用于BIBI指数的构建。

(2)识别能力分析。

采用箱线图及IQ值记分法(见图5-1),判断哪些生物参数能够最佳区分参照位点和人为干扰位点;绘制参数值与各类环境压力之间的关系图,或采用多变量排序模型,阐明候选生物参数与环境之间的响应关系。选择具有最强识别力的生物参数,可以为评价未知位点的生物状态提供最优置信度。

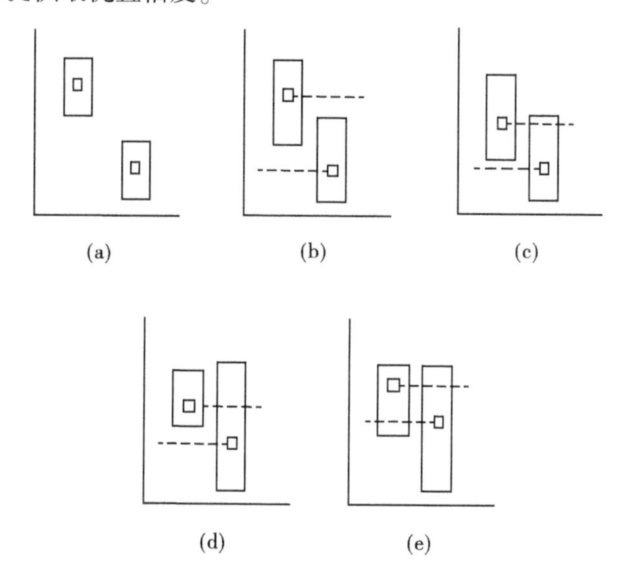

注：箱体表示25%~75%分位数分布范围，箱体内方块表示中位数，IQ≥2的参数方可通过筛选。
(a)IQ=3分，箱体无任何重叠；(b)IQ=2分，箱体有小部分重叠，但中位数都在对方箱体之外；
(c)IQ=1分，箱体大部分重叠，但至少有一方的中位数处于对方箱体范围外；
(d)和(e)IQ=0分，一方箱体在另一方箱体范围内，或双方的中位数都在对方箱体范围内。

图5-1　箱线图及IQ值记分法

(3)冗余度分析。

冗余度分析是采用相关分析，检验各项参数反映信息的独立性，根据相关系数的大小确定生物指数所反映的信息的重叠度，使最后构成指标体系的每个参数都至少提供一个新的信息，而不是重复信息。对剩余参数进行Person相关性分析，当几个参数之间相关系数$|r|>0.9$时，应保留其中一个，其余淘汰，最大限度地保证各参数反映信息的独立性。

4)生物完整性指数构建

(1)记分基准确定。

对生物指标进行记分的目的是统一评价量纲，目前常用0~10赋分法。

0~10赋分法的赋分原则是：正向参数，$V_i'=10V_i/V_{95\%R}$；反向参数，$V_i'=10(1-V_i/V_{95\%I})$。其中，V_i'为标准化后的参数；V_i为参数值；$V_{95\%R}$为参照点的95%分位数；$V_{95\%I}$为受损点的95%分位数。

(2)指数集成。

各个核心参数记分值的总和，即为生物完整性指数值。

(3)指数检验。

根据生物完整性指数对环境压力的响应进行敏感性检测，计算指数区分参照位点和受损位点的效率，也就是被正确区分的位点的百分比。如果区分效率在60%以上，则可认为该生物完整性指数有效。

5）评价标准

生物完整性指数的评价标准，可以采用以下两种方法：

（1）参照位点指数值分布的25%分位数法。如果位点的指数值大于25%分位数，则表示该位点受到的干扰很小，小于25%分位数的分布范围，根据需要4等分，分别代表不同的环境状态。

（2）所有位点指数值分布的95%分位数法。以95%分位数为最佳值，低于该值的分布范围进行5等分，靠近95%分位数值的一等分代表位点所受干扰较小。

一般IBI常用评价标准划分等级为5级，由高到低分别定义为优、良好、中等、较差、很差。

2. 赋分标准

基于候选指标库选取核心评价指标，对评价河湖底栖生物调查数据按照评价参数分值计算方法，计算BIBI指数监测值，根据河湖所在水生态分区BIBI最佳期望值，我国南方地区河湖可按照式（5-15）计算BIBI指数赋分。

$$\mathrm{BIBIS}=\frac{\mathrm{BIBIO}}{\mathrm{BIBIE}}\times 100 \tag{5-15}$$

式中 BIBIS——评价河湖大型底栖无脊椎动物生物完整性指数赋分；

BIBIO——评价河湖大型底栖无脊椎动物生物完整性指数监测值；

BIBIE——河湖所在水生态分区大型底栖无脊椎动物生物完整性指数最佳期望值。

（二）鱼类保有指数

1. 评价方法

鱼类保有指数采用现状鱼类种数与历史参考点鱼类种数的差异状况进行评价，按照式（5-16）计算。对于无法获取历史鱼类监测数据的评价区域，可采用专家咨询的方法确定。调查鱼类种数不包括外来鱼种。鱼类调查取样监测可按《水库渔业资源调查规范》（SL 167）等鱼类调查技术标准确定。

$$\mathrm{FOEI}=\frac{\mathrm{FO}}{\mathrm{FE}}\times 100 \tag{5-16}$$

式中 FOEI——鱼类保有指数（%）；

FO——评价河湖调查获得的鱼类种类数量（剔除外来物种），种；

FE——20世纪80年以前评价河湖的鱼类种类数量，种。

2. 赋分标准

我国南方地区河湖鱼类保有指数的赋分标准可参照表5-25。

表5-25 鱼类保有指数赋分标准

鱼类保有指数/%	100	75	50	25	0
赋分	100	60	30	10	0

（三）水鸟状况

1. 评价方法

水鸟状况主要调查评价河湖内鸟类的种类、数量，进行定性分析，需结合现场观测记录(如照片)。水鸟状况也可采用参考点倍数法,以河湖水质及形态重大变化前的历史参考时段的监测数据为基点,宜采用20世纪80年代或以前的监测数据。

2. 赋分标准

我国南方地区河湖水鸟状况的赋分标准可参照表5-26。

表5-26　水鸟状况赋分标准

水鸟栖息地状况分级	描述	赋分
好	种类、数量多,有珍稀鸟类	100~90
较好	种类、数量比较多,常见	90~80
一般	种类、数量比较少,偶尔可见	80~60
较差	种类少,难以观测到	60~30
非常差	任何时候都没有见到	30~0

(四)水生植物群落状况

1. 评价方法

水生植物群落包括挺水植物、沉水植物、浮叶植物和漂浮植物以及湿生植物。评价河道每5~10 km选取1个评价断面,对断面区域水生植物种类、数量、外来物种入侵状况进行调查,结合现场验证,按照丰富、较丰富、一般、较少、无5个等级分析水生植物群落状况。

2. 赋分标准

我国南方地区水生植物群落状况的赋分标准可参照表5-27,取各断面赋分平均值作为水生植物群落状况得分。

表5-27　水生植物群落状况赋分标准

水生植物群落状况分级	指标描述	赋分
丰富	水生植物种类很多,配置合理,植株密闭	100~90
较丰富	水生植物种类多,配置较合理,植株数量多	90~80
一般	水生植物种类尚多,植株数量不多且散布	80~60
较少	水生植物种类单一,植株数量很少且稀疏	60~30
无	难以观测到水生植物	30~0

(五)浮游植物密度

浮游植物密度主要用来评价湖泊,根据实际情况选用下列方法。

1. 参考点倍数法

1)评价方法

以同一生态分区或湖泊地理分区中湖泊类型相近、未受人类活动影响或影响轻微的湖泊,以湖泊水质及形态重大变化前的历史参考时段的监测数据为基点,宜采用20世纪80年代或以前监测数据,以评价年浮游植物密度除以该历史基点计算其倍数。

2)赋分标准

我国南方地区湖泊按参考点倍数法评价浮游植物密度可参照表5-28作为赋分标准。

表5-28 湖泊浮游植物密度赋分标准(参考点倍数法)

浮游植物密度倍数	≤1	10	50	100	≥150
赋分	100	60	40	20	0

2. 直接评判赋分法

1)评价方法

无参考点时,可直接用监测到的浮游植物密度进行评价。

2)赋分标准

我国南方地区湖泊按直接评判赋分法评价浮游植物密度可参照表5-29作为赋分标准。

表5-29 湖泊浮游植物密度赋分标准(直接评判赋分法)

浮游植物密度/(万个/L)	≤40	200	500	1 000	≥5 000
赋分	100	60	40	30	0

(六)大型水生植物覆盖度

大型水生植物覆盖度即湖岸带湖向水域内的挺水植物、浮叶植物、沉水植物和漂浮植物四类植物中非外来物种的总覆盖度,其评价可根据实际情况选用下列方法。

1. 参考点比对赋分法

1)评价方法

以同一生态分区或湖泊地理分区中湖泊类型相近、未受人类活动影响或影响轻微的湖泊,或选择评价湖泊在湖泊形态及水体水质重大改变前的某一历史时段作为参考点,确定评价湖泊大型水生植物覆盖度评价标准;以评价年大型水生植物覆盖度除以该参考点标准计算其百分比。

2)赋分标准

我国南方地区湖泊按参考点比对赋分法评价大型水生植物覆盖度可参照表5-30作为赋分标准。

表5-30 大型水生植物覆盖度赋分标准(参考点比对赋分法)

大型水生植物覆盖度变化比例/%	≤5	10	25	50	≥75
说明	接近参考点状况	与参考点状况有较小差异	与参考点状况有中度差异	与参考点状况有较大差异	与参考点状况有显著差异
赋分	100	75	50	25	0

2. 直接评判赋分法

1)评价方法

无参考点时,可直接用调查到的大型水生植物覆盖度进行评价。

2)赋分标准

我国南方地区湖泊按直接评判赋分法评价大型水生植物覆盖度可参照表5-31作为赋分标准。

表5-31　大型水生植物覆盖度赋分标准(直接评判赋分法)

大型水生植物覆盖度/%	>75	40~75	10~40	0~10	0
说明	极高密度覆盖	高密度覆盖	中密度覆盖	植被稀疏	无该类植被
赋分	75~100	50~75	25~50	0~25	0

五、社会服务功能

社会服务功能方面常用的评价指标有防洪达标率、供水水量保障程度、河流(湖泊)集中式饮用水水源地水质达标率、岸线利用管理指数、通航保证率、公众满意度等。

(一)防洪达标率

1.评价方法

评价河湖堤防及沿河(环湖)口门建筑物防洪达标情况。河流防洪达标率统计达到防洪标准的堤防长度占堤防总长度的比例,有堤防交叉建筑物的,须考虑堤防交叉建设物防洪标准达标比例,按照式(5-17)计算;湖泊则应评价环湖口门建筑物满足设计标准的比例,按照式(5-18)计算。无相关规划对防洪达标标准规定时,可参照《防洪标准》(GB 50201)确定。

$$FDRI = \left(\frac{RDA}{RD} + \frac{SL}{SSL}\right) \times \frac{1}{2} \times 100 \quad (5\text{-}17)$$

$$FDLI = \left(\frac{LDA}{LD} + \frac{GWA}{DW}\right) \times \frac{1}{2} \times 100 \quad (5\text{-}18)$$

式中　FDRI——河流防洪工程达标率(%);

RDA——河流达到防洪标准的堤防长度,m;

RD——河流堤防总长度,m;

SL——河流堤防交叉建筑物达标个数;

SSL——河流堤防交叉建筑物总个数;

FDLI——湖泊防洪工程达标率(%);

LDA——湖泊达到防洪标准的堤防长度,m;

LD——湖泊堤防总长度,m;

GWA——环湖达标口门宽度,m;

DW——环湖口门总宽度,m。

2.赋分标准

我国南方地区河湖防洪达标率可参照表5-32作为赋分标准。

表 5-32　防洪达标率赋分标准

防洪达标率/%	≥95	90	85	70	≤50
赋分	100	75	50	25	0

(二)供水水量保障程度

1. 评价方法

供水水量保障程度等于一年内河湖逐日水位或流量达到供水保证水位或流量的天数占年内总天数的百分比,按照式(5-19)计算。

$$R_{gs} = \frac{D_0}{D_n} \times 100\% \tag{5-19}$$

式中　R_{gs}——供水水量保障程度;

D_0——水位或流量达到供水保证水位或流量的天数,d;

D_n——年内总天数,d。

2. 赋分标准

我国南方地区河湖供水水量保障程度可参照表 5-33 作为赋分标准,赋分采用区间内线性插值。

表 5-33　供水水量保障程度赋分标准

供水水量保障程度/%	[95,100]	[85,95)	[60,85)	[20,60)	[0,20)
赋分	100	[85,100)	[60,85)	[20,60)	[0,20)

(三)河流(湖泊)集中式饮用水水源地水质达标率

1. 评价方法

河流(湖泊)集中式饮用水水源地水质达标率指达标的集中式饮用水水源地(地表水)的个数占评价河流(湖泊)集中式饮用水水源地总数的百分比。其中,单个集中式饮用水水源地采用全年内监测的均值进行评价,参评指标取《地表水环境质量标准》(GB 3838)的地表水环境质量标准评价的 24 个基本指标和 5 项集中式饮用水水源地补充指标。

2. 赋分标准

我国南方地区河流(湖泊)集中式饮用水水源地水质达标率可参照表 5-34 作为赋分标准。

表 5-34　河流(湖泊)集中式饮用水水源地水质达标率赋分标准

河流(湖泊)集中式饮用水水源地水质达标率/%	[95,100]	[85,95)	[60,85)	[20,60)	[0,20)
赋分	100	[85,100)	[60,85)	[20,60)	[0,20)

(四)岸线利用管理指数

1. 评价方法

岸线利用管理指数指河流岸线保护完好程度,按式(5-20)进行计算。

$$R_u = \frac{L_n - L_u + L_0}{L_n} \tag{5-20}$$

式中　R_u——岸线利用管理指数；

L_n——岸线总长度，km；

L_u——已开发利用岸线长度，km；

L_0——已利用岸线经保护完好的长度，km。

岸线利用管理指数包括两个组成部分：

(1)岸线利用率，即已利用生产岸线长度占河岸线总长度的百分比。

(2)已利用岸线完好率，即已利用生产岸线经保护恢复原状的长度占已利用生产岸线总长度的百分比。

2. 赋分标准

岸线利用管理指数赋分值=岸线利用管理指数×100

(五)通航保证率

1. 评价方法

通航保证率按年计，通航保证率为正常通航日数占全年总日数的比例，具体按式(5-21)计算。

$$N_d = \frac{N_n}{365} \times 100\% \tag{5-21}$$

式中　N_d——通航保证率；

N_n——正常通航日数为全年内为正常通航的天数，以日计算，可统计全年河湖水位位于最高通航水位和最低通航水位之间的天数。

2. 赋分标准

我国南方地区河湖通航保证率可参照表 5-35~表 5-37 作为赋分标准。

表 5-35　Ⅰ、Ⅱ级航道通航保证率赋分标准

通航保证率/%	[98,100]	[96,98)	[94,96)	[92,94)	[0,92)
赋分	100	[80,100)	[60,80)	[40,60)	0

表 5-36　Ⅲ、Ⅳ级航道通航保证率赋分标准

通航保证率/%	[95,100]	[91,95)	[87,91)	[83,87)	[0,83)
赋分	100	[80,100)	[60,80)	[40,60)	0

表 5-37　Ⅴ~Ⅶ级航道通航保证率赋分标准

通航保证率/%	[90,100]	[85,90)	[80,85)	[75,80)	[0,75)
赋分	100	[80,100)	[60,80)	[40,60)	0

(六)公众满意度

1. 评价方法

评价公众对河湖环境、水质水量、涉水景观等的满意程度，采用公众调查方法评价，其赋分取评价流域(区域)内参与调查的公众赋分的平均值。河湖健康评价公众调查表见

表 5-38。

表 5-38　河湖健康评价公众调查表

防洪安全状况		岸线状况			
洪水漫溢现象		河岸乱采、乱占、乱堆、乱建情况		河岸破损情况	
经常		严重		严重	
偶尔		一般		一般	
不存在		无		无	
水质状况			水生态状况		
透明度	清澈		鱼类	数量多	
	一般			一般	
	浑浊			数量少	
颜色	优美		水草	太多	
	一般			正常	
	异常			太少	
垃圾、漂浮物	多		水鸟	数量多	
	一般			一般	
	无			数量少	
水环境状况					
景观绿化情况	优美		娱乐休闲活动	适合	
	一般			一般	
	较差			不适合	
对河湖满意度程度调查					
总体满意度		不满意的原因是什么？		希望的状况是什么样的？	
很满意(90~100)					
满意(75~90)					
基本满意(60~75)					
不满意(0~60)					

2. 赋分标准

我国南方地区河湖健康评价公众满意度可参照表 5-39 作为赋分标准，赋分采用区间内线性插值。

表 5-39　河湖健康评价公众满意度赋分标准

公众满意度	[95,100]	[80,95)	[60,80)	[30,60)	[0,30)
赋分	100	80	60	30	0

第二节　指标权重的确定

一、权重确定方法

权重是用来衡量总体中各单位标志值在总体中作用大小的数值,是表示某一指标项在指标项系统中的重要程度,它表示在其他指标项不变的情况下,这一指标项的变化对结果的影响。目前关于属性权重的确定方法很多,根据计算权重时原始数据的来源不同,可以将这些方法分为三类:主观赋权法、客观赋权法、主客观赋权法。

(一)主观赋权法

主观赋权法是人们研究较早、较为成熟的方法,它根据决策者(或专家)主观上对各属性的重视程度来确定属性权重,其原始数据由专家根据经验主观判断而得到。常用的主观赋权法有层次分析法(AHP)、专家调查法(德尔菲法)、二项系数法、环比评分法等。

1. 层次分析法

层次分析法是一种解决测度难以量化的复杂问题的手段,它能在复杂决策过程中引入定量分析,并充分利用决策者在两两比较中给出的偏好信息进行分析与决策支持,既有效地吸收了定性分析的结果,又发挥了定量分析的优势,从而使评估过程具有很强的条理性。利用层次分析法确定多因素权重分配的步骤为:

第一,建立问题的递阶层次结构。把一个复杂问题分解成各个组成因素,把这些因素按照属性和支配关系分成若干组,形成不同层次。

第二,构造两两比较判断矩阵。对某一因素支配下的因素两两进行比较,用数值表明哪一个重要及重要程度。

第三,计算一致性比例 CR。

$$CR = CI/RI$$

当 $CR<0.1$ 时,一般认为判断矩阵的一致性可以接受,否则应对判断矩阵作适当修改。

第四,计算所有因素对总目标的权重分配,并进行一致性检验。

层次分析法的优点:①系统性。将对象视作系统,按照分解、比较、判断、综合的思维方式进行决策。②实用性。定性与定量相结合,能处理许多用传统的最优化技术无法着手的实际问题,应用范围很广。③简洁性。计算简便,结果明确,容易被决策者了解和掌握。

层次分析法的缺点:只能从原有的方案中优选一个出来,不能为决策提供新方案;定量数据较少,定性成分多,不易令人信服。

2. 专家调查法(德尔菲法)

德尔菲法(Delphi 法)又称专家会议预测法,是在 20 世纪 40 年代由赫尔姆和达尔克首创,经过戈尔登和兰德公司进一步发展而成的。它选择企业各方面的专家,采取独立填表选取权数的形式,然后将他们各自选取的权数进行整理和统计分析,最后确定出各因素、各指标的权数。德尔菲法确定权重的步骤如下：

(1)准备阶段。①确定取值范围和权数跃值。②编制权重系数选取表和选取说明。

(2)选择阶段。①选择专家。所选取的专家具有代表性、权威性和认真负责的态度。②评价过程。熟悉、掌握评价标准和岗位评价过程。③专家在慎重仔细权衡各指标、因素差异的基础上，独立选取，将选取结果填入"权重系数选取表"中。

(3)处理阶段。对各位专家的选取结果采用加权平均的方法进行处理，可得出最后结果。

计算公式为：

$$\bar{x} = \frac{\sum x_i f_i}{\sum f_i} \tag{5-22}$$

式中 $\bar{x}$——某指标或因素权重系数；

x_i——各位专家所取权重系数；

f_i——某权重系数出现的系数。

(二)客观赋权法

鉴于主观赋权法的各种不足之处，人们又提出了客观赋权法，其原始数据由各属性在决策方案中的实际数据形成，各属性权重的大小应根据该属性下各方案属性值差异的大小来确定。常用的客观赋权法有主成分分析法、熵值法、多目标规划法、离差及均方差法等。

1. 主成分分析法

主成分分析法通过变量变换的方法把相关的变量变为若干不相关的综合指标变量，从而实现对数据集的降维，使得问题得以简化。现行的关于主成分分析的应用研究中大多集中于数据的简化处理或综合评价上。

2. 熵值法

熵值法运用较多，基本思路是根据指标变异性的大小来确定客观权重，所使用的数据是决策矩阵，所确定的属性权重反映了属性值的离散程度。

一般来说，若某个指标的信息熵越小，表明指标值的变异程度越大，提供的信息量越多，在综合评价中所能起到的作用也越大，其权重也就越大，反之亦然。

熵权法求指标权重的步骤如下：

(1)数据标准化。将各个指标的数据进行标准化处理。

假设给定了 k 个指标 $X_1, X_2, \cdots, X_k$，其中 $X_i = \{x_1, x_2, \cdots, x_n\}$。假设对各指标数据标准化后的值为 $Y_1, Y_2, \cdots, Y_k$，那么 $Y_{ij} = \dfrac{X_{ij} - \min(X_i)}{\max(X_i) - \min(X_i)}$。

(2)求各指标的信息熵。

根据信息论中信息熵的定义，一组数据的信息熵 $E_j = -\ln(n)^{-1}\sum\limits_{i=1}^{n} p_{ij}\ln p_{ij}$。其中 $p_{ij} = Y_{ij} / \sum\limits_{i=1}^{n} Y_{ij}$，如果 $p_{ij} = 0$，则定义 $\lim\limits_{p_{ij}\to 0} p_{ij}\ln p_{ij} = 0$。

(3)确定各指标权重。

根据信息熵的计算公式,计算出各个指标的信息熵为 $E_1,E_2,\cdots,E_k$。通过信息熵计算各指标的权重:$W_i = \frac{1 - E_i}{k - \sum E_i}(i = 1,2,\cdots,k)$ 。

熵权法的优点有:①客观性。相对那些主观赋值法,精度较高,能更好地解释所得到的结果。②适应性。可用于任何需要确定权重的过程,也可以结合一些方法共同使用。

熵权法的缺点有:缺乏各指标之间的横向比较;各指标的权重随着样本的变化而变化,权数依赖于样本,在应用上受到限制。

(三)主客观赋权法

针对主客观赋权法各自的优缺点,为兼顾到决策者对属性的偏好,同时又力争减少赋权的主观随意性,使属性的赋权达到主观与客观的统一,进而使决策结果真实、可靠,学者提出第三类赋权法,即主客观综合赋权法。

主客观赋权法包括折中系数综合权重法、线性加权单目标最优化法、熵系数综合集成法、组合赋权法、Frank-Wolfe 法等。

1. 线性加权组合法

层次分析法(AHP)是一种定性分析与定量分析相结合的多目标决策分析方法,数据包络分析(DEA)是以相对效率概念为基础发展起来的一种方法。层次分析法能够充分利用专家的主观意见,缺点是过分依赖其主观判断,而 DEA 法的评价结果虽然不受人为因素影响,但却不能反映决策者的偏好。线性加权组合法确定权重的步骤如下:

(1)用层次分析法确定权重。得出权重 $\alpha_i(i = 1,2,\cdots,n)$ 。

(2)用 DEA 确定权重。建立 DEA 模型,将此模型化为与之等价的线性规划模型,对该线性规划模型的对偶模型求解,求出最优效率评价指数,得出权重 $\beta_i(i = 1,2,\cdots,n)$ 。

(3)组合方法确定权重。利用公式 $\Psi_i = \lambda\alpha_i + (1 - \lambda)\beta_i$ 进行线性加权,求出组合权重。

2. 基于灰色关联度求解指标权重

灰色关联分析作为一种系统分析技术,是分析系统中各因素关联程度的一种方法。将其用于确定评价指标的权重实际上是对各位专家经验判断权重与某一专家的经验判断的最大值(设定)进行量化比较,根据其彼此差异性的大小以分析确定专家群体经验判断数值的关联程度,即关联度。关联度越大,说明专家经验判断趋于一致,该指标在整个指标体系中的重要程度越大,权重也就越大。计算方法与步骤如下:

(1)聘请专家进行权重的经验判断,确定参考序列。

(2)计算关联系数及关联度。

(3)以关联系数作为各个决策指标的权重值。

其不足在于求得的权重易因决策者对灰色关联度模型中分辨系数的主观取值的不同而出现计算结果的多样性,从而给决策工作带来不便。

二、指标权重确定

准则层内的评价指标赋分权重可应用权重确定方法,根据实际情况确定,其中必选指标的权重应高于备选指标及自选指标的权重。

对于河湖健康评价各准则层的赋分权重,应符合表5-40的规定。

表5-40 河湖健康准则层赋分权重

目标层	准则层		
名称	名称		权重
河湖健康	“盆”		0.2
	“水”	水量	0.3
		水质	
	生物		0.2
	社会服务功能		0.3

第三节 河湖健康指数计算方法及评价分级

一、河湖健康评价赋分计算方法

(1)大型底栖无脊椎动物生物完整性指数、鱼类保有指数、水鸟状况、浮游植物密度和大型水生植物覆盖度等监测时应设置多个重复样的水生生物类群,应将监测断面同类群的样品综合为一个数据进行分析,作为监测河段或监测湖泊区的评价代表值。

(2)在评价河段或湖泊区设置有多个监测点位的指标,河流可采用监测点位代表河长、湖泊以代表水面面积为权重加权平均确定指标代表值。

(3)河流纵向连通指数、湖泊连通指数、湖泊面积萎缩比例、河流(湖泊)集中式饮用水水源地水质达标率、公众满意度、防洪达标率、供水水量保证程度等评价指标的代表值可根据河湖整体状况确定。

(4)对河湖健康进行综合评价时,按照目标层、准则层及指标层逐层加权的方法,计算得到河湖健康最终评价结果,计算公式如下。

$$\mathrm{RHI}_i = \sum^{m} \left[\mathrm{YMB}_{mw} \times \sum^{n} (\mathrm{ZB}_{nw} \times \mathrm{ZB}_{nr}) \right] \tag{5-23}$$

式中 RHI_i——第i个评价河段或评价湖泊区河湖健康综合赋分;

ZB_{nw}——指标层第n个指标的权重(具体值按照专家咨询或当地标准来定);

ZB_{nr}——指标层第n个指标的赋分;

YMB_{mw}——准则层第m个准则的权重。

河流、湖泊分别采用河段长度、湖泊水面面积为权重,按照式(5-24)进行河湖健康赋分计算:

$$\mathrm{RHI} = \frac{\sum_{i=1}^{R_s} (\mathrm{RHI}_i \times W_i)}{\sum_{i=1}^{R_s} (W_i)} \tag{5-24}$$

式中　RHI——河湖健康综合赋分；

RHI_i——第 i 个评价河段或评价湖泊区河湖健康综合赋分；

W_i——第 i 个评价河段的长度，km，或第 i 个评价湖区的水面面积，km^2；

R_s——评价河段数量，个，或评价湖泊区个数，个。

二、河湖健康评价分类

河湖健康分为五类：一类河湖（非常健康）、二类河湖（健康）、三类河湖（亚健康）、四类河湖（不健康）、五类河湖（劣态）。

河湖健康分类根据评估指标综合赋分确定，采用百分制，河湖健康分类、状态、赋分范围、颜色和 RGB 色值说明见表 5-41。

表 5-41　河湖健康评价分类

分类	状态	赋分范围	颜色	RGB 色值
一类河湖	非常健康	90≤RHI≤100	蓝	(0,0,255)
二类河湖	健康	75≤RHI<90	绿	(0,255,0)
三类河湖	亚健康	60≤RHI<75	黄	(255,255,0)
四类河湖	不健康	40≤RHI<60	橙	(255,153,18)
五类河湖	劣态	RHI<40	红	(255,0,0)

三、河湖健康综合评价

(1)评定为一类河湖，说明河湖在形态结构完整性、水生态完整性与抗扰动弹性、生物多样性、社会服务功能可持续性等方面都保持非常健康的状态。

(2)评定为二类河湖，说明河湖在形态结构完整性、水生态完整性与抗扰动弹性、生物多样性、社会服务功能可持续性等方面保持健康状态，但在某些方面还存在一定缺陷，应当加强日常管护，持续对河湖健康提档升级。

(3)评定为三类河湖，说明河湖在形态结构完整性、水生态完整性与抗扰动弹性、生物多样性、社会服务功能可持续性等方面存在缺陷，处于亚健康状态，应当加强日常维护和监管力度，及时对局部缺陷进行治理修复，消除影响健康的隐患。

(4)评定为四类河湖，说明河湖在形态结构完整性、水生态完整性与抗扰动弹性、生物多样性等方面存在明显缺陷，处于不健康状态，社会服务功能难以发挥，应当采取综合措施对河湖进行治理修复，改善河湖面貌，提升河湖水环境水生态。

(5)评定为五类河湖，说明河湖在形态结构完整性、水生态完整性与抗扰动弹性、生物多样性等方面存在非常严重的问题，处于劣性状态，社会服务功能丧失，必须采取根本性措施，重塑河湖形态和生境。

第六章　调查与监测

第一节　调查与监测的基本对象

根据水体特征，可将我国水体划分为 3 个类型：河流、湖泊和水库。河湖健康调查监测对象包括河湖（库）水体和陆域，河湖水体又分为水域和水陆交错带（河滨带或湖滨带）。

一、河流

参照《河流健康评价指标、标准与方法》，评价河流根据深泓水深的大小可分为大河（深泓水深大于 5 m）、河流（深泓水深大于 2 m 且小于 5 m）和溪流（深泓水深小于 2 m）3 种类型。

二、湖泊

参照《湖泊、水库饮用水水源保护区的划分方法》（HJ/T 338），湖泊按规模大小分为两类：小型湖泊（水面面积小于 100 km^2）和大中型湖泊（水面面积大于或等于 100 km^2）。

三、水库

根据原水利电力部颁发的《水利水电枢纽工程等级划分及设计标准》（山丘、丘陵区部分）（SDJ 12—78）的试行规定，水利水电枢纽根据其工程规模、效益和在国民经济中的重要性，划分为大（1）型、大（2）型、中型、小（1）型、小（2）型五个等级（见表 6-1）。

表 6-1　水库等级划分及特征

工程等别	水库		防洪		治涝	灌溉	供水	水电站
	工程规模	总库容/亿 m^3	城镇及工矿企业的重要性	保护农田/万亩	治涝面积/万亩	灌溉面积/万亩	城镇及工矿企业的重要性	装机容量/万 kW
Ⅰ	大(1)型	≥10	特别重要	≥500	≥200	≥150	特别重要	≥120
Ⅱ	大(2)型	1.0~10	重要	100~500	60~200	50~150	重要	30~120
Ⅲ	中型	0.1~1.0	中等	30~100	15~60	5~50	中等	5~30
Ⅳ	小(1)型	0.01~0.10	一般	5~30	3~15	0.5~5	一般	1~5
Ⅴ	小(2)型	0.001~0.01		≤5	≤3	≤0.5	次一般	≤1

第二节　调查与监测方法

一、调查监测范围

(一)河流调查监测范围划分

1. 河流纵向分区

1)评价河段划分

评价河段应根据河流水文特征、河床及河滨带形态、水质状况、水生生物特征以及流域经济社会发展特征的相同性和差异性,沿河流纵向将评价河流(段)分为若干评价河段(见图6-1)。每个评价河流设置的评价河段数量宜不低于3段,评价河段长度不宜大于50 km。长度低于50 km且河流上下游差异性不明显的河流(段),可只设置1个评价河段。评价河段范围按照以下方法确定:

(1)河道地貌形态变异点,可根据河流地貌形态差异性进行分段。按河型分类分段,分为顺直型、弯曲型、分汊型、游荡型河段;按照地形地貌分段,分为山区(包括高原)河流和平原河流两类河段。

(2)河流流域水文分区点,如河流上游、中游、下游等。

(3)水文及水力学状况变异点,如闸坝、大的支流入汇断面、大的支流分汊点。

(4)河岸邻近陆域土地利用状况差异分区点,如城市河段、乡村河段等。

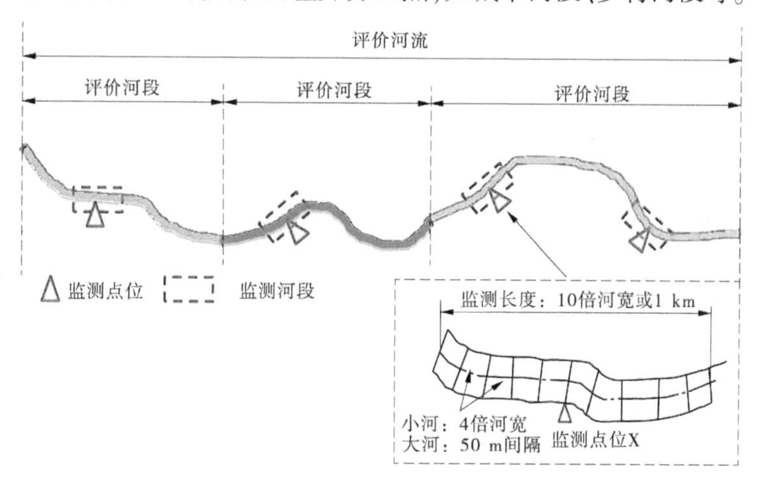

图6-1　河流健康评价分段示意图

2)监测河段设置

监测河段范围采用固定长度方法或河道水面宽度倍数法确定:

(1)深泓水深小于5 m的溪流和河流采用河道水面宽度倍数法确定监测河段长度,其长度为40倍水面宽度。

(2)深泓水深大于或等于5 m的河流采用固定长度法,规定长度为1 km。

2. 河流监测点位设置

每个评价河段内可根据评价指标特点设置1个或多个监测点位。监测点位按照以下要求确定：

(1)水文水资源与水质准则层指标监测断面的设置应符合水文及水质监测规范要求，优先选择现有常规水文站及水质监测断面。

(2)不同指标的监测点位可根据河段特点分别选取，一般情况下，评价指标的监测点位位置应尽可能保持一致。

(3)综合考虑代表性、监测便利性和取样监测安全保障等确定多个备选点位；结合现场勘察，最终确定合适的监测点位。

3. 河流监测断面布设

每个监测河段可设置若干监测断面，水质、河岸带及水生生物评价指标等基于监测断面设置水质监测点、样方区及生物取样点。监测断面按照以下要求确定：

(1)深泓水深小于 5 m 的溪流和河流可根据深泓线设置监测断面。

①以 4 倍河宽为间隔在监测河段范围设置 11 个监测断面，如图 6-2 所示。监测点位所在断面编号为 X(称之为监测点断面)，自监测点 X 往上游的断面依次编号为 XU1、XU2、XU3、XU4、XU5，自监测点 X 往下游的断面依次编号为 XD1、XD2、XD3、XD4、XD5。

②根据现场考察，分析断面设置的合理性，可以根据取样的便利性适当调整断面位置。

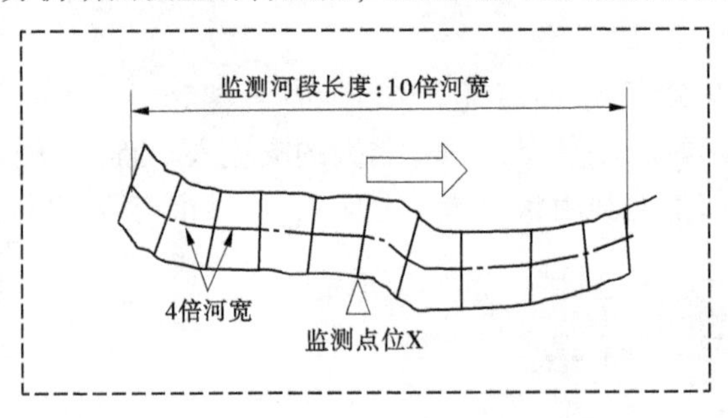

图 6-2　小河监测点断面布置示意图

(2)深泓水深大于或等于 5 m 的河流，可根据河岸线设置监测断面(见图 6-3)。沿河岸线按照 50 m 等宽将监测点位上游监测河段等分为 10 个单元，作为监测断面，依次编号为 XU1，XU2，XU3，…，XU10；下游 500 m 监测河段及其断面作为候选监测断面，依次编号为 XD1，XD2，XD3，…，XD10。

4. 河流横向分区

河流健康评价包括河道水面部分及左、右河岸带三部分(见图 6-4)。

1)河岸带

河岸带(或河滨带)指河流水域与陆地相邻生态系统之间的过渡带，其特征由相邻生态系统之间相互作用的空间、时间和强度所决定。

河岸带一般根据植被变化差异进行界定。鉴于河滨带清晰辨认存在一定困难，采用观察地形、土壤结构、沉积物、植被、洪水痕迹和土地利用方式来确定。如上述方法仍然无法明确界定，根据《河道管理条例》的相关规定，其范围根据以下原则确定：

(1)有经地方政府批准划定河道具体管理范围的河流，河岸带为河道管理范围以内除枯水位水域的区域，以及河道管理范围向两侧延伸 10 m 的陆向区域。

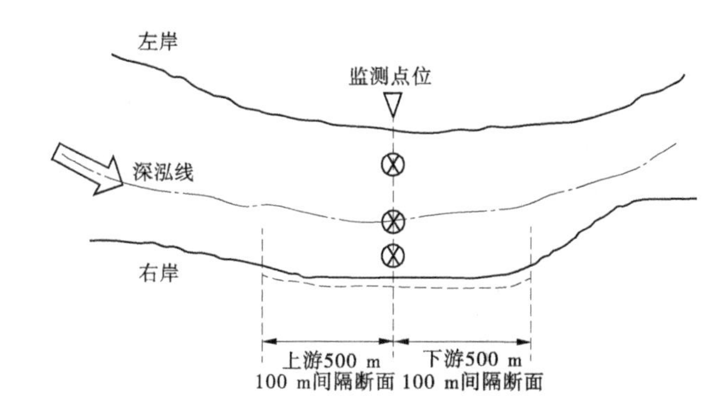

图6-3　大河监测点断面布置示意图

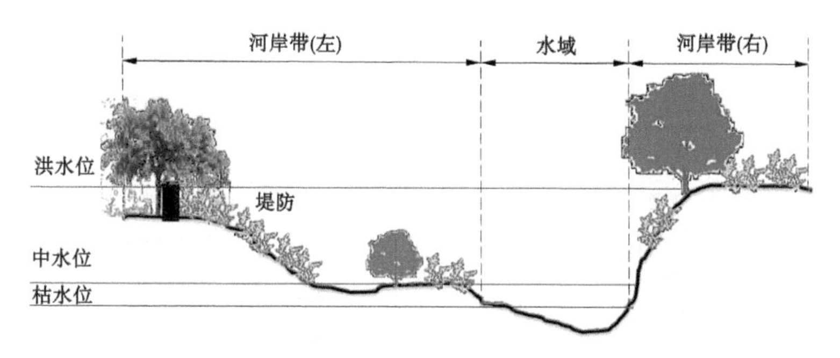

图6-4　评价河流横向分区

(2)没有划定河道具体管理范围的河流,有堤防的河道,河岸带为两岸堤防之间除枯水位水域外的区域、两岸堤防及护堤地(护堤地宽度不足10 m的延伸至10 m范围);无堤防的河道,河岸带为历史最高洪水位或者设计洪水位确定的范围除枯水位水域外的区域,外加向两侧延伸10 m的陆向区域。

2)河流断面形态

按照《游荡型河流演变及模拟》,河床由床面和河岸两部分组成,床面即河底部分,河岸为水流所能淹没的河谷、堤防及滩地等的边坡。

山区河流发育过程一般以下切为主,河谷断面呈现V形或U形,坡面呈直线或曲线,河槽狭窄,中水河槽和洪水河槽无明显分界线[见图6-5(a)]。平原河流流经地势平坦、土质疏松的平原区,河谷中存在深厚的冲积层,河谷断面形态多样,显著特点是具有较为宽广的河漫滩[见图6-5(b)]。

(二)湖库调查监测范围划分

1.湖库分区

分区特征明显的湖(库)应该根据其水文、水动力学特征、水质、生物分区特征,以及湖库水功能区区划特征进行分区评价。

应根据湖库规模及湖库健康评价指标特点布设监测点位,要求如下:

(1)每个湖库分区中均应在湖(库)分区评价的水域中心及其代表性样点,设置水质、浮游植物及浮游动物等的同步监测断面(湖区水域点位)。

(2)湖泊及平原型水库应采用随机取样方法沿湖库岸带布设湖库岸带监测点位(湖

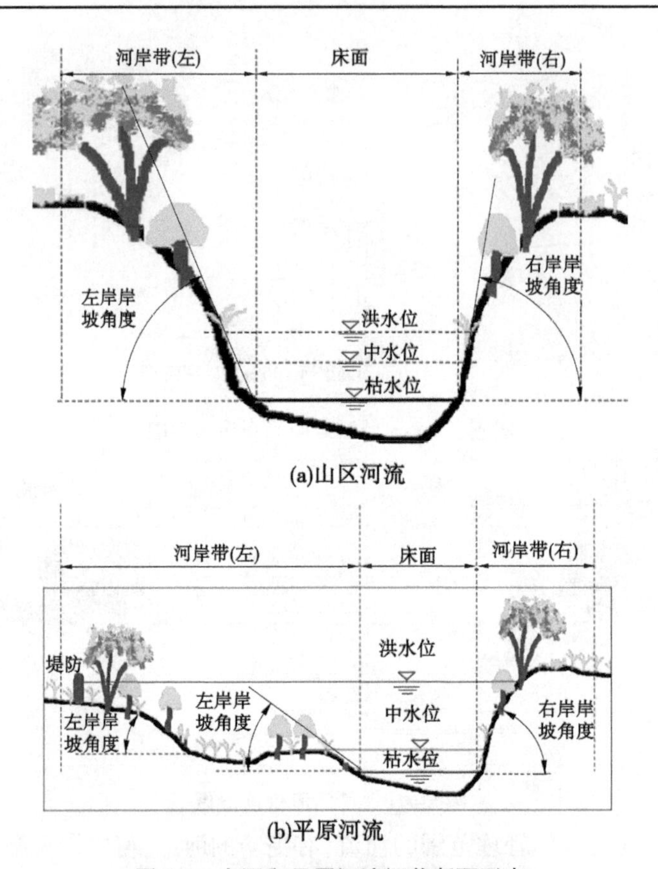

图 6-5　山区和平原河流河谷断面形态

库岸带点位)。在湖库周边随机选择第一个点位,然后按照 10 等分湖岸线距离依次设置监测点位(见图 6-6)。对于大型湖泊(水面面积大于 500 km^2),宜按照湖岸线距离不大于 30 km 的要求,增加监测点位。

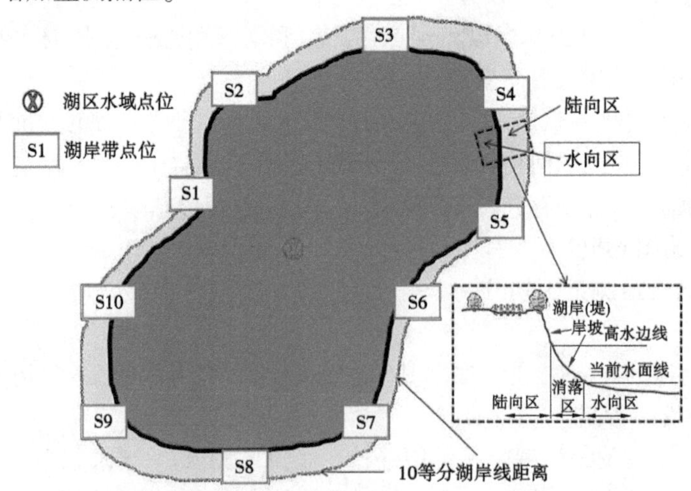

图 6-6　湖泊监测点断面布置示意图

(3)狭长型山区水库,可参考河流评价分段要求设置评价区段与监测点位。

(4)监测点位可根据取样的便利性和安全性等进行适当调整。

2. 湖库岸带分区

湖库岸带分区包括以下三个部分(见图 6-7):

(1)陆向辐射带(岸上带)。范围为湖(库)岸堤陆向区(包括岸堤)区域,调查范围外延 15 m。

(2)岸坡带。现状水位线至岸堤的范围。

(3)水向辐射带(近岸带)。现状水边线湖向区域,自水边线向水域延伸至有根植物存活的最大水深处。《河流健康评价指标、标准与方法》规定调查评价范围为 10 m 或可涉水水深区域。

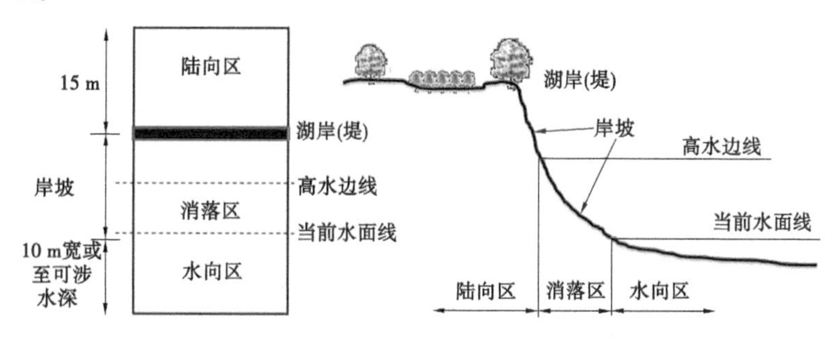

图 6-7　湖(库)岸带分区示意图

二、调查监测内容

参照《河流健康评价指标、标准与方法》和《河湖健康评估技术导则》(SL/T 793),河湖(库)健康评价体系主要包括 1 个目标层、5 个准则层和 27 个指标层。目标层为河湖健康,准则层分别包含水文水资源、物理结构、水质、生物和社会服务。河流指标层、湖泊指标层和水库指标层分别包含 23、26 和 24 个评价指标(见表 6-2)。调查范围或取样监测位置包含流域、河流/湖库、河段/湖库(区)、断面、点位等。在调查监测的指标中,包含必选指标以及可结合实际选择的备选指标和自选指标。在开展特定流域或地区河湖(库)健康评价过程中,可在基本指标及备选指标基础上,根据河湖(库)的特点增加自选指标。

三、调查监测开展方式

在技术准备阶段应开展专项勘察,并开展基本资料初步调查收集与分析,必要时还需要开展评价河湖所在水生态分区背景状况调查与监测;在调查监测阶段,应根据河湖评价的工作大纲与技术细则要求,开展专项调查与监测。

(一)专项勘察

根据河湖健康评价工作方案制订要求,开展河湖流域考察,重点勘察河湖及流域地形地貌特征、水工程建设及管理状况、常规监测站位监测状况、河湖水系连通特征、河湖岸带状况、河湖水污染状况等。专项勘察应该编写勘察报告,并拍摄照片存档。

(二)资料收集

根据河湖健康评价指标评价要求,系统收集以下方面的历史数据及统计数据。

表 6-2　河湖(库)健康评价指标取样调查位置或范围

目标层	准则层	指标层	河流指标	湖泊指标	水库指标	调查范围或取样监测位置	指标类型	
							河湖健康评估技术导则	河流健康评价指标、标准与方法
河湖健康	水文水资源	水资源开发利用率	√	√	√	河/湖/库流域	基本	基本
		流量过程变异程度	√	√(入湖流量)	√(入库流量)	河流:评价河流,湖库:主要入湖库河流河口附近水文监测点位或水文站	备选	基本
		生态用水满足程度	√	√(最低生态水位)	√(下泄生态基流)	河流:评价河流,湖泊:湖区水文监测点位或水文站点,水库:坝址断面	基本	基本
		水土流失治理程度	√	√	√	河/湖/库流域	基本	
	物理结构	岸带稳定性指标	√(河岸带)	√(湖岸带)	√(库岸带)	河流:监测断面左右岸样方区,湖库:湖库岸带监测点位	备选	基本
		岸带植被覆盖度指标	√(河岸带)	√(湖岸带)	√(库岸带)	河流:监测断面左右岸样方区,湖库:湖库岸带监测点位	基本	基本
		岸带人工干扰程度	√(河岸带)	√(湖岸带)	√(库岸带)	河流:监测断面左右岸样方区,湖库:湖库岸带监测点位	基本	基本
		连通性指数	√(河流纵向)	√(湖库)	√(水库)	河流:评价河段,湖库:入湖库河流河口附近断面	基本	基本
		水域空间状况	√(天然湿地保留率)	√(湖泊面积萎缩比例)	√(库容淤积损失率)	河流所在流域/湖库	基本	备选
	水质	水温变异状况	√			评价河段上游断面或评估河段内大坝下泄水入河断面		备选
		入河湖(库)排污口布局合理程度	√	√	√	评价河段/湖库(区)	基本	
		水体整洁程度	√	√	√	监测点位/湖库(区)	基本	

续表 6-2

目标层	准则层	指标层	河流指标	湖泊指标	水库指标	调查范围或取样监测位置	指标类型	
							河湖健康评估技术导则	河流健康评价指标、标准与方法
河湖健康	水质	水质优劣程度	√	√	√	监测点位/湖库区水域监测点位	基本	基本:DO、耗氧有机污染状况，备选:重金属污染状况
		底泥污染状况	√	√	√	监测点位/湖库区水域监测点位	备选	
		水功能区达标率	√	√	√	评价河流/湖库区水域监测点位	基本	基本
		富营养化状况		√	√	湖库区水域监测点位	基本	
	生物	大型无脊椎动物生物完整性指数	√	√	√	监测断面水生生物取样区/湖库岸带监测点位	备选	基本
		鱼类保有指数	√	√	√	监测断面水生生物取样区/湖库	基本	基本
		浮游植物密度		√	√	湖区水域监测点位	备选	
		浮游动物生物损失指数		√		湖区水域监测点位	备选	
		大型水生植物覆盖度		√		湖库岸带监测点位	备选	
		外来物种入侵指数	√	√	√	监测断面水生生物取样区/湖库		自选
		珍稀水生动物存活指数	√	√	√	评价河流		自选
	社会服务	公众满意度	√	√	√	评价河流/湖库	基本	基本
		防洪	√	√	√	评价河流/湖库	基本	基本
		供水	√	√	√	评价河流/湖库	基本	
		航运	√	√	√	评价河流/湖库	备选	
合计			23	26	24			

1. 基础图件

收集基础图件,包括河湖流域水系图、河湖地形图、河湖流域行政区划图、河湖流域水资源分区图、河湖流域水功能区区划图、河湖流域土壤类型图、河湖流域植被类型图、河湖流域土地利用图、河湖流域 DEM 等图件。编制河湖流域基础信息图册。

2. 国民经济统计数据

收集整理河湖流域经济社会统计数据,包括人口、国民生产总值、粮食产量、畜禽养殖、土地利用、废污水及主要污染物排放量等统计数据。

3. 水文及水资源数据

收集河湖特征数据,河湖流域历史水文监测系列数据(含流量、蒸发量、降雨量等),流域水资源开发利用统计数据,水利普查数据,水工程设计及管理运行、流域水资源规划、流域综合规划等资料。

4. 水土流失及治理数据

收集整理河湖流域内水土流失面积和水土流失治理面积统计数据,流域内水土保持规划、环境总体规划、地质灾害防治规划等资料。

5. 水质历史监测数据

系统收集河湖水质和底泥监测历史数据(尤其是 20 世纪 50—80 年代的监测评价数据),包括水化学特征监测评价数据、水污染监测与评价数据、营养状况监测评价数据、底泥厚度和底泥污染监测与评价数据等,河湖流域水功能区区划、河湖(库)清淤工程、湿地保护发展规划、水污染防治规划等资料。

6. 水生生物历史调查监测数据

收集河流湖泊生物监测评价数据(尤其是 20 世纪 50—80 年代的监测评价数据),包括河湖岸带陆向范围植物、浮游植物、浮游动物、大型水生植物、底栖动物、鱼类等方面的数据。同时收集属于本地理分区或生态分区的历史监测数据。

7. 遥感数据

收集河湖流域遥感数据,包括 20 世纪 80 年代卫片数据和评价基准年卫片数据,遥感数据收集重点收集河湖岸带状况方面及流域植被状况的卫片分析数据。

8. 社会服务功能

系统收集河湖流域供水台账、航运通航状况、防洪设施建设规划、供水规划、水运发展规划等资料。制定问卷调查表,采取网上征求公众意见、现场走访、问卷调查等方式开展公众满意度调查。

(三)专项调查与监测

根据河湖健康评价指标评价要求,开展水质、底泥、河湖岸带状况及水生生物专项监测。要求水质、底泥、河湖岸带状况及水生生物专项监测同步开展;专项监测周期不小于一个水文年(或日历年)。要求如下。

1. 水质、底泥专项监测

没有常规水质和底泥监测断面(点位)的评价河段或评价湖区,或常规监测数据不能满足评价要求的,应在评价河段或湖区设定监测点位开展水质和底泥补充监测,监测项目、频次及取样监测分析应遵循 SL 219 和 HJ/T 166 相关规定;水质评价、湖库富营养化评价及水功能区水质达标评价遵循 SL 395 相关规定；底泥评价遵循 GB 15618 相关规定。

1）水质专项监测

（1）采样垂线及采样点设置。

河流、湖泊、水库在监测断面上采样垂线的设置应符合表 6-3 的规定，采样垂线上采样点的设置应符合表 6-4 的规定。湖泊、水库有温度分层现象时，应对湖泊、水库的水温、溶解氧进行监测调查，确定分层状况与分布后，分别在垂线上的表温层、斜温层和亚温层设置采样点。

表 6-3　采样垂线的设置

水面宽/m	采样垂线	说明
<50	1 条（中泓）	1. 应避开污染带；考虑污染带时，应增设垂线； 2. 能证明该断面水质均匀时，可适当调整采样垂线
50~100	2 条（左、右岸有明显水流处）	
100~1 000	3 条（左岸、中泓、右岸）	
>1 000	5~7 条	

表 6-4　采样垂线上采样点的设置

水深/m	采样点	说明
<5	1 点（水面下 0.5 m 处）	1. 水深不足 1 m 时，在水深 1/2 处； 2. 潮汐河段应分层设置采样点
5~10	2 点（水面下 0.5 m、水底上 0.5 m 处）	
>10	3 点（水面下 0.5 m、水底上 0.5 m、中层 1/2 水深处）	

（2）采样器选择。

采样器应有足够强度，且使用灵活、方便可靠，与水样接触部分应采用惰性材料。根据现场实际情况以及涉水、桥梁、船只、绕道等采样方式，可选择的采样器有聚乙烯桶、有机玻璃采样器、单层采样器、直立式采样器、泵式采样器、自动采样器。

（3）样品容器和常用水样保存方法。

样品容器材质应化学稳定性好，不会溶出待测组分，且在保存期内不会与水样发生物理化学反应；对光敏性组分，应有遮光作用；用于微生物检验用的容器能耐受高压灭菌。测定有机及生物项目的样品容器选用硬质（硼硅）玻璃容器，测定金属、放射性及其他无机项目的样品容器选用高密度聚乙烯或硬质（硼硅）玻璃容器，测定溶解氧及生化需氧量使用专用样品容器。不同水质监测项目的采样容器和常用水样的保存方法见表 6-5。

表 6-5　采样容器和常用水样保存方法

项目	采样容器	保存方法及保存剂用量	保存时间
色度*	G、P		12 h
pH*	G、P		12 h
电导*	G、P		12 h

续表 6-5

项目	采样容器	保存方法及保存剂用量	保存时间
悬浮物	G、P	0~4 ℃避光保存	14 d
碱度	G、P	0~4 ℃避光保存	12 h
酸度	G、P	0~4 ℃避光保存	30 d
总硬度	G、P	HNO_3,1 L水样中加浓 HNO_3 10 mL	14 d
化学需氧量	G	H_2SO_4,pH≤2	2 d
高锰酸盐指数	G	0~4 ℃避光保存	2 d
溶解氧*	溶解氧瓶	加入 $MnSO_4$,碱性 KI、$NaNO_3$ 溶液,现场固定	24 h
生化需氧量	溶解氧瓶		6 h
总有机碳	G	H_2SO_4,pH≤2	7 d
氟化物	P	0~4 ℃避光保存	14 d
氯化物	G、P	0~4 ℃避光保存	30 d
溴化物	G、P	0~4 ℃避光保存	14 h
碘化物	G、P	NaOH,pH=12	14 h
硫酸盐	G、P	0~4 ℃避光保存	30 d
磷酸盐	G、P	NaOH,H_2SO_4,调 pH=7,$CHCl_3$ 0.5%	7 d
总磷	G、P	HCl,H_2SO_4,pH≤2	24 h
氨氮	G、P	H_2SO_4,pH≤2	24 h
硝酸盐氮	G、P	0~4 ℃避光保存	24 h
总氮	G、P	H_2SO_4,pH≤2	7 d
硫化物	G、P	1 L水样加 NaOH 至 pH=9,加入 5%$C_6H_8O_6$ 5 mL,饱和 EDTA 3 mL,滴加饱和 $Zn(AC)_2$ 至胶体产生,常温避光	24 h
挥发酚	G、P	NaOH,pH≥9	12 h
总氰	G、P	NaOH,pH≥9	12 h
阴离子表面活性剂	G、P		24 h
钠	P	HNO_3,1 L水样中加浓 HNO_3 10 mL	14 d
镁	G、P	HNO_3,1 L水样中加浓 HNO_3 10 mL	14 d
钾	P	HNO_3,1 L水样中加浓 HNO_3 10 mL	14 d
钙	G、P	HNO_3,1 L水样中加浓 HNO_3 10 mL	14 d
锰	G、P	HNO_3,1 L水样中加浓 HNO_3 10 mL	14 d
铁	G、P	HNO_3,1 L水样中加浓 HNO_3 10 mL	14 d

续表 6-5

项目	采样容器	保存方法及保存剂用量	保存时间
镍	G、P	HNO_3,1 L 水样中加浓 HNO_3 10 mL	14 d
铜	P	HNO_3,1 L 水样中加浓 HNO_3 10 mL	14 d
锌	P	HNO_3,1 L 水样中加浓 HNO_3 10 mL	14 d
砷	G、P	HNO_3,1 L 水样中加浓 HNO_3 10 mL,DDCT 法,HCl 2 mL	14 d
硒	G、P	HCl,1 L 水样中加浓 HCl 2 mL	14 d
银	G、P	HNO_3,1 L 水样中加浓 HNO_3 10 mL	14 d
镉	G、P	HNO_3,1 L 水样中加浓 HNO_3 10 mL	14 d
六价铬	G、P	NaOH,pH=8~9	14 d
汞	G、P	HCl,1%;如水样为中性,1 L 水样中加浓 HCl 10 mL	14 d
铅	G、P	HNO_3,1%;如水样为中性,1 L 水样中加浓 HNO_3 10 mL	14 d
油类	G	HCl,pH≤2	7 d
农药类	G	加入 $C_6H_8O_6$ 0.01~0.02 g 除去残余氯,0~4 ℃避光保存	24 h
挥发性有机物	G	用 1+10 HCl 调至 pH=2,加入 $C_6H_8O_6$ 0.01~0.02 g 除去残余氯,0~4 ℃避光保存	12 h
酚类	G	用 H_3PO_4 调至 pH=2,用 $C_6H_8O_6$ 0.01~0.02 g 除去残余氯,0~4 ℃避光保存	24 h
微生物	G	加入 $Na_2S_2O_3$ 至 0.2~0.5 g/L 除去残余物,0~4 ℃避光保存	12 h
生物	G、P	不能现场测定时用 HCHO 固定,0~4 ℃避光保存	12 h

注:“*”表示现场测定,“G”代表硬质玻璃瓶,“P”代表聚乙烯瓶(桶)。

(4)检测分析。

水温、pH、溶解氧、电导率、透明度、感官性状等监测项目应在采样现场采用相应方法观测或检侧。

水样检测方法按《地表水环境质量标准》(GB 3838)执行,该标准项目共计 109 项,其中地表水环境质量标准基本项目 24 项,集中式生活饮用水地表水源地补充项目 5 项,集中式生活饮用水地表水源地特定项目 80 项。

2)底泥专项监测

底泥通常是指黏土、泥沙、有机质及各种矿物的混合物,经过长时间物理、化学及生物等作用及水体传输而沉积于水体底部所形成的。表面 0~15 cm 厚的底泥称为表层底泥,超过 15 cm 厚的底泥称为深层底泥。

(1)采样点布设。

布设采样点的原则是以尽可能少的点全面准确地监测出底泥的污染情况,因此设点时要尽可能覆盖整个湖面。均匀的网状布点法适用于那些污染较为平均的湖泊,但大多数湖泊由于处于工业或生活区,湖边一般有众多的排污口,因而底泥污染程度并不均匀一致,这时就需要在排污口附近加密采样点。一般来说,点间距在 20 m 左右是合适的,间距过大会给污染范围的确定造成一定困难,间距过小则会加大工作量,使监测成本增加。点间距根据湖面大小适当放大或缩小。

(2)采样。

采样器为管式采样器,将内径小于 10 cm(不宜过粗)的钢管剖开成两半,焊接上合页栓,制作成可以开合的管状采样器。钢管长度最好小于 3 m,便于车辆运输,另备长度不等的稍粗的钢管,当水深采样器不够长时可以套在采样器上完成采样。采样时同步测量 1:1 000 或 1:500 水下地形和采样点 GPS 坐标,主要用于湖泊库容曲线计算及各种相关图形的制作。采样时采样器应垂直插入泥中,并用榔头尽量往下打,以取到深层的黏土。

(3)样品制备与预处理。

采集的样品应分层用包装袋密封装好,并贴上样品标签。每个点所取样品数应根据淤泥分层来决定,一般来说,湖底淤泥大致有 3 种形状,最上层的是不能成形的黑色泥浆,中间的是较为疏松并夹杂植物残体的黏土层,下层则是黄色的粗黏土。采集的样品应避免日光照射,在通风的地方阴干(7~15 d)。制备好的样品测定重金属含量时要经过消解,使各种形态的金属变为一种可测态,一般采用混合酸消解方法,如盐酸-硝酸-氢氟酸。

(4)检测分析。

底泥质量监测项目主要有以下几类:汞、铅、镉、铜、锌、铬、镍、砷等重金属或无机非金属毒性物质,全氮、总磷、pH、含水率、有机质。分析测定方法见表 6-6。

表 6-6　底泥主要监测项目及分析测定方法

序号	项目	分析测定方法	方法来源	检出限/(mg/kg)
1	镉	原子吸收分光光度法	GB/T 17141	0.01(0.5 g 定容至 50 mL)
2	汞	原子荧光光谱法	HJ 680	0.002(0.5 g)
3	砷	原子荧光光谱法	HJ 680	0.01(0.5 g)
4	铅	原子吸收分光光度法	GB/T 17140	0.1(0.5 g)
5	铬	原子吸收分光光度法	GB/T 17137	5(0.5 g)
6	铜	原子吸收分光光度法	GB/T 17138	1(1 g)
7	锌	原子吸收分光光度法	GB/T 17138	0.5(1 g)
8	镍	原子吸收分光光度法	GB/T 17138	5(0.5 g)
9	总磷	碱熔-钼锑抗分光光度法	HJ 632	当试样量为 0.250 0 g,采用 30 mm 比色皿时,本方法的检出限为 10.0 mg/kg,测定下限为 40.0 mg/kg
10	全氮	凯氏法	HJ 717	当取样量为 1 g 时,本方法检出限为 48 mg/kg
11	pH	玻璃电极法	NYT 1377	
12	有机质	重铬酸钾-硫酸消解法	NYT 1121.6	

2. 河湖岸带状况专项调查

对河湖设定监测点位开展河湖岸带状况专项监测，调查指标包括河湖岸带稳定性指标、河湖岸带植被覆盖度指标及河湖岸带人工干扰程度，以调查表和拍照等方式进行记录。河湖岸带稳定性指标和河湖岸带人工干扰程度指标，参照《河流健康评价指标、标准与方法》和《河湖健康评估技术导则》(SL/T 793)中的相关方法和要求进行调查。

1)调查范围

深泓水深小于5 m的溪流和河流河岸带调查范围：纵向在监测点11个调查断面上下游各延伸5 m，在横向从河岸带外延10 m，形成左右岸各一个10 m×10 m的调查评价样方区(见图6-8)。深泓水深大于5 m的大河河岸带调查范围：选择监测点断面、上游10个调查断面中选择3~5个断面，作为调查断面。调查断面沿河上下游各延伸5 m，在横向河岸带向陆向外延30 m，形成10 m×30 m的调查评价样方区(见图6-9)。

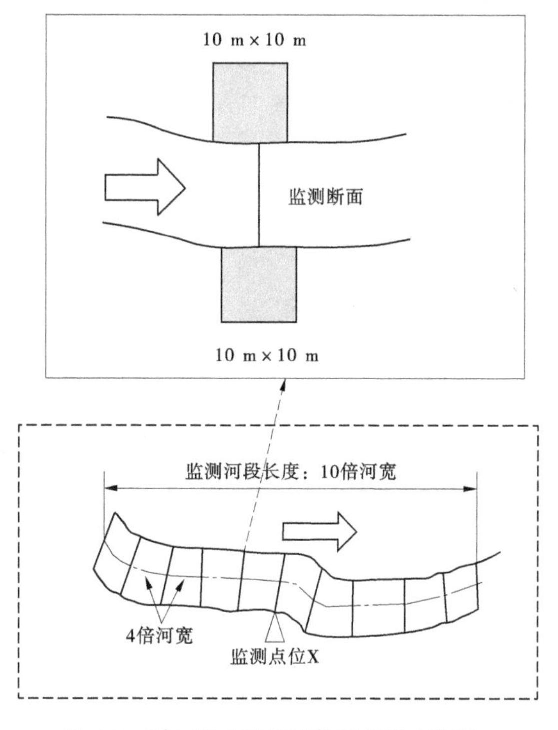

图6-8　溪流及河流河岸带调查样方范围

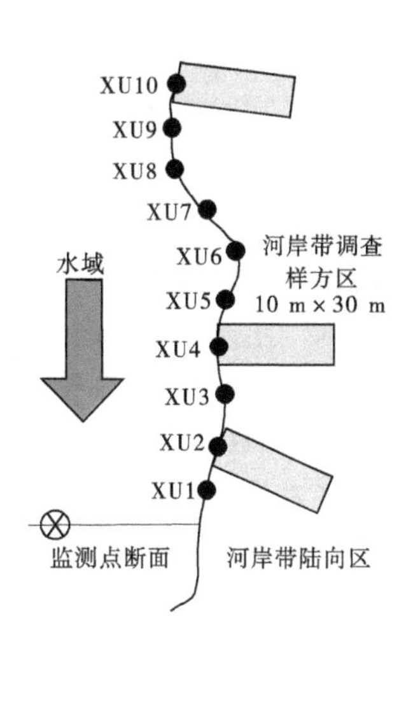

图6-9　大河河岸带调查样方范围

湖库岸带植被覆盖度调查样方湖滨带陆向区域，样方为10 m×15 m；湖库岸带稳定性调查范围为湖岸区，调查宽度为10 m，湖岸长度根据湖岸特征确定。

2)河湖岸带植被覆盖度指标调查

参照《野生植物资源调查技术规程》(LYT 1820)，结合河湖库岸带特征，对监测断面的调查评价样方区进行植被覆盖度调查。

(1)样方面积设定。

主样方面积因目的物种生活型而异。

乔木是指高度一般在3 m以上，具有明显直立的主干和发育强盛的枝条构成广树冠的木本植物。乔木树种及大灌木主样方面积最小为 400 m^2。主样方通常设置为正方形,特殊情况下也可设为长方形,但长方形的最短边长不小于 5 m。具体样方的长宽比,结合河流大小和湖库岸带的调查宽度进行设置。灌木是指高度一般在 3 m 以下,枝干系统不具明显直立的主干,如有主干也很短,并在出土后即行分枝,丛生地上的木本植物。灌木树种及高大草本主样方面积为 25 m^2(5 m×5 m)。草本植物的植物体木质部较不发达至不发达,地上没有多年生木质茎。草本植物主样方面积为 1 m^2(1 m×1 m)。

藤本植物是指植物体细长,不能直立,只能依附别的植物或支持物,缠绕或攀缘向上生长的植物。生长在乔木林中的藤本物种主样方面积与乔木主样方相同,生长在灌木丛中的藤本物种主样方面积与灌木主样方相同。

(2)样方数量设定。

为保证调查所需精度,目的物种所处的群落或生境面积小于 500 hm^2 的设 5 个主样方;大于 500 hm^2 的每增加 10 hm^2 增设 1 个主样方,同一群落或生境类型,主样方总数量不超过 10 个。目的物种所处植物群落或生境分布在 2 个以上地段时,小的地段可少设或不设主样方,大的地段可多设,但一般最多不超过 5 个。在调查样方中,随机选取 100 m^2 范围,分别观察并估算乔木、灌木、草本、藤本植物的覆盖度。

3. 水生生物专项监测

1) 监测断面设置

(1)河流水生生物监测。

河流水生生物监测包括大型无脊椎动物与鱼类的生物取样监测。

深泓水深小于 2 m 的溪流,在监测点位 X 的 11 个调查断面深泓、深泓与左右水边中间位置设置 3 个取样点,选择其中的 1 个取样点进行取样;深泓水深大于 2 m 且小于 5 m 的河流,在监测点位 X 的 11 个调查断面深泓与左右水边中间设置 2 个取样点,选择其中的 1 个取样点进行取样;深泓水深大于 5 m 的大河选择监测点断面和上游 10 个监测断面作为底栖动物取样调查断面,调查区域为近岸浅水区(水深小于 1 m)。

可以随机选择 3 个监测断面(包括监测点断面)作为采样断面;为降低偶发性的人为活动对监测区的影响,采集断面应当在公路或桥墩上游至少 100 m 处。

(2)湖库水生生物监测。

湖泊水生生物监测包括大型水生植物、浮游植物、浮游动物、大型底栖无脊椎动物与鱼类的生物取样监测;水库水生生物监测包括浮游植物与鱼类的生物取样监测;浮游植物或浮游动物取样监测点位应与水质监测点位保持一致。

大型水生植物调查样方区为湖岸带水向区向湖区中心延伸 10 m 或至最大可涉水深度(水深 2 m)水域,取样宽度为 10 m。

底栖生物取样区为湖滨带水向区向湖区中心延伸 10 m 或至最大可涉水深度(水深 2 m)水域,宽度为 10 m。

鱼类调查按照相关技术标准进行取样监测。标准 SL 167、SC/T 9102.3 等可供参考。

2) 监测指标及方法

(1)大型水生植物。

大型水生植物,包括种子植物、蕨类植物、苔藓植物中的水生类群和藻类植物中的以假根着生的大型藻类,是不同分类群植物长期适应水环境而形成的趋同适应的表型。一般将其按生活型分为挺水植物、浮叶植物(浮叶植物与根生浮叶植物)和沉水植物。

框架采样法:该方法适用于挺水植物和浮叶植物。挺水植物群落一般生长于沼泽地、洼地、池塘、江、河、近岸,一般选取 2 m×2 m 的正方形样地,四周标示,区分边界,将样方内的植株全株连根拔起,有地下茎的其地下茎也要采集。

远距离采集器法和潜水挖取法:该方法适用于沉水植物。用带网铁锹和长柄镰刀只能采集沉水植物现存量的一部分,对于其地下匍匐茎或发达地下根未能采到。因此,在样地四周标示,采样人员潜入水中,将标示范围内的植株连同根茎全部挖取。

植物样品采集洗净后,进行品种鉴定,称重后烘干,随后测量干重。

(2)浮游植物。

用 20 μm 的浮游植物网于水平和垂直方向进行拖网,定量样品用棕色瓶或塑料瓶采集水样,用鲁哥试剂固定(终浓度为 5%)。浮游植物定性样品于光学显微镜下进行种类鉴定。浮游植物定量样品采用倒置显微镜法进行定量计数,取 3 mL 摇匀后的藻液在沉淀杯中静置沉淀 6 h,移去上清液,浮游植物沉淀在沉淀杯计数框底座上。将计数框底座置于倒置显微镜下,在 10×10 倍镜下对所有体积较大的浮游植物(>20 μm)进行计数;然后在 10×40 倍镜下对较小浮游植物(2~20 μm)进行计数,计数 500 个个体,计数时将这 500 个个体分为 5 个 100 的计数段,随后计算浮游植物密度。

(3)浮游动物。

使用 64 μm 的浮游动物网于水平和垂直方向进行拖网采集浮游动物定性样品。浮游动物定量样品用采水器由表层 0.5 m 处均匀间隔打水至底部,将混合水样用孔径为 38 μm 的浮游生物网过滤并装入聚乙烯瓶中,用 5%的福尔马林固定。将采集的浮游动物样品在显微镜下用高倍镜观察,并对浮游动物进行种类鉴定。对轮虫计数的同时,测量各个体的体长、体宽或直径,对轮虫采用几何体积计算公式计算体积,用近似密度 1 g/cm^3 计算每个轮虫个体的生物量,枝角类和桡足类采用体长-生物量公式计算。

(4)大型底栖无脊椎动物。

对于可徒步涉水的监测断面,在其 100 m 水域范围内,使用口径为 25 cm×25 cm 的 D 型抄网(60 目),随机在水草区、基流区和缓流区采集样品(含底栖动物、植物碎屑、泥沙或碎石等)。对于难以徒步涉水的水库和河道断面,乘船使用彼得森采泥器(1/16 m^2)采集底泥样品,将采集的底泥样品在现场使用 60 目筛网过筛冲洗。将过筛后的采集物加入 75%的酒精或 10%福尔马林溶液固定。采用人工挑拣的方法将采集的底栖动物样品置于解剖盘中,将肉眼可见的底栖动物分拣出并转移至六孔盘中,在显微镜和解剖镜下进行鉴定,底栖动物样本尽可能鉴定到种,同时拍照、计数和称重。称量时,先用吸水纸吸去样本表面水分,直到吸水纸表面无水痕迹。定量称重用电子天平,精确到 0.000 1 g。每个位点采集的平行样品数据以算术平均值表示,并将每个样品中的个体数量和生物量换算成每平方米的单位含量。

(5)鱼类。

在可徒步涉水的河道监测断面,使用口径为 35 cm 的圆形抄网(孔径 0.5 cm),随机在水草区、基流区和缓流区采集鱼类样品。在难以徒步涉水的水库和河道断面,乘船并在船上使用20 m长、2 m宽的拖网(孔径2 cm)拖行约25 m捕捞鱼类。获取的鱼类样品中,对于形态相同(可明显辨别)的鱼类品种各取若干条,进行拍照,对于部分无法明确鉴定的鱼类品种,通过查询相关文献、报道和书籍或咨询专家等方式进行确认。

河湖(库)健康评估指标基础数据及获取方式见表6-7。

表6-7　河湖(库)健康评价指标基础数据及获取方式

序号	指标层	基础数据	获取方式
1	水资源开发利用率	河湖流域地表水取水量、河湖流域地表水资源总量	水文及水资源数据专项调查
2	流量过程变异程度	河流:评价年的实测径流量及天然月径流量;湖(库):评价年入湖(库)河流逐月实测径流量及天然月径流量	
3	生态用水满足程度	河流:长系列逐日流量;湖泊:最低生态水位、评价年逐日水位;水库:下泄生态基流量、评价年逐日下泄流量	
4	水土流失治理程度	评价河湖集水区范围内水土流失治理面积及水土流失面积	水土流失及治理数据专项调查
5	岸带稳定性指标	岸坡倾角、岸坡高度、基质特征、岸坡植被覆盖度、坡脚冲刷强度	河湖岸带状况专项监测
6	岸带植被覆盖度指标	乔木、灌木、草本植被覆盖度	
7	岸带人工干扰程度	河湖(库)岸带及其临近陆域15类人类活动:河岸硬质性砌护、采砂、沿岸建筑物(房屋)、公路(铁路)、垃圾填埋场或垃圾堆放、管道、农业耕种、畜牧养殖、打井、挖窖、葬坟、晒粮、存放物料、开采地下资源、考古发掘、集市贸易	
8	连通性指数	河流:单位河长内影响河流连通性的建筑物或设施数量;湖库:评价年主要入湖(库)河流的地表水资源量、出湖河流的实测水量	河湖水系连通特征专项勘察
9	水域空间状况	河流:有水力联系的湿地个数、历史(20世纪80年代以前的)湿地面积、评价年天然湿地面积;湖泊:历史参考年(20世纪50年代)湖泊水面面积、评价年湖泊水面面积;水库:建库总库容、截至评价年总计淤积损失库容(或实测底泥淤积厚度)	基础图件、水质历史监测数据、遥感数据专项调查、水质专项监测
10	入河湖(库)排污口布局合理程度	排污口数量、位置及其形成的污水带(混合区)长度、宽度(河流)或面积(湖库)	河湖水污染状况专项勘察

续表 6-7

序号	指标层	基础数据	获取方式
11	水体整洁程度	河湖水域感官状况:嗅、味、漂浮废弃物	河湖水污染状况专项勘察
12	水质优劣程度	《地表水环境质量标准》(GB 3838)规定的24项基本指标监测值	水质专项监测
13	底泥污染状况	《农用地土壤污染风险管控标准》(GB 15618)规定的12项指标监测值	
14	富营养化状况	总磷、总氮、叶绿素a、高锰酸盐指数、透明度5项指标监测值	
15	水功能区达标率	评价河湖(库)流域内的水功能区数量、水质数据、水质目标	水质历史监测数据专项调查
16	大型无脊椎动物生物完整性指数	物种种类数、各个物种的个体数及其分布情况	水生生物历史调查监测数据专项调查、河湖(库)水生生物专项监测
17	鱼类保有指数	20世纪80年代以前评价河湖的鱼类种类数量、评价河湖现状调查获得的鱼类种类数量(剔除外来物种)	
18	浮游植物密度	20世纪50—60年代或20世纪80年代藻类密度、评价年藻类密度	
19	浮游动物生物损失指数	20世纪80年代以前评价湖泊浮游动物种类数量、评价湖泊现状调查获得的浮游动物种类数量(剔除外来物种)	
20	大型水生植物覆盖度	浮水植物、挺水植物和沉水植物总覆盖度(非外来物种)	
21	公众满意度	公众对河湖环境、水质水量、涉水景观、舒适性、美学价值等的满意程度调查结果	社会服务功能专项调查
22	防洪	河流:达到防洪标准的堤防长度、堤防总长度;湖泊:环湖达标口门宽度、环湖河流口门总宽度;水库:大坝安全、防洪运行调度、监控设施的达标状况	
23	供水	各个供水工程的平均日供水量、供水保证率	
24	航运	通航水深、评价年内逐日水位	

第七章　河湖健康管理对策

第一节　水资源综合开发利用

水资源综合开发利用是通过各种措施对水资源进行综合治理、开发利用、保护和管理,可分为不耗水或基本不耗水的河内利用,如水力发电、水运、渔业、水上娱乐用水等;耗水的河外利用,如农业、工业及生活用水等。由于水资源是有限的,随着人类经济社会的发展,对有限水资源的供需矛盾日趋尖锐,而水资源开发的难度却越来越大,需求和代价越来越高。过度开发水资源,会严重干扰河湖正常情况下的水文情势,威胁到水生态系统健康。因此,对水资源综合开发利用,须根据国民经济和社会发展的需要,参照国土整治和环境规划,在预测各类用水需求增长的基础上,制定水资源综合开发利用和保护规划,制订水的综合性长期供求计划,以及与此相适应的水资源战略。

一、水资源现状调查与评价

水资源现状调查与评价主要是摸清河湖流域内的降水、地表水资源、地下水资源、还原水量、水资源演变情势、水质等现状情况。

(一)降水

降水是评价水资源的最基本资料,它包括雨、雪、雹、雾等。降水统计以水文、气象、自记雨量站、专用站资料为主要依据,并参照相关水资源调查评价成果,进行年降水等值线的勾绘。在上述资料的基础上,分析降水的年内分配、年际变化和地区分布。

(二)蒸发能力及干旱指数

水由液态或固态转变为气态的过程叫蒸发。蒸发分水面蒸发和陆面蒸发。影响蒸发的因素有气温、饱和差、风力、下垫面等。蒸发是水平衡三要素之一。蒸发包括水面蒸发和陆面蒸发。水面蒸发又称蒸发力,是指在充分供水情况下的蒸发能力,一般通过蒸发皿观测。陆面蒸发是指在不充分湿润的自然地面的实际蒸发量,它包括地面水体蒸发、土壤蒸发和植物散发的总和,又称流域总蒸发。陆面蒸发=降水量(P)-径流深(R)。

干旱指数是反映气候干湿程度的指标,其定义为某一地区年水面蒸发量 E_0 与年降水量 P 的比值,即 $r=E_0/P$,干旱指数 r 表示一个特定地区的湿润和干旱的程度。r 值大于1,表明蒸发量大于降水量,该地区的气候偏于干旱。r 值越大,干旱程度就越严重,反之气候就越湿润。

(三)泥沙

河流泥沙是反映河川径流特性的一个重要因素,对水资源开发利用和江河治理有较大的影响。泥沙主要利用现有水文站资料,统计年平均输沙量、年平均含沙量、最大断面平均含沙量等。

(四)地表水资源

地表水资源量是指河流、湖泊、冰川等地表水体中由当地降水形成的可以逐年更新的动态水量,以天然河川径流量表示。降水降落地面后,在完成地表填洼、植物截留、土壤吸收等条件后,沿地面漫入河道的称地表径流,渗入地下的称地下径流。由于地表水和地下水之间存在着一定的联系,因此在水资源评价中必须扣除地下水补给河流的那部分水量。

河川径流在年内、年际间是不断变化的,在地区分布上也是不均衡的。因此,研究河川径流的时空分布特点,在水资源开发、治理、利用中占有十分重要的位置。

利用各基本水文站资料,统计径流量,绘制流域径流等值线图,分析径流年内分配情况、年际变化和地区变化,并分析影响径流变化的因素。其中,影响径流变化的因素主要有:①降水的影响。降水量的大小及变化程度决定了河川径流的情势,降水量的大小决定径流量的大小,降水的强度及时空分布决定径流过程的快慢。②人类活动的影响。人类活动的影响主要表现为改变了天然径流分配过程,增加了水量的蒸发损失。③流域特性对径流的影响。

(五)地下水资源

地下水资源是指存在于地下可以为人类所利用的水资源,是全球水资源的一部分,并且与大气水资源和地表水资源密切联系、互相转化。它既有一定的地下储存空间,又参加自然界水循环,具有流动性和可恢复性的特点。地下水资源主要是大气降水直接入渗和地表水渗透到地下形成的。因此,一个地区的地下水资源丰富与否,首先和地下水所能获得的补给量与可开采的储存量的多少有关。在雨量充沛的地方,在适宜的地质条件下,地下水能获得大量的入渗补给,则地下水资源丰富。在干旱地区,雨量稀少,地下水资源相对贫乏。

估算地下水资源以应用观点为原则,即以出露于地表的枯水月平均流量经转换作为径流区的年地下水资源量。这样处理对水能开发枯流应用,农业灌溉的引水设计,工业、人畜饮用供水设计都带来方便。由于枯水调查是偶测,它不可避免有一定误差,特别是在农灌时期的偶测,要了解上游的引出水量,同时在分析计算中,还要结合降水量、地形、岩性、植被类型等因素,对明显不合理的数据做出舍弃,以期使成果尽可能合理。

(六)水资源总量

水资源总量即为河川径流总量,包括地表水和地下水两部分,二者相加即流域水资源总量。

(七)水资源可利用量

水资源可利用量,是指在可预见的时期内,统筹考虑生活、生产和生态环境用水,协调河道内与河道外用水的基础上,通过经济合理、技术可行的措施可供河道外一次性利用的最大水量(不包括回归水重复利用量)。

1. 河道内需水量

河道内需水量包括河道内生态环境需水量和河道内生产需水量。其中,生态环境需水量是指一个特定区域内的生态系统和环境质量的需水量,包括保护水生生物栖息地的生态需水量、维持水体自净能力的需水量、水面蒸发的生态需水量、维持河流水沙平衡的需水量、维持河流水盐平衡的生态需水量等几个方面。河道内生产用水主要指满足航运、渔业、旅游等生产性行业要求的需水量。

2. 汛期难以控制利用的洪水量

汛期难以控制利用的洪水量是指在可预期的时期内,不能被工程措施控制利用的汛期洪水量。由于洪水量年际变化大,在总弃水量长系列中,往往一次或数次大洪水期水量占很大比重,而一般年份、枯水年份弃水较少,甚至没有弃水。因此,计算多年平均情况下的汛期难以控制利用洪水量,不宜采用简单的选择典型年的计算办法,而应以未来工程最大调蓄与供水能力为控制条件,采用天然径流量长系列资料逐年计算。将流域控制站汛期的天然径流量减去流域调蓄和耗用的最大水量,剩余的水量即为汛期难以控制利用的下泄洪水量。

3. 水资源可利用量

径流总量扣除河道内生态环境需水量、汛期难以控制利用的洪水量和蒸发、渗漏量即为水资源可利用量。

(八)还原水量

还原水量是指水资源在开发利用中产生的各种损失水量,主要包括以下三个方面:①由陆面变水面的蒸发增损,是指人工构建增加的蓄水工程水面,通常水面蒸发大于陆面蒸发,蒸发增损为水面蒸发与陆面蒸发的差值。②农作物灌溉所消耗的田间蒸发和植物散发。③农村人畜饮用因分散而不能回归的水。

城镇生活用水因大部分能回归,工业用水因增加的蒸发和产品带走的水量很小,城镇生活和工业所消耗的水可以忽略不计,因而不当作还原水量。

(九)水资源演变情势分析

水资源演变情势是指由于各种因素影响改变了地表与地下产水的下垫面条件,造成水资源量、可利用量以及水质发生时空变化的态势。水资源主要影响因素包括降水、自然地理条件和人类活动影响。随着人类社会经济活动的日益加剧,水资源的外部环境与内部条件发生了较大变化,水资源的形成与转化关系发生明显变化。具体表现在环境与自然条件变化、土地和水资源开发利用对地表产水量的影响、水质污染等,造成水源的数量、质量、可利用量、可供水量及其时空分布发生了一定程度的变化。社会经济发展和结构调整,使水资源开发过程中的供、用、排、耗关系和用水结构也发生较大的改变。

可根据历年降水、蒸发、径流及水质的实测成果,对水资源演变情势进行分析。

(十)水质

水作为一种自然资源,包含着量和质两个方面,如果质不好,则量也将失去意义,所以水质在水资源评价中占有重要地位。收集各断面水质监测资料,根据《地表水环境质量标准》(GB 3838)对水质进行评价,统计水功能区达标率,分析主要的超标因子。

二、水资源开发利用调查评价

水资源开发利用调查评价的主要任务是摸清供水、用水、排水、耗水、用水指标、水资源开发利用程度、生态环境以及用水要求等现状情况,该项工作是开展水资源综合规划的前期准备工作和基础,现状成果的精度对水资源的合理开发、配置、节约、保护规划将产生直接影响。

（一）供水设施及供水能力

1. 供水基础设施

供水基础设施分为地表水供水基础设施、地下水供水基础设施、其他水源供水基础设施共3种类型。其中，地表水供水基础设施包括蓄水工程、引水工程、提水工程等内容；地下水供水基础设施包括取水泵房、水井等内容；其他水源供水基础设施主要指的是污水处理再利用工程、集雨工程、海水淡化工程等非传统水资源利用工程。调查评价时需调查各供水基础设施的基本情况和现状供水能力，评价其是否满足水资源开发利用要求，分析其存在的主要问题。

2. 供水设施

供水设施指的是自来水厂、供水管网以及农业灌溉系统。供水设施主要调查评价其供水能力、服务范围、工程运行情况等方面。

（二）供水量

供水量指各种水源工程为用水户提供的包括输水损失在内的毛供水量。以流域内各供水设施的资料为基础，统计地表水总供水量、地下水总供水量和其他供水总供水量，分析各部分占比。结合历史资料，分析供水量变化趋势，并分析产生变化的主要原因。

（三）用水量

用水量是从不同用途类型的角度进行水量统计。用水类型包括生活用水、生产用水和生态环境用水，主要调查各类型、各行业的总用水量、用水结构、用水经济指标，并结合历史资料，分析用水量变化趋势及产生的原因。同时对现状用水消耗量进行分析。

（四）水资源开发利用程度及利用效率

结合流域内现状总供水量与水资源总量，统计流域水资源开发利用率，评价流域水资源开发利用程度。在分析各用水经济指标的基础上，评价流域内的水资源利用效率。

（五）水资源开发利用存在的问题

对流域内水资源开发利用现状进行综合评价与总结，分析在水资源开发利用方面存在的主要问题。

三、水资源需求预测

科学的需水预测是水资源规划和供水工程建设的重要依据。自20世纪50年代以来，世界各国社会经济快速发展，人口激增，城市化进程加快，人民生活水平不断提高，各地总用水量迅速增长。为应付日益增长的用水要求，许多国家开始把水资源管理纳入政府部门的职能。同时，规划管理部门也开始把需水预测作为宏观调控水资源供需矛盾的依据。不同用水类型有其相应的需水预测方法，总体而言，需水预测与国民经济及社会发展预测关系密切。

（一）国民经济与社会发展预测

国民经济与社会发展预测是流域水资源需求预测的基础，只有在对国民经济与社会发展进行科学合理预测的基础上，才可能做出精准的水资源预测。国民经济与社会发展预测主要考虑人口与城镇化、地方生产总值与产业结构、第二产业发展指标、农业发展及土地利用指标等方面。

1. 人口与城镇化

人口预测需考虑户籍人口正常发展、经济发达地区人口机械增长的特点和城镇化水平的发展趋势,并应综合考虑各行政区总体规划相关成果及其社会经济发展条件的因素。由于用水定额有所差异,城镇人口和农村人口应分别预测。

2. 地方生产总值与产业结构

在现状地区生产总值与产业结构的基础上,结合未来经济发展趋势,预测出规划水平年的地区生产总值以及产业结构组成。一般情况下,地方生产总值与产业结构预测值可以引用当地国民经济与社会发展五年规划或城镇总体规划。

3. 第二产业发展指标

第二产业包括建筑业、高用水工业、一般工业和火(核)电工业。高用水行业包括火(核)电工业、纺织工业、造纸工业、石化工业和冶金工业、化学工业和食品工业,因火(核)电工业用水的特殊性,需要单列统计。不同类型行业用水定额有差异,需要分别预测其产业增加值。

4. 农业发展及土地利用指标

农业发展及土地利用指标主要预测耕地面积、类型组成以及畜牧业发展情况。随着城市化进程发展,某些流域内的耕地面积可能会减少。因此,在耕地面积预测时,应充分考虑基础设施建设和工业化、城市化发展等占地的影响,还应遵循国家有关土地管理法规与政策以及退耕还林还草还湖等有关政策的要求。

(二)经济社会需水预测

在国民经济与社会发展预测的基础上,预测经济社会需水。经济社会需水包括生活需水、农业生产需水、工业生产需水、建筑业及第三产业需水等几部分。

1. 生活需水预测

生活需水分城镇生活需水和农村生活需水两类,可采用人均日用水量方法进行预测。

(1)城镇生活需水预测。

国内不同城镇之间人均居民生活用水指标差距均较大,主要是居民生活用水与居住条件、室内外给水排水和节水设施水平等密切相关,还受到气候、生活水平、生活习惯、供水设施能力等因素的综合影响,难以采用同一标准来衡量。目前,我国城市居民生活用水量标准执行《城市居民生活用水量标准》(GB/T 50331—2002),各地区在预测城镇生活需水时,可根据当地气候条件、生活习惯、未来经济社会发展水平来确定用水标准。

在进行城镇生活需水预测时,还需考虑管网漏损率。综合上述分析,结合用水人口预测成果,进行城镇生活净需水量和毛需水量的预测。

(2)农村生活需水预测。

随着农村居民生活水平的提高,农村居民生活用水定额会逐步提高,但是,一般总要低于同一地区的城市居民生活用水定额。一些生活水平较高的近郊农民,会随着城市化进程而变为城市居民,赶上城镇生活用水定额水平。农村居民生活用水定额增长幅度基本上与城镇生活用水定额增长幅度一致。农村居民生活需水预测参照城镇生活需水预测的方法,不分需水方案,预测净需水量和毛需水量。

2. 农业生产需水预测

农业生产需水分农田灌溉需水和林牧渔业需水两部分。

(1)农田灌溉需水预测。

农田灌溉需水预测,采用农田灌溉定额与灌溉水利用系数进行综合分析确定。各水平年的需水差异主要体现在采用节水工程措施及技术措施,提高灌溉水利用系数,降低各种作物的灌溉定额。灌溉定额利用各地区有关研究成果,采用彭曼公式计算农作物蒸腾蒸发量、扣除有效降雨的方法计算农作物灌溉净需水量,作为净灌溉定额。需按照《节水灌溉工程技术标准》(GB/T 50363)的要求,通过工程措施,提高灌溉水利用系数。

(2)林牧渔业需水预测。

林牧渔业需水量包括林果地灌溉、鱼塘补水和牲畜用水等3项。林果地灌溉采用灌溉定额法预测。鱼塘补水量为维持鱼塘一定水面面积和相应水深所需要补充的水量和换塘所需要的水量之和,采用亩均补水定额法计算,亩均补水定额根据鱼塘渗漏量及水面蒸发量与降水量的差值加以确定。牲畜用水采用大、小牲畜的预测数量与用水定额进行计算。

3. 工业生产需水预测

工业生产需水量按高用水工业、一般工业和火(核)电工业三类用户分别进行预测。高用水工业和一般工业需水采用万元增加值用水量法进行预测,火(核)电工业采用单位装机容量(万kW)取水量法进行需水预测。

4. 建筑业及第三产业需水预测

建筑业用水采用单位增加值用水量进行预测。由于建筑技术的进一步提高,以及节水工作的进一步深入、建筑材料的改进、施工管理的加强,建筑业用水定额应将进一步下降,故在进行预测时需考虑上述因素。

第三产业用水包括餐饮业、服务业和机关的用水,可采用万元增加值用水量法进行预测,以单位从业人员人均用水量法进行复核。随着人民生活水平的提高和社会服务需求的不断增长,第三产业用水水平应有所提高。

(三)生态环境需水预测

生态环境用水是指为维持生态与环境功能和进行生态环境建设所需要的最小需水量。按照修复和美化生态环境的要求,可分为河道内和河道外两类生态环境需水。河道内生态环境用水一般分为维持河道基本功能和河口生态环境的用水,一般根据生态系统的需求进行计算。河道外生态环境用水分为城镇生态环境美化和其他生态环境建设用水等,主要采用综合定额法进行预测。

(四)河湖内其他需水预测

河湖内其他用水包括航运、水电、渔业、旅游等,这些行业一般来讲不消耗水量,但其对水位、流量等有一定的要求。例如,在渔业方面,河流中鱼类产卵一般需要水位涨落刺激,水位上涨时,流速和流量增大,可促进鱼类的产卵繁殖。对旅游业来说,在旅游旺季,应保持一定的河湖(水库)水位,以便有较多的水面供游览和水上运动。

四、节约用水

节水是在不降低人民生活质量和经济社会发展能力的前提下,采取综合措施,减少取用水过程中的损耗、消耗和污染，杜绝浪费。工业节水和城市生活节水工作始于20世纪70年代末80年代初，随着我国北方一些城市和地区出现供水形势紧张局面，节水作为一种有效缓解措施得到广泛重视和采用。针对不同用水类型，采取相对应的节水措施，共同建设节水型社会。

（一）农业节水

农业节水主要通过发展节水农业来实现。节水农业是提高用水有效性的农业，是水、土、作物资源综合开发利用的系统工程。它包括四个方面的内容：一是农艺节水，即农学范畴的节水，如调整农业结构、作物结构，改进作物布局，改善耕作制度（调整熟制、发展间套作等），改进耕作技术（整地、覆盖等）；二是生理节水，即植物生理范畴的节水，如培育耐旱抗逆的作物品种等；三是管理节水，即农业管理范畴的节水，包括管理措施、管理体制与机构，水价与水费政策，配水的控制与调节，节水措施的推广应用等；四是工程节水，即灌溉工程范畴的节水，包括灌溉工程的节水措施和节水灌溉技术，如精准灌溉、微喷灌、滴灌、涌泉根灌等。通过采取以上措施，可有效降低作物灌溉定额，减少灌溉需水量。

（二）工业节水

工业节水的主要措施包括：①实行计划用水，建立并完善用水计量体系，实施行业用水定额管理；②制定合理的水价，运用经济手段推动节水的发展；③根据区域水资源特点，合理调整工业布局和工业结构；④鼓励节水技术开发和节水设备、器具的研制；⑤通过财政贴息与税收优惠等鼓励和支持工业企业进行节水技术改造；⑥限制高用水项目、淘汰高用水工艺和高用水设备；⑦建立并实行高用水工业项目的“三同时”“四到位”制度，建立节水器具和节水设备的认证制度和市场准入制度；⑧对废污水排放严格征收污水处理费，施行污染物总量控制；⑨明确规定未充分利用中水的地区不得发放新增取水许可证；⑩对重点行业推行节水工艺和技术措施。

（三）生活节水

生活节水的主要措施包括：①健全节水法规体系，加强法制管理；②制定用水定额，实行计划管理；③合理调整水价，运用经济手段推动节水工作；④推广使用节水器具和设备；⑤加快供水管网的改造，将“跑冒滴漏”控制在最低限度；⑥推广中水回用；⑦加强宣传，提高市民的节水意识。

（四）建筑业及第三产业节水

建筑业及第三产业的节水不但与城市管网的改造、节水器具的推广等工程措施有关，亦与城市水管理水平、政策法规的实施等非工程措施有非常密切的关系。通过工程与非工程节水措施提高行业用水效率，有效控制用水量的增长。主要节水措施包括：①制定行业用水定额，实施定额管理；②合理调整水价，有效控制用水大户的用水量；③提高节水器具的普及率，加强城乡节水器具的推广力度；④试行新建建筑物内部推广中水回用设施。

五、水资源配置

（一）基本概念

水资源合理配置是指在流域或特定的区域范围内，遵循高效、公平和可持续的原则，在考虑市场经济规律和资源配置准则下，通过合理抑制需求、有效增加供水、积极保护生态环境等各种工程与非工程措施和手段,对多种可利用的水源在区域间和各用水部门间进行的合理调配。

水资源配置需要以水资源评价、开发利用评价以及需水预测、供水预测、节约用水、水资源保护规划等工作的成果为基础,针对流域和区域水资源系统的实际状况,建立配置模型,计算不同需水、节水方案和供水策略下全市的供需平衡以及供用耗排状况;组合不同供需方案、水资源保护要求和工程调度措施等形成配置方案,通过计算和反馈调整得到各个方案合理的结果,最终采用评价筛选的方法得到推荐配置方案;通过水资源配置模型的模拟计算,对总体布局的确定和完善提供建议性成果。

不同于单个片区或工程的供需平衡分析,水资源配置不仅需要计算出各个单元的水资源供需平衡,还要以水资源循环和供用耗排过程以及不同区域工程之间的相互关系为基础,将流域作为一个整体,分析计算出反映水资源宏观调配与总体布局的协调关系,得出不同的水资源开发总体策略下各区域间水资源配置的合理性和工程效率。同时,建立天然水资源循环和人工利用的耦合关系,得到用水方式对水资源系统的影响,从而为分析社会发展前提下国民经济用水和生态环境用水的竞争性关系奠定基础。

(二)总体思路

水资源配置工作需要在完成水资源系统网络图的基础上,进行现状供需平衡分析、配置方案集设置、规划水平年供需分析、方案比选和评价等工作。水资源系统网络图是系统概化的具体表现,是进行配置模型计算的基础。系统网络图以概化形成的点、线、面元素为支撑,通过对概化后水资源系统各类主要相关元素依据其功能和对水源运动的影响进行分解,描述出以人工侧支供用耗排循环为主线、结合天然地表水资源量运动过程的水量转化过程。

水资源配置模型采用模拟方式进行水资源系统过程的计算。在确定水资源系统网络图的基础上,以各类模拟规则控制水量分配、工程调度等一系列的水量运移转化。在满足各类水量平衡约束条件下,实现不同水源对不同区域以及不同类别用户间的合理分配和各种过程之间的相互关系。

方案设置是配置计算中的一项重要工作,也是规划决策的直接体现。配置方案涉及需水预测、节约用水、供水预测和水资源保护等多个环节内容。水资源配置的方案设置工作需要将以上各个方面的不同方案有机结合起来形成配置方案集,从中筛选出可行的有参考意义的各种方案进行组合,得到配置计算的基本方案集。

以确定的方案集完成各规划水平年的供需分析,再依据比选评价原则选择推荐方案。根据有效性、公平性和可持续性原则,从社会、环境、效益等方面形成综合评比指标体系,采用适当的评价方法,选出综合表现最好的方案作为推荐方案。

(三)供需平衡分析

水资源开发利用中的一个重要问题是水的供需关系,即水资源实际供应能力与需求之间的矛盾。在水资源拥有量有保证的前提下,实现供需平衡是水资源规划管理的重要目标之一。水资源的可供量受某特定范围内水资源的数量、时空分布以及供水工程能力的制约。实际需水量则与生产发展、人民生活水平、产业结构和水的利用效率有关。不同时期的可供水量与实际需求量是可变的。在理论上,供需关系有三种情况:供大于需、供需平衡和供小于需。而经常遇到的问题是供小于需，即供水紧张问题。为了缓解供需矛盾，在水资源调查、评价阶段应开展用水现状调查，对供水系统结构和需水系统结构的不适应情况进行分析，查明原因。出现供水缺口的原因一般有两种：一是工程设备能力不足；二是水源短缺。前者可通过兴修水利工程加以解决，后者应采用开源节流的办法。此外，为保证未来的需水要求，还需参照经济社会发展规划和生态建设规划的目标，对水资源供需关系做出推断预测，以保证经济的可持续发展和人民生活质量的日益提高。

水资源供需平衡分析主要内容有：①查清水资源开发利用的现状，包括天然水资源及工程供水现状，国民经济各部门的需水量、耗水量、回归水量、污废水排放量以及河流水质污染的现状，区域内水资源供需关系现状及存在问题等。②分析未来天然水资源及工程供水能力。③分析未来各需水部门的需水量及耗水量。④分析区域内未来水资源的余缺情况和供需间存在的问题。分析中，供需两方面都需要将整个区域分成若干个单元，选择一定代表年，按不同时期的情况分别进行研究。通常采用的单元可按流域水系或行政区划、供水系统、用水系统等进行划分。采用的代表年可从区域内出现过的天然径流系列或从实际灌溉定额系列中选取平水年(相当于保证率50%)、枯水年(相当于保证率75%)或特枯年(相当于保证率90%或95%)等两三个年份；分析的时期除现状外，应再包括近期及远期等两三个规划水平年。

水资源供需平衡分析基于“三次平衡”原理：

一次平衡分析是在现状工程条件下，不考虑新水源开发、供应的增加及不同水平年的需水量预测成果进行水资源平衡分析，根据现状年可供水量及各水平年需水量进行一次平衡分析。如果一次平衡分析供需达到平衡后，可以不考虑开发新水源工程措施等；如果一次平衡分析不能达到平衡，各区域处于缺水状态，则需要增加地表水供水能力、增加污水中水回用力度、研究雨水利用、适当开采地下水等措施，进行二次平衡分析。

如果一次平衡分析计算后，该区域处于缺水状态，为缓解水资源供需矛盾，需加大水利工程建设，采取增加地表水供水能力、增加污水中水回用力度、研究雨水利用、适当开采地下水等措施，并通过节水改造提高水资源的利用率。此次供水量中增加当地地表水源工程、雨水污水利用以及中水回用，并以节水条件下推荐方案进行水资源二次平衡分析。如果通过增加工程措施，水资源达到平衡，说明该区域属于工程性缺水，通过必要的工程措施可以满足供水需求，也间接地论证了工程措施的必要性；如果二次平衡分析仍然缺水，说明该区域属于资源性缺水，需要进行区间引水或区外调水，来解决矛盾。

若二次平衡分析不能满足供需平衡，则需要进行区外引水，以满足该区域对水资源的需求，在此基础上进行三次平衡分析。

(四)配置方案

根据“三次平衡”分析的水资源配置思路，在多次供需反馈并协调平衡的基础上完成配置计算。

1. 需水方案

配置方案的确定主要以需水方案、供水方案为基础，结合水资源开发利用的实际情况组合而成。需水方案主要考虑经济社会发展指标和需水定额，同时考虑河道内生态需水要求相应的最小流量和河道外城市绿地的生态用水要求等。

2. 供水工程措施方案

供水工程措施方案由具有可行性的规划新增水源工程组合而成，包括现有工程的挖潜配套、在建和规划的水源工程、污水处理再利用、其他水源工程等。

3. 非工程措施工程方案

非工程措施主要为水库调度。为了发展水利，我国建设了数量众多的水库。随着国民经济的迅速发展，许多水库的原设计功能与经济社会的发展形势不相适应。调整现有水库功能、优化水库调度方案，是增加供水能力重要的非工程手段。

将不同设定条件下的需水方案、供水工程措施方案、非工程措施工程方案进行组合，形成水资源配置方案集。

(五)方案比选

在配置方案集中，通过比选各方案的经济效益、社会及环境效益等因素，综合分析确定推荐方案。根据方案比选的总体要求，结合实际情况，选出总体上社会、经济和环境三方面主要指标均较优的方案。其中，经济指标主要为方案的经济效益及其总投资，社会指标主要为供水量和供水保证率以及缺水状况，环境指标主要反映为供用水对环境和生态造成的影响。应当选取对配置结果影响明显，同时又可以进行量化比较的主要评价指标，以便于实际操作。方案比选是一个多目标决策过程，需要采用多目标评价方法得出各方案的总体优劣，最终选出推荐方案。

(六)特殊干旱期水资源应急对策

1. 供水对策

在特殊干旱年，水资源产生量大为减少，需要采取特殊的应急供水对策：在节约用水的前提下，优先保证生活用水，其次保证重要工业用水，适当减少农业灌溉用水；适当超采地下水，补充城镇供水量的不足。若出现连续干旱年，则需要推广节水技术，调整农业产业结构，减少灌溉用水量，保证生活和工业用水；多渠道开源，保证国民经济持续发展。

2. 供水措施

(1)制订用水计划，定时定量供水。

制定特殊干旱年生活用水定额，每天定时限量向住宅供水。暂时停止耗水量大、效益低的工业企业，等到供水正常时再恢复生产。农村用水首先要保证农民的生活用水，其次保证经济作物用水和处于关键生育期的作物供水，当灌溉水紧缺时，可改种需水量小的作物，尽量使农业生产的损失降到最小。

(2)压缩农业用水，保证城镇供水。

在特殊干旱年，应适当减少灌溉面积，减少灌溉用水量，加大城镇供水力度。水质好的水库重点供应城镇用水，农业用水尽量利用过境水。

(3)开采地下水，补充城镇用水。

当城镇供水水源紧张时，可适当加大地下水的开采，作为应急水源。

(4)采用经济杠杆，实现用水节约。

采用阶梯水价，保证“正常供水”，通过超额加价的办法来限制用水，最终达到节约用水的目的。

(5)多渠道开源，加大污水利用的力度。

增加一些小型蓄水工程,将清洁水源用于城镇供水,将处理后的污水用于农田灌溉。在供水特别紧张时,可适当开采地下水。

3. 制定应急预案

为了保障在遇到特殊干旱年和连续干旱年时的供水安全,需要制定应急预案,以尽可能减轻灾害造成的损失。应急预案内容包括:设定应急工作目标,构建指挥组织系统,建立干旱监测和预报系统,制订应急工作程序、对策措施、调度方案,并明确政府各部门的责任。

六、水资源短缺矛盾的解决方式

针对水资源短缺矛盾,主要从建立节水机制、推广节水措施、非传统水资源利用、实施水资源配置工程等几方面解决水资源供需不平衡的问题。

(一)制定节水政策,建立节水机制

1. 建立有利于水资源合理开发利用的市场经济机制

(1)积极探索对水资源实行资产化管理,明晰水资源的使用权。

要科学地对水资源价值量进行全面核算,研究建立水资源核算评价体系,争取把水资源核算指标纳入国民经济核算体系,引导合理开发利用和保护水资源;进一步明确水资源使用权,解决上中下游、地表水和地下水、农业用水和城市用水、经济用水和生态用水之间水资源利用的矛盾,通过水资源的优化配置,提高水资源利用效率。

(2)改革水价政策,建立科学合理的水资源有偿使用制度。

所谓"水的有偿使用",也就是要使水商品化。长期以来,无偿供水的福利性所带来的最大副作用就是造成水的滥用和水资源浪费。从确保水资源的永续利用和保护生态环境出发,必须建立同市场经济相适应的水资源有偿使用制度,运用价格杠杆,调节水资源的供需矛盾。要按照市场机制原则,区别不同用途,改革现行水价制度,尝试建立水资源多重市场价格体系,将水资源价格推向市场,逐步提高工业和城市生活用水的价格,使用水部门在积极节水的过程中能获得较好的边际效益。农业用水要在适当提价的基础上进一步实行配额制度,严格按照配额制度控制农业灌溉用水量。据预测,在我国如果水价提高10%,需水量可以下降1.5%~7%。

(3)探索建立有利于流域统筹用水的利益补偿机制。

一般来说,流域下游地区经济发展相对较快,但枯水年份和高峰季节用水保障程度低,而上游地区发展生产需要水,节水措施需要投入。为了协调区域之间以及部门之间的水资源利用利益,建议建立一个科学合理的流域内水资源利用与生态效益补偿制度,如可以考虑从中央财政及下游有关受益省财政安排一定资金,建立流域水资源生态建设基金,使流域内的水资源保护与生态环境建设有一个稳定的资金补偿渠道,对于造成损失的上游地区或部门给予适当补偿,鼓励上游为下游有偿节水,促进水资源在上、中、下游各地区、各部门和行业间的合理配置。又如,目前在农产品价格低、农民收入普遍偏低的情况下,农民无力自行在节水设施上进行投入,可以探索实施城市补贴农村发展农业节水种植模式的办法,或者是实施上游农村节水型农产品、绿色食品优先市场权,而将农业节约的水量供给城市,缓解工业和城市与农业用水之间的矛盾。

(4)加大投资体制改革力度,促进节水工程建设。

一是国家及各级地方政府在资金上要向农业节水倾斜,加大投资力度,不断提高节水灌溉贷款额度在整个农贷中所占的比例,同时建议把"菜篮子"工程基金、扶贫基金、农业综合开发基金、粮棉基地建设基金等各项经费,安排一部分用于建设节水工程;国家每年还应按以奖代补的形式安排一定数量的引导资金,既调动地方的积极性,又可以将分散的农业投资吸引到发展节水灌溉上来。二是对大中型灌溉工程的改造、建设、维修、配套等,可以实行国家、集体、农户等多元投资的办法,建立以农民为主体的多形式、多渠道、多层次的投资网络,既可以增加经费的来源,又可以增强农民节水和保护水利工程的意识,做到"责权利"相结合,提高灌溉效益。三是对城市供水和污水处理设施建设,国家应给予更加灵活的筹资政策。除加大中央投资力度外,要加快利用外资步伐,同时在改革水价、使供水企业和污水处理企业能够按企业方式经营的基础上,鼓励社会筹资、发行债券等。此外,条件许可的城市应设立城市水源建设专项基金,实行滚动开发,其前提条件是供水工程能赢利,收回投资。总之,要尽快摆脱供水"福利化"的状况,使供水"产业化",促进城市供水和污水处理能力的增长。

2. 建立有利于水资源节约、合理开发利用的科学管理体制

(1)理顺关系,加强水资源管理机构建设。

针对"群龙管水"的状况,应建立权威的、统一的管理机构,负责统筹管理流域或市域范围内的供、排、用水,实施与流域水资源利用与经济发展相适应的综合管理机制,按照水体循环和区域内用水系统的特点,强化以流域为单元的水资源统一管理与开发利用,理顺流域统一管理与区域管理的关系,克服部门保护主义和分散管理的弊端,对地表水和地下水、给水和排水(污水)、供水和需水实行统一全面管理,统筹调配,兼顾人民生活、农业、工业生产和生态环境需求,合理利用有限的水资源;强化管理机构的职能,积极改变管理水平低下状况。水资源管理机构对本地区需水要求应拥有否决权,对经济计划部门提出的需水应进行严格控制和监督,防止经济计划部门不顾当地水资源条件盲目争项目,导致地区水资源供需矛盾尖锐化。

(2)继续完善和健全水资源立法,加强水资源保护。

抓紧制定旨在协调流域管理和行政区域管理、流域管理和行业管理利益关系的法律法规,促进流域治理开发依法有序地进行;继续完善和修订《中华人民共和国水法》,健全水法体系,使水资源管理纳入法制化轨道;实施地下水开采总量控制制度,通过地方立法对各地区建立具体管理制度;把保护水质、防治水污染放在重要地位,强化水质管理机构和职能,实行水污染防治管理目标责任制,制定相应的水质保护法律和条例。同时根据各地区不同自然条件和水源条件,选定防治措施、制定排污标准和发放许可证,实行水体污染物排放总量控制制度和水源地保护制度。对城市和企业污水处理设施运行进行监督;加强污染源的治理,对排污量大的企业限期进行治理,对高耗高排效益低下的企业(特别是乡镇企业)坚决实行关、停、并、转。

3. 调整和优化产业结构,把建立节水型国民经济体系作为重大战略来实施

(1)调整农作物种植结构,着重建设现代化的节水高效灌溉农业和高效牧业。

在沿河地区,主要通过改造中低产田来提高农业的产出,严格控制耕地面积继续扩

大。在粮食自给的情况下,大力发展经济成本相对较低、水资源利用率高的旱作节水农业,加大耐旱经济作物以及旱作牧草等节水作物的种植比例。依托科技,大力推广节水技术和旱作农业技术,建立田间蓄水、抗旱保水、节灌补水和培肥等旱作技术体系,推广应用喷、滴、管灌等节水控制灌溉技术,培育耐旱及耗水少的作物品种,坚决减少农业用水。因地因水制宜,大力调整农、林、牧业的生产结构,注重发挥发展牧业的优势,着重发展集约型的舍饲畜牧业及相应的畜牧产业。

(2)推广清洁生产工艺,防治水污染,建设生态型工业体系。

中上游地区社会经济发展相对落后,主要应借助于当地的农业资源优势,大力发展具有地区特色的生态食品加工工业,并对其工业部门进行必要的生态改造,推广节水新技术,采用清洁生产工艺,实施必要的末端治理等,逐步建成生态企业。中下游地区经济实力较为雄厚,技术创新能力较强,应大力发展与环境友好的高效节能产业和高新技术产品,促进产业结构优化升级,同时加大对当地工业部门生态改造的力度,全面实施清洁生产,建设生态型企业。

(3)着力建立节水型城市体系。

加强城市规划、建设和管理,使城市性质、布局符合城市水资源承载能力;积极发展资源消耗少的第三产业、新兴产业、环保产业、绿色产业;重视水资源保护和城市污水再生利用,把污水的治理和有效回用工作摆上议程;推行节水型的生活服务设施,强制淘汰浪费水的各种服务设施和器具;调整城市布局,将污染相对较大的工业项目加以集中,综合整治,将市中心区确定为商贸、服务、科教、文化、卫生和行政区。

(二)大力推广节水措施

目前,我国从工业、农业、生活方面全面开展节水。工业方面要加强企业用水管理、开拓工业用水多种水源,积极采用新工艺、新技术节水,提高水的重复利用率;农业方面节水潜力巨大,要通过工程节水和农艺节水等措施节水;生活方面要大力推广节水器具和节水设备的使用,加快城市供水管网技术改造,降低输配水管网损失率,处理污水及中水用于冲厕所、浇灌绿化带等。

1.农业节水措施

农业方面的节水措施包括工程节水措施和农艺节水措施两大类。

1)工程节水措施

(1)渠道防渗技术。在自流灌区,土渠易被水冲刷坍塌,渠道渗漏损失量为50%,因此渠道防渗可大大减少水量损失。

(2)低压管道灌溉技术。它是用PVC管代替土渠,通过输水暗管式地面移动软管把水从水源输送到田间地头进行灌溉的一种技术,具有节水、节能、省时、省地、适应性强、输水快、损失少等优点。

(3)喷灌技术。喷灌技术是通过水泵加压,使水流经管道、喷头等设备,喷射到空中并成雾状的水滴,均匀地散落,对作物进行适量的灌溉。采用喷灌后,不会产生地面径流和渗漏,地面湿度均匀,可以根据作物不同生长期的需水量进行灌溉,水的利用率约92%。

(4)滴灌技术。滴灌是将稍有压力的水通过管道和滴头滴入作物根部土壤进行局部灌溉的一种浇水方法。滴灌几乎没有蒸发损失和深层渗漏,在各种地形和土壤条件下都可使用,最为省水。

(5)微灌技术。微灌是按照作物需水量,通过低压管道与安装在末级管道上的特种灌水器,将灌溉水准确地输送到作物根部附近的地表或土层中的灌水方法。

(6)渗灌。渗灌是利用埋设在地下的管道,通过管道本身的透水性能或出水微孔,将水分渗入土壤中,供作物根系吸收。

2)农艺节水措施

(1)充分利用大气降水,根据土壤含水量和作物不同生长期需水量,确定农作物是否受旱,在不影响作物生长的情况下,利用雨水灌溉农作物。

(2)短窄畦灌溉,减少了沿畦产生的渗漏损失,节约了灌溉用水量。

(3)利用深耕松土,中耕除草,调整土壤结构,促进作物生长,增加雨水下渗,减少蒸发。

(4)播种后在表面覆盖塑料薄膜、秸秆等,达到抑制土壤水分蒸发、减少地表径流、蓄水保墒、提高水利用率等作用。

(5)调整种植结构,选用优质抗旱品种。利用作物不同的需水性,合理调整作物种植结构,合理搭配作物种类,以达到节水的目的。

(6)为了抑制作物在生长发育期水分过度蒸发,使用抑蒸抗旱剂等,并多施磷肥,促进根系下扎吸水,提高作物抗旱能力。

2. 工业节水措施

工业节水措施主要从加强企业用水管理、开发工业用水多种水源和采用节水的新技术新工艺三个方面入手。

1)加强企业用水管理

必须建立专门机构和用水制度,由企业的生产领导抓企业的节水工作,节水实施责任制,定岗定人,每个生产部门都要安装二级、三级水表,每个月上报并汇总用水情况,根据生产规模核定生产用水量,便于考核并进行必要的奖惩,起到节约用水和节省投资的作用。

2)开发工业用水多种水源

(1)将城市污、废水经过处理达标后,回用于企业,这样既节约了新水资源,又减少了污水、废水排放量。例如,印染企业耗水量较大,每生产 1 kg 产品耗水 0.2~0.5 m^3。印染企业也是排污大户,所排废水占整个工业废水的 35%,而整个印染行业回用水率不到 10%,所以提高废水利用率可节省大量水资源。

(2)收集雨水,不仅投资少,而且水质好,企业应当考虑收集雨水作为企业用水。

(3)企业可在冬天将冷水灌入地下含水层,到夏季时抽出用于空调制冷。例如,纺织企业经常利用这种方法,可以节水、节能。

3)采用节水的新技术新工艺

(1)对工业废水进行深度处理,水质达到回用标准后,用于敞开式循环冷却水系统的补水水源。

(2)为了提高工业用水效率,减少因污水排放造成的环境污染,工业企业应采取先进技术、工艺和设备，强化用水制度管理，全面提高水的使用效率，降低污、废水排放量。

(3)空气冷却代替水冷却是节约冷却水的重要措施，间接空气冷却可以节水90%，直接空气冷却不需要用水。

(4)汽化冷却代替水冷却，汽化冷却是利用水汽化吸收热量，带走被冷却对象热量的冷却工艺。采用汽化冷却可节省大量的冷却用水量，汽化冷却产生的蒸汽还可以再利用。

3. 生活节水措施

目前，我国居民生活用水占全国城镇供水总量的比例接近50%。一方面，随着我国城镇化进程加快，用水人口增加，城镇水资源短缺的形势将更为严峻；另一方面，水资源浪费严重，节水意识不强。

1)推广新型节水器具

国家有关部门颁布的《节水型生活用水器具标准》，对居民常用生活用水器具的水量指标做出了明确规定。政府应制定相关政策，要求在一些新建、扩建、改建工程项目中必须使用符合《节水型生活用水器具标准》的节水型器具。对现有浪费水严重的各种水嘴、沐浴器要逐步更新改造。

2)加快城市供水管网技术改造，降低输配水管网损失率

城市供水管网漏损率一般在10%左右，管网最大的漏损途径就是管道。降低供水管网的漏损水量对节约用水至关重要。

3)处理污水和中水回用

一些欧美国家已把处理过的城市污水和废水回用到生活的各个方面，成为替代水源的一个重要措施。城市污水经处理、净化后回收利用，如用于冲洗厕所、园林绿化带浇灌、人工补给地下水的水源。

4)居民用水实施阶梯水价

2014年1月4日，国家发展和改革委员会、住房和城乡建设部要求在2015年底前，所有设市城市全面实行居民阶梯水价制度，一、二、三级阶梯水价按不低于1∶1.5∶3的比例安排。根据国家政策，加快建立完善居民阶梯水价制度，充分发挥价格机制调节作用，提高居民节约意识，引导节约用水，促进水资源可持续利用。

5)节水宣传

面对目前水资源短缺的现状，节水已刻不容缓。要想节约用水，使水资源可持续利用，需要全体公民共同参与和努力才能实现。因此，必须加强节约用水的宣传工作，使每一级领导、每一个部门、每一家企业、每一个公民都认识到这一问题的严重性，水的问题不再是遥远的问题，它已经逼近到了每一个人身边。只有全社会认识到节水工作是关系到生存和发展的大事情，才能实现节水型社会，实现水资源的可持续利用。

(三)利用非传统水资源

我国是一个水资源短缺的国家，水资源人均占有量仅为世界平均水平的1/4，被联合国认为是个贫水国之一，水资源紧缺严重地影响了我国经济发展和人民的生活。随着我国工业化、现代化水平的提高和城市数量的增加、规模扩大、人口增长，用水量尤其是城市用水量会不断加大，对水质的要求也日益提高，我国城市缺水矛盾将会越来越突出。目前，我国有些城市的水资源已经“入不敷出”，仅靠传统方法开发当地的传统水资源地表

水和地下水是根本无法满足当地用水需求的。因此,人们逐渐将目光投向了非传统水资源的开发。所谓的非传统水资源包括雨水、经过再生处理的废水、海水、空中水。

1. 雨水资源利用

雨水利用的含义非常广泛,从城市到农村,农业、水利电力、给水排水、环境工程、园林旅游等领域都有雨水利用的内容。城市雨水利用有狭义和广义之分。狭义的城市雨水利用主要指对城市汇水面产生的径流进行收集、储存和净化后利用。广义的城市雨水利用是指,在城市范围内,有目的地采用各种措施对雨水资源进行保护和利用,利用各种人工或自然水体、池塘、湿地或低洼地对雨水径流实施调蓄、净化和利用,改善城市水环境和生态环境;通过各种人工或自然渗透设施使雨水渗入地下,补充地下水资源。

城市雨水利用的基本原则应为,在综合评价城市可利用雨水资源量的基础上,考虑在技术上可行,经济、社会、生态环境综合效益最大的前提下,尽可能采取工程措施,宏观调控利用雨水资源,有效地进行雨洪控制,尽可能减小城市防洪排涝负担,最大程度地减轻城市雨洪灾害的损失,同时防止过度开发雨水资源造成负面影响。

我国雨水资源丰富,多年平均降水总量达 6.19 万亿 m^3。长期以来,宝贵的雨水资源多是任其自由排放,未加以充分利用,浪费了资源,加重城市排水防洪负担。目前,由于人口增长、城市化等问题严峻,水体污染严重,雨水作为天然且免费的资源,是一种新型的供水水源,将其渗透入土壤中,继而抬高日益下降的地下水位,并能够有效地延缓地面径流时间,遏制洪峰,减少地面径流污染,形成城市区域良性水循环。

雨水资源利用是城市开发水资源、节约用水、减轻城市洪涝灾害、缓解排水管道负担、减少污染负荷、改善城市水环境状态的有效措施。如果能将流失的雨水进行有效的收集和利用,必将成为解决城市水资源短缺的有效措施之一。如果合理、充分地利用雨水回灌,可涵养地下水源,防止地面沉降,还能防洪减灾,增加土壤中的含水量,调节气候,改善城市生态环境。解决好雨水利用问题对城市社会经济可持续发展有重大意义,寻求新的雨水处置或利用方法已成为必然趋势。

城市雨水利用途径的指导思想是“雨水是资源,综合利用在前,排放在后”。其利用应根据具体城市生态环境用水和建筑物分布的特点,因地制宜地建造雨水直接利用和间接利用工程,以达到充分利用城市雨水、提高雨水利用能力和效率的目的。城市雨水利用系统可分为分散式住宅雨水收集利用中水系统、分散式雨水渗透系统、屋顶花园雨水利用系统、建筑群或小区集中式雨水收集利用中水系统、集中式雨水渗透系统、生态小区的雨水综合利用系统等。城市雨水利用技术上可分为雨水收集技术、雨水贮存技术、雨水渗透技术、雨水控制与处理技术。

城市雨水利用循环如图 7-1 所示。

2. 再生水资源利用

再生水主要是指城市污水或生活污水经处理后达到一定的水质标准,可在一定范围内重复使用的非饮用的杂用水,其水质介于上水与下水水质之间。污水经过处理后被资源化是国际公认的第二水源,所产生的再生水目前一般用于以下 6 个地方:农业灌溉、城市生活杂用、市政园林绿化、景观用水、车辆冲洗、工业冷却等,这可以节约大量的上水。

实现污水资源化具有明显的环境效益、经济效益和社会效益,是保护水资源和使水资

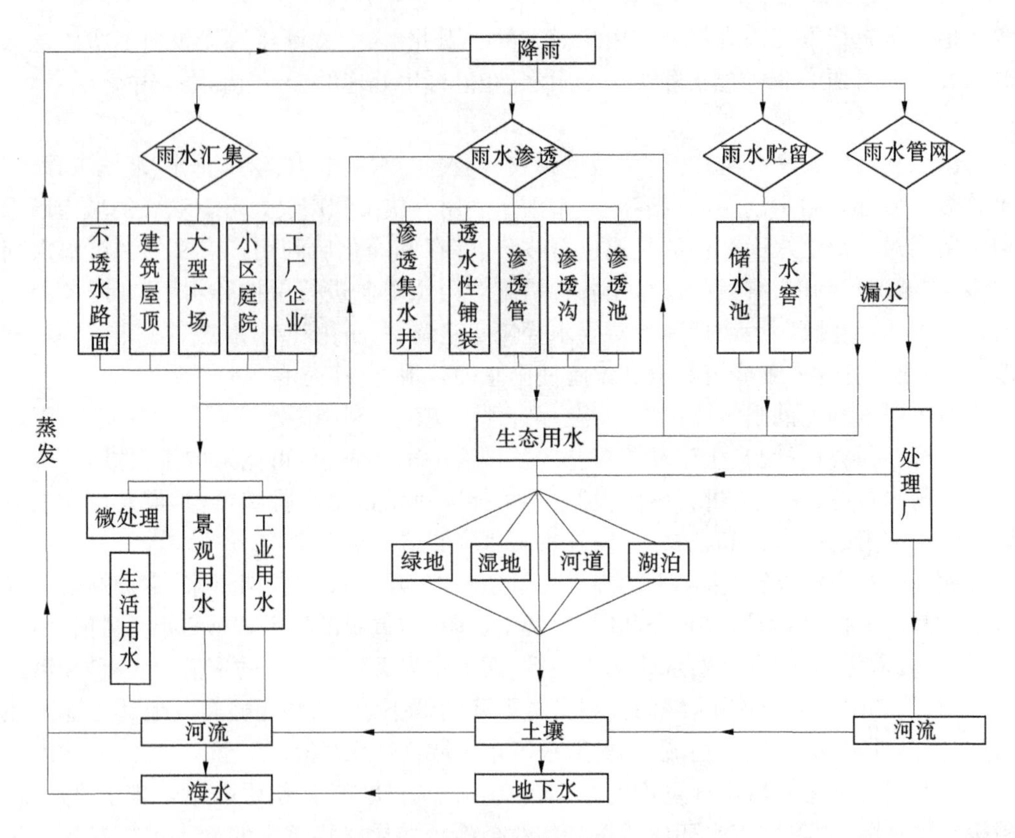

图 7-1　城市雨水利用循环

源增值的有效途径,同时也会大大缓解我国水资源的紧缺。在水的社会循环中,污水的再生与回用是非常重要的环节。将大部分的污水经过再生处理后回用,一方面可以缓解水资源短缺的局面,高效利用有限的淡水资源,另一方面减少了排放至自然水体的污染物总量,具有多方面的功效。因此,水的再生与回用是环境保护、水污染防治的主要途径,是社会和经济可持续发展战略的重要环节,已经成为世界各国解决水问题的必选策略。

城市污水再生利用系统的基本构成包括水源收集与输送、处理、消毒、再生水输配、再生水使用等环节。再生水收集与输送为再生水水源工程,由符合要求的城市污水管网系统或子系统构成;二级或二级强化生物处理作为再生水生产的基础性工艺过程,一般在城市污水处理厂中完成;三级处理及高级处理作为再生水生产的主体工艺过程,可设置在城市污水处理厂内,也可设置在污水处理厂之外;消毒处理为再生水生产的必备工序;再生水输配管网及其实施方式取决于再生水厂到用水场所的距离及用水性质;再生水用水场所为再生水的最终用户端,着重于再生水的有效利用、用水场所的管理和排放水的控制。

城市污水深度处理主要是进一步去除污水中的悬浮物、有机物、氮、磷、微生物等,深度处理的基本处理单元技术有混凝沉淀(气浮)、化学除磷、过滤、消毒等,对回用水质要求更高时采用的深度处理单元技术有活性炭吸附、臭氧-活性炭、生物脱氮、离子交换、生物过滤、膜分离(微滤、超滤、纳滤、反渗透)、臭氧氧化等。对于各种污染物的去除所采用的主要方法见表 7-1。

表 7-1 深度处理对象及技术

去除对象		有关指标	主要处理技术
有机物	悬浮状态	SS, VSS	过滤,混凝沉淀,土地处理,微滤,超滤
	溶解状态	BOD_5, COD_{Cr}, TOC, TOD	混凝沉淀,土地处理,活性炭吸附,臭氧氧化
植物性营养盐类	氮	TN, KN, NH_3-N, NO_2^--N, NO_3^--N	吹脱,折点氯化,生物脱氮
	磷	PO_4^{3+}-P, TP	金属盐/石灰混凝沉淀,晶析法,生物除磷,结晶法
微量成分	溶解性无机物,无机盐类	电导度,Na^+, Ca^{2+}, Cl^-	反渗透,电渗析,离子交换
	微生物	细菌,病毒	臭氧氧化,消毒(氯气、次氯酸钠、紫外线)

污水深度处理的目的是通过必要的水处理方法去除水中的杂质,使之符合再生水回用水质标准。处理的方法应根据再生水的水源和用水对象对水质的要求确定。在处理过程中,有的方法除具有某一特定的处理效果外,往往也直接或间接地兼具其他处理效果。为了达到某一目的,往往是几种方法结合使用。常见的污水深度处理、生产再生水的典型组合工艺主要包括以下几种:①物化处理(混凝-沉淀-过滤)工艺;②生物+物化组合工艺;③生物+生态组合工艺;④膜分离工艺。

3. 海水利用

为解决淡水资源短缺问题、应对水资源危机,世界许多沿海国家及地区积极开展海水淡化和综合利用,并开展了海水利用工程建设及海水淡化技术研发工作。世界上许多国家通过海水淡化提供了可靠品质的淡水,为解决沿海区域水资源短缺问题找到了一条有效途径。

我国是海洋大国,拥有渤海、黄海、东海、南海四大海域,有 1.8 万 km 的海岸线。随着经济社会的发展,我国淡水资源日趋紧缺,如何利用海水资源缓解水危机是我国长期以来十分关注的问题。近年来,我国政府加大了对海水淡化和综合利用发展的扶持力度,海水淡化是我国解决水资源短缺问题的战略途径,且已成为华北沿海城市及经济区域饮用水的重要补充。目前,海水利用已成为我国沿海地区解决水资源短缺问题的重要开源方式,在天津、河北、浙江、辽宁和山东等地得到了一定规模的应用,主要领域是电力、钢铁、石化和化工及海岛市政供水。

海水包括微咸水资源化利用的主要方式包括以下几种:

(1)海水直接利用。即直接利用海水作为工业用水和生活杂用水,其中工业冷却用水的用量最大,其次用于洗涤、化盐制碱、印染等。

(2)海水淡化、微咸水淡化。即盐水通过脱盐处理后,作为居民饮用水和工业生产用水的原水。目前,常用的海水、微咸水淡化处理方法有电渗析法、蒸馏法、反渗透(膜)法。

4. 空中水利用

面对日益严重的水资源短缺和水质恶化双重危机，各个国家和地区不断采取各种措施来保障其人民生活和生产用水。一方面，通过节水技术和管理措施提高现有水资源的利用率，减少浪费，对废水进行处理、循环再用；另一方面，积极开源。但由于江河、湖泊以及浅层地表水的短缺，而南北极和高山地区丰富的固态水遥不可及，人类的目光便自然投向了空中的云层，借助“空战”——人工增雨来开发空中水资源，以缓解水资源的短缺。

地球上的水以固、液、汽 3 种形式不断在海陆之间及海、陆内部进行循环。地球大气层中的水汽平均每年可以将水转化 44 次，约每 8 d 转化 1 次。通常情况下，如果云中凝结的水汽不足以降到地面，就无法形成有效降水。云层中的水汽只有满足成雨条件，才能降落地表，否则又会回到海洋。如果在富含水汽的云层中施放一些催化剂，增加云中的水汽凝结核，就可提高降水效率。人工增雨正是利用此原理，通过一定的科技手段对局部大气中云的微物理过程施加人工催化影响，使之朝着人们希望的方向发展，达到趋利避害的目的。

人工增雨应作为国家的一项重要战略决策来抓。为此，要充分利用现有的遥感、大气探测技术、气象站点、雷达、现代化通信和各种催化剂合成技术等，综合考虑云水资源的开发与地上水资源的利用、调配，对增雨作业进行整体研究、规划、布局和实施。同时，要从增加水资源的角度考虑，改变目前我国的人工增雨主要是为了抗旱、缓解旱情，作业时间集中于春、秋两季的局面，变被动等雨为主动蓄水。易旱地区在雨季的增水效果也许更显著，要高度重视把握时机。务必未雨绸缪，在有条件的地区建设云水资源开发基地，对适于人工增雨的云层实行全年监控，适时捕捉机会，增加增雨时间，适时抢蓄来水。此外，气象和水利部门要紧密协作，将人工增雨和现有的江河湖泊及水利设施配合起来使用，争取把每次应该拦蓄的降水径流都蓄成可利用的淡水资源，以提高空中水资源的利用率。

开发空中水资源是一项复杂的系统工程，需要组织全国的水利、气象、科技、国防、农林、航空等部门，集中力量推动人工增雨的基础研究、应用及技术开发，加强对我国云水资源总量、分布及云水移动规律的监测与研究，提高人工增雨技术和决策系统的研究，逐步建成全国统一的空中水资源探测及预报网络体系、宏观调配指挥体系。既要增强作业前的效果预测，也要重视作业后的效益评测。不仅要重视人工增雨对局地和全球自然水循环影响的研究、评测，而且不能忽视人工增雨对生态环境和人类健康影响的评估。

（四）实施水资源配置工程

我国自然条件复杂、人口众多，水资源总量缺乏且时空分布极端不均匀，水危机深刻地影响社会生活的每一个方面。水资源配置是缓解水危机、实现水资源可持续利用的有效途径。水资源配置是针对水资源短缺和用水竞争提出的，作为调控水资源分布与需求的重要措施，对缓解水资源供需矛盾、保障水资源可持续开发利用意义重大。

水资源配置即是针对水资源时空分布与需求的不一致性，人为采取的调控措施。目前，对于水资源配置的定义，许多学者都提出过自己的见解，其中以我国《水资源综合规划技术大纲》提出的概念最为广大学者所接受，即“在流域或特定的区域范围内，遵循有效性、公平性和可持续性的原则，利用各种工程与非工程措施，按照市场经济的规律和资源配置准则，通过合理抑制需求、保障有效供给、维护和改善生态环境质量等手段和措施，对多种可利用水源在区域间和各用水部门间进行的配置”。水资源配置的目的是以水资源的可持续利用支撑社会经济的可持续发展，最大限度地发挥水资源的综合效益。

为解决水资源时空分布与供求关系不均匀的矛盾，近年来我国实施或正在实施许多重大水资源配置工程，全国性的水资源配置工程如南水北调工程，区域性的水资源配置工程如珠江三角洲水资源配置工程、环北部湾水资源配置工程、鄂北地区水资源配置工程、渝西水资源配置工程、滇中引水工程等。这些水资源配置工程的实施，为促进地方经济社会发展、生态环境保护、人民生活水平提高发挥了重要的作用。

第二节　水域岸线保护与管理

水域岸线是指河流两侧、湖泊周边一定范围内水陆相交的带状区域，它是河流、湖泊自然生态空间的重要组成。岸线的有效保护和合理利用对沿岸地区生态文明建设和经济社会发展具有重要的促进作用，同时也对河湖健康保护和生态系统完整性维护具有重要意义。

为加强河湖水域岸线的保护与管理，全面落实河（湖）长制“严格河道空间管控、管理保护水域岸线”相关任务，需要在保障河道行洪安全的前提下，统筹兼顾各方面需求，对水域岸线实施科学合理的保护与利用，逐步提升对水域岸线的管理能力。

一、河湖岸线利用功能确定

按照人水和谐的理念，正确处理岸线资源开发利用与治理保护的关系。对岸线资源合理布局，在保障防洪安全、河势稳定、供水安全和满足水生态环境保护要求的前提下，充分发挥岸线的多种功能，实现岸线资源的有效保护、可持续利用，促进经济社会的可持续发展。

（一）岸线的分类

《城市水系规划规范》（GB 50513—2009，2016年版）中岸线的定义是指“水体与陆地交接地带的总称”。岸线按功能一般分为生产性岸线、生态性岸线和生活性岸线。

生产性岸线是指工程设施和工业生产使用的岸线。生产性岸线与水体发生直接关系并服务于社会经济活动，主要包括专用的取水生产岸线、必不可少的航运和水上交通设施。生产性岸线由于有较强的人工介入和干预特性，大范围地布局生产岸线会对水体和环境造成影响。

生态性岸线是指为保护城市生态环境而保留的自然岸线。生态性岸线是沿水体分布的连续性生态廊道，以满足生态斑块之间生物物种的交换和迁移，形成具有较为完整的保护水系生态安全格局。

生活性岸线是指提供城市游憩、居住、商业、文化等日常活动的岸线。生活性岸线通过亲水、景观、绿化设施建设，为居民提供旅游、观光、休憩、度假等多方面功能，实现公共服务功能。

（二）岸线分配和利用原则

岸线分配和利用应结合水体特征、岸线条件、使用现状和滨水功能区的定位等因素确

定,并符合如下规定:

(1)岸线利用应优先保证城市集中供水的取水工程需要,并应按照城市长远发展需要为远景规划的取水设施预留所需岸线。

(2)生态性岸线的划定,应体现"优先保护、能保尽保"的原则,将具有原生态特征和功能的水域所对应的岸线优先划定为生态性岸线,其他的水体岸线在满足城市合理的生产和生活需要前提下,应尽可能划定为生态性岸线。

(3)划定为生态性岸线的区域必须有相应的保护措施,除保障安全或取水需要的设施外,严禁在生态性岸线区域设置与水体保护无关的建设项目。

(4)生产性岸线的划定,应坚持"深水深用、浅水浅用"的原则,确保深水岸线资源得到有效的利用。生产性岸线应提高使用效率,缩短生产性岸线的长度;在满足生产需要的前提下,应充分考虑相关工程设施的生态性和观赏性。

(5)生活性岸线的划定,应根据城市用地布局,与城市居住、公共设施等用地相结合。

(6)水体水位变化较大的生活性岸线,宜进行岸线的竖向设计,在充分研究水文地质资料的基础上,结合防洪排涝工程要求,确定沿岸的阶地控制标高,满足亲水活动的需要,并有利于突出滨水空间特色和塑造城市形象。

(三)岸线分配和利用要求

1. 生态性岸线

生态性岸线的划定应体现"优先保护、能保尽保"的原则,将具有原生态特征和功能的水域所对应的岸线优先划定为生态性岸线,其他的水体岸线在满足城市合理的生产和生活需要前提下,应尽可能划定为生态性岸线。生态性岸线应进行严格保护,并有与其他生态区直接联系的生态通廊,生态通廊的总宽度不宜小于 100 m,且宜达到生态性岸线总长度的 10%以上。

2. 生活性岸线

生活性岸线的划定应根据城市用地布局,与城市居住、公共设施等用地相结合,充分体现岸线的公共性、亲水性、景观性和可游赏性,并应符合以下规定:

(1)生活性岸线的布局应与相邻的城市建设区保持整体的空间关系,应确保与其之间的空间延续性和交通可达性,一般应建设滨水道路,使人群易于接近水体。同时,还应按间距 500 m 左右控制垂直通往岸线的交通通道和视线通廊。

(2)对水位变化较大的水体,必要时应进行岸线的竖向设计,在充分研究水文地质资料的基础上,结合防洪、防潮等工程要求,确定沿岸的阶地控制标高,形成梯级亲水平台。

(3)岸线布局应布置滨水的、连续的步行系统和集中活动场地,并有利于突出滨水空间特色和塑造城市形象。

3. 生产性岸线

生产性岸线的划定应坚持"深水深用、浅水浅用"的原则,确保深水岸线资源得到有效的利用。生产性岸线应提高使用效率,尽量缩小生产性岸线的长度;在满足生产需要的前提下,应充分考虑相关工程设施的观赏性,尽可能采用多样化的形式,形成具有特色的景观效果。

二、划定河湖蓝线

（一）划定蓝线的意义

为了加强对城市水系的保护与管理，保障城市供水、防洪防涝和通航安全，改善城市人居生态环境，提升城市功能，促进城市健康、协调和可持续发展，2005年，建设部颁布了《城市蓝线管理办法》。所谓城市蓝线，是指城市规划确定的江、河、湖、库、渠和湿地等城市地表水体保护和控制的地域界线，它可以从空间上保护河流、水库、湖泊、湿地、排水区、原水管线等地表水体和水源工程，改善水质、修复生态、保障防洪安全和水系完整性，重建水和城市平衡。蓝线的划定，尊重了河湖的生存、生命和生态空间，树立了水体周边的“绿色缓冲区”，预留了河道整治、截污工程、绿化、生态景观建设等所需用地，保证了城市水系的连通性和完整性，为城市下一步的土地整合和更新规划提出生态保护方面的控制要求，为水景观和绿化系统的融合提供空间上的可能。蓝线的划定，将有利于打造开放的滨水岸线，提升水文化，为居民提供亲水空间，促进城市与水和谐相处。同时，通过对蓝线的管理，可以控制线内建设行为，为水务执法提供明文依据，各部门在规划所确定的职责范围和管理平台上共同施政，实现了城市水体及周边区域的统一管理。因此，划定城市河湖蓝线、编制城市蓝线规划对城市水体保护、用地管理和生态建设都具有重要的意义，对城市规划的可持续发展也将带来深远的影响。

（二）蓝线划定对象

根据《城市蓝线管理办法》的基本要求，将城市规划确定的江、河、湖、库、渠、湿地等主要地表水体列入划定对象。即在编制城市总体规划时，就要明确划定蓝线的江、河、湖、库、渠、湿地等水体，并将其蓝线划定。由于城市总体规划是纲领性的、指导性的上位规划，不可能覆盖到城市中的全部水体，对于大型城市，尤其是在水资源丰富的大型城市，城市总体规划中划定蓝线的水体只是城市全部水体中的一小部分，因此需要编制城市蓝线专项规划，尽可能地把所有现状水体都纳入到蓝线划定范围。

（三）蓝线划定标准

《城市蓝线管理办法》表明，在城市蓝线的划定过程中，蓝线宽度必须满足法律法规、规程规范、技术标准的要求。因此，水体蓝线宽度必须满足《中华人民共和国水法》、《中华人民共和国防洪法》、《中华人民共和国河道管理条例》、《城市水系规划规范》（GB 50513—2009，2016年版）、《城市水系规划导则》（SL 431—2008）、《饮用水水源保护区划分技术规范》（HJ/T 388—2018）、《水库工程管理设计规范》（SL 106—2017）、《堤防工程管理设计规范》（SL/T 171—2020）、《内河通航标准》（GB 50139—2014）等相关法律法规、规程规范、技术标准所要求的水体管理范围。考虑城市功能定位对水体的要求和城市建设用地的现状，根据实际情况，城市水体蓝线在满足水体管理范围的基础上，宜适当拓宽至水体的保护范围。对于没有现成的法律法规、规程规范、技术标准指导的城市水体蓝线的划定，则参考类似的法律法规、规程规范、技术标准，以及借鉴国内相关城市蓝线划定经验，在综合考虑城市功能定位对水体的要求和实际建设用地等情况的基础上划定。

1. 河流蓝线划定标准

根据《中华人民共和国河道管理条例》、《堤防工程管理设计规范》（SL/T 171—

2020)、《河道等级划分办法》(水利部水管〔1994〕106号)等要求,考虑河道的防洪安全、水质保护、耕地保护、用地计划、生态保护与修复、景观建设、空间开放等因素,针对河道等级、功能、重要性以及土地利用总体规划确定的用途,城市用地的现实情况,合理确定河道蓝线划定标准。不同类型河道蓝线可按如下原则和标准划定:

(1)有堤防河道。

对于设有堤防或规划建设堤防的河道,其河道蓝线范围包括两岸堤防之间的水域、沙洲、滩地、行洪区及堤防、护堤地。根据河道等级、集水面积、重要性和周边土地利用情况,蓝线划定标准为自堤防背水坡坡脚线外延不小于5~50 m。对于具有重要生态环境功能的河段,蓝线的划定标准应适当提高。

(2)无堤防河道。

对于山区河流中上游河段,虽然没有建设堤防,但由于河道两边地势较高,设计洪水不出槽,即使不建设堤防,也能够达到规划设计防洪标准。这类河道蓝线范围包括水域、沙洲、滩地和现有河道两岸保护范围。根据河道等级、集水面积、重要性和周边土地利用情况,蓝线划定标准为自堤防背水坡坡脚线外延不小于5~50 m。对于具有重要生态环境功能的河段,蓝线的划定标准应适当提高。

(3)老城区河道。

在很多城市的老旧城区,由于开发建设历史悠久,建筑物密集,河道被侵占缩窄已既成事实。这些河道大都为直立式断面、堤路结合或河道旁建筑物林立,若按常规的蓝线划定标准,则很难对蓝线范围内进行有效管理。为了保护该类型河道不被进一步侵占,同时对蓝线范围内实施有效管理,该类河道的蓝线需适当缩窄,划定标准为自河道临水侧直墙上口线外延不小于5~20 m,特殊河段蓝线与建设用地界线重合。

2. 湖泊蓝线划定标准

湖泊蓝线划定的标准参考《水库工程管理设计规范》(SL 106—2017)、《堤防工程管理设计规范》(SL/T 171—2020)等规范,在湖泊现状岸线的基础上综合考虑水体功能、生态环境保护要求、周边用地情况,确定湖泊蓝线。湖泊蓝线划定标准为现状岸线或最大水面时的水体边线向外延5~200 m。

3. 水库蓝线划定标准

对于已划定水源保护区的水库,蓝线为一级水源保护区范围边界线,或者水库设计洪水位线外延100~300 m,两者取大值。对于非饮用水水源地的水库,可以参考湖泊蓝线划定标准,大型水库蓝线控制区域为水库设计洪水位线外延200 m,中型水库蓝线控制区域为水库设计洪水位线外延100 m,小型水库蓝线控制区域为水库设计洪水位线外延50~80 m。

4. 湿地蓝线划定标准

天然湿地蓝线划定按照明确的湿地管理范围确定,也可以参照湖泊蓝线划定标准进行划定。对于规划批准的人工湿地,则按照批准的湿地占地范围确定。

(四)蓝线管理措施

1. 蓝线管理要求

城市蓝线是全市城市河流水系与水体、水源工程建设、管理的重要依据。在蓝线范围内进行的各项建设活动，应符合蓝线管理要求。任何单位和个人都有服从城市蓝线管理的义务，有监督城市蓝线管理、对违反城市蓝线管理行为进行检举的权利。在蓝线管理范围内从事各类活动，应当符合下列要求：①符合国家有关法律、法规，符合有关规划和其他技术要求；②满足河道行洪、输水、调蓄功能，不危害堤防、护岸和其他水工程的安全；③河道蓝线范围内的土地，应当优先安排河道整治、河道绿化以及其他有利于河道保护的工程；④有利于水生态环境保护。

在蓝线管理范围内禁止下列活动：①违反城市蓝线保护和控制要求的建设活动；②擅自填埋、占用城市蓝线内水域；③影响水系安全的爆破、采石、采砂、取土；④擅自建设各类排污设施；⑤堆放、倾倒、掩埋或排放污染水体的物质；⑥其他对城市水系保护构成破坏的活动。

在城市蓝线内进行各项建设活动，必须符合经批准的城市规划。在城市蓝线内新建、改建、扩建各类建筑物、构筑物、道路、管线和其他工程设施，应当依法向规划主管部门申请办理城市规划许可，并依照有关法律、法规办理相关手续。在蓝线管理范围内，因城市建设和经济发展确需建设道路、泵站等市政设施的，应当按照管理权限，征求水行政主管部门意见后，报同级人民政府规划行政主管部门批准。在蓝线管理范围内，建设工程应避免占用水体，确需填堵水体的，市规划行政主管部门应在建设工程规划报建审批前征求市水行政主管部门的意见，并按照等效等量原则进行补偿，就近兴建替代工程或者采取其他补偿措施，所需费用由建设单位承担。对不符合蓝线规划要求，影响防洪抢险、除涝排水、引洪畅通、水源保护、生态环境功能以及影响城市河道景观的建筑物、构筑物及其他设施，应当限期整改或者拆除。兴建工程设施造成蓝线范围内水工程设施损坏或河道淤积的，由市或区水行政主管部门责令建设单位按原技术标准限期修复或清淤；逾期仍未修复或清淤的，由市或区水行政主管部门组织修复或清淤，所需费用由建设单位承担。需要临时占用城市蓝线内的用地或水域的，应当依法经市规划主管部门审批，市规划主管部门在审批前，应当征求市水行政主管部门的意见，并依法办理相关手续；临时占用后，应当限期恢复。市、区人民政府规划主管部门、水行政主管部门应当加强对蓝线的控制与管理，定期对城市蓝线管理情况进行监督检查，并将监督管理情况向同级人民政府提出报告。

2. 蓝线管理措施

水行政主管部门应加强蓝线管理，可采取以下措施。

1）确立城市蓝线的法定地位

蓝线划定的目标是维护河湖水系的自然性和生态的完整性，保障水源工程的安全性，实现河湖水系、水源工程保护在空间上的预先控制。因此，应明确蓝线的法定地位。建议各地方政府出台针对本地河湖蓝线管理的地方性法规，使城市蓝线管理有法可依。

2）蓝线范围内建筑物的拆除与改造

对蓝线范围内的违法建筑进行强制性拆除；对影响防洪、饮用水水源安全、生态环境功能的合法建筑，由政府组织进行补偿性改造或拆除。有条件的可结合河道综合治理，对合法临时建筑分期进行强制性拆除；不影响防洪、饮用水水源安全、生态环境功能的合法永久性建筑，到土地使用年限有效期末拆除。蓝线范围内原有建筑物原则上不得扩建、改建，对于确需新建的公共设施，需按规定报市政府批准。

3)建立健全蓝线管制信息系统

蓝线作为城市规划“五线”(黄线、蓝线、橙线、绿线和紫线)管制的主要内容,是实现城市空间管制的重要手段之一,通过蓝线管制,可以实现城市规划建设与城市水系保护的协调发展;建立健全蓝线管制信息系统,包括城市蓝线管制图则系统、管制技术文件系统及相关规范系统。

4)蓝线动态更新与完善

确立城市蓝线动态更新机制,根据城市规划更新和建设的实施变化情况,及时更新数据库,实行动态管理。规划主管部门、水行政主管部门应充分考虑城市水系与城市的密切结合,加快完善河流综合整治规划,进行分区规划、控制性详细规划层次的蓝线划定工作,以便及时更新和完善蓝线信息系统,更好地在用地审批工作中落实水系与水体保护的空间强制管制政策。

5)蓝线应作为各层次规划的重要内容

许多土地利用规划尤其是法定图则编制过程中,存在擅自改动水体(如将自然水体暗渠化、裁弯取直或取消等)或占用水体保护空间的情况,严重影响了自然水系与水体的防洪、治污、生态和景观功能。为了更好地落实城市蓝线管制要求,各层次规划均应将蓝线划定作为重要内容,遵循蓝线规划的有关规定,保留、预留蓝线空间,确保城市河流水系、水源工程的安全。

6)加强惜水爱水宣传,建立举报制度

城市水系与居民生活是息息相关的,保护水系是每个市民的责任。为了使全社会参与到城市水系的保护和管理中,应进一步普及相关法规教育,加强惜水爱水宣传,使市民自觉加入到保护水体的行动中来,确保蓝线规划实施的成效。

三、滨水生态缓冲带保护

滨水生态缓冲带对维持河湖健康具有重要意义,需要对其加强保护。

(一)滨水生态缓冲带的概念

滨水生态缓冲带是水域与陆地之间的过渡交错带,它与陆地生态系统与水生态系统有着强烈的相互作用。在生物构成上,滨水生态缓冲带是一个完整的生态系统,拥有极其丰富的生物种群,同时又为生物种群提供了良好的栖息地。规划适宜宽度的滨水绿地,相当于在水体与城市建设用地之间增加了一个缓冲带,扩大了生物栖息地面积,有利于陆地和水生态系统结构与功能的稳定。

滨水生态缓冲带同时也是重要的生态廊道。滨水生态廊道既是河湖水域生态系统的重要组成部分、水域保护的重要屏障,也是大尺度空间下生态廊道系统的重要组成部分。宽度足够且维持良好的滨水生态廊道不但有利于形成稳定的动植物生态多样性保护区,有利于动植物的迁移传播,而且可有效减少水土流失,保持土壤养分,拦截和减少进入水体的各类污染物,改善局部气候。

(二)滨水生态缓冲带宽度设定

滨水生态缓冲带最重要的功能是生态廊道,生态廊道应该保持多大的宽度才最适宜,是一个综合多学科的研究课题,目前尚未形成统一的标准。国内外专家做了大量研究工作,分别从生物多样性保护、防止水土流失、控制入河污染物、调节小气候等方面提出了适宜的廊道宽度。根据朱强等对相关研究成果的归纳总结,廊道宽度在60~100 m可以较好地维持生物多样性,在30~60 m可以基本满足生物多样性保护以及防止水土流失、减少沉积物、降低环境温度等要求(见表7-2)。

表7-2　根据相关研究成果归纳的生物保护廊道适宜宽度

宽度值/m	功能及特点
3~12	廊道宽度与草本植物和鸟类的物种多样性之间相关性接近于零;基本满足保护无脊椎动物种群的功能
12~30	对于草本植物和鸟类而言,12 m是区别线状和带状廊道的标准。12 m以上的廊道中,草本植物多样性平均为狭窄地带的2倍以上;12~30 m能够包含草本植物和鸟类多数的边缘种,但多样性较低;满足鸟类迁移;保护无脊椎动物种群;保护鱼类、小型哺乳动物
30~60	含有较多草本植物和鸟类边缘种,但多样性仍然很低;基本满足动植物迁移和传播以及生物多样性保护的功能;保护鱼类、小型哺乳、爬行和两栖类动物;30 m以上的湿地同样可以满足野生动物对生境的需求;截获从周围土地流向河流的50%以上沉积物;控制氮、磷和养分的流失;为鱼类提供有机碎屑,为鱼类繁殖创造多样化的生境
60~100	对于草本植物和鸟类来说,具有较大的多样性和较多内部种;满足动植物迁移和传播以及生物多样性保护的功能;满足鸟类及小型生物迁移和生物保护功能的道路缓冲带宽度;许多乔木种群存活的最小廊道宽度
100~200	保护鸟类,保护生物多样性比较合适的宽度
≥600~1 200	能创造自然的、物种丰富的景观结构;含有较多植物及鸟类内部种;通常森林边缘效应有200~600 m宽,森林鸟类被捕食的边缘效应大约范围为600 m,窄于1 200 m的廊道不会有真正的内部生境;满足中等及大型哺乳动物迁移的宽度从数百米至数十千米不等

在划定滨水生态缓冲带时,应首先从维持生态系统健康的需求进行分析,同时综合河湖水功能区划、土地利用现状、城市规划、岸线利用方式及景观建设要求等因素,因地制宜地确定滨水生态缓冲带范围。

(三)滨水生态缓冲带保护与管理

在划定滨水生态缓冲带后,需对滨水生态缓冲带加强保护与管理。首要任务是严格控制滨水生态缓冲带内各项建设活动,尽可能减少对滨水生态缓冲带的占用和破坏,尽量避免对生态系统产生干扰。其次,加强滨水生态缓冲带的管理工作,采取以下措施:

(1)禁止在滨水生态缓冲带内进行破坏植被、景观或其他有碍生态环境保护的活动。严禁未经许可砍伐林木、非法采集。对高大乔木和珍稀植物实行围护或其他保护措施。

(2)禁止在滨水生态缓冲带内捕捉野生动物、捕鱼和非法采集标本。避免在鸟类繁殖季节对鸟类造成惊扰。

(3)加强滨水生态缓冲带生态监测工作,定期监测生态系统健康状况,观察记录野生动物种群情况,及时救护受伤的野生动物。

(4)位于城市规划范围内的滨水生态缓冲带,应结合蓝线、绿线划定,在规划中明确滨水生态缓冲带范围,其外边界宜与滨水绿地的绿线重合,即将滨水绿地作为滨水生态缓冲带的一部分。

(5)滨水绿地建设时,宜以自然景观构建为主,采用乡土植物,按生态系统发展要求进行搭配,达成人与自然和谐统一。

(6)加强宣传教育,增强当地社区居民对生物多样性保护的意识,使他们认识到自然生态系统和他们的生活及生存环境息息相关,提高保护的主动性。

四、滨水区控制

在城市中,滨水区建设与城市地位、竞争力和形象联系在一起。在现代城市发展中,滨水地区受到前所未有的重视,滨水区的城市设计也受到相应的关注。在滨水区开发中,面临的最尖锐的矛盾就是开发与保护的矛盾。滨水区的建设不得损害水体和岸线功能的发挥,应有利于对水体、岸线、环境和生态的保护,有利于滨水景观的塑造,有利于城市生活的有序开展。

滨水区控制的对象主要是沿河湖的城市建设用地,范围大致在一个街区。通过对滨水区城市建设用地的控制和指引,使地块内建筑物的高度、密度、体量、风格、色彩与水体景观相协调,并不影响水体和岸线功能的正常发挥。

(一)滨水区控制原则

城市中滨水区建设需基于以下原则:

(1)滨水区的开发建设不能影响河湖水体功能、岸线功能的正常使用。

(2)滨水区的开发建设不能破坏滨水生态缓冲带的连续性和完整性,不能影响河湖生态系统的健康稳定。

(3)滨水区功能应符合城市规划的要求,并协调好与周边区域的关系。

(4)应增强滨水区的共享性,使市民可以便利地享用到河湖水体的生态、景观服务功能,不应割裂河湖与城市生活之间的关系。

(5)强调滨水区城市设计的整体性和特色性的统一。

(6)兼顾滨水区环境建设与防灾工程建设的协调性。

(二)滨水区控制目标

滨水区建设控制目标如下:

(1)建设安全、稳定、健康的基础水环境,保护水体不被侵占。水系要能满足城市防洪排涝的要求,有较稳定的水源补给。同时还应具有健康的生态状况,包括自然生态系统功能的恢复和健全。

(2)保护和利用滨水区的资源优势,促进地区经济发展。以经济结构调整为前提,实现滨水地区空间功能的转型和用地置换。完善滨水地区的交通及市政基础设施,推动相关产业的发展。

(3)以发展区域经济为契机,改善和提升滨水地区的环境品质。改善滨水地区的生态环境，增加城市公共空间。塑造城市特色景观，提升城市文化内涵，彰显城市个性，体现城市魅力。

（三）滨水区控制线

滨水区控制线即需要控制开发建设的城市滨水区域的外边界线，也是滨水区功能的影响线。滨水区对河湖水系的影响主要表现在滨水景观塑造、天际轮廓线控制和生态通廊建设，主要从滨水区开发利用的角度来对城市建设进行控制和指导。划定滨水区控制范围的区域主要是城市建设用地，其他区域可不划定。通过对滨水区域土地利用规划和城市设计提出要求，塑造独具特色的城市滨水景观。

滨水区控制线一般不宜突破城市主干道。滨河、滨湖道路作为城市主干道的，其滨水区控制范围为该主干道离河一侧一个街区。滨水区控制线距蓝线或滨水生态缓冲带外边界线应不小于一个街区，但不宜超过 500 m。

（四）滨水区开发建设要求

1. 城市河湖滨水地区土地使用

为使滨水区岸线资源得到科学合理的利用，应按照城市总体规划和土地利用规划，合理利用滨水区土地资源，加强水系的保护，并注重休闲游乐区、绿地和相关的娱乐和服务性设施布局，提供充足的公共活动空间。在区域建设过程中，体现与水体的有机联系。

2. 滨水区与城市开放空间

河湖等水体空间是城市最为宝贵甚至是稀有的空间资源，在规划时确保水体的共享性、公共性是重要原则之一。在滨水地区布局公共性的设施有利于促进水系空间向公众开放，并有利于形成核心集聚力，带动城市的发展。

滨水区多呈现出沿河流、湖岸走向的带状空间布局。在进行规划设计时，应将这一地区作为整体全面考虑，通过林荫步行道、自行车道、植被及景观小品等将滨水区联系起来，保持水体岸线的连续性和通透性，而且也可以将郊外自然空气和凉风引入市区，改善城市大气环境质量。同时，在滨水景观带上可以结合布置城市空间系统绿地、公园，营造出宜人的城市生态环境。

3. 滨水区建筑控制

滨水区内城市建筑的体量、高度、密度、功能、绿化率、容积率应进行相应控制，与城市其他空间要素衔接，形成以水体为中心的滨水开敞空间。

为突出水面开敞的空间形态特点，避免大量的、高密度的开发压迫滨水地区。河流周边的城市建筑物在实体形态上宜做跌落处理，即越靠近滨水地区尺度越近人，垂直于滨水地区，体现出空间层次。具体措施首先是建筑高度控制，即城市内部地势较高的地段建筑高度相应提高，从内部向沿河地段逐步降低，总体上形成顺次跌落的建筑高度分布，以形成开敞的水面空间，外围城市建筑群随地势的起伏逐级抬高，形成近景、中景、远景等层次丰富的轮廓线景观；其次为建筑体量控制，即滨水区建筑尺度宜人，充分体现亲水特色；再次是建筑风格控制，即建筑风格宜协调统一，并体现城市地方性特色。

4. 城市河湖滨水绿化系统

滨水区绿化应尽可能多地扩大沿河绿地用地，形成连续性绿化带，用绿色来勾画城市的轮廓。同时，以良好的绿色空间，优化环境景观质量，体现现代化城市的形象。在绿化种类上,发展丰富的、多层次的绿化体系,绿化系统中采用树、花、草并茂,并以树为主的原则,增强滨水绿化空间的层次感,使完整连续的滨水绿带既有统一的整体面貌,又有层次分明、富有变化的节奏感,增强滨水空间的视觉效果。

5. 城市河湖滨水地区景观系统

通过连通水系,合理规划旅游通航线路,并建设旅游通航基础设施和景点,使岸线和滨水区景观能有机结合,并促进城市新的观光旅游资源的开发。滨水景观应既有静态观景点(如平台、亲水步道等),又有动态观景点(如人、车、船等)。同时还可分为高层次、中层次、低层次观景点,相互穿插,给市民和游人提供充足的、多方位的观景场所,突出人景交融。在景观的设计和序列组织中,突出自然风光带、历史风光带、生态风光带、人文风光带的不同主题特征和功能特色,形成具体的景观环境,使人得到不断变化的空间感受。最终,通过围绕滨水空间主题的绿地、道路和景观系统,构建依托城市总体规划用地性质的滨水空间。

五、碧道建设

为贯彻落实中央关于生态文明建设的总体战略部署以及习近平总书记对广东省生态文明建设的要求,也为全省全面推行河(湖)长制工作发力,广东省率先提出了碧道建设的号召。碧道建设将水体、岸线的保护和利用与城乡建设、生态环境建设结合起来形成有机统一体,为新时期下水域岸线保护与管理指明了方向。

(一)碧道概念

碧道是以水为纽带,以江河湖库及河口岸边带为载体,统筹生态、安全、文化、景观和休闲功能建立的复合型廊道。通过系统思维共建共治共享,优化廊道的生态、生活、生产空间格局,形成碧水畅流、江河安澜的安全行洪通道,水清岸绿、鱼翔浅底的自然生态廊道,留住乡愁、共享健康的文化休闲漫道,高质量发展的生态活力滨水经济带,成为人民群众美好生活的好去处,“绿水青山就是金山银山”的好样板,践行习近平生态文明思想的好窗口。

高质量规划建设碧道是全面推行河(湖)长制的生动实践,是巩固和发展治水成果的创新举措,是新时代生态文明建设的重要内容。碧道建设总体上形成“三道一带”的空间范围,即以安全为前提,依托堤防等防洪工程,构建碧水畅流、江河安澜的安全行洪通道;以生态保护与修复为核心,以河道管理范围为主体,依托水域、岸边带及周边陆域绿地、农田、山林等构建水清岸绿、鱼翔浅底的自然生态廊道;以滨水游径为载体,串联临水的城镇街区和乡村居民点、景区景点等,带动水系沿线历史文化资源的活化利用和公共文化休闲设施建设,并与绿道和古驿道等实现“多道融合”,打造连续贯通、蓝绿融合的滨水公共空间,构建留住乡愁、共享健康的文化休闲漫道;以高质量发展为目标,为河湖水系注入多元功能,系统带动河湖水域周边产业发展,引领形成生态活力滨水经济带,实现“绿水青山就是金山银山”。

(二)碧道空间范围

碧道建设范围主要为河湖管理范围,碧道协调范围主要为临水的城镇第一街区、乡村居民点,碧道延伸范围主要为水系沿线周边地区。在碧道建设范围内重点建设安全行洪通道、自然生态廊道、文化休闲漫道。在碧道协调范围内重点整合沿线的各类自然生态、历史人文、城市功能要素,强化“三道”的建设。碧道延伸范围重点建设生态活力滨水经济带。其中,城市(镇)地区开展碧道建设需统筹考虑水岸周边的城市绿线、蓝线和道路红线区域。

(三)碧道分类

碧道按所处河段分为都市型、城镇型、乡野型和自然生态型四种类型(见图7-2)。结合河流水系、周边城乡建设及功能特点,各类型碧道建设任务总量和重点有所区别,各有侧重。

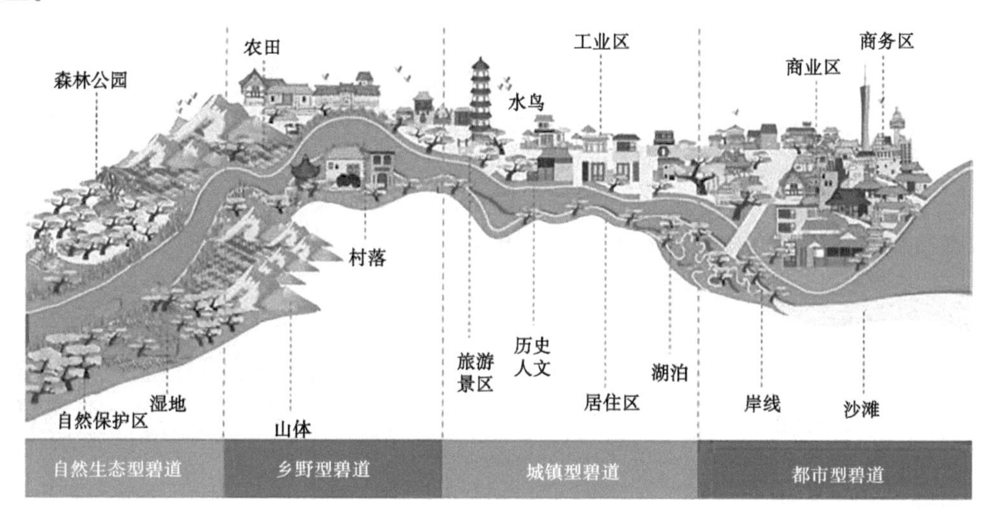

图7-2　碧道分类示意图

1. 都市型碧道

都市型碧道依托流经大城市城区的水系建设,针对大城市城区人口、经济、文化等活动密集的特点,强化公共交通设施、文化休闲设施、公共服务功能以及亲水性业态的复合,构建高质量发展的生态活力滨水经济带。

2. 城镇型碧道

城镇型碧道依托流经中小城市城区及镇区的水系建设,针对中小城市及城镇地区人口相对稠密的特点,在满足居民康体、休闲、文化等需求的同时,强调生态、经济功能,突显地域特色。

3. 乡野型碧道

乡野型碧道依托流经乡村聚落及城市郊野地区的水系建设,针对乡野地区农田、村落、山林等景观美丽多彩的特点,尽量维护保留原生景观风貌,减少人工干预,以大地景观的多样性满足各类人群的休闲需求。

4. 自然生态型碧道

自然生态型碧道依托流经自然保护区、风景名胜区、森林公园、湿地等生态价值较高地区的水系建设,坚持生态保育和生态修复优先,人工干预最小化,充分发挥自然生态在美学、科普、科研等方面的价值。

(四)碧道建设基本原则

(1)生态优先,安全为重。

把水安全作为重要的基础,保障防洪(潮)排涝、碧道设施和游憩人群安全。尊重自然、顺应自然、敬畏自然,以自然恢复为主,人工修复为辅,避免破坏性建设行为。牢固树立“山水林田湖草是一个生命共同体”的理念,以流域为单元,统筹上下游、左右岸、干支流,统筹城镇与乡村、陆域与水域,系统治理。

(2)以人为本,惠泽百姓。

良好生态环境是最普惠的民生福祉,坚持以人民为中心,还河于民、还湖于民。以满足人民对美好生活的向往为目标,建设广大群众喜游乐到的好去处,共享生态文明和治水兴水成果,增强人民群众的获得感、幸福感、安全感。践行“绿水青山就是金山银山”的绿色发展理念,引导碧道沿线产业发展转型升级,建设高质量发展的生态活力滨水经济带。

(3)因地制宜,分类推进。

立足不同区域的功能定位、发展基础、水系特点,坚持因地制宜,保持碧道的多样性和丰富性;厚植碧道文化内涵,彰显地方文化特色,打造水文化传承新载体,建设各具特色、交相辉映,可体验、可游憩、有教育意义的碧道。

(4)部门协同,多方参与。

充分发挥河(湖)长制制度优势,坚持河长主导,构建党政领导、部门联动、社会参与的工作机制。通过部门协同、水岸共治,统筹中小河流治理、水污染防治攻坚战、生态修复、“三旧”改造、乡村振兴、全域旅游、古驿道保护利用等专项工作,整合各类专项资金和项目安排,加强部门协同力度,合力推进碧道建设。坚持两手发力,引导社会力量积极参与碧道建设和运营管护,统筹治水、治产、治城,实现生态、经济效益和社会效益有机统一。

(五)碧道建设任务

碧道建设包括“5+1”重点任务,即水资源保障、水安全提升、水环境改善、水生态保护与修复、景观与游憩系统构建五大建设任务和共建生态活力滨水经济带一项提升任务。

1. 保障水资源

编制实施主要河湖水量调度方案,确定重要断面生态流量(水位),完善生态流量(水位)在线监测监控系统,建立健全监测预警机制。开展小水电绿色改造,逐步落实已建、在建水利水电工程生态流量泄放措施。加强流域水利工程联合调度,完善引流活水工程。加大力度推进非常规水利用,通过污水处理厂尾水提标回用、雨水资源化利用等措施对城市河涌进行生态补水。因地制宜实施江河湖库水系连通工程,逐步恢复各类水体的连通,构建立体绿色活力水网。加强水网生态廊道建设,完善多源互补,实现跨流域、跨区域互联互通。推进城市建成区河涌水系连通,打通断头涌,恢复河涌、坑塘、河湖等水体自然连通,促进水体顺畅流动。

2. 提升水安全

统筹治理,完善防洪减灾体系,加快大江大河堤防达标建设和河道整治,积极推进生态海堤建设,加快山洪灾害防治,完善农村基层防汛预报预警体系。严格落实河道空间管控要求,依法划定河湖管理范围。加强河道岸线管理保护,构建科学合理岸线格局。以防洪安全、河势稳定和河流健康为前提,加快推进河道自然岸线的修复与保护,维持河道多样化自然形态。系统考虑河道平面、横向。加强城镇外围排水骨干河道、泵站、水闸等排涝设施建设,进一步完善城镇排水防涝体系。大力推进海绵城市建设,综合采取“渗、滞、蓄、净、用、排”等措施,不断提高雨水就近消纳、利用比例,系统解决城镇内涝问题。采取主动避让、强化防护、加强预警等多种防范措施,降低极端天气变化影响。结合区域防灾减灾相关预案,编制科学合理、分工明确的防汛抢险救灾应急预案。充分考虑河道行洪风险,科学合理建设碧道设施,按规定设置安全警示标志标识,推进远程监控等智慧水利设施建设,确保行洪安全和人的活动安全。

3. 改善水环境

深入开展入河、入湖排污口排查与整治专项行动,全面摸清入河排污口底数。对非法设置和经整治后仍无法达标排放,影响饮用水水源地、生态敏感区、源头水保护、调(供)水水源地,以及输水线路、已划定禁止排污区等水域的排污口依法依规予以整治;对水域水质影响较大的排污口采取提标改造、人工湿地、生态处理等深度处理措施。加强入河排污口设置审核,建设入河排污口全覆盖的监测监控体系。

在重要饮用水水源保护区、水库汇水区、供水通道沿岸等敏感区域,以及种植业、养殖业密集的岸边带,因地制宜实施建设生态拦截沟、缓冲带、人工湿地、生态氧化塘等面源污染治理措施,净化农田排水及地表径流,削减岸边带面源污染。加强畜禽养殖禁养区管理,推行生态养殖、种养结合等技术,提高畜禽养殖污染防治水平,从源头上防治畜禽养殖污染。在城区岸边带,因地制宜采用绿色生态措施并结合海绵城市理念,通过建设植草沟、初期雨水调蓄池、生态滤池、湿地、雨水花园等,提升水环境质量。

开展饮用水水源地环境风险排查,清理饮用水水源保护区内违法违规建设项目、排污口等,提高饮用水水源环境安全保障水平。加强饮用水水源保护区规范化管理,制定和完善水源地突发事故应急预案,实现饮用水水源地水质监测全覆盖。碧道经过饮用水水源保护区地段,应按相关要求做好水源保护措施。

全面清查河湖水面垃圾漂浮情况及其来源,清除河湖管理范围内垃圾堆放点和积存垃圾,清理漂浮物、倒伏树木、建筑垃圾及有害水生植物等,加大季节性有害水生植物拦截打捞处置力度。健全城乡河道保洁长效机制,强化属地管理责任,形成网格化管理体系,提高河湖保洁水平。

4. 保护与修复水生态

加强水源涵养区的生态保护,依法严肃查处违法采伐水源涵养林,加大生态公益林的保护和低效林改造力度。以国家级和省级水土流失重点防治区为重点,以封育保护为主要措施,强化重要江河源头区和重要水源地范围的水土流失预防,发挥生态自然修复能力。开展清洁型小流域建设,加强森林碳汇工程建设。

维持河湖及河口岸线自然状态,禁止缩窄河道行洪断面,统筹防洪、通航等要求,避免裁弯取直。保留和维持河流自然状态的江心洲、河漫滩等独特地貌,避免将河湖底部平整化,维持自然的深水、浅水等区域,加大退耕还湖、还湿力度,维护岸边带生态多样性。对于有通航要求的河道,岸边带生态修复应不影响通航条件。逐步实施硬质岸线的生态化改造,提高水体自净能力,为鱼类、鸟类、两栖动物提供栖息场所。划定河湖生态缓冲带,与河湖水域、河滩地等共同构建自然生态廊道,优化生态系统结构。

加强重要湿地、国际候鸟迁徙停歇越冬栖息地自然保护地等建设，依托主要水系，构建水鸟生态廊道空间新布局。保护和恢复河口地区红树林，提高生物多样性。加大野生鸟类、珍稀特有和重要经济鱼类及其栖息地保护力度，重点保护鱼类“三场”资源，开展已建水利水电工程对鱼类洄游的阻隔影响及恢复措施研究、水生生物生态需水研究。建立土著水生生物特种原种场、水生生物增殖放流中心，实施人工增殖放流、灌江纳苗等修复措施，开展产卵场修复工程、水生态系统修复工程和大水面生态渔业示范工作。

5. 构建景观与游憩系统

坚持以自然为美，依托河流构建城内人居系统与城外生态系统相互连通的生态网络，把好山好水好风光融入城市。保护河湖水系及沿线山体、林地、农田等自然景观要素和地形地貌的原生形态，保持河道自然蜿蜒的形态，保障水体的连通性和流动性，使碧道成为展现大自然“荒野美”的大地景观之窗。因地制宜提升河流环境品质，对位于乡野地区、以生态修复为主的碧道，尽量保留原生植被，减少人类干扰，避免过度“景观化”设计；对位于城镇地区、以观赏游憩为主的碧道，充分保护古树名木和动物栖息地，结合季相变化，采用兼顾安全和观赏性的乡土植物丰富景观层次，营造人与自然和谐的景观环境。

满足防洪前提下，充分挖掘与活化利用水文化资源，提升碧道的文化内涵。对河湖水系在历史长河中积存的水利、海防、航运和工业发展等方面的历史文化遗存，以及因水而生的宗教和民俗等水文化资源，在碧道景观营造和文化休闲设施建设中加以利用和创意升华，塑造成为展现地域历史的文化休闲景观，以体验式、互动式和观赏式等多种形式彰显地域水文化特色。在人口密集的城市滨水地区，强化碧道的文化、运动等功能，结合碧道建设，为公众提供滨水公共运动场所，鼓励开展划龙舟、皮划艇等水上运动，在碧道重要节点可建设小型文化休闲设施，增添水岸魅力，推动形成公众休闲、运动文化新风尚。

整合蓝绿空间，为河湖水系注入多元功能。充分利用河流通山达海、联通城乡的特点，以人民的需求为中心，为公众构建欣赏自然、体验历史和强身健体等多种功能的游径。打造特色游径，串联沿线自然生态、历史人文、城市功能型节点，形成丰富多样的休闲游憩空间。在确保安全的前提下提供亲水条件，满足市民亲水需求。依托堤岸防汛路、河滩地、滨水绿道等建设独立、连续和贯通的滨水游径，在人群使用频率高且有条件的地段，鼓励打造漫步径、跑步径、骑行径分设的滨水游径。科学规划具备观光、体验、运动功能的水上游径，合理布设旅游码头。按居民需求建设亲水平台、露营地、驿站、生物观察站等必要的配套设施，提升滨水岸线活力。

结合大型水利工程设施、有独特地理意义或历史意义的河段、大型跨河桥梁桥头、城镇地区河道交汇处等建设碧道公园，打造碧道沿线重要节点和水上游憩活动的服务基地。结合碧道沿线自然生态和历史文化资源、城乡功能特点、公众游憩需求等，建设体现河湖魅力的自然生态型、历史人文型和城市功能型节点。在碧道公园及碧道节点地区配设便民服务、安全保障、环境卫生、照明、通信和停车等各类设施，有条件的地区可设置体育运动和健身康体设施。优先利用碧道周边 500 m 范围内现状设施，实现与绿道和古驿道、城市公园、城乡居民点和景点服务区等设施共建共享，避免重复建设。

6. 共建生态活力滨水经济带

在有序推进碧道“三道”建设基础上，将水岸地带打造成为富有吸引力的高品质场所。以碧道线性开敞空间作为媒介，在城市地区联动交通基础设施和公共服务设施建设，在乡村和郊野地区联动全域旅游、乡村振兴。加快碧道沿线污染企业退出和污染排放专项整治，系统实施岸线转型行动。加强碧道沿线联动治理，推动城镇滨水地区“三旧”改造，促成融合发展格局。导入新兴产业，形成多种多样的“碧道+”产业群落。

（六）碧道建设阶段

根据现状基础条件的差异，碧道建设可分为稳固基础、建设成型、发展成熟三个阶段。稳固基础阶段采用新理念对各相关部门原有的水资源、水安全、水环境等工作进行整合、优化、提升；建设成型阶段以水生态保护和修复、文化休闲设施建设、景观与游憩系统构建为重点，提升碧道的生态、文化和公共服务功能；发展成熟阶段以促进碧道沿线地区协同发展为目标，通过政府引导、市场发力，共建共治共享形成高质量发展的生态活力滨水经济带。

第三节　水污染防治及水环境治理

近年来，由于在经济发展中不够重视环境保护，我国有相当一部分河湖水体受到了污染，个别水体污染非常严重，被列为黑臭水体。水体污染是造成河湖健康受损的最主要原因之一，为恢复河湖健康生命，首要工作是治理污染源。根据污染源产生方式的不同，污染源的治理分为点源污染防治、面源污染防治、内源污染防治和其他污染防治。

一、点源污染防治

“点源污染”是指有固定排放点的污染源，一般工业污染源和生活污染源产生的工业废水和城市生活污水，经城市污水处理厂或经管渠输送到水体排放口，作为重要污染点源向水体排放。

（一）点源污染类型

1. 按性质分类

根据污染源性质，点源污染可以分为生活污染、工业污染、畜禽养殖业污染和混合污染。

（1）生活污染。

生活污染源是指人类由于消费活动产生废水造成环境污染。城市和人口密集的居住区是人类消费活动集中地，是主要的生活污染源。由于城市人口增多，城市规模扩大，人口越来越密集，排放出来的污染物和生活污水越来越多，从而造成对城市居民安全的严重威胁。

（2）工业污染。

工业污染主要来源于工业废水。工业废水包括生产废水、生产污水及冷却水，是指工业生产过程中产生的废水和废液，其中含有随水流失的工业生产用料、中间产物、副产品以及生产过程中产生的污染物。工业废水种类繁多，成分复杂。例如，电解盐工业废水中含有汞，重金属冶炼工业废水中含有铅、镉等各种金属，电镀工业废水中含有氰化物和铬等各种重金属，石油炼制工业废水中含有酚，农药制造工业废水中含有各种农药等。由于工业废水中常含有多种有毒物质，污染环境对人类健康有很大危害，因此要综合开发利用，化害为利，并根据废水中污染物成分和浓度，采取相应的净化措施进行处置后，才可排放。

(3)畜禽养殖业污染。

畜禽养殖业产生的水污染物主要来源于畜禽粪便及冲洗粪便产生的废水。畜禽粪尿排泄量因畜种、养殖场性质、饲养管理工艺、气候、季节等情况的不同会有较大的差别。除畜禽粪便外，畜禽养殖的废水还主要包括清理粪便的冲洗水和少量工人生活生产过程中产生的废水。

(4)混合污染。

不同性质的污水排放入同一排水系统内，从最终排口排入水体的污染物即为混合污染。

2. 按排水口类型分类

点源污染通过排水口向水体排放，排水口是指向河道直接排放，或者溢流污水、雨水、合流污水的排水设施。根据排水体制不同，排水口可以分为以下几种类型：

(1)分流制污水直排排水口。

在分流制排水体制的城区，由于城市污水管网建设不完善，或污水纳管监管不到位，生活和工业废水偷排等原因，造成污水管道直接或者就近排入河道。分流制污水直排排水口是导致河道黑臭的直接污染源。

(2)分流制雨水直排排水口。

分流制排水体制中，向水体直接排放雨水的排水口，由于大气及城市地表污染等各种因素的影响，会有大量成分复杂的污染物通过雨水淋洗、冲刷进入水体，造成地表水环境的污染，尤其是降雨初期阶段。此外，由于地下水渗入雨水排水管道及检查井，该类排水口也可能存在旱天排水的问题及管道沉积物进入水体的问题。

(3)分流制雨污混接雨水直排排水口。

在分流制排水体制中，由于雨、污水管道混接、错接，导致雨水直排排水口出水中混入有污水，给受纳水体带来水质污染；同时，该类排水口也存在由于地下水渗入造成的旱天排水。

(4)分流制雨污混接截流溢流排水口。

分流制雨污混接截流溢流排水口是在分流制雨水直排排水口的基础上进行截流改造后形成的，是应对旱天溢流的一种对策。旱天污水和雨天的混合污水经截流管道输送至污水处理厂，随着雨水径流的增加，当混合污水的流量超过截流干管的输水能力时，就有部分混合污水经截流井溢流后通过排水口直接进入受纳水体。此外，还存在河水通过截流设施倒灌进入截流管道的情况，给污水处理厂进厂污水浓度带来较大冲击。

(5)合流制直排排水口。

合流制直排排水口多见于老城区的合流制排水体制中。除旱天污水直排给河道带来的污染外，雨天雨污合流水还会挟带着管道中的淤泥排入河道。其类似于分流制中雨污混接雨水直排排水口，但污水所占比例更大。

(6)合流制截流溢流排水口。

合流制排水体制中,在合流管渠末端设置截流措施的排水口。截流式合流制是合流制的重大改进,特别是有较大截流倍数的截流干管的系统,在较大幅度地减少旱天污水排放基础上,也降低了雨天溢流水量。但是,由于地下水渗入、截流干管截流倍数偏低、排放口设置不合理等原因,其排水口存在如上同样的问题。另外,我国大部分合流制污水处理厂在设计时,并没有考虑雨天截流雨污合流水的处理,超过污水处理厂能力的截流水,在污水处理厂末端未经处理排入水体。

(7)泵排排水口。

通过泵站提升,进行集中排水的排水口,包括分流制雨水泵站、合流制提升泵站;其存在严重的溢流污染问题,是需要治理的重点。

(二)排水口调查与治理

1. 排水口调查

排水口调查的目的是摸清排水口的类型、污水来源和存在的具体问题,掌握排水口排放和溢流的水量与水质,为相关治理措施提供第一手资料。

1)前期调查

前期调查需要收集设计资料、现状设施资料、维护管理档案等。对资料分析进行汇总,结合现场调查,形成排水口前期调查记录表,作为下一阶段现场调查的基础资料。

2)现场调查

现场调查的主要任务有对前期调查的排水口资料进行现场复核;对前期调查无法判明类别的排水口予以归类;排查在前期调查中遗漏的排水口;细化溢流排水口污水来源、溢流污染、河水倒灌等调查和分类;完善前期调查记录表,作为调查报告的主要组成部分,为下一阶段的排水口治理与改造提供基本依据。

现场调查的内容有:①排水口的基本参数,如受纳水体水位、潮汐及其他概况,排水口位置(坐标)、高程、形状、规格、材质、挡墙形式及现场照片等;②排水口附属设施,包括附属于排水口或其截流设施的闸、堰、阀、泵、井及截流管道等;③排水口出水流量测量,可通过断面估算法、流速测量法或专用流量计等方式进行水量测算,分别在旱天和雨天进行,每次水量测量时间周期宜为24 h;④排水口出水水质;⑤溢流频次调查。

3)成果编制

在完成排水口现场调查后,编制调查成果。调查成果由调查图纸、调查记录表及调查报告组成。其中,调查报告包括排水口调查的项目背景、调查范围、调查时段、调查方法及调查成果;调查成果要能够反映排水口数量、尺寸、类别、排出水(溢流水)类别、时间和相应的水质、水量、运行情况及存在的主要问题等。对于因客观原因无法调查的排水口,或存在特殊情况的排水口应予以说明。

调查成果是下阶段排水口治理工作的依据。

2. 排水口治理

1)治理目标

通过治理,排水口要实现削减向水体排放的污染物总量,改善水体水质,具体目标是:①分流制系统,污水不得通过排水口排放水体;②分流制系统,雨水排水口实现旱天无排放、无溢流(低于受纳水体水质浓度的“清水”除外),雨天溢流频次大幅度降低;③合流制系统,截流倍数应符合现行设计规范要求,做到旱天无溢流(低于受纳水体水质浓度的“清水”除外),雨天溢流频次大幅度降低;④河水不应倒灌进入截流管道,或污水管道;⑤适当改造淹没式排水口,提倡溢流式排水口。

2)治理对策

要实现排水口治理目标,治理措施必须是整体的、多措并举的,特别是有效解决雨污混接问题;通过对排水管道及检查井各类缺陷的修复,有效减少地下水渗入量和污水外渗量;定期实施清通维护管理,减少沉积物进入水体。

(1)分流制污水直排排水口。

分流制污水直排排水口必须予以封堵,污水接入地区污水系统,经污水处理厂处理后,达标排放;不得接入雨水管道。

(2)分流制雨水直排排水口。

当初期雨水是引起水体黑臭的主要原因时,可在排水口前,或者在系统内设置截污调蓄设施。截污调蓄池容积宜按照当地降雨特征和地面情况合理确定;应结合“海绵城市”建设和其他措施,削减初期雨水污染负荷,根治各类排水管道缺陷,封堵地下水渗入;并定期实施清通维护管理,减少沉积物进入水体。

(3)分流制雨污混接雨水直排排水口。

分流制雨污混接雨水直排排水口不能够简单地封堵,应在实施排水管道雨污混接改造的同时,增设混接污水截流管道,或者设置截污调蓄池,截留的混接污水送入污水处理厂处理,或者就地处理;在沿水体无管位的情况下,混接污水截流管道可敷设在河床下;排水口改造时要采取防河水倒灌措施。

(4)分流制雨污混接截流溢流排水口。

分流制雨污混接截流溢流排水口应在实施排水管道雨污混接改造的同时,按照能够有效截流的要求,对已有混接污水截流设施进行改造,或者增设截污调蓄池;排水口改造时,要采取防河水倒灌措施。

(5)合流制直排排水口。

合流制直排排水口应按照截流式合流制的要求增设截流设施,截流污水接入地区污水系统,经污水处理厂处理后,达标排放;在沿水体无管位的情况下,截流干管可敷设在河床下。

(6)合流制截流溢流排水口。

合流制排水口的截流系统应提高截流倍数,保证旱季不向水体溢流。末端污水处理厂应具备处理雨季所截留的合流污水处理措施和充分考虑防河水倒灌的措施;同时,对所服务的排水管道系统存在的各类缺陷进行有效治理;并定期实施有效的清通维护管理,减少沉积物进入水体。

(7)泵站排水口。

在排水管道系统完善和治理的同时,根据现有泵站排水运行情况,优化运行管理,特别是要降低运行水位,减少污染物排放总量,各类排水泵站能否恢复设计水位运行,是衡量泵排排水口有无溢流污染的唯一标准。

3)治理技术

采用新技术和新设备可以提高排水口治理效果,有效解决溢流污染和河水倒灌问题。可根据排水口现状、存在问题和新技术、新设备适用条件,对排水口前的检查井(包括截流井或者溢流井)进行改造。下列技术主要适用于存在溢流污染和河水倒灌的分流制雨水、合流制排水口的治理和改造。

(1)溢流污染控制技术,包括液动下开式堰门截流技术、旋转式堰门截流技术、定量型水力截流技术、雨量型电动截流技术、浮箱式调节堰截流技术、浮控调流污水截流技术等。

(2)防河水倒灌技术,包括水力止回堰门技术、水力浮动止回堰门技术、浮控限流技术、水力浮控防倒灌技术、可调堰式防倒灌技术等。

(3)排河口臭味控制技术。对排河口内及周边臭气进行主动收集,应用光化学催化氧化的基本原理,去除其中的恶臭物质,确保排河口暗涵沿线空气质量良好,并确保截污沟内气体的安全和稳定。

(三)排水管网检测评估与治理

1.排水管网检测评估

排水口所存在的问题,与排水管道及检查井存在缺陷、雨污混接和维护管理水平直接相关。查明排水管道及检查井存在的各种缺陷和雨污混接情况,是采取有针对性措施的前提,也是“控源截污”一系列措施中的重要环节。

1)检测评估的目的

对存在问题的排水口上游管道及检查井,开展结构性缺陷和功能性缺陷检测、地下水渗入、污水外渗和雨污混接调查,是摸清排水管道及检查井缺陷类别、外来水种类、水量大小、评估缺陷等级和雨污混接情况的重要工作,是管道及检查井缺陷修复和雨污混接治理的重要依据。

2)检测范围

结合排水口调查,检测范围的重点是存在问题排水口所属的排水管道和检查井,检测由排水口开始,由下游至上游,先干管后支管。

3)检测频率

排水口调查结果,应对存在问题的排水口上游排水管道及检查井及时进行一次检测,对存在的各类缺陷进行修复和雨污混接治理后,对仍然存在问题的排水口再进行一次检查。

4)排水管道缺陷检测

主要检测内容为判定排水管道中脱节、破裂、胶圈脱落、错位、异物侵入等结构性缺陷及管道内淤泥和建筑泥浆沉积等功能性缺陷的类型、位置、数量和状况;上述结构性缺陷是导致地下水渗入管道和污水外渗的主要原因。

常用管道缺陷检测技术包括闭路电视检测技术(简称闭路电视)、声呐检测技术、电子潜望镜检测技术(简称 QV)以及传统的反光镜检测技术、人工目视观测技术等。

5)检查井缺陷检测

主要检测内容为判定检查井的井壁破裂、渗漏,尤其是管口连接处、井底不完整等结构性缺陷及井底淤泥沉积等功能性缺陷的类型、位置、数量和状况。

常用检查井缺陷检测技术与管道缺陷检测技术相同。

6) 排水管道与检查井缺陷评估

排水管道与检查井缺陷分为结构性缺陷和功能性缺陷两类。

(1)结构性缺陷评估。

排水管道的结构性缺陷评估主要是根据管道内发现的结构性缺陷,通过评估判断管道的损坏程度,并依据评分结果给出管道的修复建议。结构性缺陷的类型有破裂、变形、错位、脱节、渗漏、腐蚀、胶圈脱离、支管暗接、异物侵入等。

(2)功能性缺陷评估。

排水管道的功能性缺陷评估主要是根据管道内发现的功能性缺陷,通过评估判断管道的损坏程度,并依据评分结果给出管道的维护建议。功能性缺陷的类型有沉积、结垢、障碍物、树根、洼水、坝头、浮渣等。

7) 混接调查与评估

污水混接进入雨水管道,是雨水排水口旱天和雨天溢流的主要原因,而且也使污水收集失去了意义;雨水混接进入污水管道,不但占据了污水管道的容量,也会造成污水处理厂雨季超负荷溢流。

雨污混接调查主要针对分流制地区或分流制与合流制并存区域,通过调查查清雨水、污水管道非法连接的情况。综合运用人工调查、仪器探查、水质检测、烟雾试验、染色试验、泵站运行配合等方法,查明调查区域内混接点位置、混接流量、混接水质。

首先根据资料的分析,对雨污混接进行预判,其次采用实地开井调查和仪器探查相结合的方法,查明混接位置及混接情况。在确定混接点位置后,应对已查明混接处流入流量进行流量测定。可配合流量测定进行水质验证,判断调查区域混接类型和程度,并根据评估结果采取混接改造措施。

8) 地下水入渗调查

在地下潜水动水位高于管道埋深的地区,地下水在静压差的作用下,通过管道接口或管道、检查井破损等结构性缺陷处进入管道,其是排水管道外来水的主要来源。在地下水位整体低于管道埋深的地区,若局部地块因存在泉水补给、自来水漏失以及水体测渗补给等,排水管道内也会存在明显的渗入水量。地下水等外来水渗入排水管道,是各类排水口旱天溢流的主要原因,也增加了雨天溢流频次和溢流量。渗入水量不但占据了排水管道的容量,给排水管道、泵站运行带困难,而且直接导致污水处理厂进水污染物浓度降低,运行水量负荷增加;地下水等外来水渗入也是流沙地区和以砂作为沟槽回填材料排水管道地面塌陷的主要原因。

(1)调查对象与目的。

地下水渗入调查主要针对分流制污水管道和合流制排水管道,通过调查查清地下水等外来水渗入管道的情况。

(2)排水区域地下水渗入量调查。

整片区域排水系统地下水渗入量调查的具体方法主要有夜间最小流量法和用水量折算法。前者在旱天凌晨用水量最小时段,采用排水系统的污水流量估算地下水渗入水量。

该方法适用于排水系统水力边界清楚、服务面积较小的场合。后者根据系统服务范围内不同季节的污水总量与原生污水量的差额,估算不同气候条件下进入管道系统的渗入水量。该方法适合评价范围比较大、以居住和商业用地为主的区域地下水渗入量调查。

(3)排水管段地下水渗入量调查。

对于沿水体敷设的截流管道和雨水管道可进行排水管段地下水渗入量调查,主要方法有水桶量测法、抽水计量法、节点流量平衡法。

(4)允许渗入量控制要求。

调查排水区域内污水管道、合流管道地下水渗入量比(地下水渗入量与地下水渗入量和污水量之和的比值)大于20%;或者调查排水管段,调查评估的地下水渗入量大于70 $m^3/(km \cdot d)$时,应结合排水管道结构性缺陷的修复,对该排水区域的排水管道,或者该管段及检查井及时进行修复治理。

9)污水外渗调查

在地下潜水动水位低于管道埋深的地区,排水管道和检查井室内污水在静压差的作用下,通过管道接口或管道、检查井破损等结构性缺陷处渗出污水管道外部。污水外渗是排水管道内水量减少和造成污水管道周边地下水与土壤污染的主要原因。

(1)调查对象与目的。

污水外渗调查主要针对分流制地区污水管道和合流制地区合流排水管道,通过调查查清污水外渗的情况。

(2)调查方法。

污水管道外渗调查主要采用间接调查的方法,即通过污水管道周围的水质和地质结构的异常,并结合附近的水文、其他管线来推断污水管道外渗情况。调查的主要方法有局部闭气试验法、实时弹性波成像法、联合成像法、管内雷达法。

(3)允许外渗控制要求。

对于有污水外渗的排水管道,若调查排水管道周围形成了明显的脱空、松散、空洞等病害,漏点附近病害范围达到0.5 m^3时,应结合排水管道结构性缺陷的修复,对该排水管段及检查井及时进行修复治理。

2. 排水管网修复与治理

针对排查所发现的结构性缺陷及混接问题,根据相关规程和标准,采用非开挖或开挖等各种技术,修复排水管道及检查井内存在的或将要产生渗漏的结构性缺陷,使排水管道及检查井有良好的密封性;治理雨污混接问题,恢复雨污分流。

1)修复治理原则

(1)满足管道的荷载要求。

(2)整体修复后的管道流量一般应达到或接近管道原设计流量。

(3)为了尽量减少管道过水断面的连续变化、改善水力条件、防止继发损坏,对于同一管段出现3处结构性缺陷的,应进行非开挖整体修复方法。

(4)修复施工期间,须做好临时排水措施,以确保周围居民排水不受影响。

(5)管道整体修复后的管道设计使用年限不应小于30年。

(6)分流制地区,修复后的排水管道应杜绝雨污混接,严禁污水管道与河道连接。

(7)杜绝分流制排水系统与合流制排水系统连接。

2)排水管道与检查井修复

(1)结构性缺陷修复。

根据检测出排水管道及检查井的各种结构性缺陷和评估结论,采用相应的修复技术来进行的修复过程。修复排水管道及检查井存在的各种结构性缺陷,是解决地下水入渗和污水外渗的唯一措施。

(2)功能性缺陷治理。

功能性缺陷整治主要针对淤泥沉积等功能性缺陷,采用疏通清理等方式,清除沉积等影响管道过水能力的缺陷,恢复管道过水断面的处理过程。及时清除排水管道及检查井中的沉积物,会有效减少进入水体的污染物量。

3)排水管道及检查井修复技术

(1)局部非开挖修复技术,包括不锈钢套筒法、点状原位固化法、不锈钢双胀环修复法、管道化学灌浆法等。

(2)排水管道整体非开挖修复技术,包括热水原位固化法、紫外光原位固化法、螺旋缠绕法、管片内衬法、短管内衬修复技术、水泥基聚合物涂层法等。

(3)检查井修复技术,包括检查井原位固化法、检查井光固化贴片法、检查井离心喷涂法。

(4)开挖修复技术。排水管道开挖修复参照有关排水管道施工与验收规程规范执行。

4)雨污混接治理

针对混接调查发现的管道混接点,可采用封堵、敷设新管等方式,改变原有管道的非法连接方式,恢复分流制排水的过程。主要治理要求如下:

(1)分流制地区,当污水管道接入雨水管道时,应封堵所接入的污水管道,并将污水管改接入地区污水排水系统;当雨水管道接入污水管道时,应封堵所接入的雨水管道,并将雨水管改接入地区雨水排水系统,所封堵的雨水管道应填实处理。

(2)分流制地区,居住小区等雨水管道接入市政污水管道时,应对小区所接入的雨水管道进行封堵,并将其接入市政雨水排水系统,所封堵的雨水管道应填实处理。

(3)分流制地区,居住小区等污水管道接入市政雨水管道时,应对小区所接入的污水管道进行封堵,并将其接入市政污水排水系统,所封堵的雨水管道应填实处理。

(4)分流制地区,居住小区合流管道接入市政雨水或者污水管道时,小区应进行雨污分流改造,分别接入市政雨、污水管道。

(5)合流制地区,合流污水管道接入下游分流制雨水排水系统时,应在核实计算的基础上,加设截流管系统,旱天污水接入下游污水排水系统,雨天超过截流倍数的合流污水接入下游雨水排水系统;或者进行分流制改造。

5)排水管道及检查井修复与治理效果评价

排水管道及检查井的修复与雨污混接治理的效果评价,可从污水处理厂进水 COD_{Cr} 浓度和排水口流量变化两个方面进行效果评价,若不满足下列条件之一的,应重新进行相关调查、修复和治理,直到满足如下要求:

(1)经对排水管道及检查井结构性缺陷修复和雨污混接治理,应有效杜绝地下水渗入和有效降低污水外渗。潜水地下水位埋深小于或等于 5 m 的城市污水处理厂进水 COD_{Cr} 年均浓度不应低于 260 mg/L,或在现有水质浓度基础上提高 20%;潜水地下水位大于 5 m 的污水处理厂进水 COD_{Cr} 年均浓度不应低于 350 mg/L。

(2)分流制雨水排水口旱天无水排放,或溢流;合流制排水口旱天不溢流。

(四)截污管网建设与完善

对于缺乏污水管网或者污水管网建设不健全的地区,治理点源污染最直接、最有效的方式是建设一套完善的截污管网系统,并把收集来的污水送至处理设施进行处理,处理完后达标排放。截污管网建设包括排水体制论证、管网布置方案论证和管网设计等内容。

1.排水体制论证

排水体制通常分为合流制排水体制与分流制排水体制。

1)合流制排水体制

合流制排水系统是将生活污水、工业废水和雨水混合在一个管渠内就近排入水体的直排系统或采用截流式合流排水系统。按照其产生的次序及对污水处理的程度不同,合流制排水系统可分为直排式合流制、截流式合流制和全处理式合流制。城市污水与雨水径流不经任何处理直接排入附近水体的合流制称为直排式合流制排水系统。截流式合流制是在直排式合流制的基础上,修建沿河截流干管,并在适当的位置设置溢流井,在截流主干管(渠)的末端修建污水处理厂。在雨量较小且对水体水质要求较高的地区,可以采用完全合流制,将生活污水、工业废水和降水径流全部送到污水处理厂处理后排放。这种方式对环境水质的污染最小,但对污水处理厂处理能力的要求高,并且需要大量的投资和运行费用。

2)分流制排水体制

分流制排水系统是将生活污水、工业废水和雨水分别在两个或两个以上各自独立的管渠内排除的系统。排除生活污水、城市污水或工业废水的系统称污水排水系统,排除雨水的系统称雨水排水系统。完全分流制排水系统分设污水和雨水两个管渠系统,前者汇集生活污水、工业废水,送至处理厂,经处理后排放或加以利用。后者通过各种排水设施汇集城市内的雨水和部分工业废水(较洁净),就近排入水体。

分流制系统的优点是对水体的污染较小,卫生条件较好。缺点是工程投资大,仍有初期雨水污染问题,对现有老城区而言,工程实施难度较大。分流制主要适用于新建的城市、工业区和开发区。

3)不同体制排水系统的比较

合理地选择排水系统的体制,是城市和工业企业排水系统规划、设计的重要问题。它不仅从根本上影响排水系统的设计、施工、维护管理,而且对城市和工业企业的规划与环境保护影响深远,同时也影响排水系统工程的总投资和初期投资费用以及维护管理费用。通常,排水系统体制的选择应满足环境保护的需要,根据当地条件,通过技术经济比较确定。而环境保护应是选择排水体制时所考虑的主要问题。下面从不同角度来进一步分析各种体制的使用情况。

从环境保护方面来看,如果采用截流式合流制将城市生活污水、工业废水和雨水全部截留送往污水处理厂进行处理,然后再排放,从控制和防止水体污染来看,这种体制对带有较多悬浮物的初期雨水和污水都进行处理,对保护水体是有利的。但雨量过大时,混合污水量超过了截污管的设计流量,超出部分将溢流到城市河道,不可避免会对水体造成局部和短期污染。并且进入处理厂的污水,由于混有大量雨水,使原水水质、水量波动较大,势必对污水处理厂各处理单元产生冲击,这就对污水处理厂处理工艺提出了更高的要求。实践证明,采用截流式合流制的城市,随着建设的发展,河流的污染日益严重,甚至达到不能容忍的程度。为了改善截流式合流制这一严重缺点,今后探讨的方向是应将雨天时溢流出的混合污水予以贮存,待晴天时再将贮存的混合污水全部送至污水厂进行处理,或者改建成分流制排水系统等。截流式合流制排水系统因与城市的逐步发展密切相关,因而它是迄今国内外现有排水体制中用得最多的一种。

分流制是将城市污水全部送至污水处理厂进行处理。其缺点是初降雨水径流未加处理直接排入水体。近年来,国外对雨水径流的水质调查发现,雨水径流特别是初降雨水对水体的污染相当严重。分流制虽然具有这一缺点,但它比较灵活,比较容易适应城市发展的需要,一般又能符合城市卫生的要求,所以在国内外获得广泛采用,而且也是城市排水系统体制发展的方向。

从造价方面看,据国外的经验,合流制排水管道的造价比完全分流制一般要低20%~40%,可是合流制的泵站和污水处理厂却比分流制的造价要高。从总造价来看,完全分流制比合流制要高。从初期投资来看,不完全分流制因初期只建污水排水系统,因而会节省初期投资费用,此外,又可缩短施工期,发挥工程效益也快。而合流制和完全分流制的初期投资均比不完全分流制大。另外,把直排式合流制改造为截流式合流制与将合流制改造为分流制的投资比为1∶3。所以,我国过去很多新建的工业基地和居住区均采用不完全分流制排水系统。

从维护管理方面来看,晴天时污水在合流制管道中只是部分流,雨天时才接近满流,因而晴天时合流制管内流速较低,易于产生沉淀。但据经验,管中的沉淀物易被暴雨水流冲走,这样,合流管道的维护管理费用可以降低。但是,晴天和雨天时流入污水厂的水量变化很大,增加了合流制排水系统污水厂运行管理的复杂性。而分流制系统可以保持管内的流速,不致发生沉淀,同时,流入污水厂的水量和水质比合流制变化小得多,污水厂的运行易于控制。

另外,分流制可以分期建设和实施,一般在城市初期建造城市污水下水道,在城市建设达到一定规模后再建造雨水管道,收集、处理和排放降水尤其是暴雨径流。

在一个城市中,有时采用的是复合制排水系统,即既有分流制又有合流制的排水系统。复合制排水系统一般是在由合流制的城市需要扩建排水系统时出现的。在大城市中,因各区域的自然条件以及修建情况可能相差较大,因地制宜地在各区域采用不同的排水体制也是合理的。

2. 管网布置

在确定了排水体制后,接下来的工作是对截污管网的布置方案进行论证。

1)平面布置原则

(1)宜按远期规划一次性设计,管径按远期规划污水量确定。

(2)通过完善管线的建设提高污水收集率,并结合现状尽可能地考虑雨污分流,尽量将污水管向合流制管渠的上游延伸,收集从住宅小区和工业区排出的分流制污水。

(3)以现状排污口作为截污切入点,以污染严重、易截污排污口为首要考虑对象,按照“有污水可收,有污水能收”总体布局截污次支管网,以提高截污率和截污量,提高截污效果。

(4)优先考虑将新建城区或分流制区域的污水接入主干管网。

(5)污水管的布置要遵循污水主干管网的系统布局及服务区划,力求符合各主干管的排水要求。

(6)管道布置力求符合地形变化趋势,顺坡排水,尽量采用重力形式,避免提升;管道的铺设线路应避免迂回往复,力求水力流畅,用最短的行程送入主干管网或污水处理厂,使投资效果最佳。

(7)拟建管道应敷设在现状路或即将实施的道路上,尽量不要布置在远期规划(尤其是已建成区)或繁华而狭窄的道路上。

(8)管道布线除应符合排水工程相关要求外,还应满足市政基础设施相关规划和法规的要求,合理处理交叉区域的管道布置,以充分利用日益狭窄的城市地下公用空间。

2)竖向布置原则

污水次支管网竖向设计,应在满足各排水用户的接入及与主干管顺利衔接的情况下,尽可能减少埋深,以降低工程投资。除应满足相关规程规范外,还要考虑以下几方面的要求:

(1)在不受市政污水管高程影响的区域,为避免与其他地下管线(特别是雨水管)交叉时相碰,污水次支管起点覆土控制在2.0 m左右;在受市政污水管高程影响的区域,以接入点高程反推上游污水次支管起点埋深,但管道埋深应满足排水用户接入的要求,满足远期规划污水管的接入。

(2)充分利用地形地势,采用合适的管径及坡度,减小管道埋深,以降低工程投资;管道最小坡度应满足管道自清要求。

(3)污水次支管道的高程应满足顺利接入主干管的要求,尽量避免使用中途提升泵站。

(4)污水支管道的高程应满足沿途排水用户的接入要求,并能顺利截流排污口。

(5)在污水管道不可避免与河涌、沟渠相交叉时,应尽量从河涌、沟渠底部穿越,管顶覆土距离规划河渠底不小于2.0 m且满足抗浮要求;当地水利部门有具体要求时应从其要求,但应尽量避免采用倒虹吸管。

(6)管道布置应满足与现状地下管线的垂直、水平最小净距要求,同时还应满足施工作业的间距要求。

3.管网设计

污水管道系统的设计参数以国家有关规范和标准为依据。

1)流量和流速

流量公式

$$Q = Av \tag{7-1}$$

式中　Q——设计污水流量，m^3/s；

A——管道过水断面面积，m^2；

v——管道流速，m/s。

流速计算采用曼宁（Manning）公式

$$v = 1/n \times R^{2/3} \times I^{1/2} \tag{7-2}$$

式中　n——粗糙系数；

R——水力半径，m，$R=A/\rho$，ρ 为湿周，m；

I——纵坡（‰）。

2）粗糙系数

污水干道的粗糙系数主要取决于管壁结膜和管底沉淀情况，这两者又取决于污水水质及其流动情况。

排水管渠多为重力流，一般均按粗糙型紊流考虑，粗糙系数 n 值对不同管材有所区别，钢筋混凝土管采用 0.014，在多年实践中，混凝土排水管渠尚未发生问题；塑料管道 n 值采用 0.010。

3）流速

管内流速较大，均在规范规定的最小流速以上，水流畅通，不会发生淤积。污水管在设计充满度下，最小设计流速为 0.6 m/s；最大设计流速，金属管道为 10 m/s，非金属管道为 5 m/s。

4）最大设计充满度

污水管道按不满流设计，最大设计充满度见表 7-3。

表 7-3　最大设计充满度

管径或管渠/mm	最大设计充满度
200~300	0.55
350~450	0.65
500~900	0.70
≥1 000	0.75

5）最小设计坡度

污水管道最小管径 D300 相应最小设计坡度为 0.002（塑料管），其他管 0.003。

6）变化系数

居住区生活污水总变化系数 K_z

$$K_z = \frac{2.7}{Q^{0.11}} \tag{7-3}$$

式中　Q——污水平均日流量，L/s。

当污水平均日流量超过 1 000 L/s 时，总变化系数一般应不小于 1.3。

7）污水水质

排入污水管网的生活污水和工业污水，其水质应满足《污水排入城镇下水道水质标准》(GB/T 31962—2015)的要求。

4. 管材选择

在污水管网工程中,管道工程投资在工程总投资中占有很大的比例,而管道工程总投资中(一般条件下施工),管材费用约占50%。

排水管渠的材料必须满足一定要求,才能保证正常的排水功能。

(1)排水管渠必须具有足够的强度,以承受外部的荷载和内部的水压。

(2)排水管渠必须能抵抗污水中杂质冲刷和磨损;也应有抗腐蚀的功能,特别对有某些腐蚀性的工业废水。

(3)排水管渠必须不透水,以防止污水渗出或地下水渗入,而污染地下水或腐蚀其他管线和建筑物基础。

(4)排水管渠的内壁应平整光滑,使水流阻力尽量减小。

(5)排水管渠应尽量就地取材,并考虑到预制管件及快速施工的可能,减少运输和施工费用。

常用的排水管材有钢筋混凝土管、钢管、铸铁排水管、高密度聚乙烯双壁波纹排水管等类型。污水管道属于城市地下永久性隐蔽工程设施,要求具有很高的安全可靠性。因此,合理选择管材非常重要,需要从污水性质、输送污水量、工程地质、价格、维护费、使用寿命等多方面进行比较。

(五)污水处理

经过管网收集的污水需要进行处理,处理达标后才能排放至水体或回用。

1. 污水量预测

在确定了污水处理设施的服务范围后,需要进行污水量预测。污水的组成包括生活污水及工业污水,城市污水量预测与城市经济的发展、人口的数量、规划区的开发建设规模、布置、土地面积、人口密度、工业分布等密切相关。一般常用的污水量预测方法有人均综合指标法、分类用水指标法、单位建设用地综合指标法、污水量增长率推算法及比流量增长法。

2. 设计进水水质

污水处理厂进水污染物浓度的高低决定污水处理工艺流程的选择,与污水处理厂的基建投资和运行费用密切相关。然而污水处理厂进水水质又与居民生活水平、生活用水量、工业用水量以及污水收集方式等关联,要准确预测污水处理厂建成后服务期内的水质,难度较大。

通常情况下,污水处理厂进水水质设计一般在调查当地经济社会发展水平、居民生活习惯、工业产业类型等情况的基础上,参考周边已建污水处理厂的实际进水水质后进行预测。

3. 设计出水水质

设计出水水质主要依据排水水体的水质目标或回用水水质标准,参照《城镇污水处理厂污染物排放标准》(GB 18918—2002)执行。随着经济社会的发展和人居环境要求的提高,人们对污水处理厂出水水质的要求也越来越高。如在北京、深圳等发达地区,要求新建或提标污水处理厂的出水水质除总氮外的其他指标满足地表水Ⅳ类水标准。污水处理厂设计出水水质的提升，对河湖水环境改善更为有利。

4. 处理工艺

1) 预处理工艺

污水预处理主要是应用物理方法(如筛滤、沉淀等)去除污水中不溶解的悬浮物体和漂浮物质，为污水后续的生化处理创造有利条件。通常污水首先经过粗格栅去除水中较大悬浮物、漂浮物后进入污水提升泵房，经加压提升后进入细格栅间，去除水中较小悬浮物，随后再进入沉砂池，去除污水中的砂砾。

沉砂池分为平流式、竖流式、曝气式和旋流式 4 种形式。平流式沉砂池具有构造简单、处理效果较好的优点；竖流式沉砂池处理效果一般较差；曝气沉砂池通过向池中鼓入空气而产生旋流，使砂粒间产生摩擦作用，可使砂粒与悬浮性有机物得以分离，且不使细小悬浮物沉淀，便于砂粒与有机物的分别处理和处置，曝气沉砂池并具有除油功能；旋流沉砂池(钟氏沉砂池)是通过机械搅拌产生水力涡流，使泥沙和有机物分离，以达到除砂目的。4 种形式沉砂池有各自不同的适用条件，其选型应视具体情况而定。从效果看，曝气式和旋流式要优于平流式和竖流式。

2) 二级生化处理工艺

(1) 活性污泥法处理工艺(A/A/O)。

A/A/O(Anaerobic——厌氧、Anoxic——缺氧、Oxic——好氧)工艺是城市污水处理厂除磷脱氮常用的工艺，有成熟的运转经验，主要由厌氧池、缺氧池、好氧池组成。

(2) 微孔曝氧化沟工艺。

微孔曝气氧化沟就是采用高效节能的微孔曝气装置代替曝气机、转刷、转碟等曝气装置的氧化沟，利用水下推流器造成水力环流，这种氧化沟不仅保持氧化沟的耐冲击负荷，而且具有无须设置初沉池、污泥稳定、产泥量少等诸多特点，采用微孔曝气，水深可深于传统盘式氧化沟，具有节能、节约占地等优点。在氧化沟前加选择池(厌/缺氧池)，可保证高效的除磷脱氮效果。

(3) MBR 工艺。

MBR 是生化反应器和膜分离相结合的高效废水处理系统，用膜分离(通常为超滤)替代了常规生化工艺的二沉池。与传统活性污泥法相比，MBR 用膜分离技术代替了传统的泥水分离技术，也就决定了 MBR 有如下优势：膜技术可以全部截留水中的微生物，实现了水力停留时间和污泥龄的完全分离，使运行控制更加灵活，使延长污泥龄成为可能，这有利于增殖缓慢的硝化细菌的生长和繁殖，脱氮效率得到很大提高。同时，由于系统具有很长的泥龄，产生的剩余污泥量很小；膜技术不但可以截留水中的微生物，还可以截留部分大分子的难溶性污染物，延长污染物在反应器内的停留时间，增加难降解污染物的去除率。

(4) 循环式 SBR 工艺。

间歇式活性污泥法或序批式活性污泥法简称 SBR 工艺，是近几十年来活性污泥处理系统中较引人注目的一种废水处理工艺。该工艺集缺氧、曝气、沉淀、出水于同一生物池中，通过控制系统在该生物池内交替完成不同的反应过程。循环式 SBR 工艺是 SBR 的一种变型工艺，其主体构筑物由预反应池(选择池)和 SBR 池串联组成，厌氧池中设曝气搅拌装置,在SBR池中设置充氧曝气设备、滗水器和污泥泵,污泥泵用于回流污泥至厌氧池和排放剩余污泥。与传统的SBR工艺相比,循环式SBR运行方式为连续进水(沉淀期和排水期仍保持进水),间歇排水,没有明显的反应阶段和闲置阶段。这种系统在处理市政污水和工业废水方面比传统的SBR工艺费用更省、占地更少。该工艺通常水力停留时间较长,工艺设施简单。

3)深度处理工艺

目前国内外污水处理厂深度处理系统中最为常用、成熟的过滤工艺主要包括纤维转盘滤池、活性砂滤池、V形滤池和深床滤池等几种。从出水水质情况对比,砂滤池(包括活性砂滤池、V形滤池和深床滤池)工艺成熟、运行稳定可靠、出水水质最佳,二沉池出水经砂滤池后,出水SS可稳定达到5 mg/L以下,同时COD、BOD、TN、TP等有机污染物浓度也有一定幅度下降,抗水质、水量冲击负荷能力强。

4)消毒工艺

消毒是污水处理工艺流程中必不可少的工序,为保证公共卫生安全,防治传染性疾病传播,污水处理厂的设计中必须考虑设置消毒设施。消毒方法大体上可分为两类:物理方法和化学方法。物理方法主要有加热、冷冻、辐照、紫外线和微波消毒等方法。但目前最常用的还是使用化学试剂的化学方法。化学方法是利用各种化学药剂进行消毒,常用的化学消毒剂有多种氧化剂(氯、臭氧、溴、碘、高锰酸钾等)、某些重金属离子(银、铜等)及阳离子型表面活性剂等。

5.污水处理厂布置形式

污水处理厂的布置形式分为地下式和地上式两种。随着我国经济的不断发展,人民对环境的要求越来越高,为改善水环境污染现状,优化生活与投资环境,我国近年来投资建设了一大批污水处理厂,其工艺组成和建设规模各异,但在建设模式上,绝大多数的污水处理厂均采用地上式。地上污水处理厂固然有其优点,但同时应看到,地上污水处理厂的建设,一方面存在土地资源浪费及环境污染的问题,另一方面还会造成周边土地资源的贬值。随着我国城市化水平和居民环境要求的提高,能够与周边环境协调、封闭性强、无二次污染的地下污水处理厂可能成为城市污水治理工程建设新的发展趋势和发展方向。

(六)农村生活污水收集处理

与城市相比,农村地区人口密度低、建筑物分散、可利用土地相对充裕,因此农村生活污水的收集处理方式与城市相比有其自身的特点。

1.污水收集

1)收集模式

农村生活污水的收集模式应综合考虑当地的人口分布、污水水量、经济发展水平、环境特点、气候条件、地理状况,以及当地已有的排水体制、排水管网现状等确定,宜采用分流制。应根据村落和农户的分布,因地制宜地规划排水系统和污水处理系统,尽量避免长距离排水管道的建设,利于分散式的污水处理。

2)管网布设

管网布设应符合地形变化,取短捷路线,污水干管沿主要道路布设。污水管道尽量考虑自流排水,依据地形坡度铺设,坡度不小于0.3%。当污水收集系统不能实现全程重力自流时，可在需要提升的管渠段建污水泵站。泵站的位置应尽量靠近污水处理设施。泵站集水池可利用现有坑塘，集水池坡底向集水坑的坡度不宜小于10%。

厕所污水和生活杂排水宜分开收集，厕所粪便污水应先排入化粪池，再流入排水管，生活杂排水可直接进入排水管，在出户前宜设置检查井。

污水管可大致分为入户管、收集支管、收集干管分别进行确定，其中入户管管径小于100 mm，收集支管管径为100~400 mm，收集干管管径为400~1 000 mm。

2. 污水处理工艺

1) 处理工艺选取原则

(1) 对于分散居住的农户，鼓励采用低能耗小型分散式污水处理，如小型人工湿地、土地处理、稳定塘、净化沼气池、小型一体化污水处理装置等；在土地资源相对丰富、气候条件适宜的农村，鼓励采用集中自然处理；人口密集、污水排放相对集中的村落，宜采用集中处理。

(2) 对于以户为单元就地排放的生活污水，宜根据不同情况采用庭院式小型湿地、净化沼气池和小型净化槽等处理技术和设施。

(3) 除冲厕用水外的厨房用水、洗衣和洗浴用水等的低浓度生活污水可采用就地生态处理技术进行处理，包括小型的人工湿地以及土地处理等，净化后的污水可农田利用或回用。

(4) 鼓励采用粪便与生活杂排水分离的新型生态排水处理系统。宜采用沼气池处理粪便，采用氧化塘、湿地、快速渗滤及一体化装置等技术处理生活杂排水。

(5) 对于经济发达、人口密集并建有完善排水体制的村落，应建设集中式污水处理设施，宜采用活性污泥法（氧化沟活性污泥法、膜生物反应器等）、生物膜法（厌氧生物膜池、生物接触氧化池、生物滤池、生物转盘等）和人工湿地等二级生物处理技术。

2) 净化沼气池技术

生活污水净化沼气池是一种分散处理生活污水的装置，它采用生物厌氧消化和好氧过滤相结合的办法，集生物、化学、物理处理于一体，采用"多级发酵、多种好氧过滤和多层次净化"，实现污水中多种污染物的逐级去除。净化沼气池功能区包括预处理区、前处理区和后处理区。

净化沼气池适用于农村单独的大型建筑和公共厕所，没有污水收集设施或管网不健全的农村、民俗旅游村等，单池处理规模多数不大于100 m^3/d。

3) 小型人工湿地

小型人工湿地建设内容与大型人工湿地类似，建设内容包括前处理（三格化粪池、沼气池等）、湿地池体、填料、植物和布水系统，可用户用沼气池代替前处理部分。采用小型人工湿地处理生活污水，其建设面积与服务人口比例为0.1~4.0 m^2/人。

小型人工湿地适用于当地拥有废弃洼地、低坑及河道等自然条件，常年气温适宜的农村地区。人工湿地技术除可用于农村生活污水的处理外，还可用于建成区初期雨污水和农业面源的治理。单项小型人工湿地的处理规模比较小，一般小于100 m^3/d。

4) 土地处理技术

污水土地处理系统是在人工控制的条件下，将污水投配在土地上，通过土壤-植物系统,进行一系列物理、化学、物理化学和生物化学的净化过程,使污水得到净化的一种污水处理工艺。在污染物得以净化的同时,水中的营养物质和水分也得以循环利用。因此,土地处理是使污水资源化、无害化和稳定化的处理利用系统。污水土地处理是在污水农田灌溉的基础上发展起来的,是以土地作为主要处理系统的污水处理方法,其目的是净化污水,控制水污染。

土地处理系统适用于有可供利用的、渗透性能良好的沙质土壤和河滩等场地条件的农村地区,其土地渗透性好,地下水位深(>1.5 m)。土地处理技术包括慢速渗滤、快速渗滤、地表漫流等处理技术,单项工程处理规模多数不大于100 m^3/d。

5)一体化污水处理装置

一体化污水处理装置主要处理手段是采用目前较为成熟的生化处理技术,将污水处理厂的工艺和设备浓缩在一个集装箱内,其可以整体运输,安装快速,使用灵活。一体化污水处理装置可采用地埋式或安装在地面上,设备材质可选钢混凝土结构、玻璃钢以及钢板结构,共由六部分组成:初沉池、接触氧化池、二沉池、消毒池(消毒装置)、污泥池、风机房与风机。处理工艺通常采用序批式活性污泥法(SBR)、膜生物反应器(MBR)、周期循环活性污泥法(CASS)等工艺,以内充填料的地下管道式或折流式反应器装置为处理设备。进水水质设计参数也按一般生活污水水质设计计算。

一体化污水处理装置适用于发达型农村中几户或几十户相对集中、新建居住小区且没有集中收集管线及集中污水处理厂的情况。单项工程处理规模在1~500 m^3/d。

二、面源污染防治

面源污染主要由土壤泥沙颗粒、氮磷等营养物质、农药、各种大气颗粒物等组成,通过地表径流、土壤侵蚀、农田排水等方式进入水体。与点源污染集中排放废污水相比,面源污染具有许多显著不同的特点,表现为随机性、广泛性、滞后性、模糊性、潜伏性,研究和控制难度大。近年来,随着经济活动增强和城市开发建设强度加大,面源污染也随之加重,成为部分水体尤其是湖库最主要的污染源,需要采取措施进行治理。

(一)面源污染类型

按污染源的来源,面源污染可以分为城镇地表径流面源污染、农田面源污染、水产养殖污染等类型。

1.城镇地表径流面源污染

城镇地表径流面源污染也被称为城镇暴雨径流污染,是指在降水条件下,雨水和径流冲刷城镇地面,污染径流通过排水系统的传输,使受纳水体水质污染。城镇地表径流面源污染主要以初期雨水形式排放至水体中。

自21世纪初以来,我国城市化进程速度很快,城区面积迅速扩展,但城市管理水平赶不上城市建设,再加上部分市民素质有待提高,导致城区环境卫生状况尚不能令人满意,大量污染物由地表暴雨径流排入水体,由城市面源污染引起的水环境问题已经严重地制约城市的可持续发展。

2.农田面源污染

农田面源污染主要是降雨冲刷农业耕作层地面,携带农作物种植过程中残留的化肥、农药及丢弃的农作物腐烂后的污染物进入地表水体,造成大量的氮、磷等营养盐和农药污染。一般情况下,农业耕作层地面残留的大量农药、化肥在降雨的中、早期就被冲刷带走,初期地表径流污染物浓度较高,中、后期地表径流中因冲刷携带的残留化肥、农药较少,浓度较低。但是,上下游之间由于降雨形成的初期、中后期地表径流在汇流过程中存在时间上的差异,上游种植区产生的污染较严重的初期降水径流会与下游中后期污染相对较轻甚至是相对较洁净的径流混合,进一步增大了农业面源污染的水量规模、降低了水质浓度,增加了处理的难度。

3. 水产养殖污染

水产养殖业的快速发展,不仅满足了国民对水产品的需求,也提高了地区水产业发展的整体水平。但养殖户为了追逐经济利益,往往采用高密度养殖模式,大量使用饵料、肥料、药品、环境改良剂等,超过了水体自净能力,水体中污染物大量增加,水体自净能力下降。养殖过程中产生的废水排入周边水体中,又对周边环境造成污染,引起毗邻水域水质的恶化。由于水产养殖尾水排放的随机性、广泛性、滞后性等特点,并且其通常在强降雨后排入周边水体,因此把水产养殖污染当作面源污染来对待。

(二)城镇地表径流面源污染治理(海绵城市建设)

由于城镇面源污染物主要来自降雨对城市地表的冲刷,而降雨径流过程涉及整个集水区,因此最佳途径管控模式是实施流域性综合控制,空间上从“源头—迁移—汇流”三个阶段进行逐级控制。而海绵城市建设——低影响开发雨水系统构建是控制、消纳、处理城镇面源污染物的理想途径。

1. 概念

顾名思义,海绵城市是指城市能够像海绵一样,在适应环境变化和应对自然灾害等方面具有良好的“弹性”,下雨时吸水、蓄水、渗水、净水,需要时将蓄存的水“释放”并加以利用。海绵城市建设应遵循生态优先等原则,将自然途径与人工措施相结合,在确保城市排水防涝安全的前提下,最大限度地实现雨水在城市区域的积存、渗透和净化,促进雨水资源的利用和生态环境保护。

海绵城市的建设途径主要有以下几方面:一是对城市原有生态系统的保护,最大限度地保护原有的河流、湖泊、湿地、坑塘、沟渠等水生态敏感区,留有足够涵养水源、应对较大强度降雨的林地、草地、湖泊、湿地,维持城市开发前的自然水文特征,这是海绵城市建设的基本要求。二是生态恢复和修复,对传统粗放式城市建设模式下已经受到破坏的水体和其他自然环境,运用生态的手段进行恢复和修复,并维持一定比例的生态空间。三是低影响开发,按照对城市生态环境影响最低的开发建设理念,合理控制开发强度,在城市中保留足够的生态用地,控制城市不透水面积比例,最大限度地减少对城市原有水生态环境的破坏,同时,根据需求适当开挖河湖沟渠、增加水域面积,促进雨水的积存、渗透和净化。

海绵城市建设应统筹低影响开发雨水系统、城市雨水管渠系统及超标雨水径流排放系统。低影响开发雨水系统可以通过对雨水的渗透、贮存、调节、转输与截污净化等功能,有效控制径流总量、径流峰值和径流污染;城市雨水管渠系统即传统排水系统,应与低影响开发雨水系统共同组织径流雨水的收集、转输与排放。超标雨水径流排放系统,用来应对超过雨水管渠系统设计标准的雨水径流,一般通过综合选择自然水体、多功能调蓄水体、行泄通道、调蓄池、深层隧道等自然途径或人工设施构建。

2. 技术措施

海绵城市建设包括“渗、滞、蓄、净、用、排”等多种技术措施。其中“渗、滞、蓄”措施在将地表径流滞留在原地的同时，也将面源污染物就地截留并消纳降解。“净、用”对地表径流中的污染物降解后进行回用，使之不进入河湖水体，大大削减了进入河湖的面源污染物量。通过各类技术的组合应用，可实现径流总量控制、径流峰值控制、径流污染控制、雨水资源化利用等目标。

1）渗透措施

常用渗透措施包括绿色屋顶、透水路面、砂石地面和自然地面以及透水性停车场和广场等透水铺装。其中，绿色屋顶可有效减少屋面径流总量和径流污染负荷，适用于符合屋顶荷载、防水等条件的平屋顶建筑和坡度≤15°的坡屋顶建筑，且基质深度根据植物需求及屋顶荷载确定；透水铺装按照面层材料不同可分为透水砖铺装、透水水泥混凝土铺装和透水沥青混凝土铺装等，透水砖铺装和透水水泥混凝土铺装主要适用于广场、停车场、人行道以及车流量和荷载较小的道路，如建筑与小区道路、市政道路的非机动车道等，透水沥青混凝土路面可用于非机动车道。

功能：减少路面、屋面、地面不透水铺装，充分利用渗透和绿地技术，将雨水径流充分入渗，从源头减少径流和面源污染。

2）滞留（流）措施

常用滞留（流）措施主要包括下沉式绿地、生物滞留设施、滞留塘等，其中下沉式绿地可广泛应用于广场等不透水面的周边、城市道路及城市绿地等区域，也可作为生物滞留设施、湿塘等低影响开发设施的预处理设施；生物滞留设施主要适用于建筑与小区内建筑、道路及停车场的周边绿地，以及城市道路绿化带等城市绿地内等。

功能：降低雨水汇集速度，延缓峰现时间，削减峰值流量，既降低了排水强度，又缓解了地表径流污染物对河湖水体水质造成的瞬时冲击。

3）调蓄及回用措施

常用调蓄回用措施包括蓄水池、雨水湿地、湿塘等。其中，蓄水池主要适用于有雨水回用需求的建筑与小区、城市绿地等，根据雨水回用用途（绿化、道路喷洒及冲厕等）不同需求配建相应的雨水净化设施；不适用于无雨水回用需求和径流污染严重的地区。湿塘和雨水湿地均适用于建筑与小区、城市绿地、广场等具有空间条件的场地。

功能：调节雨水时空分布，为雨水利用创造条件，提高雨水利用率，缓解水资源短缺，避免污染物随地表径流直排入河。

4）净化措施

常用的净化措施包括植被缓冲带、人工湿地、初期雨水弃流设施等。植被缓冲带适用于道路等不透水面周边，可作为生物滞留设施等低影响开发设施的预处理设施，也可作为城市水系的滨水绿化带，但坡度较大（大于6%）时其雨水净化效果较差。绿色屋顶、生物滞留设施、透水铺装等设施也具有净化雨水径流的功能。

功能：减少面源污染，改善城市水环境。

(三)农田面源污染治理

针对农田面源污染,可以从工程措施和非工程管控措施两个方面进行治理。

1. 工程措施

1)水肥一体化工程

水肥一体化是指将节水灌溉与施肥融为一体的种植模式,将肥料与灌溉水源混合后形成混合水源,通过管道将混合水源输送至田间,然后采取滴管、喷灌的方式将肥料直接输送给农作物。在配合测土施肥的情况下,可较大幅度地降低农业种植化肥施用量和流失量。水肥一体化比较适用于规模化、集约化种植的旱作种植业,不适用于水田种植。水肥一体化种植模式的工艺流程主要包括取水设施、水肥混合池、田间节水灌溉设施。

2)农田地表径流资源化利用工程

农田地表径流资源化利用是指将降雨初期或中小雨时的农田地表径流收集、调蓄、净化和回用灌溉。由于农田地表径流污染程度随降雨历时发生变化,收集调蓄设施的模式较为适宜采用分散式。在田间建设分散式径流收集池塘,每个池塘收集的农用地面积不能太大,采取工程措施,对雨水进行收集、贮存和综合利用,减少雨洪对农田冲刷。农田地表径流资源化利用工程适宜多年平均降水量下限为 250 mm 的地区。

3)生态沟渠

生态沟渠是指具有一定宽度和深度,由水、土壤和生物组成,具有自身独特结构并发挥相应生态功能的沟渠生态系统,目前多用于对农田径流中的氮、磷等物质的拦截和处理,达到控制养分流失,减少农田面源污染的目的。生态拦截型沟渠系统通过截留泥沙、土壤吸附、植物吸收、生物降解等一系列作用,促进流水携带的颗粒物沉淀,吸收和拦截水体中的养分,同时水生植物的存在可以加速氮、磷界面交换和传递,从而使污水中氮、磷的浓度减小,具有良好的净化效果。

生态沟渠的优点是适用范围广、营养物质截留效果好,一般依原有沟渠而建,不占用土地;缺点是需要进行定期的维护管理,沟渠的水生植物要定期收获、处置、利用,沟底淤积物要及时清淤。

生态沟渠建造时应因地制宜,尽量利用原有自然沟渠,对其进行生态改造。用于农业面源截流的生态沟渠建设密度应能满足农田排水要求和生态拦截需要,一般建设的密度为 100 m/hm^2,通常分布在农田四周与农田区外的河道之间。

2. 非工程管控措施

基于农业地表径流面源污染的特征,管控措施应着重考虑源头削减和资源化利用,主要包括 3 个方面:

(1)减少农药、化肥施用量的途径主要包括推广低毒、低残留农药,推行水肥一体化的种植模式,实施测土施肥,推广精准施肥技术和机具等。

(2)减少化肥在耕作层地表残留量的途径主要是尽量减少抛撒施肥,采用表层开挖后施肥再覆盖的方式。

(3)农业地表径流调蓄回用。主要考虑的农业面源污染物是氮、磷等营养盐,回用不会造成对农作物的污染,难点是要将中早期的地表径流面源与中后期分离,尽量收集、回用中早期的面源。

(四)水产养殖污染治理

可以从工程措施和非工程管控措施两个方面对水产养殖污染进行治理。

1. 工程措施

用于处理水产养殖尾水的措施手段有一体化污水处理设备、人工湿地、氧化塘等,需要在对尾水水质进行分析的基础上,通过工艺比选,选择合适的处理方式。

2. 非工程管控措施

水产养殖污染管控方面,积极开展绿色低碳水产健康养殖,推广池塘标准化养殖技术和生态健康养殖模式,着力推行水产养殖节能减排模式的应用,促进渔业转型升级。一是推广微电解水质调控、循环水、生物技术应用等生态健康养殖技术;二是科学饲养;三是控制水产养殖容量,根据不同养殖对象、养殖模式、养殖设施、养殖技术来调整养殖容量,在保持生态系统相对稳定、不危害环境的前提下,能获得最大养殖效益。

水产养殖开发必须遵照相关技术标准或技术规范从事生产,应提倡和鼓励符合无公害养殖标准的生产开发,对不符合环境保护要求的养殖生产实行必要的控制。进一步加强对养殖者自身产生的垃圾及污染物的收集处理,鼓励养殖户建设污水处理设施,以及其他提高水环境容量和水体自净能力的工程措施。

三、内源污染防治

长期受到严重污染的水体,其底部积累了大量的污染物,在受到扰动后,污染物从底泥中释放出来,给水体造成污染。尤其是在河湖的外源污染得到控制后,内源污染即成为水体水质的主要威胁,因此需采取措施消除内源污染。

(一)概念

内源污染主要指进入河湖中的污染物通过各种物理、化学和生物作用,逐渐沉降至河湖底质表层。积累在底质表层的氮、磷营养物质,一方面,可被微生物直接摄入,进入食物链,参与水生态系统的循环;另一方面,可在一定的物理化学及环境条件下,从底泥中释放出来而重新进入水中,从而形成水体内污染负荷。

(二)内源污染对水体的影响

1. 内源污染影响河湖水质

生活污水排放至河湖水体,污染物经过被水体颗粒物的吸附、絮凝、沉淀以及生物吸收等多种方式最终沉积到底泥并且逐渐积累,底泥成为水体中各种污染物质的最终储存场所。经过不断的积累富集,底泥中的有机物、氮、磷等污染物的浓度往往比上覆水中高出几个数量级。对于水动力不足的水体,污染物质更容易沉积在底泥中。

底泥对水质的影响比较持久,即使消除外源污染,底泥仍可能长时间对上覆水水质产生影响。底泥与上覆水之间不停地进行着物质和能量交换,底泥中的污染物也与上覆水保持吸附与释放的动态平衡,环境条件一旦有所改变,污染物质就会通过吸附、溶解、生物分解等作用,重新释放到上覆水中,产生“二次污染”。

2. 污染底泥将破坏河湖生态平衡

生活污水排入水体,随着水质恶化,底泥逐渐处于厌氧状态,厌氧状态下通过底泥微生物作用,将释放大量磷,加剧水体藻类繁殖,导致水体富营养化,水体溶解氧进一步下降，底泥中附着大量厌氧、兼性厌氧微生物，通过生物反应产生 NH_3、H_2S 等致臭气体，最终水质进一步恶化，河道原有生态系统完全被破坏。

（三）清淤

底泥的治理主要有清淤和原位修复两种治理方式，其中清淤是最常用的治理手段。传统的清淤方式是将含有污染物的底泥全部清除，但这种清淤方式在生态修复理念中被视为“破坏式治污”，危害底泥中的底栖生物，破坏了底泥中的生态平衡。近年来生态清淤逐渐代替传统清淤，成为底泥治理的主要手段。

1. 生态清淤原则

（1）做好底泥污染及淤积深度的勘测，合理确定清淤范围及清淤厚度，减少不必要的工程投资及对水库底泥生态系统的破坏。

（2）为保证水质，在清淤施工中应尽量减少对水体的扰动，尽量避免因淤泥扰动造成上覆水体的污染。

（3）余水达标排放，加强余水的水质监测，适时采用物理、化学方法进行处理，确保回流入水库余水满足排放标准。

（4）对清淤的污染底泥进行安全处理，避免污染物对环境的次生污染。

2. 清淤技术

目前国内常用的生态清淤技术有直接挖掘法、抓斗式清淤、泵吸式清淤、斗轮式清淤、绞吸式清淤等。

1）直接挖掘法

直接挖掘法在施工时首先在与外界相通处修筑施工围堰，之后再抽干围堰内的水，对水底进行晾晒，待淤泥层晒干后采用长臂挖机分区、分块进行开挖。或者选择在枯水季节施工。

直接挖掘法的优点是开挖直观、清淤彻底，所产生的淤泥尾水较少，需外运处理的淤泥体积较少。缺点是需排干水体，排水量极大，对施工期堤岸安全防护要求高；若淤泥层厚度较大，淤泥晒干需要的时间也会相应延长，且时间受气候影响较大。

2）抓斗式清淤

利用抓斗式挖泥船开挖淤泥，通过抓斗式挖泥船前臂抓斗伸入水底，利用油压驱动抓斗插入底泥并闭斗抓取水下淤泥，之后提升回旋并开启抓斗，将淤泥直接卸入靠泊在挖泥船舷旁的驳泥船中，开挖、回旋、卸泥循环作业。清出的淤泥通过驳泥船运输至淤泥堆场。

抓斗式清淤适用于开挖泥层厚度大、施工区域内障碍物多的湖库清淤。抓斗式挖泥船灵活机动，不受水体内垃圾、石块等障碍物影响，适合开挖较硬土方或夹带较多杂质垃圾的土方；其施工工艺简单，设备组织容易，工程投资较低，施工过程不受天气影响。但抓斗式挖泥船对极软弱的底泥敏感度差，开挖中容易产生“掏挖河床下部较硬的底层土方，从而泄漏大量表层底泥尤其是浮泥”的情况；容易造成表层浮泥经搅动后又重新回到水体之中。

3）泵吸式清淤

泵吸式清淤是将水力冲挖的水枪和吸泥泵同时装在圆筒状罩子中，由水枪射水将底泥搅成泥浆，通过另一侧的泥浆泵将泥浆吸出，再经管道送至岸上的堆场，整套机具都装备在船只上，一边移动一边清除。而另一种泵吸法是利用压缩空气为动力进行吸排淤泥的方法，将圆筒状下端有开口的泵筒在重力作用下沉入水底，陷入底泥后，在泵筒内施加负压，软泥在水的静压和泵筒的真空负压下被吸入泵筒；然后通过压缩空气将筒内淤泥压入排泥管，淤泥经过排泥阀、输泥管而输送至运泥船上或岸上的堆场中。

泵吸式清淤的装备相对简单，可以配备小中型的船只和设备，适合进入小型水体施工。一般情况下容易将大量水体吸出，造成后续泥浆处理工作量的增加。此外，由于水体内杂质、垃圾等成分复杂、大小不一，容易造成吸泥口堵塞的情况。

4）斗轮式清淤

利用装在斗轮式挖泥船上的专用斗轮挖掘机开挖水下淤泥，开挖后的淤泥通过挖泥船上的大功率泥泵吸入并进入输泥管道，经全封闭管道输送至指定卸泥区。

斗轮式清淤一般比较适合开挖泥层厚、工程量大的中大型河道、湖泊和水库，是工程清淤常用的方法。清淤过程中不会对河道通航产生影响，施工不受天气影响，且施工精度较高。但斗轮式清淤在清淤工程中会产生大量污染物扩散，逃淤、回淤情况严重，淤泥清除率在50%左右，清淤不够彻底，容易造成大面积水体污染。

5）绞吸式清淤

绞吸式清淤是目前最常用的生态清淤方式，适用于工程量较大的大中小型河道、湖泊和水库，多用于河道、湖泊和水库的环保清淤工程。环保绞吸式清淤船配备专用的环保绞刀头，清淤过程中，利用环保绞刀头实施封闭式低扰动清淤，开挖后的淤泥通过挖泥船上的大功率泥泵吸入并进入输泥管道，经全封闭管道输送至指定卸泥区。

环保绞吸式清淤船配备专用的环保绞刀头，具有防止污染淤泥泄漏和扩散的功能，可以疏浚薄的污染底泥而且对底泥扰动小，避免了污染淤泥的扩散和逃淤现象，底泥清除率可达到95%以上；清淤浓度高，清淤泥浆质量分数达70%以上，一次可挖泥厚度为20~110 cm。同时环保绞吸式挖泥船具有高精度定位技术和现场监控系统，通过模拟动画，可直观地观察清淤设备的挖掘轨迹；高程通过挖深指示仪和回声测深仪控制，精确定位绞刀深度，挖掘精度高。

3. 淤泥脱水技术

常用的淤泥脱水方案有重力脱水法、土工管袋法、脱水船脱水法及机械脱水法。

1）重力脱水法

重力脱水法是用于大量底泥脱水处理的一种方法。底泥脱水处理包括沉降、表面排水、固化和蒸发等步骤。底泥通过卡车和挖掘机等机械方式运送至脱水衬垫上方，然后通过重力脱水的方式降低底泥中的含水量。

2）土工管袋法

土工管袋法一般用于底泥形式的脱水处理，或者用于有足够的暂存区域，水处理能力以及底泥特性适宜的场合。高强度、可渗透的土工管袋能截留底泥并同时允许水的排出。在泥浆进入土工管袋之前，可事先加入聚合物以提高其脱水性能。多余的水分从土工管袋的小孔隙中排出，并收集起来进行水处理。土工管袋脱水通常需要的时间较短，并且相对重力脱水法，脱水处理后的底泥具备更低的含水量，但是却面临着相当高的废水产生率。此外，土工管袋脱水法在脱水处理完成之后，进行SS处理也存在一定难度，因为其需要先将底泥从管袋中取出。

3)脱水船脱水法

泥水分离设备以船的形式出现,整个工作流程全部在水面上完成,不需要占用陆地面积。清淤采用环保式绞吸清淤船,通过泥浆管与脱水船相连,距离在100 m以内。脱水船上装有带式浓缩脱水装置。

4)机械脱水法

机械脱水法的原理就是利用过滤介质两面的压力差,强制性地使污泥水分通过过滤介质,从而形成滤液,使固体颗粒物质截留在介质上,形成滤饼,从而达到深度脱水的目的。主要的机械脱水技术有真空过滤、板框过滤、带式过滤等。真空过滤机连续进泥、连续出泥,运行平稳,但附属设施较多,投资较高,脱水率为20%~40%;板框压滤机为污水厂常用污泥脱水设备,过滤推动力大,泥饼含水率较低,进泥、出泥具有间歇性,生产率较低,脱水率为20%~55%;带式过滤机是新型的过滤机,有多种设计,脱水原理也不同(重力过滤、压力过滤、毛细管吸水、造粒),但均设有回转带,一边运泥,一边脱水,或只有运泥作用;离心脱水机,由内、外转筒组成,转筒一端呈圆柱形,另一端呈圆锥形,转速一般在3 000 r/min左右或更高;离心脱水机连续生产和自动控制,卫生条件较好,占地小,脱水率为15%~20%。

4. 淤泥处置

脱水干化后的底泥,需采样进行检测,根据检测结果确定处置方式。符合《土壤环境质量农用地土壤污染风险管控标准(试行)》(GB 15618—2018)的底泥,可以用作农业种植土。符合《土壤环境质量建设用地土壤污染风险管控标准(试行)》(GB 36600—2018)的底泥,可以用于建设场地回填和一般绿化种植土,也可以制作成砖、砌块、陶粒等建筑材料进行资源化利用。如果底泥中的重金属、有害有机物、放射性物质等超标,则需要进行无害化处理或安全填埋。

(四)底泥原位修复

底泥原位修复是指不移动受污染的底泥,直接在水体底泥发生污染的位置对其进行原地修复或处理的措施。底泥原位修复可分为物理/化学修复和生物修复。

1. 物理/化学修复

在底泥表面添加化学药剂或物理材料,药剂与底泥中的污染物发生反应,使之钝化,减少向水体再释放量,或者直接用材料将污染底泥覆盖起来。常用的修复材料有石灰、天然沸石、硅藻土、粉煤灰、铁铝泥、锁磷剂等。用物理/化学修复方式修复底泥的缺陷是会破坏水底原有的生态系统,容易带来二次污染,并且会缩小河道行洪断面,不利于行洪排涝,另外,药剂和覆盖层容易受到水流扰动,降低使用效果。

2. 生物修复

生物修复主要是向污染底泥中投加微生物制剂,调控底泥中微生物群体组成和数量,优化群体结构,提高微生物对底泥污染物的降解效率,加快污染物降解。用于底泥原位生物修复的微生物通常是经过反复筛选的、对污染物具有较强降解功能的微生物菌株。

四、其他污染防治

除通常的点源污染、面源污染和内源污染外,还存在一些其他类型的污染,如航运污染、交通事故污染等。这些污染虽然不是持续发生的,并且污染总量很小,但其产生时能在小范围水域内造成突发的严重污染事故,破坏水质和生态系统,威胁饮用水安全,必须加以重视。

(一)航运污染

航运污染是指船舶在运输过程中产生的污染,主要污染物有船舶溢油污染、船舶生活污水、船舶垃圾等。

1. 船舶溢油污染

船舶对水体最大的污染风险是燃油泄漏污染。船舶在航运过程中,可能发生碰撞、搁浅、火灾、沉船等事故,均容易造成燃油泄漏。虽然船舶燃油泄漏事故发生的概率极小,但事故一旦发生,就会严重破坏水质和生态系统,威胁到水源地内取水口的正常取水。

针对船舶燃油泄漏风险,必须采取一定的防范措施。建设船舶溢油应急设备库、建立溢油污染处理应急队伍、制定专项应急预案,是应对船舶燃油泄漏风险的有效措施。此外,加强航运管理,提高船员业务水平,减少航运事故发生,也是防范船舶燃油泄漏的有效手段。

2. 生活污水和垃圾

生活污水和垃圾也是船舶对水体的污染源之一。虽然现在新制造的船舶都具备了污水收集和贮存功能,但由于船舶生活污水岸上接纳设施缺乏,导致船舶生活污水无法及时排泄至岸上而被偷排入水体中。因此,建议有关部门一方面加强船舶生活污水岸上接纳设施建设,另一方面加强对船舶的管理,禁止航行船舶的生活污水排入水源地及水源地上游 1 000 m 范围内的水域。

有关部门应加强执法管理,严禁直接向水体排放废污水和垃圾,另外,建设和完善船舶污染物岸上接收设施,及时将船舶产生并蓄存的废污水转运到岸上处理。

(二)交通事故污染

在现代交通业的发展过程中,由于受到建设条件和其他众多因素的限制,公路、桥梁不可避免地要穿过水体,或毗邻水体而建。交通事故引发的水环境污染主要是指油罐车或有毒有害化学品运输车辆泄漏,或发生交通意外,把污染物倾倒路面后随地表径流进入水源区,或直接翻车把污染物倾倒入饮用水水源中,造成污染事故。

针对交通事故产生的水污染,除加强管理、降低事故发生率外,还可以在桥梁两端和交通事故多发的路段建设应急事故池,收集事故发生后桥(路)面的泄漏液体和清洗废水,避免其进入水体,保护水质不受污染。

(三)突发性水污染事故应急管理

突发性水污染事故是指由于人的行为使得水资源水质在短期内恶化速率突然加大的水污染现象。突发性水污染事故没有固定的排放方式和途径,且突发、凶猛,往往在短时间内排放大量有害污染物,因此对人类健康及生命安全造成了巨大威胁,其危害制约着生态平衡及社会经济的发展。建立一套应急管理机制,可以快速、有效地对突发性水污染事故进行处置,将事故危害降至最低。

1. 设立预警监测断面(井)

在一些重要的集中污水处理设施排口、废水总排口及与水源连接的水体设立预警断面(井),在常规人工监测、重点流域自动监测的基础上,根据流域的特征、污染物的类型适当增加预警监测指标,监控有毒有害物质。地下水型饮用水水源应设置污染控制监测井。定期对污染控制井进行监测,提前预警风险源对地下水的污染。一旦发生污染,应采取相应措施,必要时停止取水。

2. 完善风险防控措施

优化与水源直接连接水体的供排水格局,布设风险防控措施。在地表水型饮用水水源上游、潮汐河流型水源的下游或准保护区以及地下水型水源补给区设置突发事件缓冲区,利用现有工程或采取措施实现拦截、导流、调水、降污功能;在水源周围设置应急防护措施,防止有毒有害物质进入水源。

3. 建立风险评估机制

建立饮用水水源风险评估机制,分析饮用水水源保护区外或与水源共处同一水文地质单元的工业污染源、垃圾填埋场及加油站等风险源对水源的影响,分级管理水源风险,严格管理和控制有毒有害物质。评估风险源发生泄漏事故或不正常排污对水源安全产生的风险,科学编制防控方案。

4. 建立供水安全保障机制

要加强备用水源和取供水应急互济管网的规划建设,当发生水质异常突发事件时,可通过备用水源或相邻水厂管道调水,保障供水安全;供水部门要指导和督促下辖的自来水厂完善水质应急处理设施和物资保障,强化进水水质深度处理能力。

5. 风险源管理

建立风险源目标化档案管理模式,明确责任人和监管任务,严格审批重点污染行业企业,新建排污企业与居民区或水源保护区距离一般不小于 1 km;严格执行水源保护区建设项目准入制度,对存在污染饮用水水源风险的建设项目,要完善风险防范措施。输送管线等特殊设施,确需穿越水源的,必须配套泄漏预警及风险防范措施,编制专项应急预案。

严格控制运输危险化学品、危险废物及其他影响饮用水水源安全的车辆进入水源保护区,进入车辆应申请并经有关部门批准、登记,并设置防渗、防溢、防漏等设施。

6. 制定应急预案

应急预案是为迅速、有效、有序地应对和缓解一些突发事件,而预先制定的一套程序化、规范化、详细的操作性文件和规定。应急预案在应急体系建立中具有政策性、纲领性和指导性作用,明确救援队伍、应急物质和专家技术支持等,从而使突发事件带来的危害降到最低。

7. 特殊时期的水源风险防范措施

在发生地震、汛期、旱期、雨雪冰冻等特殊时期,对水源的风险防范应更加严格谨慎。加强水源巡查和保护的宣传;对水源周边重点污染源进行全面排查,重点防范特殊时期企业违法偷排;增加水源监测频次。

第四节　水生态修复

河湖健康最重要的特征是生态系统完整健康。对于生态系统尚未达到健康状态的河湖,需要采取水生态修复措施。水生态修复是指利用生态系统原理,采取各种方法修复受损伤的水体生态系统的生物群体及结构,重建健康的水生态系统,修复和强化水体生态系统的主要功能,并能使生态系统实现整体协调、自我维持、自我演替的良性循环。

一、保护重要水生态功能区

自然保护区、水产种质资源保护区、鱼类“三场”、洄游通道、重要湿地等属于重要的水生态功能区,对维持水生态系统健康、物种多样性具有重大意义,需要严格保护。

(一)自然保护区

1. 概念

自然保护区为对有代表性的自然生态系统、珍稀濒危野生动植物物种的天然集中分布区、有特殊意义的自然遗迹等保护对象所在的陆地、陆地水体或者海域,依法划出一定面积予以特殊保护和管理的区域。我国自然保护区分国家级自然保护区和地方级自然保护区,地方级又包括省、市、县三级自然保护区。涉及河湖的国家级自然保护区有江西鄱阳湖南矶湿地国家级自然保护区、湖南东洞庭湖国家级自然保护区、山东黄河三角洲国家级自然保护区、安徽铜陵淡水豚国家级自然保护区等。

2. 生态作用及意义

(1)保护自然本底。

自然保护区保留了一定面积的各种类型的生态系统,可以为子孙后代留下天然的“本底”。这个天然的“本底”是今后在利用、改造自然时应遵循的途径,为人们提供评价标准以及预计人类活动将会引起的后果。

(2)储备物种。

保护区是生物物种的储备地,又可以称为储备库。它也是拯救濒危生物物种的庇护所。

(3)开辟基地。

自然保护区是研究各类生态系统自然过程的基本规律、研究物种的生态特性的重要基地,也是环境保护工作中观察生态系统动态平衡、取得监测基准的地方。当然它也是教育试验的好场所。

此外,自然保护区能在涵养水源、保持水土、改善环境和保持生态平衡等方面发挥重要作用,也是宣传教育活的自然博物馆。

3. 保护要求

为加强自然保护区的建设和管理,保护自然环境和自然资源,我国制定了《中华人民共和国自然保护区条例》。根据该条例,自然保护区可以划分为核心区、缓冲区和实验区。自然保护区内保存完好的天然状态的生态系统以及珍稀、濒危动植物的集中分布地,应当划为核心区,禁止任何单位和个人进入,一般情况下也不允许进入从事科学研究活动。核心区外围可以划定一定面积的缓冲区，只准进入从事科学研究观测活动。缓冲区外围划为实验区，可以进入从事科学试验、教学实习、参观考察、旅游，以及驯化、繁殖珍稀、濒危野生动植物等活动。

在自然保护区的核心区和缓冲区内，不得建设任何生产设施。在自然保护区的实验区内，不得建设污染环境、破坏资源或者景观的生产设施；建设其他项目，其污染物排放不得超过国家和地方规定的污染物排放标准。在自然保护区的实验区内已经建成的设施，其污染物排放超过国家和地方规定的排放标准的，应当限期治理；造成损害的，必须采取补救措施。

（二）水产种质资源保护区

1. 概念

水产种质资源保护区是指为保护水产种质资源及其生存环境，在具有较高经济价值和遗传育种价值的水产种质资源的主要生长繁育区域，依法划定并予以特殊保护和管理的水域、滩涂及其毗邻的岛礁、陆域。水产种质资源保护区分为国家级水产种质资源保护区和省级水产种质资源保护区。划定水产种质资源保护区是协调经济开发与资源环境保护的有效手段，对于减少人类活动的不利影响、缓解渔业资源衰退和水域生态恶化趋势具有重要作用，取得了良好的生态效益和社会效益。

2. 区域选择

水产种质资源保护区主要在以下区域设立：

（1）国家和地方规定的重点保护水生生物物种的主要生长繁育区域。

（2）我国特有或者地方特有水产种质资源的主要生长繁育区域。

（3）重要水产养殖对象的原种、苗种的主要天然生长繁育区域。

（4）其他具有较高经济价值和遗传育种价值的水产种质资源的主要生长繁育区域。

3. 保护要求

为规范水产种质资源保护区的设立和管理，加强水产种质资源保护，我国制定了《水产种质资源保护区管理暂行办法》。根据该办法，农业农村部和省级人民政府渔业行政主管部门应当分别针对国家级和省级水产种质资源保护区主要保护对象的繁殖期、幼体生长期等生长繁育关键阶段设定特别保护期。特别保护期内不得从事捕捞、爆破作业以及其他可能对保护区内生物资源和生态环境造成损害的活动。

在水产种质资源保护区内从事修建水利工程、疏浚航道、建闸筑坝、勘探和开采矿产资源、港口建设等工程建设的，或者在水产种质资源保护区外从事可能损害保护区功能的工程建设活动的，应当按照国家有关规定编制建设项目对水产种质资源保护区的影响专题论证报告，并将其纳入环境影响评价报告书。单位和个人在水产种质资源保护区内从事水生生物资源调查、科学研究、教学实习、参观游览、影视拍摄等活动，应当遵守有关法律法规和保护区管理制度，不得损害水产种质资源及其生存环境。

禁止在水产种质资源保护区内从事围湖造田、围海造地或围填海工程。禁止在水产种质资源保护区内新建排污口。在水产种质资源保护区附近新建、改建、扩建排污口，应当保证保护区水体不受污染。

（三）鱼类“三场”和洄游通道

1. 概念

鱼类“三场”指的是鱼类产卵场、索饵场和越冬场。产卵场是指鱼虾贝等交配、产卵、孵化及育幼的水域，是水生生物生存和繁衍的重要场所，对渔业资源补充具有重要作用。索饵场是指鱼类和虾类等群集摄食的水域，主要位于河口附近海区及寒暖流交汇处。该水域有机质和营养盐类丰富，饵料生物繁生，鱼类常群集进入索饵、生长、育肥。越冬场即是水产动物冬季栖息的水域。洄游通道即鱼类洄游时经过的水域通道。

2. 保护要求

（1）水利水电工程、航运工程、交通工程的选址应尽量避开鱼类“三场”和洄游通道，并与其保持一定距离。

（2）对位于水库下游的鱼类越冬场、鱼类产卵场、洄游通道，应对水库调度进行优化，在鱼类越冬、产卵、洄游季节，下泄足够的流量，保护鱼类越冬、产卵、洄游场所的环境。

（3）对于位于水库上游的产卵场，梯级可能淹没产卵场，必须采取合理的补救、补偿等措施，如实施鱼类增殖站、寻找替代生境等。

（4）对于被占用的洄游通道，应根据流域内鱼类洄游通道恢复需求，适时开展已建梯级的鱼类洄游通道恢复。

（5）合理控制施工时间，避开鱼类产卵期、集中越冬期、洄游期。

（6）定期进行生态与环境监测，进行长期的科学观测和科学研究，对工程建设不仅应进行环境影响预测评价，更重要的是需要建立后评估制度，在工程完成后观测和分析其对生态与环境的影响。

（7）对重要的鱼类“三场”和洄游通道，划定禁渔期，强化渔政管理，施行禁捕等措施。

（四）重要湿地

1. 概念

湿地，被称为“地球之肾”。按《国际湿地公约》定义，湿地是指不论其为天然或人工、常久或暂时的沼泽地、湿原、泥炭地或水域地带，带有静止或流动，或为淡水、半咸水或咸水水体者，包括低潮时水深不超过 6 m 的水域。湿地的类型多种多样，通常分为自然和人工两大类。自然湿地包括沼泽地、泥炭地、湖泊、河流、海滩和盐沼等，人工湿地主要有水稻田、水库、池塘等。

2. 湿地功能

湿地的功能是多方面的，它不仅为人类提供大量食物、原料和水资源，而且在维持生态平衡、保持生物多样性和珍稀物种资源以及涵养水源、蓄洪防旱、降解污染、调节气候、补充地下水、控制土壤侵蚀等方面均起到重要作用。

1）物质生产

湿地具有强大的物质生产功能，它蕴藏着丰富的动植物资源，具有很高的经济价值和生态价值，为造纸业、农业、盐业、渔业、养殖业、编织业提供了重要的生产资料。

2）水分调节

湿地在蓄水、调节河川径流、补给地下水和维持区域水平衡中发挥着重要作用，是蓄水防洪的天然“海绵”，在时空上可分配分布不均的降水，通过湿地的吞吐调节，避免水旱灾害。

3)净化

沼泽湿地像天然的过滤器,它有助于减缓水流的速度,当含有毒物和污染物质的流水经过湿地时,流速减慢,有利于毒物和污染物的沉淀与排除。如氮、磷、钾及其他一些有机物质,通过复杂的物理、化学变化被生物体贮存起来,或者通过生物的转移(如收割植物、捕鱼等)等途径,永久地脱离湿地,参与更大范围的循环。

4)动物栖息地

湿地复杂多样的植物群落,为野生动物尤其是一些珍稀或濒危野生动物提供了良好的栖息地,是鸟类、两栖类动物的繁殖、栖息、迁徙、越冬的场所。因为水草丛生的沼泽环境,为各种鸟类提供了丰富的食物来源和营巢、避敌的良好条件。

3.保护要求

为加强湿地保护管理,履行国际湿地公约,我国制定了《湿地保护管理规定》。根据该规定,湿地保护管理机构应当组织开展退化湿地修复工作,恢复湿地功能或者扩大湿地面积;开展湿地动态监测,并在湿地资源调查和监测的基础上,建立和更新湿地资源档案。在湿地内禁止从事下列活动:

(1)开(围)垦、填埋或者排干湿地。

(2)永久性截断湿地水源。

(3)挖沙、采矿。

(4)倾倒有毒有害物质、废弃物、垃圾。

(5)破坏野生动物栖息地和迁徙通道、鱼类洄游通道,乱采滥捕野生动植物。

(6)引进外来物种。

(7)擅自放牧、捕捞、取土、取水、排污、放生。

(8)其他破坏湿地及其生态功能的活动。

二、修复河湖水面及连通性

历史上,人类为了增加耕地面积和建设城市,将河湖填平或缩窄,侵占了原有的水域空间。而水电站、大坝、水闸等水利设施的建设,更是直接切断了河湖上下游之间的联系,造成阻隔。无论是水面被侵占还是阻隔,均对生态系统产生了巨大的破坏。为了维持河湖生态系统健康,亟待修复河湖水面,并恢复河湖的连通性。

(一)河湖水面修复

河湖水面修复与补偿的主要途径分为两类:一方面,体现在应对由于人类活动减少的水面进行修复,对于被淤积、阻断、缩窄的河道,应进行疏浚、沟通和拓宽;对于围湖养殖和围湖造田侵占的湖泊水体,应进行退渔还湖和退耕还湖;对于由于城市建设被侵占和填埋的河道、沟渠、水塘等面积水体,应进行恢复。另一方面,应通过新建水面进行补偿,可以结合城市水系防洪、蓄水、景观等功能新建城市人工湖库、人工壅水形成水面、新建景观水面等。水面修复与补偿主要有以下途径:

(1)拓宽、疏浚、沟通河道。对未经整治且存在较严重被侵占现象的河道,可按照蓝线控制要求,结合防洪、环境、生态、景观等功能需求,进行拓宽和疏浚。沟通现有水系,连通河湖水库,逐渐形成生态水网。

(2)恢复被侵占和填埋的沟渠、水塘。对于被填埋的水体,可尽量结合公共绿地、城市公园、道路建设等有利条件来逐步恢复原有水面,恢复难度较大的区域,采用管渠等形式进行连通,保障河道畅通。

(3)新建或扩建人工湖库,扩大水面,扩展水生态空间,为生物创造更多栖息地。

(4)在城市中打造景观水面。新建公园景观水体,局部区域采用堰坝等措施,扩大公园内部水面,形成居民游憩空间,创造城市内部生态斑块。

(二)水系连通

水系连通指的是在自然和人工形成的江河湖库水系基础上,维系、重塑或新建满足一定功能目标的水流连接通道,以维持相对稳定的流动水体及其联系的物质循环。

近几十年来,随着人类生产、生活及生态环境所需水量日益增加,人类经济社会活动对河湖水系的影响不断加剧,河湖水系连通性减弱、水资源与水环境承载能力不足、洪水宣泄不畅、水安全风险加大等问题不断出现。实施河湖水系连通,能提高水资源统筹调配能力和承载能力,修复和改善水生态环境,降低水旱灾害风险,保障水安全,对于水资源的可持续利用、支撑经济社会的可持续发展、提高生态文明水平具有重要意义。

河湖水系连通涉及面广,影响范围大,不确定因素多。为尽量减少水系连通对社会经济和生态环境的不利影响,要充分考虑水系连通涉及区域的水资源条件及其对原有水系格局的影响,综合权衡水系连通的投资与效益、正面效应与负面效应、社会经济效应与生态环境效应、短期效应与长期效应,深入分析水系连通工程经济技术的合理性及生态环境的可持续性,对水系连通进行综合评判,主要参考以下原则:

(1)社会公平原则。

河湖水系连通要在保障公平、维护稳定的前提下,促进被连通两地的社会发展。一是要统筹城乡水资源开发利用,促进城市与农村协调发展;二是要统筹上下游、左右岸、水资源调出区与调入区之间的用水需求,促进不同区域协调发展。

(2)经济发展原则。

河湖水系连通要能促进被连通两地经济的发展。一是应通过河湖水系连通促进水资源高效利用;二是河湖水系连通工程的投资规模要与其发挥的经济社会效益和生态环境效益相匹配;三是要根据区域经济社会发展的不同阶段及其经济承受能力,科学合理地确定河湖水系连通工程的实施方案和筹资方案。

(3)生态维系原则。

河湖水系连通要能充分发挥水体生态服务功能,确保生态安全。一是连通后被连通两地水系的生态服务功能(或生态价值)减去连通的生态代价应大于连通前被连通两地水系的生态服务功能;二是要以满足水资源调出区河流的基本生态流量和湖泊的基本生态水位为前提,对生态脆弱地区,要特别重视水系连通伴生的生态效应研究,避免水系连通导致生态破坏。

(4)环境改善原则。

河湖水系连通要能改善水环境,提升水景观。一是要在严格控制入河湖排污总量、有效保护水资源的基础上,充分发挥水系连通的环境修复功能;二是连通后被连通两地江河护岸水质的总体达标情况要比连通前有所改善，重要水功能区的水环境容量和纳污能力应有所增强；三是水资源调出区最基本的水质状况要得到保障；四是增强水的景观效应。

(5)风险避规原则。

河湖水系连通要能避规各类风险。一是连通后被连通两地的旱涝灾害风险比连通前减小；二是连通后被连通两地水循环各要素改变所伴生的生态风险和环境风险要比连通前减小；三是江河湖库水系连通工程本身的工程安全风险和经济风险要尽可能小。

(三)小水电退出

1. 小水电现状

小水电是指装机容量 50 MW 以下的水电站，具有投资少、周期短、见效快的优势，主要分布在我国西南大部和中部、南部地区。水利部公报数据显示，截至 2018 年末，全国共建设农村小水电 46 515 座，装机容量达到 80.44 GW。

2. 小水电的作用及意义

经过几十年的开发建设，小水电在助力农村电气化、带动农村经济社会发展、改善地区生态环境方面做出了历史性贡献。水库型的小水电项目大多具备城镇防洪、农业灌溉、城乡供水、水产养殖等多种功能，可提供电力之外的多项有益补充，具有良好的综合效益。

3. 小水电带来的生态环境问题

小水电在发挥巨大作用的同时，规划不合理、开发无秩序、监管不到位等一系列问题逐渐显现，严重威胁部分地区河道的生态环境，主要表现在以下几方面：

(1)河道脱水断流。

为保证小水电经济效益，相当部分小水电在规划和开发时未考虑生态下泄流量，特别是在长江经济带沿线，小水电数量多并且以引水式开发为主，导致坝后相当长一段河道脱水断流、河床裸露，严重影响河道生态。

(2)影响鱼类繁衍。

一方面，小水电的建设阻断了鱼类洄游通道，影响洄游鱼类的正常繁殖、越冬，导致区域性鱼类多样性丧失；另一方面，部分水库型小水电的建设会淹没某些鱼类特有的产卵场和栖息地，导致其产卵环境不复存在。

(3)河流水质恶化。

坝体挡水后会导致水流速度变慢，水体滞留时间相对延长，其自净能力被削弱，造成水质恶化，危及河流健康。

4. 小水电退出工作

为了修复小型河流生态系统，还其原始自然面貌，需要稳妥有序地开展小水电退出工作。

(1)科学开展综合评估。

科学合理开展综合评估是小水电退出工作的重要保障。在开展小水电退出工作前，要广泛征求意见，对退出实施方案进行全面科学的评估论证，统筹考虑安全、生态、施工、资产处置、社会风险特别是民生保障方面的需求。在综合评估过程中，对位于生态保护核心区或缓冲区、严重破坏生态环境、有重大工程安全隐患的小水电要坚决退出；有减脱水的要保障生态基流并采取恢复或改善河道生态连通性的措施。

(2)有序组织整改退出。

按“一站一策”要求制订整改方案,明确整改目标、措施、经费、时间和责任人等。实施过程中,严格按照方案确定的步骤和时间节点要求,有序推进整改及退出工作。

(3)统筹协调资金补偿。

部分电站退出后的河道生态修复、保留大坝的工程后续防洪保安和维修养护还需要大笔支出。小水电增加生态流量后,还将减少发电量,一批小水电站将面临亏损,需要开展小水电损失补偿工作。

(四)建设过鱼设施

过鱼设施为鱼类通过拦河闸坝抵达产卵或培育场所设置的结构物和机械设置。按鱼类洄游特性分为溯河洄游过鱼设施和降河洄游过鱼设施两类。2006 年 1 月 9 日国家环境保护总局办公厅下发了《关于印发水电水利建设项目水环境与水生生态保护技术政策研讨会会议纪要的函》(环办函〔2006〕11 号),会议纪要要求“在珍稀保护、特有、具有重要经济价值的鱼类洄游通道建闸、筑坝,须采取过鱼措施。对于拦河闸和水头较低的大坝,宜修建鱼道、鱼梯、鱼闸等永久性的过鱼建筑物,其中鱼道、仿自然通道接近天然河道的情况,鱼类在池中的休息条件良好,可连续过鱼,适应通过的鱼类范围广;对于高坝大库,宜设置升鱼机,配备鱼泵、过鱼船,以及采取人工网捕过坝措施”。

在水库建设和梯级开发过程中,需考虑鱼类对重要生境及种质资源交流的需求,研究相关鱼类生境保护及河道连通性恢复措施。对已建水库工程,应在识别鱼类重要生境的基础上,结合流域水库除险加固工程,开展重点支流河段鱼类生境保护措施的研究,促进鱼类资源交流。

三、恢复河湖生境

天然的河湖由多种生境要素组成,多样化生境对生物的生存繁衍具有重要的意义,是维持生物多样性的基础。在河湖生态修复工程中,恢复多样化生境,可为各种生物提供友善的生存空间,最终实现生态系统健康发展。

(一)河道内生境恢复

河流的弯曲是自然规律,所有天然的河流都是蜿蜒曲折的。在河流生境修复设计中,师法自然,采用微弯整治的治理原则,在河道内构建多样性生境,改善生物栖息环境。河道内生境主要有以下类型。

1. 蜿蜒的岸线

蜿蜒的河岸,形成急、缓不同流速区。缓流区适合贝、螺类的生长,急流为某些鱼类提供上溯条件。

2. 浅滩、深潭

浅滩和深潭是构成河流的基本要素。在浅滩和深潭中,分别生活着不同的水生生物,所以浅滩和深潭是形成多样水域环境不可缺少的重要条件。浅滩中由于水流湍急,河床中的细沙被水流冲走,砾石间空隙很大,成为水生昆虫及附着藻类等多种生物的栖息地,而这又吸引了以之为食物的各种鱼类。同时,浅滩还是一些虾、鱼的产卵地。深潭水流缓慢,泥沙容易淤积,不利于藻类生长,是鱼类休息、幼鱼成长及隐匿的避难所。在冬季,深潭还是最好的越冬地点。

3. 瀑布、跌水

瀑布和跌水为水体补充氧气，有利于水生生物生存。同时瀑布和跌水也展现了河流动态美的一面，让人感受到河流奔腾向前的气息。但是落差过大的瀑布会阻断鱼类洄游路径，需要考虑为其提供洄游设施，如鱼道等。

4. 河心洲

自然的河流在激流的出口处会由于泥沙淤积，形成河心洲。由于人类不易达到，受人类活动干扰少，所以河心洲是多种生物栖息生存的安全场所。

5. 洄水区、洼地

洄水区和洼地处泥沙淤积，植物繁茂，同样形成与干流不同的水环境，可为适宜静水和缓流环境的生物提供栖息地。

6. 丁坝

在传统意义上，挑流丁坝是防洪护岸构筑物。挑流丁坝能改变洪水方向，防止洪水直接冲刷岸坡造成破坏，也具有维持航道的功能。在生态工程中，挑流丁坝被赋予新的使命，成为河道内栖息地加强工程的重要构筑物。除原有的功能外，挑流丁坝能够调节水流的流速和水深，增加水力学条件的多样性，创造多样化的栖息地。挑流丁坝还能促进冲刷或淤积，形成微地形，特别是在河道修复工程中，通过丁坝诱导，河流经多年演变形成河湾以及深潭-浅滩序列。洪水期，丁坝能够减缓流速，为鱼类和其他水生生物提供避难所，平时能够形成静水或低流速区域，创造丰富的流态。连续布置的丁坝之间易产生泥沙淤积，为柳树等植物生长创造了条件，丁坝间形成的静水水面，利于芦苇等挺水植物生长。丁坝位置的空间变化，使生长的植被斑块形态多样，自然景观色调更加丰富。

7. 砾石群

在均匀河道上放置砾石或砾石群，可以增加或修复河道结构的复杂度和水力条件的多样性，对于水生昆虫、鱼类、两栖动物、哺乳类和鸟类等生物非常重要，对生物的多度、组成、水生生物群落的分布具有重要意义。在河道内放置单块砾石和砾石群有助于创建具有多样性特征的水深、底质和流速条件，砾石也是很好的掩蔽物，砾石后面局部区域是水生昆虫和软体动物的重要栖息场所；砾石还有助于形成相对加大的水深、气泡、湍流及流速梯度，对于增加河道栖息地多样性具有重要作用。

8. 树墩和原木构筑物

原木具有加强栖息地多种功能的作用，不仅可用于构建护坡、掩蔽、挑流等结构物，还可向水中补充有机物碎屑。具有护坡功能的结构常采用较粗的圆木或树墩来挡土和阻挡水流冲击，放置于河道主槽内的原木或树根除具有护坡、补充碳源的功能外，还具有掩蔽物的作用。在一些情况下，可以采用带树根的原木（树墩）控导水流，保护岸坡抵御水流冲刷，并为鱼类和其他水生生物提供栖息地，为水生昆虫提供食物来源。

（二）河漫滩修复

河漫滩是河流生态结构中典型的群落过渡带，具有连通水域和陆域的作用，是动植物群落生存与河流能量转换的重要场所。在自然河流中，河水的周期性洪泛是河流生态过程的重要节点，而洪泛滩区则是蓄洪的重要场所。在以前的河道防洪工程建设和城镇开发区河段整治过程中，为了扩大行洪断面、保障洪水顺畅下泄，往往将河漫滩挖除，河床变得较为齐整，水生生境的多样性明显下降。

河漫滩生态修复在城市河流生态修复工程中起着承上启下的关键性作用。一方面，河漫滩系统的重建需要以城市河流整体物理形态的修复作为基础与平台，其形态依赖于河流三个维度物理形态的重构，在时间维度上，河漫滩结构的建立也会对河流形态进行工程竣工后的再塑造；另一方面，河漫滩系统的建立能够创造出沿河道的多样的生物生境类型，提高城市基质与河流廊道的景观格局，以及边界处的边缘区效应，是激活河流生物生产力的关键。因此，河漫滩生态修复工程应当以恢复河流三个维度上的形态结构为基础，把河漫滩形态塑造的理念贯穿始终，并以恢复河流生物栖息地完整的生态结构为目的。

1. 河漫滩重塑

河漫滩重塑就是在河漫滩对地形地貌进行有条件的微处理，以形成多元化的滩区地貌。地形的处理应当以不阻碍行洪作为基础依据，在平原地区，河漫滩一般以向下游的洼地相间分布为主要特征，在进行工程设计时，应当模仿与顺应这种地貌类型。此外，在河道沿途若有连片低洼且可以利用的区域，可以有条件地设置开放滩区，开放滩区在单侧或两侧放开堤防，以自然地形或通过修改来达到防洪目的。

2. 现状地形利用

河流蜿蜒形态的重构往往意味着旧有顺直河道的废弃，可以将旧有河道作为河道一侧的滞洪洼地来使用，也可以通过改造溢流堰等水工设施使之成为泄洪道。在河漫滩栖息地重建方面，可利用现有的卵石坑、凹陷区、水塘和回水区，通过相互连通及与主河道连通，达到重建鱼类等生物栖息地的目的。同时，还可利用丁坝控导结构，形成深潭、水塘等地貌单元。这些低流速栖息地能够为多种鱼类提供避难所。

3. 防护工程

河漫滩动态发育的特征使得安全防护的程度应当有所取舍，滩区不能一次成型，也不能任由泥沙淤积，在工程设计之初就应当进行河床基质选择与河流泥沙控制。对确有塌陷危险的河道边坡应当进行防护，防护材料以透水不漏土为原则，并保证具有一定的生物生长空间，应避免采用光滑的整体性护坡形式。

4. 生物栖息地构建

河道内生物栖息地主要由浅滩、深潭序列结构构成，在局部该结构不明显时，需要人工辅助加以完善。河道外生物栖息地以丰富滩区地貌单元为原则，在进行栖息地结构恢复时，应当妥善分配生物活动空间与人类活动空间，使之相互隔离或相互渗透，互不干扰。

（三）岸带生境修复

河（湖库）岸带是河流（湖库）与陆域的过渡地带，一些动物在此觅食、栖息、产卵和避难，是陆生、湿生植物的生长场所及陆地和水域生物的生活迁移区，是水生生境的重要组成部分。健康的河岸带对提高生物多样性和生产力、防护河流遭受水土污染、稳定河岸、提升水生态景观有重要的价值。典型的河岸带由坡脚区、岸坡区、漫滩区、过渡区和高地区5部分组成。其中，高地区处于洪水位以上，属于陆地生态系统，坡脚区、岸坡区常年淹没于水下，属于河流生态系统，而漫滩区和过渡区是处于常年水位与洪水位之间的岸坡区域，部分时段受到河流泛滥影响，是水陆生态系统的过渡带。

河(湖库)岸生态修复类似于生态护岸,主要是岸边带植物结构的恢复、土壤生物工程和复合式生物稳定护岸。岸边带植物结构恢复主要指从坡脚至坡顶依次种植沉水植物、浮叶植物、挺水植物及湿生植物等护岸植物,土壤生物工程主要是本土植物替换和促进植物根系快速生长,复合式生物稳定护岸是生物护岸和传统护岸相结合的护岸形式。

四、建设生态护岸

生态护岸指采用植物措施或植物措施与工程措施相结合,可满足防止边坡受水流、雨水、风浪的冲刷侵蚀,同时可满足植物生长、动物栖息、水土交换等要求而修筑的坡面保护设施。生态护岸集防洪效应、生态效应、景观效应和自净效应于一体,成为今后护岸工程建设的主流。

(一)生态护岸布置原则

(1)符合水文和水动力学要求原则。

护岸设计应满足水流冲刷条件,抗冲流速大于相应河段最大流速,保证护岸的安全性。

(2)稳定性原则。

护岸结构设计根据当地土质性质,结合河道边坡设计,充分考虑过水条件,护岸的布置需要满足岸坡稳定性及护岸自身的稳定性,保证结构的稳定、耐久可用。

(3)生态性原则。

护岸是水陆过渡的纽带,需要充分考虑生物可渗透性和连续性的要求,尽量满足生物生存的水陆连续空间需求,建立小型的生态循环系统,维持岸边生态发展平衡。

(4)景观性原则。

在美观的要求方面,护岸布置需要结合当地景观总体布局,营造良好的景观效果,衬托河道自然的美丽,提高河道的观赏性。

(5)亲水性原则。

非防洪河道中,应充分考虑河岸亲水性要求,布置一些利于人群接近的护岸形式,以吸引人群接近水边,休憩、游玩,满足游人的亲水需求。

(二)生态护岸形式

根据河湖沿岸的用地、景观要求、水位情况、地基情况、生态要求等,河湖护岸断面基本形式分为如下5种类型:直立式、多级直立式、斜坡式、多级斜坡式、复合式(多级直斜式)。

1. 直立式断面

直立式断面即两岸路面高程以下采用直立式挡墙(见图7-3),直立式护岸可有效约束水的行为、保持岸坡的结构稳定性、防止水土流失及发挥防洪排涝功能。

直立式断面形式的特点如下:直墙单调,工程化痕迹明显;阻隔了人与水之间的联系,同时也阻断了水陆生态系统之间的联系。但是由于堤岸自身结构占地最小,较为省地,经常在场地受限制的地方使用。该断面适合狭窄的河段和沿岸用地空间极有限的湖泊。

2. 多级直立式断面

多级直立式断面即在临水侧采用多级直立式挡墙,最高一级挡墙墙顶即为堤顶,不同

图 7-3　直立式堤岸断面示意图

层级挡墙之间设有平台,可供亲水或通行(见图 7-4)。

图 7-4　多级直立式堤岸断面示意图

多级直立式断面形式的特点如下:空间层次感较好;最低一级墙顶和中间层级的平台均可设亲水平台,满足亲水的需求;堤岸自身结构占地较小;由于直立挡墙和平台均采用硬质建筑材料,也会对水陆生态系统之间的联系产生一定阻断作用。该断面适合用地较狭窄的河湖沿岸。

3. 斜坡式断面

斜坡式断面做法通常是采用发达的根系固土植物来保护河堤及生态,整体造型为较缓的斜坡(见图 7-5)。采用发达根系植物进行护岸固土,既可以达到固土保沙,防止水土流失,又可以满足生态环境的需要,还可进行景观造景。在空间组织形式上,可采用"水面+平缓的堤岸+自然"的土地利用形式。

图 7-5　斜坡式堤岸断面示意图

斜坡式断面形式的特点如下:由于斜坡上种植植被且坡顶与水体之间为自然过渡,可为生物创造良好的生存空间,有利于水陆生态系统之间的联系;人们可以直接从坡顶走到水边,亲水性较好;整体造型为单一斜坡,略显单调;坡顶与常水位在空间上及平面上均距离较大,在坡顶观水效果不佳;斜坡式断面占用土地较多。此断面适用于河涌两岸大多数为农田、房屋建筑较少且用地宽裕的堤段。

4. 多级斜坡式断面

多级斜坡式断面即临水面采用多级斜坡,最高一级斜坡坡顶即为堤顶,斜坡之间有平台相连(见图 7-6)。

图 7-6　多级斜坡式堤岸断面示意图

多级斜坡式断面形式的特点如下:堤坡较自然,且设多级斜坡,空间层次感较好;坡顶即堤顶,较低的斜坡坡顶可设亲水平台,满足亲水需求;将滨水景观带布置于斜坡上,可营造较自然的景观效果;对生态系统友好,生态效果好;堤岸自身结构占地面积较大。该断面适合用地较充裕且对景观要求高的河湖沿岸。

5. 复合式断面

复合式断面即常水位以下采用直立式挡墙,常水位以上采用自然型斜坡或者多级斜坡,在直立式挡墙与斜坡之间设置亲水平台(见图 7-7)。此断面减少了直立式挡墙对基础的依赖性,降低了基地应力,亲水平台的设置不仅可以增强景观效果,还可以让行人小憩、驻足游览河涌的美景,体现了人性化的设计。

图 7-7　复合式堤岸断面示意图

复合式断面形式的特点如下:堤坡自然,且直斜结合,空间层次感最优;坡顶即堤顶,较低的斜坡或直墙顶可设亲水平台,满足亲水需求;将滨水景观带布置于迎水坡上,可营造自然且层次感最优的景观效果;堤岸自身结构占地面积较大。该断面适合用地较充裕且对景观要求高的河湖沿岸。

(三)生态护岸材料

本着"既满足河道体系的防洪功能,又有利于河道系统的生态建设"的原则,河道的护砌形式尽量采用生态护砌。结合流速、景观等因素,因地制宜,河道常水位以下尽可能采用不同类型的生态护岸,常水位以上应考虑景观与安全相结合,流速低的部位尽量采用草皮等绿色护岸,在河道转弯的凹岸及其他流速较大的地方,如有建设硬质护岸要求,也尽量采用透水材料,并设在绿色护岸之下,作为河道防护的"第二道屏障",使其与周边环境融为一体。一般从生态学的角度出发,堤岸材料的选择应按如下顺序考虑:生物材料(植物),混合材料(植物与木材或石料合用),刚性材料(木材、石料、混凝土)。

常水位以下的生态护岸类型参考：生态砖、鱼巢砖、木桩、枝条、自然堆石、卵石、干砌石、山石、轮胎、仿木桩、生态袋等护岸形式。

洪水位生态护岸类型参考：生态植草砖、植被加筋、植被混凝土、铅丝石笼、格宾网笼（垫）、连锁土工砖、混凝土框格块石、干砌石、生态袋、三维土工网垫、椰壳纤维网垫、植物扦插等，以上形式均可在其上覆土种植。

1. 三维土工网垫

三维土工网是一种类似于丝瓜瓤状的植草土工网，质地疏松、柔韧，在其空隙中可填土壤、砂粒、细石和草种。铺设有三维土工网垫的岸坡在草皮还没有长成之前，可以保护土地表面免受风雨侵蚀，在播种初期还起到稳固草籽的作用。植草穿过网垫生长后，其根系深入土中，使植物、网垫、根系与土合为一体，形成牢固密贴于坡面的表皮，可有效地防治坡土被暴雨径流或水流冲刷坏。

2. 多孔无砂混凝土

多孔无砂混凝土护坡是近年来发展的新材料，它结合了混凝土护坡硬化安全和草能在上面生长的优点，解决了硬化和绿化不能统一的矛盾，大大美化了环境，同时具有较好的冲刷性能，上面覆草具有缓冲性能。植被型生态混凝土由多孔混凝土、保水材料、缓释肥料少表层土组成。无砂混凝土由粗骨料、水泥、过量的细掺和料组成，是植被型生态混凝土的骨架。保水材料以有机质保水材料为主，并掺入无机保水剂混合使用，为植被提供必需的水分。表层填土铺设于多孔混凝土表面，形成植被发展空间，减少土中水分蒸发，提供给植被发芽初期的养分，并防止草生长初期混凝土表面过热。

3. 生态透水砖

生态透水砖抗冲刷能力强，满足江河的防洪、引水、排涝、蓄水和航运等功能，而且生态砖孔隙可为植物的根系提供生长空间，再借助覆盖土层让植物生长更加旺盛。多孔混凝土的吸水性和通气性能够为植物的生长发育创造条件。

4. 塑筋水保抗冲椰垫

塑筋水保抗冲椰垫由于表面有波浪起伏的网包，对于覆盖于网上的客土、草种有良好的固定作用，可减少雨水的冲蚀。对回填客土起着加筋作用，随着植草根系的生长发达，塑筋水保抗冲椰垫、客土及植根草系相互缠绕，形成网络覆盖层，增加边坡表层的抗冲蚀能力，具有固土性能优良、效能作用明显、网格加筋突出、保湿功能良好的特点，广泛用于国内外的边坡防护。

5. 格宾石笼

格宾石笼技术是指将抗腐耐磨高强度的低碳高镀锌钢丝或铝锌合金钢丝（或同质包塑钢丝），编织成双绞、六边形网目的网片，根据工程设计要求组装成蜂巢网箱，并装入块石等填充料的一项工程技术。格宾石笼为蜂巢型结构，最符合力学的原理，是一个同性质的巨大块状结构体，具有承受张力的功能，并可吸收未知的压力。该项技术能较好地实现工程结构与生态环境的有机结合，是保护河床、治理滑坡、防治泥石流灾害、防止落石兼顾环境保护的首选结构形式。

6. 反滤混凝土生态砌块

反滤生态混凝土挡墙绿化技术是由反滤混凝土预制砌块、连接件、土工格栅、块石以及植物等共同组成的基于加筋土理论的生态挡墙技术，水下砌块内填充块石等形成鱼巢，水上砌块内填充碎石土，利于灌木及藤蔓植物生长，形成特有的水岸生物环境系统，可替代钢筋混凝土、浆砌块石等传统挡墙。砌块形状为双孔箱形结构，由四周侧壁和中隔板组成，上下无顶板或底板。砌块采用渗透系数介于 $1\times10^{-2}\sim1\times10^{-1}$ cm/s、强度不低于 C25 的高强反滤混凝土材料预制而成，整体刚度大。考虑到反滤混凝土材料的特性和砌块受力特点，砌块侧壁和中隔板采用不等厚的楔形结构。为保证植物生长空间和日照，砌块前部侧壁上部设置一定宽度和深度的开口。

7. 钢筋混凝土鱼巢

钢筋混凝土鱼巢实际上是沉箱结构，在临水侧设置框格，内填块石。由于块石之间存在空隙，因此水生生物均可找到栖息的空间并可自由来往于河道与鱼巢之间。另外，鱼巢顶可覆土植草，局部亦可种植挺水植物。整个护脚结构冲刷能力强，是安全性、稳定性、景观性、生态性、自然性和亲水性的完美结合。

第五节　执法监管

按照河(湖)长制的要求，加强河湖执法监管，严厉打击各种违法犯罪行为，保护河湖水体长治久清。

一、管理制度建设

(一)理顺执法队伍体制，完善监管和执法制度

针对流域自身特点，适时修订河道管理、采砂管理等相关涉水规章制度。完善河湖水环境监管机制。通过立法强化环境保护主管部门在水环境监管问题上的统管以及协调作用。理顺水环境监管体制，优化水污染监管的组织体系。

(二)建立和完善污染物排放许可制

实施排污许可管理，建立覆盖所有固定污染源的企业排放许可制。强化事中事后监管，加强对企业许可承诺、自行监测等情况的抽查。

(三)完善污染物排放权交易机制

制定出台污染物排放权交易管理办法，以排污权交易所为媒介，在统一交易平台下，明确交易范围及交易方式。考虑企业实际情况，在市场构建初期予以适当政策扶持，降低企业成本，鼓励企业积极参与排污权交易，引导公民绿色消费，增强企业减少污染的自觉性。

(四)完善水污染损害赔偿与生态补偿机制

根据流域实际情况，提出流域生态补偿的主体、补偿的对象、补偿标准、补偿方式、生态补偿金管理、政府支持等具体制度，建立水污染损害赔偿与生态补偿机制。

(五)建立环境信用评价制度

将环境违法企业列入“黑名单”并向社会公开，将其环境违法行为纳入社会信用体系，让失信企业一次违法、处处受限。对污染环境、破坏生态等损害公众环境权益的行为，鼓励社会组织、公民依法提起公益诉讼和民事诉讼。

(六)完善农村垃圾收集机制

要健全镇、村两级垃圾收集管理网络,突出镇街环卫管理机构的主导作用,每个自然村都有垃圾收集点和保洁员,行政村都有垃圾转运车辆和设施,镇街都有垃圾中转站,不断充实镇、村管理力量,使环卫工作步入规范、科学、长效管理的轨道。

(七)完善河湖日常巡查制度

建立健全基层部门河湖日常巡查监管和保洁机制;明确巡查时间、巡查河段、巡查重点等。河长巡查内容包括河湖水面、岸边保洁情况、河湖跨界断面的水量水质监测情况、河湖水环境综合整治和生态修复情况、河湖防洪减灾等工程建设和维护情况、其他影响河湖健康的问题等。

二、能力建设

(一)统筹加强涉水工程、重点污染源和黑臭水体沿岸排污动态监管力度

对偷排偷放、非法排放有毒有害污染物、非法处置危险废物、不正常使用防治污染设施、伪造或篡改环境监测数据等恶意违法行为,依法严厉处罚;对拒不改正的,依法予以行政拘留;对涉嫌犯罪的,一律迅速移送司法机关。对负有连带责任的环境服务第三方机构,应予以追责。

(二)改善执法装备,落实执法经费

加强河湖执法基础设施建设和执法队伍能力建设,下沉执法力量。加快执法队伍能力建设,合理配置执法力量,加强执法培训与考核。强化执法巡查监管,重视群众和舆论监督,加强对重点区域、敏感水域执法监管,对违法行为早发现、早制止、早处理。

(三)加强水环境监督执法

各级人民政府要定期组织开展环境保护全面排查,重点检查所有排污单位污染排放状况,各类资源开发利用活动对生态环境影响情况,以及建设项目环境影响评价制度、"三同时"(防治污染设施与主体工程同时设计、同时施工、同时投产使用)制度执行情况等。各级人民政府要确定重点水环境监管对象,划分监管等级,健全监管档案,采取差别化监管措施。环境保护重点区域、流域地方政府要强化协同监管,开展联合执法、区域执法和交叉执法。

(四)切实强化河湖监测能力建设

充分考虑现有水文、水资源、水生态、水环境等监测点、监控断面设置情况,考虑各级考核断面、行政区交界断面、入湖(库)河口断面等要求,明确监测考核断面,建立信息共享平台,整合共享各方监测、监控信息。充分利用卫星遥感、无人机航拍、实时监控、自动监测等技术对水域岸线、水利工程和违法行为进行动态监控,提高河湖执法监管信息化水平。

(五)加强对执法队伍的培训和指导,提高执法水平

定期举办教育培训班,选取执法队伍中的业务骨干进行反腐倡廉教育和业务知识培训,再由业务骨干们通过传、帮、带的作用,从整体上提升廉政意识和执法水平。以流域为单元,抽调执法办案水平比较薄弱地区的支队长、大队长参与联合执法办案,通过实际参与办案,让他们更清楚地掌握执法办案的程序、取证方式、适用的法律法规,提高办案水平。各地执法队伍之间要互相走访，通过了解队伍各自的组建历程、队伍现状、执法手段、办案情况、问题困难等，学习、交流、借鉴对方的好经验、好做法，结合本地实际创新好的方法、机制，提高执法水平。

三、制订执法方案

（一）制订流域上下游、左右岸和各级政府、各部门之间联合执法方案

加强区域间、部门间的联合执法，建立政府牵头、多部门参与、运转高效的协作机制，实现联合监测、联合执法、应急联动、信息共享。由公安、城管、水利、环保等部门组成联合执法队伍，着眼河湖管理重点、难点问题，建立多部门共同参与、协调配合、运转高效的河湖管理联合执法机制。联合执法队伍采取不定期联动突击方式，违法行为涉及多部门职能管理范围的，由参加联合执法综合整治工作的有关行政部门按照有关法律、法规、规章的规定进行查处。

（二）制订专项执法方案

成立专项执法领导小组，专项执法内容包括：①全面强化违法违规项目（行为）查处整改工作；②突出做好重点河流（湖泊、水库）的专项整治工作；③严格做好违法案件的挂牌督办工作；④建立河湖执法长效机制。通过深化河湖专项执法，一是进一步摸清河湖管理现状，找准存在的突出问题，采取切实可行的措施加以解决；二是加大执法力度，理顺管理体制，切实规范河湖管理工作，确保河流健康、重要基础设施和人民生命财产安全；三是建立健全各项制度，形成有效加强河湖管理的长效机制。通过制订联合执法方案和专项执法方案，加大执法力度，严厉打击涉河湖违法行为，清理整治非法排污、设障、捕捞、养殖、采砂、采矿、围垦等活动。

第八章　贵阳市猫跳河健康评价应用实践

第一节　猫跳河流域现状分析

一、流域概况

（一）河湖水系概况

猫跳河是乌江中游右岸一级支流，发源于安顺市西秀区塔墓山，在贵阳市修文县汇入乌江，地处贵州省中部，流域呈狭长形展布，位于东经105°59′～106°22′、北纬26°09′～26°56′，东邻清水河，南与珠江流域蒙江为界，西邻乌江上游河段（三岔河），北至乌江中游河段（鸭池河）（见表8-1）。猫跳河流域范围涉及贵阳市、安顺市、黔南州及新成立的贵安新区，流域内包括乌当区、白云区、修文县、息烽县、花溪区、清镇市、平坝区、西秀区、长顺县9个县（市、区）。

表8-1　猫跳河流域主要支流特征值

序号	河流名称	流域面积/km^2	河长/km
1	羊昌河（猫跳河干流上游段）	817	91
2	暗流河	396	61.7
3	修文河	228.2	37
4	乐平河	241	56
5	麻线河	227	52
6	麦架河	171	23.6
7	猫洞河	157.8	25.7
8	后六河	88	23.3
9	东门桥河	55.9	11.5
10	麦西河	44.5	9.5
11	长冲河	36.1	17.9
12	麦城河	32.1	10.0

猫跳河流域总面积3 246 km^2，其中在贵阳市境内面积为1 672.1 km^2。河源高程（国家85高程，下同）1 314.4 m，河口高程765.4 m。河长179 km，落差549 m，平均坡降3.07‰，河源至红枫水库入口为上游；红枫水库入口至百花水库坝址为中游；百花水库坝址以下为下游。干流上分布有红枫湖和百花湖两个大型水库，上游有后六河、麻线河和乐

平河 3 条主要支流汇入，贵阳市境内流域面积大于 100 km^2 的支流有 4 条（麦架河、修文河、猫洞河和暗流河），最大支流为暗流河（见表 8-1、图 8-1）。

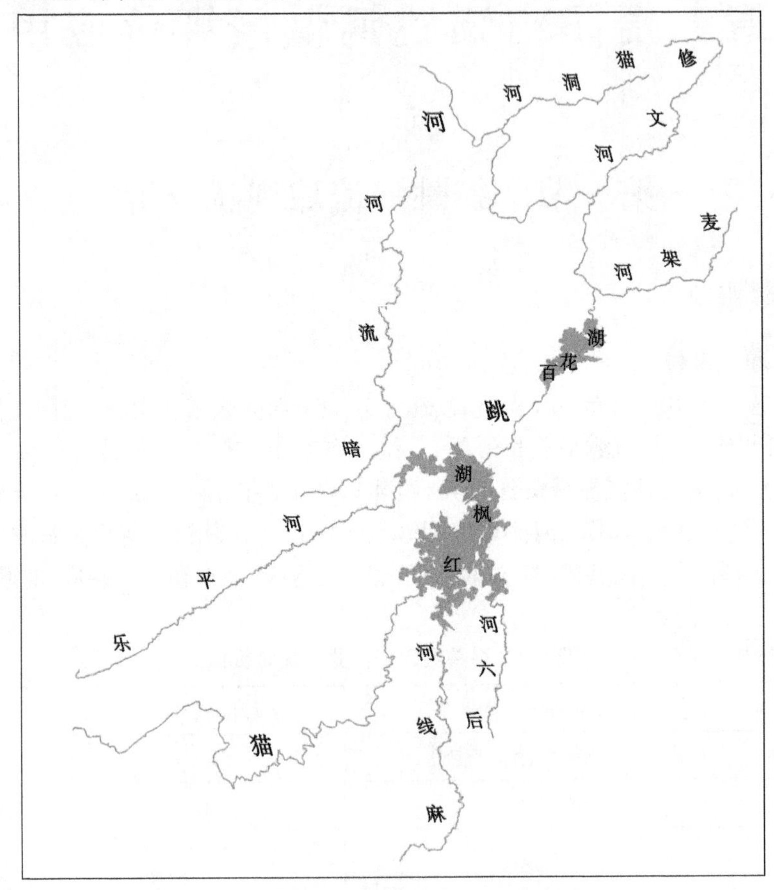

图 8-1　猫跳河流域水系

红枫湖位于安顺市平坝区和贵阳市清镇市境内，距离贵阳市 33 km。该湖于 1960 年建成，坝高 52.5 m，是贵州最大的高原人工湖泊之一，1988 年被国务院批准为国家级风景名胜区。经过 40 多年的发展，红枫湖从建库时单一的调蓄水功能扩展为发电、防洪、工农业用水、饮用水水源、旅游、水上运动、调节生态环境等多种功能。红枫湖流域面积 1 596 km^2，水位在 1 240 m 时，湖泊水面面积 57.2 km^2，总库容 75 290 万 m^3，湖泊长度 16 km，湖泊平均宽度 4 km，平均水深 10.52 m。红枫湖是猫跳河梯级电站的龙头水库，也是贵州省中部目前最大的人工水库。

百花湖是红枫湖下游湖库，于 1966 年建成，坝高 48.7 m。红枫湖大坝至百花湖大坝之间集水面积为 299 km^2，水位在 1 195 m 时，湖面总面积 14.5 km^2，总库容 22 100 万 m^3，湖中大小岛屿 100 余个，最大回水线长 21 km。百花湖是猫跳河梯级电站第二级蓄水库。百花湖周边有长冲河、东门桥河、老马河、麦城河（南门河）、麦西河、盐津河（凉水井河）、宋家冲河、李家冲河、麦架河等支流。

(二)气候气象概况

猫跳河流域属亚热带季风湿润气候,雨量充沛,气温较高。多年平均气温14.1 ℃,极端最低气温-8.6 ℃,极端最高气温35.5 ℃。年均相对湿度80%~84%,以河谷最大。年均无霜期260~275 d。年均日照时数1 300~1 350 h。年均风力在2级以下。

流域多年平均年降水量1 206.4 mm,最大年降水量1 633.2 mm(1977年红枫水库站),最小年降水量769.4 mm(1963年红板桥站)。河源及上游多年平均年降水量1 300 mm,中下游多年平均年降水量1 100 mm。5—9月降水量占全年降水量的70%~75%。多年平均年水面蒸发量700~800 mm。汛期暴雨频繁,多出现在6—7月。1963年7月10日,红枫水库站发生24 h特大暴雨量255.4 mm,1991年7月8日,上游七眼桥、黄猫村水文站出现最大24 h特大暴雨量分别为228.8 mm、201.6 mm。1991年7月9日红枫水库入库洪峰流量3 160 m^3/s。

(三)地质地貌

猫跳河流域地处黔中丘原地区,呈现出岩溶丘陵、溶蚀盆地、峰丛洼地、宽浅河谷及深切峡谷等类型多样的岩溶地貌景观。猫跳河流域内山地占27.5%、丘陵占48%、平坝占24.5%。地势南高北低,最高点为清镇市站街镇宝塔山,高程1 763 m,最低点在河口,高程765.4 m。流域内出露地层以二叠系、三叠系、寒武系为主。岩性组合复杂,断层纵横交错,岩溶发育强烈,岩溶面积约占全流域的84%。流域内喀斯特面积占82.3%,石漠化面积占23.5%。流域地震烈度小于Ⅵ度。流域内水土流失面积占全流域面积的22.2%,林草覆盖率为20.5%~33.2%。

(四)水文水资源概况

1.径流

参照《贵阳市水资源综合规划修编》,猫跳河设有修文水文站,猫跳河上游(平坝段)设有麦翁水文站和黄猫村水文站。

修文水文站位于猫跳河支流修文河中游河段上,修文县阳早乡王家湾,地理位置为东经106°36′,北纬26°51′,控制集水面积196 km^2。该站于1982年7月建立。修文水文站1965—2013年(水文年)共48年径流系列中,丰水年为22年,占45.8%,连续丰水年为1969—1974年、1976—1980年、1995—1997年、1999—2000年及2007—2008年,实测最大流量为2.04 m^3/s(1996—1997年);平水年为7年,占14.6%,连续平水年为1987—1987年及1991—1992年;枯水年有19年,占39.6%,连续枯水年为1981—1983年、1985—1986年、1989—1990年、2003—2006年及2009—2011年,其中2009—2010年在实测系列中最小,年平均流量为1.85 m^3/s。

麦翁水文站位于猫跳河支流乐平河上,贵州省平坝区十字乡麦翁村,东经106°19′,北纬23°31′,控制集水面积189 km^2。该站于1960年5月20日由贵州省水电厅设立,并开始观测。麦翁水文站1961—2013年(水文年)共52年实测径流系列中,丰水年为19年,占36.5%,连续丰水年为1963—1965年、1976—1977年、1991—1992年、1995—1997年及1999—2000年,实测最大流量为6.38 m^3/s(1976—1977年);平水年为14年,占26.9%,连续平水年为1982—1983年及1993—1994年;枯水年有19年,占36.5%,连续枯水年为1980—1981年、1989—1990年、2002—2006年、2009—2011年,其中2011—2012年在实测系列中最枯,年平均流量为 1.42 m^3/s。

黄猫村水文站位于猫跳河干流羊昌河上,贵州省平坝区夏云镇歌乐村,东经 106°20′,北纬 26°24′,控制集水面积 759 km^2。该站于 1960 年 3 月由贵州省水电厅电业局红枫电厂设立。黄猫村水文站 1965—2013 年(水文年)共 48 年实测径流系列中,丰水年为 15 年,占 31.3%,连续丰水年为 1976—1977 年、1991—1992 年、1996—1997 年及 1999—2000 年,实测最大流量为 27.9 m^3/s(2008—2009 年);平水年为 15 年,占 31.3%,连续平水年为 1968—1970 年及 1982—1983 年;枯水年有 18 年,占 37.4%,连续枯水年为 1980—1981 年、1986—1987 年、1989—1990 年及 2002—2006 年,其中 2011—2012 年在实测系列中最枯,年平均流量为 4.55 m^3/s。

2. 水资源量

依据《贵州省水资源综合规划·水资源及其开发利用现状调查评价》和《贵阳市水资源综合规划修编》,猫跳河根据贵阳市县级行政区划分为 6 个水资源四级区,总面积 1 842.8 km^2,猫跳河流域多年平均地表水资源量 10.91 亿 m^3,地下水资源量 3.12 亿 m^3。各分区面积、地表和地下水资源量见表 8-2。

表 8-2 猫跳河水资源四级区地表和地下水资源量

县级行政区	白云区	花溪区	观山湖区	清镇市	息烽县	修文县	合计
分区面积/km^2	148	21.7	223	899.4	1.5	549.2	1 842.8
地表水资源量/万 m^3	8 437	1 202	12 205	54 860	80	32 304	109 088
地下水资源量/万 m^3	2 452	367	3 687	15 311	25	9 380	31 222

3. 取水口情况

猫跳河流域主要的取水口有两个:贵阳西郊水厂取水口、贵阳白云水厂取水口,其中清镇市东郊水厂在贵阳西郊水厂工程输水隧洞距取水口 13 km 处取水,因此清镇市东郊水厂取水口与贵阳西郊水厂取水口在红枫湖上为同一取水口。主要取水口的情况如表 8-3 所示。

表 8-3 猫跳河主要取水口信息

序号	取水口名称	取水单位名称	取水口位置	主要用途
1	贵阳西郊水厂取水口	贵阳市供水总公司	清镇市红枫湖镇白泥村	城乡供水
2	贵阳白云水厂取水口	贵阳市白云区自来水公司	观山湖区朱昌镇茶饭寨	城乡供水
3	清镇市东郊水厂取水口	清镇水务公司	清镇市红枫湖镇白泥村	城乡供水

4. 供水情况

近年来,随着贵阳市社会经济和用水需求的发展,猫跳河的红枫湖和百花湖逐渐成为贵阳市和周边城镇的主要供水水源(见表 8-4)。两湖每天向贵阳市城区、清镇市(县级市)、观山湖区、白云区供水约 55 万 t,占贵阳市城市供水量的 70%,满足 120 多万市民的生活用水需求。随着周边城市(贵阳市、安顺市和贵安新区)的发展,对供水需求越发突出,流域治理开发的目的也从发电为主向供水为主转化,治理开发形式也从水电站建设为主向水源地保护和供水设施建设为主转变。

表 8-4　红枫湖、百花湖主要供水情况

序号	水厂名称	现状供水能力/(万 m^3/d)	供水范围	水源地
1	贵阳市西郊水厂	40	主城区、金阳、三马	红枫湖
2	白云水厂	10	白云城区、都拉	百花湖
3	金华水厂	20	观山湖区	红枫湖
4	清镇东郊水厂	10	清镇市区	红枫湖
5	小寨水厂	20	贵安新区	红枫湖

5. 用水量

猫跳河干流流经的安顺西秀区、平坝区和贵阳清镇市、观山湖区、修文县等区域已建立用水总量控制指标体系,对取用水总量已经达到或者超过控制指标的地区,暂停审批新增取水建设项目。对取用水总量接近控制指标的地区,严格限制高耗水、高污染、低效益的项目,实现区域水资源供需平衡。猫跳河干流各地级行政区用水总量控制指标与用水量现状见表 8-5,各行政区 2016 年用水总量均控制在计划目标以内。

表 8-5　猫跳河流域各地级行政区用水总量控制目标与现状　单位:亿 m^3

地级行政区	县级行政区	2015 年	2016 年	2016 年控制目标	2020 年控制目标
安顺市	西秀区	2.940 0	2.410 0		3.19
	平坝区	1.420 0	1.419 0	1.42	1.52
贵阳市	清镇市	1.229 6	1.302 7	1.83	2.06
	观山湖区	0.456 0	0.408 2	0.68	0.77
	修文县	0.798 1	0.893 0	1.05	1.18

6. 用水效率控制

已建立用水效率指标体系,实行用水效率控制指标与区域年度用水计划管理相结合的制度。农田灌溉水有效利用系数稳步提升。猫跳河干流各地级行政区用水效率控制目标及现状见表 8-6。

(五)水功能区划概况

根据《贵阳市水功能区划》,贵阳市水功能区划分为 35 个一级水功能区(其中,国家级已划定 6 个,省级已划定 17 个),42 个二级水功能区(其中国家级已划定 6 个,省级已划定 19 个)。在一级水功能区中,保留区 10 个,保护区 5 个,开发利用区 20 个;在二级水功能区中,饮用水水源区 12 个,工业用水区 9 个,农业用水区 10 个,景观娱乐用水区 4

个,排污控制区 1 个,过渡区 6 个。

表 8-6　猫跳河干流流经区县水资源管理控制指标分解

区(县)	年度	用水总量控制目标(长江)/亿 m^3	万元工业增加值用水量/m^3	灌溉用水有效利用系数	水功能区水质达标率(长江)/%
平坝区	2016	1.42	192	0.454	100
	2020	1.52			100
清镇市	2016	1.83	93	0.504	100
	2020	2.06	60.2	0.500	100
观山湖区	2016	0.68	117	0.510	66.7
	2020	0.77	60.2	0.499	66.7
修文县	2016	1.05	105	0.435	100
	2020	1.18	60.2	0.499	100

猫跳河流域共有 7 个一级水功能区,其中开发利用区 5 个,保留区和保护区各 1 个(见表 8-7)。5 个开发利用区共划分出 9 个二级水功能区:饮用水水源、景观娱乐用水区 2 个,农业用水区 2 个,工业、农业用水区 3 个,饮用水水源区 1 个,过渡区 1 个。

表 8-7　猫跳河水功能区划

河流名称	水功能一级区	水功能二级区	范围	
			起始	终止
猫跳河	猫跳河贵阳市开发利用区	猫跳河红枫湖饮用水水源、景观娱乐用水区	红枫湖入库口	红枫湖出库口
		猫跳河百花湖饮用水水源、景观娱乐用水区	红枫湖出库口	百花湖出口
		猫跳河清镇、观山湖农业用水区	百花湖出口	修文电厂坝址
	猫跳河修文保留区	—	修文电厂坝址	猫跳河与乌江汇口
暗流河	暗流河平坝县源头水保护区	—	平坝县摆挠乡水打冲	清镇市站街镇哈寨村平铺
	暗流河清镇开发利用区	暗流河清镇市站街饮用水水源区	清镇市站街镇哈寨村平铺	席关水库坝址
		暗流河清镇工业、农业用水区	席关水库坝址	清镇市暗流乡羊皮洞

续表 8-7

河流名称	水功能一级区	水功能二级区	范围	
			起始	终止
麦架河	麦架河白云观山湖开发利用区	麦架河工业、农业用水区	石板哨	大坝山
		麦架河白云观山湖过渡区	大坝山	麦架河与猫跳河汇口
修文河	修文河修文开发利用区	修文河修文工业、农业用水区	孟冲	修文电厂坝址
猫洞河	猫洞河修文开发利用区	猫洞河修文农业用水区	久长镇茶山村大白岩贾角山	三岔河

(六)梯级开发概况

猫跳河流域自 1958 年开始以水资源为龙头进行开发,建成 6 座梯级电站,位于猫跳河中游和下游,依次为红枫电站(一级)、百花电站(二级)、修文电站(三级)、窄巷口电站(四级)、红林电站(五级)、红岩电站(六级),后为充分利用落差,在二级和三级之间又兴建了二级半电站(李官电站),共有 7 座梯级电站,其高程及距离见图 8-2。红枫电站、百花电站、李官电站、修文电站、窄巷口电站、红林电站和红岩电站的装机容量分别为 20 MW、22 MW、13 MW、20 MW、45 MW、102 MW、30 MW,总装机容量为 252 MW。暗流河规划有四级开发,分别为一级平坝县老营水库、二级席关水库、三级戈家寨水库、四级暗流河水电站。其中,暗流河水电站为暗流河流域规划唯一电站,装机容量 3×5 000 kW。受梯级电站开发影响,猫跳河的纵向连通性降低。

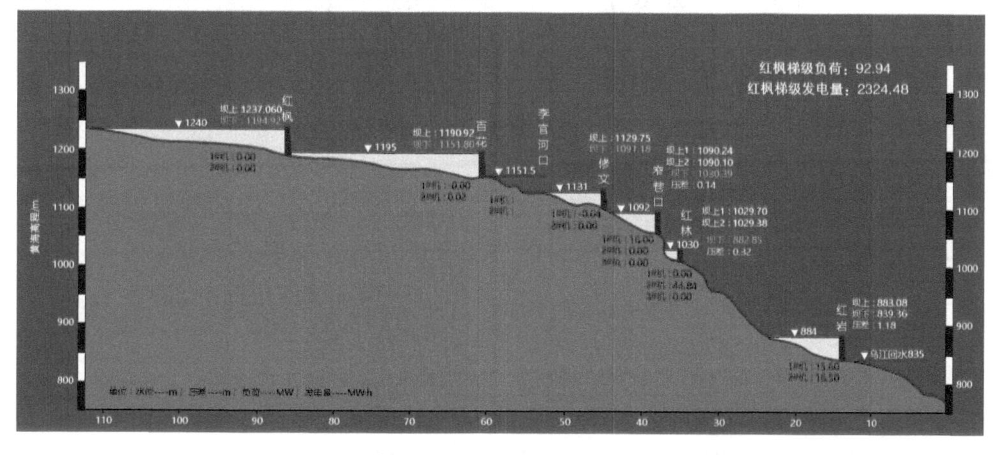

图 8-2　猫跳河干流梯级水电站纵剖面示意图

（七）水质和底泥概况

1. 水质状况

在猫跳河干流、红枫百花湖湖区以及主要支流设有 38 个水质监测断面。根据 2018 年 10 月至 2019 年 8 月为期 4 个季度的水质监测（现状监测）数据，经初步分析可知，监测期间内猫跳河水质状况总体良好。其中，属Ⅰ类水质的断面占比 5%，属Ⅱ类水质的断面占比 32%，属Ⅲ类水质的断面占比 44%，属Ⅳ类水质的断面占比 15%，属Ⅴ类水质的断面占比 1%，属劣Ⅴ类水质的断面占比 3%。

2019 年，猫跳河流域的 4 个县级以上水源地和 5 个国省控断面水质均达标（见表 8-8、表 8-9）。

表 8-8　2019 年猫跳河流域县级以上水源地水质达标情况

序号	市（县、区）	水源地名称	水源地级别	规定类别	实达类别	是否达标
1	贵阳市	红枫湖	地级	Ⅲ	Ⅱ	是
2	贵阳市	百花湖	地级	Ⅲ	Ⅲ	是
3	修文县	龙场	县级	Ⅲ	Ⅲ	是
4	修文县	岩鹰山水库	县级	Ⅲ	Ⅱ	是

表 8-9　2019 年猫跳河流域国省控断面水质达标情况

序号	水体名称	断面名称	规定类别	实达类别	是否达标	断面属性
1	红枫湖	花鱼洞	Ⅲ	Ⅱ	是	国控
2	百花湖	贵铝泵房	Ⅲ	Ⅲ	是	国控
3	猫跳河	龙井	Ⅲ	Ⅱ	是	省控
4	修文河	沙溪村	Ⅲ	Ⅲ	是	省控
5	猫洞河	蜈蚣桥	Ⅲ	Ⅱ	是	省控

2. 底泥状况

经检索涉及猫跳河底泥污染分析的主要相关文章（黄先飞，2008；王长娥，2008；孟忠常，2009；刘峰，2010；高婧，2012；田林锋，2012），红枫湖底泥重金属含量顺序为 Cd>Hg>As>Cu>Zn>Pb，经贵阳市土壤背景值对照，其中 Cd 浓度最高，北库区的底泥重金属平均含量高于南库区，工业排污是重金属污染的主要来源。百花湖底泥中重金属含量顺序为 Hg>Cd>Cu>Zn>Pb>As，经贵阳市土壤背景值对照，其中 Hg 浓度最高（见图 8-3）。

两湖底泥总磷总氮 1998—2002 年缓慢增加，2002—2005 骤然增加（见图 8-4），主要原因是投饵养鱼、网箱养鱼和工业生产排放（如天峰公司 4 万 t 磷酸铵项目）等大量污染物汇入，逐渐超出两湖的总磷、总氮环境容量。经综合整治后，入库污染得到有效削减，于 2005 年后，主要输入源转变为生活污水和大雨冲刷。截至 2010 年，红枫湖和百花湖底泥总磷分别达到 5 254 t 和 1 715 t。尽管营养盐的外源输入有减缓趋势，但外界环境因素引起底泥搅动造成营养盐释放，是两湖仍有局部水华发生的主要原因。

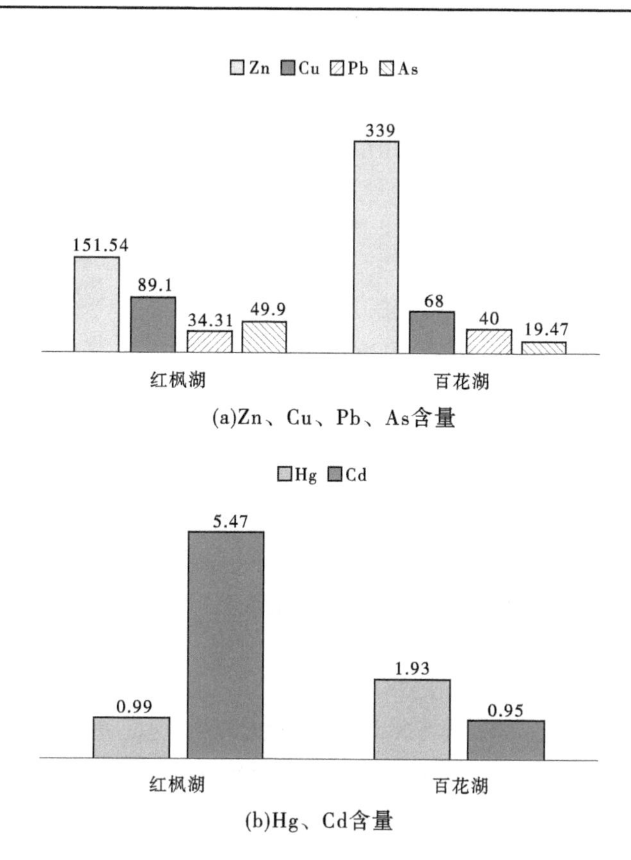

图 8-3　红枫湖和百花湖底泥重金属含量　(单位:mg/kg)

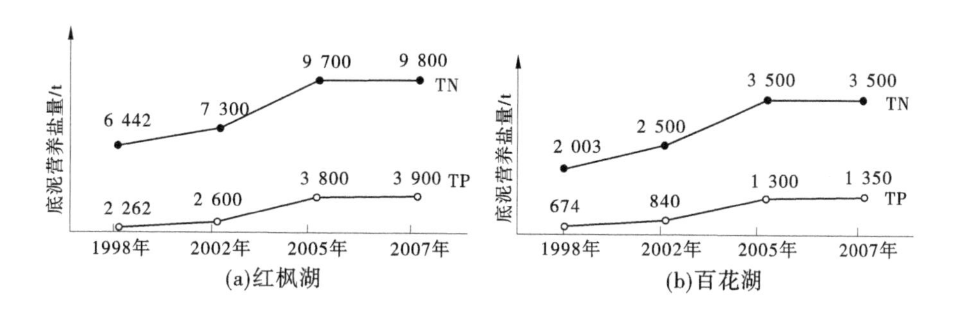

图 8-4　红枫湖和百花湖底泥总磷和总氮变化趋势

由以上研究成果可见,猫跳河底泥污染相关研究主要集中于红枫湖和百花湖库区范围,这突出了两湖作为饮用水水源地的重要地位,以及贵阳市政府对两湖水生态健康的高度关注。然而,猫跳河干流上下游段和支流(两湖属干流中游段)的底泥污染变化状况,对于猫跳河流域底泥污染物溯源、分布特征和迁移规律的解析,同样不可或缺。

(八)生物概况

猫跳河流域物种资源丰富,区域范围内有野生动植物近400种。野生动物资源为鸟类112种,兽类28种,爬行类17种,两栖类11种。野生植物资源为陆生维管束植物152

种，水生高等植物56种。目前，猫跳河流域梯级水库有浮游植物约230种（含变种和变型），红枫湖、百花湖、修文、红岩以及入乌江口以绿藻居多，窄巷口以硅藻居多，其他水库以绿藻和硅藻居多。红枫湖属于蓝绿藻型水体，百花湖属于蓝绿硅藻型水体，修文、窄巷口、红岩属于绿硅藻型水体。

二、主要生态环境问题概况

（一）人类开发利用影响水文水资源天然情势

猫跳河流域建有水利水电工程200多处，改变了流域内河道及河水的天然状态，淹没区内的流水生境变成了水库静水环境。坝址下游河段的水情水势也发生了变化，流量因人工调节变得无规律性，大坝泄洪也直接改变了下游部分河段水流的流速、流量等。同时，河床及地下水位也发生改变。据水文站的资料推算，40多年来，猫跳河干流上游河段水量削减率达24%。局部河段及部分支流的引、提水工程能力已超过河流基流量，九溪河段平水期平均流量约1.7 m^3/s，而引、提水工程则为2 m^3/s。干流中下游的水电梯级开发，导致77 km的河床水位平均提高22 m。河流基流量持续时间缩短，涨落频繁，地下水位下降。

（二）物理结构改变引起水生态变化

猫跳河流域山高坡陡，因喀斯特漏斗、裂隙及地下河网发育，地表径流能较快地汇入地下河系流走，造成石漠化、地表干旱，对土地生态安全影响较大。修建梯级电站降低了河流纵向连通性，流域陆生生态系统也受到不同程度的影响。同时，因人类干扰活动影响，河岸带的原有结构也发生了变化，如贵阳市城区、清镇市（县级市）、观山湖区、白云区等城市建成区等段。从鱼类和底栖动物调查监测结果发现，猫跳河河流整体鱼类种类数相对于20世纪80年代减少了8种，占12%；而底栖动物完整性指数值（BIBI）最高值达2.7，最低值仅为0.45。

（三）水质仍待提升

贵阳市两湖一库管理局成立后，在两湖流域污染治理成效明显。两湖水质从2007年的劣Ⅴ类提升至2011年基本稳定在Ⅲ类水质标准。但由于支流如后六河、麦架河和修文河以及两岸人类干扰活动（禽畜养殖、农业耕种、垃圾堆积等）对干流水质的影响，两湖水体水质不达标风险依然存在，支流有待治理，干流水质仍待提升。

（四）社会服务功能下降

20世纪90年代后，随着周边城镇建设、厂矿企业、库区养殖业和旅游发展，造成排入两湖的工业和生活污水增加，水质逐渐变成劣Ⅴ类。2001年始，经治理后Ⅴ类至劣Ⅴ类水质的频率有所降低，水质基本稳定在Ⅲ类与Ⅴ类之间，仍需加强水污染治理工作。此外，猫跳河进行水利工程开发后，红枫湖成为国家级风景名胜区，百花湖为省级风景名胜区，库区景观旅游建设，吸引了大量的游客，增加了当地民众收入。但由于库区水质下降，景观价值削减，也在一定程度上制约了当地经济的发展。

第二节　猫跳河流域河流健康评价应用

一、猫跳河健康评价技术方案

(一)评价指标筛选

1. 流域特点概要

(1)猫跳河流域内与猫跳河有水力联系的湿地现状统计数据,特别是历史资料(20 世纪 80 年代以前)匮乏,无法准确计算得出猫跳河流域的天然湿地保留率,故不对猫跳河流域天然湿地保留率进行评价。

(2)水温变异状况重点反映水利水电工程造成的低温水影响。猫跳河干流建有 7 座梯级电站,尤其是红枫湖和百花湖蓄水量较大,大坝建设对下游水温可能造成较大影响,因此有必要对猫跳河水温变异状况进行评价。

(3)猫跳河流域涉及西秀区、平坝区、观山湖区、白云区、清镇市、修文县等县(市、区),该部分地区均建有工业园,且部分区域分布有化工、冶金和采矿等工业企业,其产生的重金属污染入河风险不容忽视,因此猫跳河的重金属污染状况也有必要进行评价。

(4)猫跳河流域范围涉及贵阳市、安顺市和黔南州 3 个市和多个行政区,居民生活排污、饲料化肥使用、禽畜养殖排污、工业企业排污等是水体氮磷污染的重要来源,富含氮磷的水体汇入会增加猫跳河干流上两个大型水库(红枫湖和百花湖)的富营养化风险。因此,营养盐状况(NC,Nutrient Concentration)也纳入猫跳河健康评价的水质准则层中,代表分指标为 TP 浓度。

2. 评价指标选择

结合《河流健康评价指标、标准与方法》和猫跳河流域特点,猫跳河健康评价的指标层包含 12 个基本指标、2 个备选指标(水温变异状况和重金属污染状况)和 1 个自选指标(营养盐状况),见表 8-10。

河流健康评价指标包括 3 种尺度:

(1)断面尺度指标。评价指标数据来自监测断面的取样监测。

(2)河段尺度指标。评价指标数据来自评价河段内的代表站位或评价河段整体情况。

(3)河流尺度指标。评价指标数据来自评价河流及其流域调查和统计数据。

社会服务功能的指标属于河流尺度指标,其他准则层的指标为河段或断面指标。因此,河段健康评价主要是生态意义上的评价,河流的健康评价是全面的河流健康评价。

(二)评价基准

猫跳河流域河流健康评价参考《河流健康评价指标、标准与方法》。

(三)评价方法

猫跳河流域河流的健康评价方法,主要参照《河流健康评价指标、标准与方法》。此外,为使猫跳河流域河流的健康评级结果更能体现该流域的生态特征,部分指标(或准则层)的健康赋分方法有所调整,主要涉及河岸带稳定性、河岸带植被覆盖度、河岸带人工干扰程度、水温变异状况、营养盐状况、水质准则层、生物准则层。调整内容如下。

表 8-10 猫跳河健康评价指标筛选成果

目标层	准则层	河流指标层(代码)	指标尺度	评价数据取样 调查监测位置或范围	指标选择
河流健康	水文水资源(HD)	流量过程变异程度(FD)	河段尺度	干流梯级电站	基本
		生态流量满足程度(EF)	河段尺度	干流梯级电站	基本
	物理形态(PF)	河岸带状况(RSS)	断面尺度	所有监测断面左右岸采样区	基本
		河流连通阻隔状况(RC)	河段尺度	评价河段及其下游至河口河段	基本
	水质(WQ)	水温变异状况(WT)	河段尺度	干流梯级电站坝前断面及 坝下泄水入河断面	备选
		DO 水质状况(DO)	断面尺度	所有监测断面	基本
		耗氧有机污染状况(OCP)	断面尺度	所有监测断面	基本
		重金属污染状况(HMP)	断面尺度	所有监测断面	备选
		营养盐状况(NC)	断面尺度	所有监测断面	自选
	水生生物(AL)	底栖动物完整性指数(BMIBI)	断面尺度	所有监测断面取样区	基本
		鱼类生物损失指数(FOE)	河流尺度	评价河流历史/现状调查资料	基本
	社会服务功能(SS)	水功能区达标指标(WFZ)	河流尺度	评价河流	基本
		水资源开发利用指标(WRU)	河流尺度	评价河流流域	基本
		防洪指标(FLD)	河流尺度	评价河流	基本
		公众满意度指标(PP)	河流尺度	评价河流	基本

1. 河岸带稳定性赋分

猫跳河干流中下游河段、猫洞河等支流,两岸多为高山峡谷,斜坡倾角较大,斜坡较高,但均为自然形成,生态性良好。考虑到猫跳河岸坡自然现状的生态性和特殊性,建议在两岸为山体或峡谷的调查断面,岸坡倾角和岸坡高度权重均调整为 0.1,岸坡总植被覆盖度和坡脚冲刷强度权重均调整为 0.3,河岸基质权重调整为 0.2;其他类型调查断面,河岸岸坡稳定性赋分取值,以岸坡倾角、岸坡高度、河岸基质、岸坡总植被覆盖度和坡脚冲刷强度赋分的均值为准。河岸带稳定性指标赋分公式变量说明见表 8-11。

表 8-11 河岸带稳定性指标赋分公式变量说明

指标	赋分代码	赋分范围	权重代码	建议权重(两岸为山体或峡谷)	建议权重(其他河岸类型)
岸坡倾角	SAr	0~100	SAw	0.1	0.2
岸坡总植被覆盖度	TSCr	0~100	TSCw	0.3	0.2
岸坡高度	SHr	0~100	SHw	0.1	0.2
河岸基质	SMr	0~100	SMw	0.2	0.2
坡脚冲刷强度	STr	0~100	STw	0.3	0.2

2. 河岸带植被覆盖度赋分

猫跳河两岸多为山体和峡谷，临水岸侧草被灌木居多，乔木分布相对较少，即使部分河段两岸植被完好，自然生态型较优，但在天然状态下三种植被生活型的优势和组成并不均衡。因此，在植被覆盖度指标赋分评价过程中，应考虑猫跳河河岸带天然植被状况分布的特殊性。为使河岸带植被覆盖度在评分结果中更符合猫跳河河岸带植被的健康状况，建议在两岸为山体或峡谷的调查断面，乔木、灌木及草本植物覆盖度的权重分别取 0.2、0.4 和 0.4；其他类型调查断面的河岸带植被覆盖度赋分值以三种植被生活型赋分的均值为准。河岸带植被覆盖度赋分公式变量说明见表 8-12。

表 8-12　河岸带植被覆盖度赋分公式变量说明

指标	赋分代码	赋分范围	权重代码	建议权重（两岸为山体或峡谷）	建议权重（其他河岸类型）
乔木覆盖度	TCr	0~100	TCw	0.2	1/3
灌木覆盖度	SCr	0~100	SCw	0.4	1/3
草本覆盖度	HCr	0~100	HCw	0.4	1/3

3. 河岸带人工干扰程度赋分

沿岸垃圾堆放等人工干扰状况的评价只以“是”或“否”的一票否决为评判标准，在现场判别中缺乏干扰的严重程度考察标准。如在河岸已有垃圾统一回收管理的相关措施，应根据执行的优劣程度加以判别或评分。因此，在原评价体系《河流健康评价指标、标准与方法》的基础上，根据猫跳河河岸带的人类干扰活动的严重程度，对沿岸建筑物（房屋）、垃圾堆放（或垃圾填埋场）、畜牧养殖等现象进行进一步的判别评分，见表 8-13。

表 8-13　河岸带人工干扰程度赋分标准

序号	人类活动类型	所在位置		
		河道内（水边线内）	河岸带	河岸带邻近陆域（小河 10 m 以内，大河 30 m 以内）
1	河岸硬性砌护		-5	
2	采砂	-30	-40	
3	沿岸建筑物（房屋）	-15（数量较多）、-10（仅数间）	-10（数量较多）、-5（仅数间）	-5（数量较多）、-2（仅数间）
4	公路（或铁路）	-5	-10	-5
5	垃圾堆放（或垃圾填埋场）		-60（大量）、-30（少量）	-40（大量）、-20（少量）
6	河滨公园		-5	-2
7	管道	-5	-5	-2
8	农业耕种		-15（连片种植）、-10（少量种植）	-5（连片种植）、-2（少量种植）
9	畜牧养殖		-10（大量圈养）、-5（少量散养）	-5（大量圈养）、-2（少量散养）

4. 水温变异状况赋分

猫跳河建有 7 座梯级电站(红枫、百花、李官、修文、窄巷口、红林、红岩),且大坝前均形成较深水库区,结合该水利水电工程建设特点,基于猫跳河干流(梯级电站坝前及坝下监测断面)水温监测分析结果对猫跳河水温变异状况进行评价。

采用与评估河流指示物种(一般选用经济或土著鱼类)适宜水温低值及高值的最大偏离程度表达,常见经济(或土著)鱼类的水温要求见表 8-14。以猫跳河流域河流常见鱼类鲤和鲫为指示物种,适宜水温取 15 ℃(低值)至 28 ℃(高值),根据鲤鱼和鲫鱼的繁殖盛期为 5 月和 4 月,选择春季(2019 年 4 月)实测水温进行分析。计算公式如下:

$$WT1 = Max(Tm1 - Thigh) \tag{8-1}$$

$$WT2 = Max(Tlow - Tm2) \tag{8-2}$$

式中　Tm1——评估年夏季实测水温,℃;

Tm2——评估年春季实测水温,℃;

Thigh——指示物种适宜水温高值,℃;

Tlow——指示物种适宜水温低值,℃。

表 8-14　猫跳河流域河流指示物种(鲤和鲫)水温要求　　单位:℃

<table>
<tr><th rowspan="2">种类</th><th rowspan="2">产卵水温</th><th rowspan="2">繁殖期</th><th colspan="2">适宜水温</th><th rowspan="2">开始不利高温</th><th rowspan="2">开始不利低温</th></tr>
<tr><th>低值(Tlow)</th><th>高值(Thigh)</th></tr>
<tr><td>鲤</td><td>17 以上</td><td>3—8 月</td><td>25</td><td>28</td><td>30</td><td>13</td></tr>
<tr><td>鲫</td><td>17 以上</td><td>3—7 月</td><td>15</td><td>25</td><td>29</td><td>10</td></tr>
<tr><td>青鱼</td><td rowspan="4">18 以上</td><td>3—6 月</td><td rowspan="4">24</td><td rowspan="4">28</td><td rowspan="2">30</td><td rowspan="2">17</td></tr>
<tr><td>草鱼</td><td>5—6 月</td></tr>
<tr><td>鲢</td><td>4—7 月</td><td rowspan="2">37</td><td rowspan="2"></td></tr>
<tr><td>鳙</td><td>4—7 月</td></tr>
</table>

水温变异状况指标赋分(WTr)如表 8-15 所示。

表 8-15　水温变异状况指标赋分标准

<table>
<tr><th>水温变异指标</th><th>WT1</th><th>WT2</th><th>WTr</th></tr>
<tr><td rowspan="4">偏离程度</td><td colspan="2">满足适宜水温要求</td><td>100</td></tr>
<tr><td colspan="2">低于不利高温及高于不利低温 0.5 ℃</td><td>50</td></tr>
<tr><td colspan="2">低于不利高温及高于不利低温 1 ℃</td><td>25</td></tr>
<tr><td colspan="2">低于不利高温及高于不利低温 2 ℃</td><td>0</td></tr>
</table>

5. 营养盐状况赋分

取 TP 浓度指标根据《地表水资源质量评价技术规程》(SL 395)对猫跳河监测断面的营养盐状况进行评价。两湖监测断面(红枫湖和百花湖)TP 浓度按照湖库标准评价,其余河流监测断面 TP 浓度按照河流浓度标准进行评价。

$$NCr = TPr \tag{8-3}$$

式中　NCr——评价区营养盐状况赋分；

TPr——评价区 TP 浓度指标赋分。

根据《地表水环境质量标准》(GB 3838)标准确定的 TP 浓度对猫跳河营养盐状况进行评价赋分，赋分标准见表 8-16。

表 8-16　猫跳河河流营养盐状况评价赋分标准

指标	浓度/赋分				
河流 TP/(mg/L)	≤0.02	0.1	0.2	0.3	≥0.4
湖库 TP/(mg/L)	≤0.01	0.025	0.05	0.1	≥0.2
NCr	100	80	60	30	0

6. 水质准则层赋分

水质准则层包括 5 个指标，以 5 个评价指标最小分值作为水质准则层赋分。

$$WQr = \min(WTr, DOr, OCPr, HMPr, NCr) \tag{8-4}$$

式中　WQr——水质准则层赋分；

WTr——水温变异指标赋分；

DOr——DO 状况指标赋分；

OCPr——耗氧有机污染状况指标赋分；

HMPr——重金属污染指标赋分；

NCr——营养盐状况指标赋分。

7. 生物准则层赋分

由于鱼类资源缺乏历史记录和分布特征数据，为了更好地反映猫跳河的水生生物健康状况，提高生物的指示作用，生物准则层的赋分计算标准，由原来的底栖动物完整性指数和鱼类损失指数两者赋分值的最小值作为赋分值，调整为底栖动物完整性指数和鱼类损失指数两者赋分均值，以增加生物指标的敏感性。

$$ALr = (BIBIr + FOEr)/2 \tag{8-5}$$

式中　ALr——生物准则层赋分；

BIBIr——大型底栖无脊椎动物 BIBI 指标赋分；

FOEr——鱼类生物损失指标赋分。

(四)评价指标体系构成

基于上述评价方法调整，建立猫跳河流域河流健康评价指标体系，指标组成及建议权重见表 8-17。根据表 8-17 中各个指标内容，开展勘察、调查和监测工作，以获取评价所需的基础数据。

表 8-17　猫跳河流域河流健康评价指标体系及建议权重

目标层	建议权重	亚目层	建议权重	准则层	建议权重	指标层	建议权重	分指标	建议权重	次级分指标
河流健康(RHI)	0.7	生态完整性(REI)	0.2	水文水资源(HD)	0.3	流量过程变异程度(FD)				
					0.7	生态流量满足程度(EF)				
			0.2	物理形态(PF)	0.7	河岸带状况(RSS)	0.25	河岸稳定性(BKS)	0.1(山体或峡谷河岸),0.2(其他)	岸坡倾角(SA)
									0.3(山体或峡谷河岸),0.2(其他)	岸坡总植被覆盖度(TSC)
									0.1(山体或峡谷河岸),0.2(其他)	岸坡高度(SH)
									0.2(山体或峡谷河岸),0.2(其他)	河岸基质(SM)
									0.3(山体或峡谷河岸),0.2(其他)	坡脚冲刷强度(ST)
							0.5	河岸带植被覆盖度(RVS)	0.2(山体或峡谷河岸),1/3(其他)	乔木覆盖度(TC)
									0.4(山体或峡谷河岸),1/3(其他)	灌木覆盖度(SC)
									0.4(山体或峡谷河岸),1/3(其他)	草本覆盖度(HC)
							0.25	河岸带人工干扰程度(RD)		
					0.3	河流连通阻隔状况(RC)				

续表 8-17

目标层	建议权重	亚目层	建议权重	准则层	建议权重	指标层	建议权重	分指标	建议权重	次级分指标
河流健康（RHI）	0.7	生态完整性（REI）	0.2	水质（WQ）	1	水温变异状况（WT）				
						DO 水质状况（DO）				
						耗氧有机污染状况（OCP）	0.25	高锰酸盐指数（COD_{Mn}）		
							0.25	化学需氧量（COD_{Cr}）		
							0.25	五日化学需氧量（BOD_5）		
							0.25	氨氮（NH_3-N）		
						重金属污染状况（HMP）	1	砷（As）		
								汞（Hg）		
								镉（Cd）		
								六价铬（Cr^{6+}）		
								铅（Pb）		
						营养盐状况（NC）	1	总磷（TP）		
			0.4	水生生物（AL）	0.5	底栖动物完整性指数（BIBI）				
					0.5	鱼类生物损失指数（FOE）				
	0.3	功能完整性（TSS）	1	社会服务功能（SS）	0.25	水功能区达标指标（WFZ）				
					0.25	水资源开发利用指标（WRU）				
					0.25	防洪指标（FLD）				
					0.25	公众满意度指标（PP）				

二、猫跳河健康调查监测技术方案

(一)调查监测范围

1. 评价河段划分

参照《河流健康评价指标、标准与方法》,猫跳河流域河流健康评价共将猫跳河干流及 7 条支流划分为 19 个评价河段,分别如下。

猫跳河干流建有 7 座梯级电站,该 7 个闸坝是猫跳河的重要水文及水力学状况变异点,故猫跳河干流选择以闸坝为评价河段分段点,划分为 8 个评价河段(河段 1:干流入境—红枫,河段 2:红枫—百花,河段 3:百花—李官,河段 4:李官—修文,河段 5:修文—窄巷口,河段 6:窄巷口—红林,河段 7:红林—红岩,河段 8:红岩—河口)。根据《河流健康评价指标、标准与方法》规定,评价河段长度不能超过 50 km,且每个评价河流设置的评价河段数量至少不低于 5。干流入境—红枫河段(羊昌河)评价长度以所设置的两个监测断面之间的河段长度为准。

红枫湖和百花湖均属于猫跳河干流的组成部分,红枫湖水面以贵黄高速为界,大致可分为南北两部分,因此将红枫湖划分为 2 个评价河段;百花湖水库水面狭长,也同样划分为 2 个评价河段,共 4 个评价河段。

贵阳市范围内的暗流河、麦架河、修文河、猫洞河,以及红枫湖入库的麻线河、后六河、乐平河共 7 条猫跳河支流。由于麻线河(52 km)、乐平河(62 km)和暗流河(61. 7 km)长度均超过 50 km,后六河、麻线河和乐平河绝大部分河道和暗流河部分河道位于安顺市范围内。上述 7 条支流划分为 7 个评价河段,各支流代表评价长度设置如下:结合本次评价范围(贵阳市境内),后六河、麻线河、乐平河以所设置的两个监测断面之间的河段长度代表评价河长;参照《贵阳市土地利用总体规划》(2006—2020 年)中的贵阳市土地利用总体规划图,主要支流麦架河、修文河、猫洞河和暗流河以布设监测断面所对应土地利用现状类型范围内的河段长度代表评价河长。

以上布设的 19 个评价河段,总评价河长为 147. 7 km,各评价河段长度及其主要土地利用现状类型见表 8-18。

2. 监测断面布设

于 2018 年 8 月中下旬对猫跳河流域干流、7 条支流及周边区域开展前期调研查勘工作,其间还走访了两湖一库管理局、7 个梯级电站管理处、贵阳市生态环境局等相关部门,咨询和收集猫跳河水系、水文、水质等相关资料。

贵阳市生态环境局仅提供红枫湖和百花湖的库区整体水质数据(未分断面),而由两湖一库管理局提供的资料可知,红枫湖、百花湖和红枫湖部分入库支流已布设有 12 个对应的代表性水质监测断面。其中,百花坝前、贵铝泵房、麦西河口和岩脚寨 4 个监测断面位于百花湖库区;三岔口、后午、腰洞、红枫坝前和偏山寨 5 个监测断面位于红枫湖库区,偏山寨监测断面位于乐平河入库口(汇入红枫湖)下游约 2. 5 km 处;姬昌桥和花桥 2 个监测断面位于红枫湖至百花湖河段内;骆家桥监测断面位于乐平河(临近红枫湖入库口)。

在满足河流健康评价要求的基础上,针对猫跳河 19 个评价河段,在各个评价河段分

表 8-18　猫跳河流域河流健康评价河段及断面布设

河流等级	编号	监测断面		断面布设地理位置		评价河/湖段	评价河段长度/km	评价河段主要土地利用类型
		本次评价	两湖一库管理局	经度	纬度			
干流河流	S1	稻香村		106.361°E	26.429 8°N	干流入境—红枫	1.6	耕地
	S2	杨家车		106.365°E	26.440 2°N			
	S3	姬昌桥	姬昌桥	106.432°E	26.556 8°N	红枫—百花	13	城镇/农村居民用地
	S4	花桥	花桥	106.464°E	26.584 3°N			
	S5	百花坝下		106.549°E	26.692 0°N	百花—李官	4.8	林地/耕地
	S6	牟老		106.549°E	26.703 1°N			
	S7	吊岩		106.535°E	26.732 3°N	李官—修文	12.6	林地
	S8	山王庙		106.529°E	26.735 4°N			
	S9	修文坝下		106.551°E	26.801 1°N	修文—窄巷口	6	林地
	S10	苦竹山		106.550°E	26.803 9°N			
	S11	龙滩		106.441°E	26.817 7°N	窄巷口—红林	14.8	林地/耕地
	S12	黄草坝		106.441°E	26.822 8°N			
	S13	三岔河		106.459°E	26.863 3°N	红林—红岩	11.4	林地/自然保留地
	S14	红岩坝前		106.419°E	26.858 7°N			
	S15	小岩头		106.382°E	26.917 4°N	红岩—河口	11.5	林地/耕地
	S16	牛洞		106.376°E	26.926 1°N			
干流湖泊	S17	三岔口	三岔口	106.393°E	26.448 1°N	红枫湖南湖	16.3	林地/耕地
	S18	后午	后午	106.420°E	26.499 3°N			
	S19	腰洞	腰洞	106.383°E	26.546 6°N	红枫湖北湖	2.7	耕地/林地
	S20	红枫坝前	红枫坝前	106.423°E	26.545 3°N			
	S21	岩脚寨	岩脚寨	106.500°E	26.639 4°N	百花湖南湖	5.8	林地
	S22	麦西河口	麦西河口	106.533°E	26.651 7°N			
	S23	贵铝泵房	贵铝泵房	106.546°E	26.664 2°N	百花湖北湖	4.1	林地/耕地
	S24	百花坝前	百花坝前	106.547°E	26.679 3°N			

续表 8-18

河流等级	编号	监测断面		断面布设地理位置		评价河/湖段	评价河段长度/km	评价河段主要土地利用类型
		本次评价	两湖一库管理局	经度	纬度			
支流	S25	马场镇		106.448°E	26.404 6°N	后六河	10.4	耕地/城镇用地
	S26	打鱼寨		106.427°E	26.463 6°N			
	S27	王家院村		106.386°E	26.395 1°N	麻线河	6.1	耕地/农村居民用地
	S28	河西		106.389°E	26.434 0°N			
	S29	骆家桥	骆家桥	106.332°E	26.511 3°N	乐平河	7.4	耕地/林地
	S30	偏山寨	偏山寨	106.356°E	26.555 9°N			
	S31	李官村		106.560°E	26.712 5°N	麦架河	4.0	耕地/农村居民用地
	S32	S82 贵黔高速		106.557°E	26.715 1°N			
	S33	小沙溪		106.581°E	26.839 5°N	修文河	6.1	耕地/农村居民用地
	S34	朱家湾		106.582°E	26.842 6°N			
	S35	小田坝		106.465°E	26.884 8°N	猫洞河	4.9	自然保留地/林地
	S36	团山堡		106.456°E	26.876 4°N			
	S37	河边寨		106.348°E	26.809 5°N	暗流河	4.2	耕地/农村居民用地
	S38	暗流乡		106.352°E	26.811 8°E			
总评价河长:147.7 km								

别布设 2 个监测断面,共布设 38 个监测断面。其中包含两湖一库管理局和贵阳市生态环境局提供资料中已布设的 12 个代表性监测断面。在此基础上,结合现场查勘结果(综合水陆交通、采样安全及河水流速等状况),根据《河流健康评价指标、标准与方法》的要求,分别布设其余 26 个监测断面。

在猫跳河划分的 19 个评价河段中,干流入境—红枫河段、后六河、麻线河和乐平河均汇入红枫湖。为充分反映以上 4 个评价河段水体汇入对红枫湖的影响,在其入库口前后不远处(5 km 内)分别设置监测断面,其中包含已有的骆家桥(乐平河入库口前)和偏山寨(乐平河入库口后)2 个监测断面。

综上,猫跳河健康评价共布设 38 个监测断面,其所属评价河段和地理位置,见图 8-5 和表 8-18。

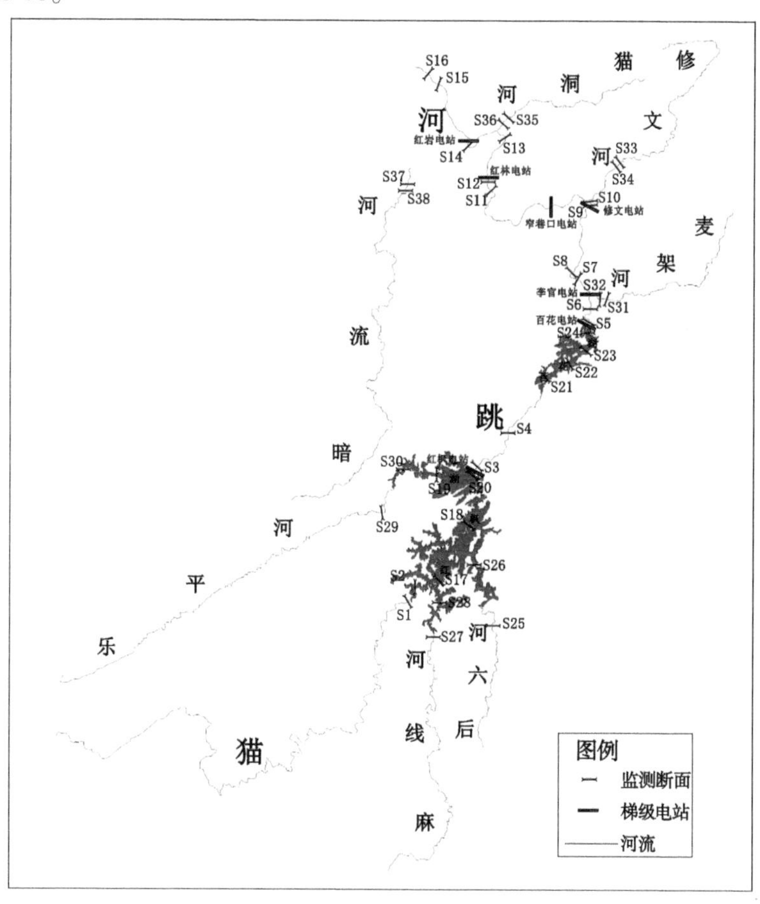

图 8-5　猫跳河流域河流监测断面布设

3. 河流横向分区

猫跳河流域河流健康评价的河流横向分区,参照第六章第二节。

(二)调查监测开展方式

调查监测工作周期为 1 年,分 4 个时间段:2018 年 10 月 24 日至 11 月 4 日(第一季度,秋季)、2019 年 1 月 10 日至 22 日(第二季度,冬季)、2019 年 4 月 10 日至 22 日(第三季度,春季)、2019 年 8 月 2 日至 2019 年 8 月 14 日(第四季度,夏季)。针对不同的调查监测指标,数据获取方式、调查监测时间和频次各有差异,见表8-19。

表8-19 猫跳河健康评价调查监测开展方式

河流指标层	数据获取方式	调查/监测时间	调查/监测频次
流量过程变异程度	资料收集分析	调查监测期间内收齐	1次
生态流量满足程度	资料收集分析	调查监测期间内收齐	1次
河岸带状况	现场调查	四个季度(植被覆盖度)	4次
		第一季度(其余分指标)	1次
河流连通阻隔状况	现场调查	第一季度	1次
水温变异状况	现场监测	第四季度	1次
DO水质状况	现场监测	四个季度	4次
耗氧有机污染状况	采样监测	四个季度	4次
重金属污染状况	采样监测	四个季度	4次
营养盐状况	采样监测	第二、三、四季度	3次
底栖动物完整性指数	采样监测	四个季度	4次
鱼类生物损失指数	现场调查、采样监测、资料收集分析	四个季度	4次
水功能区达标指标	资料收集分析	调查监测期间内收齐	1次
水资源开发利用指标	资料收集分析	调查监测期间内收齐	1次
防洪指标	资料收集分析	调查监测期间内收齐	1次
公众满意度指标	公众调查	2019年4月(市镇政府内部调查表派收)、8月(沿河公众调查表派收)	2次

(三)调查监测分析方法

在猫跳河流域范围内开展专项勘察、专项调查和专项监测工作,获取评价所需的基础数据。专项勘察和专项调查的内容和方法,参照第六章第二节。其中,专项监测及数据分析(主要包括水质监测和水生动物监测)方法如下。

1.水质监测

1)水温监测

对猫跳河流域内38个监测断面的表层(水深1 m)水温进行监测,连续监测1年,每个季度监测1次,4个季度共监测4次,共获得152个表层水温数据。用于监测水温的工具为内置温度计(玻璃棒式红水温度计)的有机玻璃采水器(5 L)(见图8-6)。将上述采水器连接60 m长的编织绳,手持编织绳将采水器缓慢放入指定深度水层中,静置3 min后,迅速上提采水器并读取温度数值,记录数据。

图 8-6　水温监测工具及现场水温监测

2) DO 监测

对猫跳河流域内 38 个监测断面的表层水 DO 进行监测,连续监测 1 年,每个季度监测 1 次,4 个季度共监测 4 次,共获得 152 个表层水 DO 数据。使用便携式 DO 测定仪(哈希 HQ30d)(见图 8-7)测定监测断面水体 DO 值。将仪器的探头放入水深 1 m 处,静置直至仪器显示的 DO 值稳定,读取并记录此时的 DO 值。

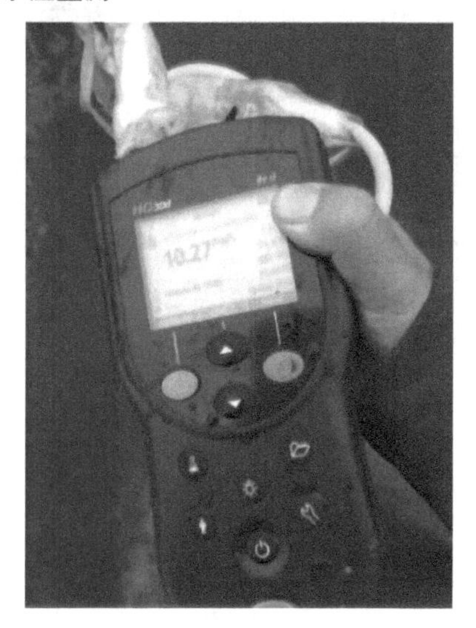

图 8-7　DO 监测仪器

3) 水样采集

参照《水质河流采样技术指导》(HJ/T 52),采集猫跳河流域内 38 个监测断面水样,采集时间和频次与 DO 监测同步,4 个季度共采集 152 个水样。

在可徒步涉水河道监测断面,使用干净聚乙烯瓶直接采集河水(尽可能避开肉眼可见的杂质),每个断面采集水样 2 L。在难以徒步涉水的水库和河道断面,乘船并在船上使用 5 L 有机玻离采水器(见图 8-6)采集水样,取 2 L 水样装入干净的聚乙烯瓶中。当天样品采集完后,立即运回实验室进行预处理(见图 8-8)。

4) 水样预处理

采集的每个水样经 0. 45 μm 滤膜抽滤后,进行以下处理。用于 TN、TP、NH_3-N、COD_{Mn} 和 COD_{Cr} 检测的水样(500 mL),分别滴加 H_2SO_4,并将 pH 值调至 2 以下(pH 计检测)。测定 Hg 的水样每 500 mL 中加入 5 mL 浓盐酸,测定 As、Cd、Pb、Cu、Fe、Mn、Ni、Zn 的水样每 500 mL 中加入 5 mL 浓硝酸。测定 Cr^{6+} 的 200 mL 水样加氢氧化钠,调节水样 pH 至 8~9(pH 计检测)。经上述预处理后的水样保存在 4 ℃冰箱,待下一步检测。

用于 BOD_5 检测的水样不作抽滤和酸碱化处理,同一个监测断面采集的水样分别装满两个小口综色玻璃瓶(规格 150 mL)并加塞密封(瓶内不应有气泡),待下一步检测。

图 8-8 现场水样采集

5)水样检测

水样检测方法按《地表水环境质量标准》(GB 3838)执行,各项指标检测方法参照表 8-20。水样的水质检测分析基本流程见图 8-9。

表 8-20 猫跳河 38 个监测断面水样检测指标及方法

序号	指标	分析方法	最低检出限	方法来源
1	COD_{Mn}		0.5 mg/L	GB 11892—89
2	COD_{Cr}	重铬酸盐法	5 mg/L	CB 11914—89
3	BOD_5	稀释与接种法	2 mg/L	GB 7488—87
4	NH_3-N	纳氏试剂分光光度法	0.025 mg/L	GB 7479—87
5	TP	钼酸铵分光光度法	0.01 mg/L	GB 11893—89
6	Hg	原子荧光法	0.001 μg/L	《水和废水监测分析方法》(第 4 版)
7	As	原子荧光法	0.002 μg/L	《水和废水监测分析方法》(第 4 版)
8	Cr^{6+}	电感耦合等离子体质谱法(ICP-MS)	0.01 μg/L	《水和废水监测分析方法》(第 4 版)
9	Pb	石墨炉原子吸收法	0.01 μg/L	GB 7475—87
10	Cd	石墨炉原子吸收法	0.01 μg/L	GB 7475—87
11	Cu	电感耦合等离子体质谱法(ICP-MS)	0.02 μg/L	《水和废水监测分析方法》(第 4 版)
12	Zn	电感耦合等离子体质谱法(ICP-MS)	0.5 μg/L	《水和废水监测分析方法》(第 4 版)
13	Mn	电感耦合等离子体质谱法(ICP-MS)	0.02 μg/L	《水和废水监测分析方法》(第 4 版)
14	Fe	电感耦合等离子体质谱法(ICP-MS)	0.9 μg/L	《水和废水监测分析方法》(第 4 版)
15	Ni	电感耦合等离子体质谱法(ICP-MS)	0.02 μg/L	《生活饮用水卫生规范》

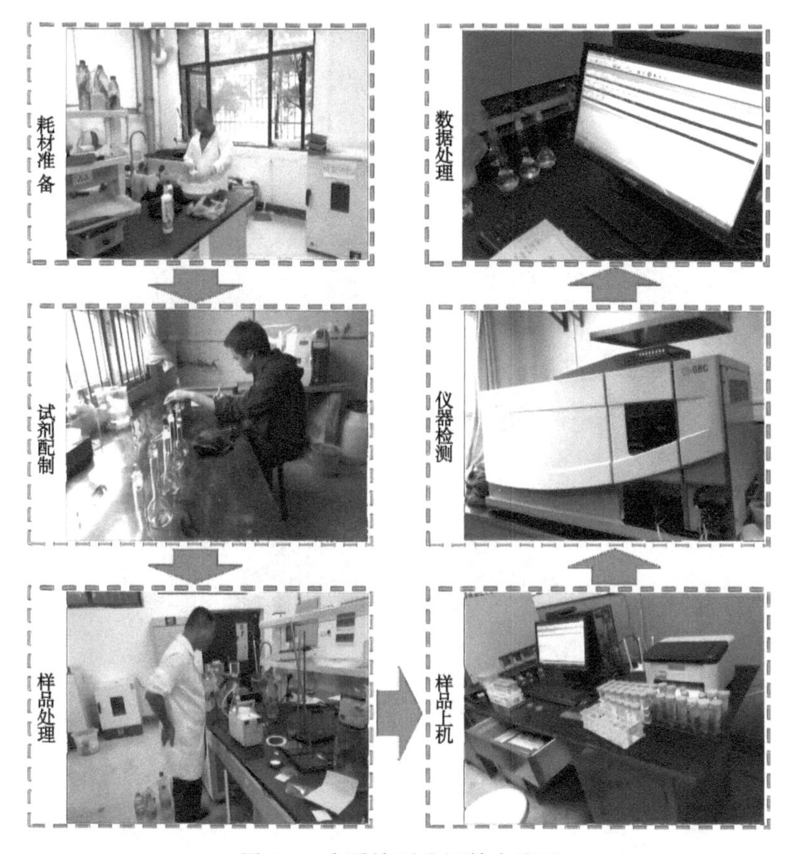

图 8-9 水质检测分析基本流程

2. 底栖动物监测

1)底栖动物样品采集

根据《淡水生物调查技术规范》(DB 43T432),对猫跳河流域内 38 个监测断面开展底栖动物样品采集工作。采集时间和频次与水样采集同步进行,4 个季度共采集 152 个底栖动物样品。

对于可徒步涉水的监测断面,在其 100 m 水域范围内,使用口径为 25 cm×25 cm 的 D 型抄网(60 目),随机在水草区、基流区和缓流区采集样品(含底栖动物、植物碎屑、泥沙或碎石等)。

对于难以徒步涉水的水库和河道断面,乘船并在船上使用专用打泥器采集水库或河道底泥样品。

上述河流和水库采集的样品,在现场使用 60 目筛网过筛冲洗,将筛网内所有采集物装入聚乙烯封口袋,加入 10%福尔马林溶液固定后打包带回实验室(见图 8-10)。

2)底栖动物种类鉴定

在实验室内采用人工挑拣的方法,将各个断面采集的底栖动物样品分别置于解剖盘中,将肉眼可见的底栖动物分拣出,转入 50 mL 的塑料瓶中,同时加入 95%的酒精溶液保存,待下一步鉴定。

将分拣出的底栖动物置于六孔盘中,在显微镜和解剖镜下进行鉴定,底栖动物样本尽可能鉴定到种,同时拍照、计数和称重。称量时,先用吸水纸吸去样本表面水分,直到吸水纸表面无水痕迹。定量称重用电子天平,精确到0.000 1 g。每个位点采集的平行样品数据以算术平均值表示,并将每个样品中的个体数量和生物量换算成每平方米的单位含量。

图8-10　猫跳河底栖动物样品采集过程

3. 鱼类调查监测

为避开鱼类繁殖期并尽可能捕获更多品种的鱼类,选择在2019年8月进行水样采集,对猫跳河38个监测断面同步进行鱼类采集鉴定。在此基础上,进一步通过现场询问和资料调查等方式获取猫跳河鱼类品种信息。

1)鱼类样品采集与鉴定

在可徒步涉水的河道监测断面,使用口径为35 cm的圆形抄网(孔径0.5 cm),随机在水草区、基流区和缓流区采集鱼类样品(见图8-11)。在难以徒步涉水的水库和河道断面(约500 m^2 水域范围),乘船并在船上使用20 m长、2 m宽的拖网(孔径2 cm)拖行约25 m捕捞鱼类。为获得更多品种的鱼类样品,向猫跳河河岸周边的渔民和钓鱼群众,通过购买或询取的方式获得鱼类样品。在现场获取的鱼类样品中,对于形态相同(可明显辨别)的鱼类品种各取数条(≤5),运回实验室,置于冰箱保存待鉴定。对保存的各个品种鱼类进行拍照,对于部分无法明确鉴定的鱼类品种,通过查询相关文献、报道和书籍或咨询专家等方式进行确认。

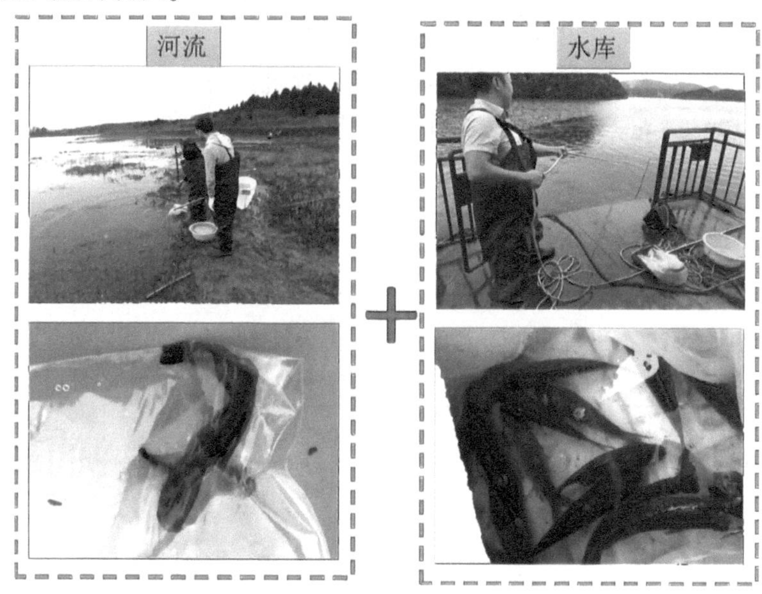

图8-11 猫跳河鱼类样品采集过程

2)鱼类现状调查与资料收集

除广泛收集猫跳河周边乡镇有关鱼类资源、渔业状况和了解当地政府在鱼类保护等方面的情况外,还专门对猫跳河周边的渔民、钓鱼者、餐馆经营者和当地居民等询问猫跳河的鱼类品种情况(见图8-12)。此外,还通过查询相关文献、报道和书籍等资料获取猫跳河鱼类品种信息。

图8-12 猫跳河鱼类现场调查

三、猫跳河健康评价结果

(一)猫跳河水文水资源状况评价

1. 流量过程变异程度评价

本次猫跳河流域天然径流量计算采用降雨径流模式法,根据《贵州省水文图集》查多年平均年径流深等值线图,根据面积加权法推求猫跳河流域多年平均径流深为 614.5 mm,再根据流域集水面积推求流域多年平均天然径流量,猫跳河流域集水面积为 3 246 km^2,求得猫跳河流域多年平均天然径流量为 19.6 亿 m^3,折合流量 62.3 m^3/s。

本次收集实测径流资料为 6 个电站出库流量,猫跳河流域水文水资源评价采用 6 个电站的多年平均天然径流量,采用面积比拟法推求,猫跳河流域天然径流计算成果见表 8-21。

表 8-21　各评价电站多年平均天然径流量

序号	电站	集水面积/km^2	多年天然平均径流量/(m^3/s)
1	红枫	1 596	31.1
2	百花	1 895	36.9
3	修文	2 145	41.8
4	窄巷口	2 424	47.2
5	红林	2 442	47.6
6	红岩	2 792	54.4

6 个评价电站实测流量资料长度为 1991—2018 年,根据流量过程变异程度评价计算和赋分方法,将 6 个评价电站的 1991—2018 年逐月天然径流量、实测月径流量代入 FD 计算式得到各评价电站的逐年流量变异程度及赋分(见表 8-22)。表 8-22 中,各评价电站多年流量变异程度赋分值由多年平均流量变异程度根据赋分表插值得到。红林站无 1992 年实测流量资料,因此无流量变异程度及赋分。

表 8-22　各评价电站的逐年流量变异程度及赋分

年份	红枫		百花		修文		窄巷口		红林		红岩	
	FD	FDr	FD	FDr	FD	FDr	FD	FDr	FD	FDr	FD	FDr
1988—2018 年均值	3	13	3	14	3	17	2	18	2	18	2	19

根据赋分结果(见表 8-22),6 个电站各年流量变异程度赋分值在 0~26 分,最小值 0 分为窄巷口电站(1991 年),最大值 26 分为红岩电站(1995 年)。6 个电站多年平均流量变异程度赋分值在 13~19 分,红枫电站多年平均流量变异程度赋分值最小,为 13 分;红岩电站多年平均流量变异程度赋分值最大,为 19 分。

2. 生态流量满足程度评价

猫跳河流域多年平均天然径流量为 62.3 m^3/s,6 个电站 1991—2018 年长系列中均出现 10 月至翌年 3 月中最小日均流量为 0,4—9 月中最小日均流量为 0。根据生态流量满足程度计算和赋分方法,评价电站逐日流量过程以及多年平均径流量,计算得出猫跳河流域各评价电站生态流量满足程度指标分数 EFr,见表 8-23。

表 8-23　各评价电站逐年生态流量满足程度赋分成果

年份	生态流量满足程度赋分(EFr)					
	红枫	百花	修文	窄巷口	红林	红岩
1988—2018 年均值	0	0	0	10	6	0

根据表 8-23,6 个电站生态流量满足程度赋分为 0~10 分。

3. 水文水资源准则层评价

根据水文水资源准则层赋分方法及权重,计算得到 6 个电站监测断面的逐年水文水资源准则层赋分值。根据猫跳河干流监测河段的水力联系状况,选择其中代表电站(6 个电站)进行水文水资源完整性评价,各评价河段所对应的电站见表 8-24。经计算得到猫跳河流域各干流评价河段水文水资源准则层赋分值(1991—2018 年均值)成果,见表 8-24。暗流河由于存在 4 个梯级电站,但缺乏相关水文历史资料,因此参照猫跳河干流梯级电站,对暗流河的水文水资源准则层进行估分(5 分)。猫跳河支流上沙田水库、岩鹰山石坝水库、蚌壳堰水库、孟冲水库等水电站均无长系列流量资料,因此其余 6 条支流根据各自流经区域范围内的土地开发利用状况进行水文水资源准则层赋分。猫跳河 19 个监测河段的多年平均水文水资源准则层赋分为 4~90 分。

表 8-24　猫跳河 19 个监测河段(1991—2018 年均值)水文水资源准则层赋分

序号	河段	代表电站	水文水资源准则层赋分(HDr)
1	干流入境—红枫	红枫	4
2	红枫—百花	百花	4
3	百花—李官	修文	5
4	李官—修文	修文	5
5	修文—窄巷口	窄巷口	13
6	窄巷口—红林	红林	9
7	红林—红岩	红岩	6
8	红岩—河口	红岩	6
9	红枫湖南湖	红枫	4
10	红枫湖北湖	红枫	4

续表 8-24

序号	河段	代表电站	水文水资源准则层赋分(HDr)
11	百花湖南湖	百花	4
12	百花湖北湖	百花	4
13	后六河	—	80
14	麻线河	—	85
15	乐平河	—	80
16	麦架河	—	60
17	修文河	—	65
18	猫洞河	—	90
19	暗流河	—	5

(二)猫跳河物理结构完整性评价

1. 河岸带状况评价

1)河岸带稳定性评价

由猫跳河河岸带状况调查结果可知,由于猫跳河流经耕地、林地和城镇用地等多种类型生态系统,38 个监测断面两岸的斜坡倾角和岸坡高度数值跨度较大,如坡岸较缓的暗流乡、杨家车等断面,以及两岸均为悬崖的红岩坝前、小岩头等断面。猫跳河河岸带基质类别以黏土和岩土为主,少部分断面为基岩。在本次调查的猫跳河 38 个监测断面中,绝大部分断面无明显冲刷迹象,少部分临近电站大坝尾水出口的监测断面存在轻度冲刷现象,如位于红枫湖坝下的姬昌桥断面。

2)河岸带植被覆盖度评价

从年均植被覆盖度可知,猫跳河河岸带总体植被覆盖度达 89%,其中,乔木(年均值 76%)、灌木(年均值 77%)和草本(年均值 73%)植物覆盖度相近,该结果表明猫跳河沿岸植被总体生长良好。四个季度中,猫跳河沿岸植被总体覆盖度除在冬季(均值 85%)有少量下降,其余三个季度(均值 90%~93%)变化较不明显。与乔木和灌木相比,草本植物覆盖度在冬季下降相对明显。值得注意的是,花桥、百花坝下、马场镇、李官村岸上建筑物较多,植物生长空间受限,致使河岸植被稀疏,植被覆盖度相对较低(68%~74%)。

3)河岸带人工干扰状况评价

2018 年 10 月 9 日至 10 月 23 日现场调查发现,猫跳河沿岸人为干扰活动以河岸硬性砌护、沿岸建筑物、公路(或铁路)、农业耕种和畜禽养殖居多,部分断面河岸发现垃圾堆放、管道排污、游客活动密集、河滨公园和管道修建现象,调查过程中未发现有采砂活动。

猫跳河 19 个监测河段评价年(2018 年 10 月至 2019 年 8 月)的河岸带状况指标赋分结果见表 8-25。

表 8-25　猫跳河 19 个监测河段河岸带状况指标赋分

序号	河段	赋分			
		河岸带稳定性	河岸带植被覆盖度	河岸带人工干扰状况	河岸带状况
1	干流入境—红枫	70	76	8	58
2	红枫—百花	75	73	59	70
3	百花—李官	68	71	48	65
4	李官—修文	77	79	81	79
5	修文—窄巷口	72	81	88	81
6	窄巷口—红林	72	82	93	82
7	红林—红岩	78	86	89	85
8	红岩—河口	76	82	96	84
9	红枫湖南湖	75	78	86	79
10	红枫湖北湖	83	77	75	78
11	百花湖南湖	73	75	73	74
12	百花湖北湖	76	77	83	78
13	后六河	76	70	16	58
14	麻线河	82	73	66	74
15	乐平河	77	75	26	63
16	麦架河	73	70	3	54
17	修文河	71	74	83	76
18	猫洞河	78	86	76	82
19	暗流河	68	73	78	73

2. 河流连通阻隔状况评价

猫跳河评价范围内分布的 7 座梯级电站大坝均未建设鱼道，其中，红枫、百花、修文、窄巷口、红岩电站均造成河流纵向迁移通道完全阻隔，在未泄洪时，下放至坝下的仅为发电尾水，根据红枫电厂所提供的上述 5 个梯级电站出库流量信息，还发现其在部分时间下泄流量较小甚至为 0，因此在部分时间段坝下河段生态流量难以满足。李官电站大坝为大型滚水坝，鱼类迁移通道未被完全阻隔，下泄流量可满足坝下河段生态基流。红林电站大坝虽为大型滚水坝，但其上游来水绝大部分被窄巷口电站大坝阻隔，且红林电站大坝通过隧洞（5 km）引水将上游来水截至下游发电机房，导致红林电站大坝至隧洞出水口之间的河段长时间缺水，造成部分河段断流。暗流河规划有四级开发，分别为一级平坝县老营水库、二级席关水库、三级戈家寨水库、四级暗流河水电站，暗流河梯级开发导致鱼类迁移通道完全阻隔且部分时间导致断流。除此之外，猫跳河其余 6 条支流所建的小型滚水坝水面落差一般不超过 1 m,对鱼类迁移、水量及物质流通影响较小。猫跳河干流和 7 条支流的阻隔特征见表 8-26。

表 8-26　猫跳河 19 个监测河段河流连通阻隔状况调查结果

序号	河段	阻隔原因	电站类型	鱼类迁移阻隔特征	水量及物质流通阻隔特征
1	干流入境—红枫	滚水坝		对鱼类迁移有一定影响	不影响生态基流
2	红枫—百花	红枫电站	坝后式	迁移通道完全阻隔	部分时间断流
3	百花—李官	李官电站	坝后式	迁移通道完全阻隔	对径流有调节,下泄流量满足生态基流
4	李官—修文	修文电站	坝后式	迁移通道完全阻隔	部分时间断流
5	修文—窄巷口	窄巷口电站	坝后式	迁移通道完全阻隔	部分时间断流
6	窄巷口—红林	红林电站	引水式	迁移通道完全阻隔	部分时间断流
7	红林—红岩	红岩电站	坝后式	迁移通道完全阻隔	部分时间断流
8	红岩—河口	红岩电站	坝后式	迁移通道完全阻隔	部分时间断流
9	红枫湖南湖	无		—	—
10	红枫湖北湖	红枫电站	坝后式	迁移通道完全阻隔	部分时间断流
11	百花湖南湖	无		—	—
12	百花湖北湖	百花电站	坝后式	迁移通道完全阻隔	部分时间断流
13	后六河	滚水坝		对鱼类迁移有一定影响	不影响生态基流
14	麻线河	滚水坝		对鱼类迁移有一定影响	不影响生态基流
15	乐平河	滚水坝		对鱼类迁移有一定影响	不影响生态基流
16	麦架河	滚水坝		对鱼类迁移有一定影响	不影响生态基流
17	修文河	滚水坝		对鱼类迁移有一定影响	不影响生态基流
18	猫洞河	滚水坝		对鱼类迁移有一定影响	不影响生态基流
19	暗流河	席关水库等 4 个梯级	坝后式/引水式	迁移通道完全阻隔	部分时间断流

本次猫跳河 19 个监测河段的河流连通阻隔状况赋分结果见表 8-27。

表 8-27　猫跳河 19 个监测河段河流连通阻隔状况赋分

序号	河段	河流连通阻隔状况赋分
1	干流入境—红枫	95
2	红枫—百花	0
3	百花—李官	0
4	李官—修文	0
5	修文—窄巷口	0
6	窄巷口—红林	0
7	红林—红岩	0
8	红岩—河口	0
9	红枫湖南湖	100
10	红枫湖北湖	0
11	百花湖南湖	100

续表 8-27

序号	河段	河流连通阻隔状况赋分
12	百花湖北湖	0
13	后六河	95
14	麻线河	95
15	乐平河	95
16	麦架河	95
17	修文河	95
18	猫洞河	95
19	暗流河	0

3. 物理结构准则层评价

本次猫跳河 19 个监测河段评价年(2018 年 10 月至 2019 年 8 月)的物理结构准则层赋分为 45~86 分,得分最低为百花—李官河段,得分最高为猫洞河(见表 8-28)。

表 8-28　猫跳河 19 个监测河段物理结构准则层赋分

序号	河段	物理结构准则层赋分
1	干流入境—红枫	69
2	红枫—百花	49
3	百花—李官	45
4	李官—修文	55
5	修文—窄巷口	56
6	窄巷口—红林	58
7	红林—红岩	59
8	红岩—河口	59
9	红枫湖南湖	85
10	红枫湖北湖	55
11	百花湖南湖	82
12	百花湖北湖	55
13	后六河	69
14	麻线河	80
15	乐平河	73
16	麦架河	66
17	修文河	81
18	猫洞河	86
19	暗流河	51

(三)猫跳河水质状况评价

1. 水温变异状况评价

通过选取7座梯级电站临近坝前和坝后断面的春季(2019年4月)实测水温,与猫跳河流域河流常见鱼类鲤和鲫(指示物种)适宜水温进行对比分析,根据分析结果进行水温变异状况赋分。根据猫跳河流域河流常见鱼类鲤和鲫(指示物种)的适宜水温(低值:15 ℃,高值:28 ℃),以及本次春季(2019年4月)实测的7座梯级电站临近坝前和坝后断面(22个监测断面,见表8-29)水温数据,计算得出WT1和WT2数值均小于0 ℃,表明22个监测断面的实测水温均在指示物种的适宜水温范围内。结合分层水温变化特征的分析结果,7座梯级电站尽管存在不同程度的低温水影响,但产生的低温水效应对河流土著鱼类影响较小,水温均能满足鱼类产卵期的适宜水温要求。根据水温变异状况赋分标准,猫跳河干流11个河段的水温变异程度指标赋分均为100分(见表8-29)。

表8-29 猫跳河7座梯级电站大坝产生的水温变异程度及健康赋分

序号	断面	河段	春季/℃	WT1/℃	WT2/℃	偏离程度	健康赋分
1	姬昌桥	红枫—百花	19.2	-8.8	-4.2	满足适宜水温要求	100
2	花桥		19.2	-8.8	-4.2	满足适宜水温要求	100
3	百花坝下	百花—李官	20.2	-7.8	-5.2	满足适宜水温要求	100
4	牟老		19.8	-8.2	-4.8	满足适宜水温要求	100
5	吊岩	李官—修文	20.5	-7.5	-5.5	满足适宜水温要求	100
6	山王庙		20.2	-7.8	-5.2	满足适宜水温要求	100
7	修文坝下	修文—窄巷口	19.8	-8.2	-4.8	满足适宜水温要求	100
8	苦竹山		19.9	-8.1	-4.9	满足适宜水温要求	100
9	龙滩	窄巷口—红林	19.7	-8.3	-4.7	满足适宜水温要求	100
10	黄草坝		19.8	-8.2	-4.8	满足适宜水温要求	100
11	三岔河	红林—红岩	20.4	-7.6	-5.4	满足适宜水温要求	100
12	红岩坝前		19.8	-8.2	-4.8	满足适宜水温要求	100
13	小岩头	红岩—河口	20.1	-7.9	-5.1	满足适宜水温要求	100
14	牛洞		19.8	-8.2	-4.8	满足适宜水温要求	100
15	三岔口	红枫湖南湖	18.3	-9.7	-3.3	满足适宜水温要求	100
16	后午		18.5	-9.5	-3.5	满足适宜水温要求	100
17	腰洞	红枫湖北湖	19.1	-8.9	-4.1	满足适宜水温要求	100
18	红枫坝前		19.1	-8.9	-4.1	满足适宜水温要求	100
19	岩脚寨	百花湖南湖	19.8	-8.2	-4.8	满足适宜水温要求	100
20	麦西河口		19.5	-8.5	-4.5	满足适宜水温要求	100

续表 8-29

序号	断面	河段	春季/℃	WT1/℃	WT2/℃	偏离程度	健康赋分
21	贵铝泵房	百花湖北湖	19.6	-8.4	-4.6	满足适宜水温要求	100
22	百花坝前		19.7	-8.3	-4.7	满足适宜水温要求	100

2. DO 水质状况评价

从 19 个监测河段的 DO 监测结果来看，除修文河的 DO 浓度均值最低(6.4 mg/L)，健康赋分值为 86 分外，其余 18 个监测河段 DO 浓度均值都在 7 mg/L 以上，总体处于Ⅱ类及以上标准，健康赋分均接近于 100 分(见表 8-30)。

表 8-30　猫跳河 19 个监测河段 DO 浓度及健康赋分

序号	河段	DO	
		浓度均值/(mg/L)	健康赋分
1	干流入境—红枫	7.4	99
2	红枫—百花	7.7	100
3	百花—李官	7.4	99
4	李官—修文	7.9	100
5	修文—窄巷口	9.3	100
6	窄巷口—红林	9.5	100
7	红林—红岩	7.6	100
8	红岩—河口	7.5	100
9	红枫湖南湖	8.2	100
10	红枫湖北湖	7.9	100
11	百花湖南湖	8.1	100
12	百花湖北湖	7.6	100
13	后六河	7.4	99
14	麻线河	7.3	98
15	乐平河	7.7	100
16	麦架河	7.7	100
17	修文河	6.4	86
18	猫洞河	8.7	100
19	暗流河	9.2	100

3. 耗氧有机污染状况评价

1) NH_3-N 状况评价

从 19 个监测河段的 NH_3-N 监测结果来看,麦架河的 NH_3-N 浓度均值最高(3.13 mg/L),属劣Ⅴ类水,健康赋分值为 0 分;其次为后六河、修文河和猫洞河,分别为 1.61 mg/L(属Ⅴ类水)、1.15 mg/L(属Ⅳ类水)、1.40 mg/L(属Ⅳ类水),健康赋分均为 60 分以下;其余 15 个监测河段 NH_3-N 浓度均值都在 1 mg/L 以下,总体处于Ⅱ类及以上标准,健康赋分均超过 60 分(见表 8-31)。

2) COD_{Mn} 状况评价

从 19 个监测河段的 COD_{Mn} 监测结果来看,麦架河的 COD_{Mn} 浓度均值最高(5.6 mg/L),属Ⅲ类水,健康赋分值为 64 分;其余 18 个监测河段 COD_{Mn} 浓度均值都在 4 mg/L 以下、2 mg/L 以上,属Ⅱ类水,健康赋分均超过 80 分(见表 8-31)。

3) COD_{Cr} 状况评价

从 19 个监测河段的 COD_{Cr} 监测结果来看,麦架河的 COD_{Cr} 浓度均值最高(18.8 mg/L),健康赋分值为 70 分,其次为猫洞河(16.3 mg/L),健康赋分值为 90 分,均属Ⅲ类水;其余 17 个监测河段 COD_{Cr} 浓度均值都在 16 mg/L 以下,均达到Ⅰ类水标准,健康赋分均为 100 分(见表 8-31)。

4) BOD_5 状况评价

从 19 个监测河段的 BOD_5 监测结果来看,麦架河的 BOD_5 浓度均值最高(4.3 mg/L),属Ⅳ类水,健康赋分值为 56 分;其次为暗流河(3.6 mg/L)和麻线河(3.2 mg/L),属Ⅲ类水,健康赋分值分别为 76 分和 92 分;其余 16 个监测河段 BOD_5 浓度均值都在 3 mg/L 以下,均达到Ⅰ类水标准,健康赋分均为 100 分(见表 8-31)。

基于上述 4 水质指标的浓度和健康赋分结果,计算得到耗氧有机物的健康赋分值。除麦架河得分最低(48 分),其余 18 个监测河段得分均达到 70 分以上。

4. 重金属污染状况评价

本次猫跳河 38 个监测断面 4 个季度采集水样检测的 As、Cd、Cr^{6+} 和 Pb 浓度分别介于 0~0.000 55 mg/L、0~0.000 92 mg/L、0.000 01~0.000 53 mg/L、0.000 01~0.001 61 mg/L,均低于《河流健康评价指标、标准与方法》规定赋分为 100 时的浓度值(As:0.05 mg/L,Cd:0.001 mg/L,Cr^{6+}:0.01 mg/L,Pb:0.01 mg/L),故上述 38 个监测断面(19 个评价河段)的 As、Cd、Cr^{6+} 和 Pb 赋分值均为 100。

《河流健康评价指标、标准与方法》规定赋分 100 时的 Hg 浓度值为 0.000 05 mg/L,本次猫跳河 38 个监测断面 4 个季度采集水样中所检测的部分水样 Hg 浓度超过 0.000 05 mg/L。根据《河流健康评价指标、标准与方法》评价标准计算得到金属 Hg 的赋分结果,由于 As、Cd、Cr^{6+} 和 Pb 赋分值均为 100,因此重金属污染状况指标赋分结果与金属 Hg 的赋分结果一致,见表 8-32。

表 8-31 猫跳河 19 个监测河段耗氧有机污染物浓度及健康赋分

序号	河段	4 个季节中最高浓度/(mg/L)				年度赋分				
		NH_3-N	COD_{Mn}	COD_{Cr}	BOD_5	NH_3-N	COD_{Mn}	COD_{Cr}	BOD_5	耗氧有机污染物
1	干流入境—红枫	0.80	2.2	12.3	2.0	68	98	100	100	92
2	红枫—百花	0.71	2.2	13.4	2.3	72	98	100	100	93
3	百花—李官	0.40	2.9	12.9	2.2	86	91	100	100	94
4	李官—修文	0.34	2.9	13.9	2.8	89	91	100	100	95
5	修文—窄巷口	0.69	3.0	12.1	2.4	72	90	100	100	91
6	窄巷口—红林	0.25	2.0	13.3	2.8	94	100	100	100	99
7	红林—红岩	0.70	3.4	11.6	2.2	72	87	100	100	90
8	红岩—河口	0.25	3.3	13.6	2.3	94	87	100	100	95
9	红枫湖南湖	0.57	3.7	14.6	2.7	77	83	100	100	90
10	红枫湖北湖	0.54	3.6	13.5	2.7	78	84	100	100	91
11	百花湖南湖	0.65	2.8	10.8	2.4	74	92	100	100	92
12	百花湖北湖	0.62	3.4	13.0	2.2	75	86	100	100	90
13	后六河	1.61	3.6	14.4	2.7	23	84	100	100	77
14	麻线河	0.83	2.8	15.3	3.2	67	92	100	92	88
15	乐平河	0.44	2.2	11.5	2.0	83	98	100	100	95
16	麦架河	3.13	5.6	18.8	4.3	0	64	70	56	48
17	修文河	1.15	2.6	14.3	2.6	51	94	100	100	86
18	猫洞河	1.40	3.0	16.3	2.9	36	91	90	100	79
19	暗流河	0.40	2.5	13.1	3.6	86	96	100	76	90

表 8-32　猫跳河 19 个监测河段 Hg/重金属污染状况赋分

序号	河段	4 个季节中最高 Hg 浓度/(mg/L)	年度 Hg/重金属污染状况指标赋分
1	干流入境—红枫	0.000 016	100
2	红枫—百花	0.000 042	100
3	百花—李官	0.000 025	100
4	李官—修文	0.000 038	100
5	修文—窄巷口	0.000 035	100
6	窄巷口—红林	0.000 050	100
7	红林—红岩	0.000 016	100
8	红岩—河口	0.000 040	100
9	红枫湖南湖	0.000 026	100
10	红枫湖北湖	0.000 054	97
11	百花湖南湖	0.000 056	95
12	百花湖北湖	0.000 051	99
13	后六河	0.000 016	100
14	麻线河	0.000 035	100
15	乐平河	0.000 036	100
16	麦架河	0.000 056	95
17	修文河	0.000 051	100
18	猫洞河	0.000 062	90
19	暗流河	0.000 013	100

5. 营养盐状况评价

对于猫跳河 19 个监测河段的水体 TP 监测结果，其中，红枫湖和百花湖 4 个监测湖段 TP 浓度根据《地表水环境质量标准》(GB 3838)按湖库标准评价，其余 15 个监测河段根据《地表水环境质量标准》(GB 3838)按河流标准评价。

TP 监测结果表明，在 15 个监测河段中，麦架河 TP 浓度最高(0.27 mg/L)，属Ⅳ类水，健康赋分为 36 分；其余 14 个监测河段均低于 0.1 mg/L，均达到Ⅱ类水标准，健康赋分均为 80 分以上。4 个监测湖段中，TP 浓度为 0.035~0.045 mg/L，属Ⅲ类水，健康赋分为 64~72 分(见表 8-33)。

表 8-33　猫跳河 19 个监测河段 TP 浓度及营养盐状况赋分

序号	河段	TP 浓度/(mg/L)	营养盐状况赋分
1	干流入境—红枫	0.043	94
2	红枫—百花	0.038	96
3	百花—李官	0.038	96
4	李官—修文	0.067	88
5	修文—窄巷口	0.053	91
6	窄巷口—红林	0.038	96
7	红林—红岩	0.060	89
8	红岩—河口	0.038	96
9	红枫湖南湖	0.035	72
10	红枫湖北湖	0.045	64
11	百花湖南湖	0.045	64
12	百花湖北湖	0.038	72
13	后六河	0.045	94
14	麻线河	0.053	91
15	乐平河	0.047	94
16	麦架河	0.270	36
17	修文河	0.090	83
18	猫洞河	0.058	90
19	暗流河	0.067	95

6. 水质准则层评价

本次猫跳河 19 个监测河段水质准则层赋分为 36~95 分。其中,麦架河得分最低,水质最差;窄巷口—红林河段得分最高,水质最优(见表 8-34)。

表 8-34　猫跳河 19 个监测河段水质准则层赋分

序号	河段	水质准则层赋分	赋分对应指标
1	干流入境—红枫	92	年度耗氧有机污染状况
2	红枫—百花	93	年度耗氧有机污染状况
3	百花—李官	94	年度耗氧有机污染状况
4	李官—修文	88	三季度营养盐状况
5	修文—窄巷口	91	三季度营养盐状况
6	窄巷口—红林	96	三季度营养盐状况

续表 8-34

序号	河段	水质准则层赋分	赋分对应指标
7	红林—红岩	89	三季度营养盐状况
8	红岩—河口	95	年度耗氧有机污染状况
9	红枫湖南湖	72	三季度营养盐状况
10	红枫湖北湖	64	三季度营养盐状况
11	百花湖南湖	64	三季度营养盐状况
12	百花湖北湖	72	三季度营养盐状况
13	后六河	77	年度耗氧有机污染状况
14	麻线河	88	年度耗氧有机污染状况
15	乐平河	94	三季度营养盐状况
16	麦架河	36	三季度营养盐状况
17	修文河	83	三季度营养盐状况
18	猫洞河	79	年度耗氧有机污染状况
19	暗流河	89	三季度营养盐状况

(四)猫跳河生物完整性评价

1. 底栖动物完整性评价

根据2018年10月至2019年8月共4个季度的猫跳河流域河流底栖动物监测结果，对猫跳河流域河流的底栖动物完整性进行评价。

1)底栖动物监测结果

(1)底栖动物群落结构组成。

底栖动物作为水生食物网中的重要组成部分，由于其存活周期长、活动范围小、分布空间广以及反应灵敏等特点，常被选作反映系统受干扰影响的重要生物指标，其群落结构、优势种等参数变化被普遍用于比较环境污染状况。

在2018年10月采集的猫跳河底栖动物样品中，共检出底栖动物74种，隶属于3门7纲44科，其中环节动物门9种(占比12%)，软体动物门15种(占比20%)，节肢动物门49种(占比66%)，其他门类1种(2%)。

在2019年1月采集的猫跳河底栖动物样品中，共检出底栖动物33种，隶属于3门5纲18科，其中环节动物门9种(占比27%)，软体动物门8种(占比24%)，节肢动物门16种(占比49%)。

在2019年4月采集的猫跳河底栖动物样品中，共检出底栖动物84种，隶属于3门5纲46科，其中环节动物门9种(占比11%)，软体动物门21种(占比25%)，节肢动物门54种(占比64%)。

在2019年8月采集的猫跳河底栖动物样品中，共检出底栖动物82种，隶属于3门5纲42科，其中环节动物门9种(占比11%)，软体动物门19种(占比23%)，节肢动物门54

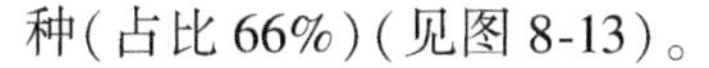

种(占比66%)(见图8-13)。

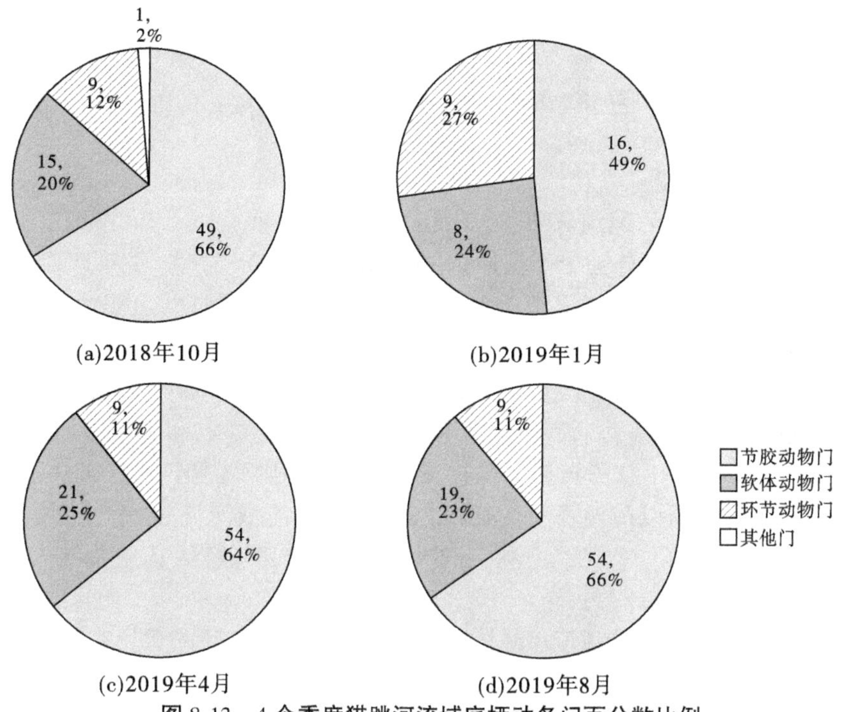

图8-13　4个季度猫跳河流域底栖动各门百分数比例

从4个季节来看,猫跳河底栖动物种类数的季节性变化较为明显,其分布表现为夏季和春季最多,秋季次之,冬季最少,极差可达51种。该结果表明底栖动物对低温较为敏感,底栖动物物种数随气温下降而减少。猫跳河的优势底栖动物始终为节肢动物门。环节动物4个季节均为9种,种数无变化,表明环节动物对气温变化的敏感度较低。此外,除在冬季,猫跳河的环节动物门优势度高于软体动物门外,其他3个季节趋势均相反,这表明与环节动物门相比,软体动物门对低温更为敏感。

(2)底栖动物优势种分布特征。

2018年10月猫跳河底栖动物监测结果表明,底栖动物的主要优势种有水丝蚓属(*Limnodrilus* sp.)、泽蛭属(*Helobdella* sp.)、环棱螺属(*Bellamya* sp.)、圆扁螺属(*Hippeutis* sp.)、河蚬(*Corbicula fluminea*)、米虾属(*Caridina* sp.)、四节蜉属(*Baetis* sp.)、扁蜉属(*Heptagenia* sp.)、摇蚊属(*Chironomus* sp.)和二叉摇蚊属(*Dicrotendipes* sp.)。

2019年1月猫跳河底栖动物监测结果表明,底栖动物主要优势种为苏氏尾鳃蚓(*Branchiura sowerbyi*)、巨毛水丝蚓(*Limnodrilu sgrandisetosus*)、霍甫水丝蚓(*Limnodrilu shoffmeisteri*)、萝卜螺属(*Radix* sp.)、旋螺属(*Gyraulus* sp.)、环足摇蚊属(*Cricotopus* sp.)、齿斑摇蚊属(*Stictochironomus* sp.)、四节蜉属(*Baetis* sp.)、脉纹石蛾属(*Cheumatopsyche* sp.)。

2019年4月猫跳河底栖动物监测结果表明,底栖动物的主要优势种有水丝蚓属(*Limnodrilus* sp.)、环棱螺属(*Bellamya* sp.)、河蚬(*Corbicula fluminea*)、米虾属(*Caridina* sp.)、四节蜉属(*Baetis* sp.)、扁蜉属(*Heptagenia* sp.)、摇蚊属(*Chironomus* sp.)。

2019 年 8 月猫跳河底栖动物监测结果表明，底栖动物主要优势种为苏氏尾鳃蚓（*Branchiura sowerbyi*）、巨毛水丝蚓（*Limnodrilus grandisetosus*）、霍甫水丝蚓（*Limnodrilus hoffmeisteri*）、萝卜螺属（*Radix* sp.）、环棱螺属（*Bellamya* sp.）、河蚬（*Corbicula fluminea*）、米虾属（*Caridina* sp.）、四节蜉属（*Baetis* sp.）、扁蜉属（*Heptagenia* sp.）、摇蚊属（*Chironomus* sp.）。

2）底栖动物完整性指标分析

（1）参照点和受损点的识别与筛选。

按照人类干扰程度，可分为无干扰样点、干扰极小样点和干扰样点。无干扰样点是指样点水质在Ⅱ类标准以上，样点上游无点污染源，样点周围无村庄、上游两侧 1 000 m 内无农田；干扰极小样点是样点水质在Ⅲ类标准以上，上游周围无点污染源、样点附近无村庄、上游两侧 500 m 内无农田；干扰样点是已明显受到人类活动干扰（点源和非点源污染、森林覆盖率的降低、城镇化、大坝建设等）。其中无干扰样点和干扰极小样点作为指标筛选过程中的参照点，干扰样点作为受损点。按照该原则，参照河岸带调查结果和水质分析结果（监测断面水质以最差季节为标准），从猫跳河流域河流 38 个监测断面中确定了 4 个监测断面（三岔河、小岩头、牛洞、百花坝前）作为参照点群，其余 34 个监测断面为受损点（见表 8-35）。

表 8-35　猫跳河 BIBI 指数分析参照点和受损点筛选分类

序号	监测断面	干扰程度	点位性质
S1	稻香村	干扰	受损点
S2	杨家车	干扰	受损点
S3	姬昌桥	干扰	受损点
S4	花桥	干扰	受损点
S5	百花坝下	干扰	受损点
S6	牟老	干扰	受损点
S7	吊岩	干扰	受损点
S8	山王庙	干扰	受损点
S9	修文坝下	干扰	受损点
S10	苦竹山	干扰	受损点
S11	龙滩	干扰	受损点
S12	黄草坝	干扰	受损点
S13	三岔河	极小干扰	参照点
S14	红岩坝前	干扰	受损点
S15	小岩头	极小干扰	参照点
S16	牛洞	极小干扰	参照点
S17	三岔口	干扰	受损点

续表 8-35

序号	监测断面	干扰程度	点位性质
S18	后午	干扰	受损点
S19	腰洞	干扰	受损点
S20	红枫坝前	干扰	受损点
S21	岩脚寨	干扰	受损点
S22	麦西河口	干扰	受损点
S23	贵铝泵房	干扰	受损点
S24	百花坝前	极小干扰	参照点
S25	马场镇	干扰	受损点
S26	打鱼寨	干扰	受损点
S27	王家院村	干扰	受损点
S28	河西	干扰	受损点
S29	骆家桥	干扰	受损点
S30	偏山寨	干扰	受损点
S31	李官村	干扰	受损点
S32	S82 贵黔高速	干扰	受损点
S33	小沙溪	干扰	受损点
S34	朱家湾	干扰	受损点
S35	小田坝	干扰	受损点
S36	团山堡	干扰	受损点
S37	河边寨	干扰	受损点
S38	暗流乡	干扰	受损点

(2)候选指标。

参照《辽河流域河流底栖动物完整性评价指标与标准》,本次评价选用了对干扰反应较敏感的 17 个候选生物参数,其中多样性和丰富性指标有 5 个,群落结构组成指标有 3 个,耐污度(抗逆力)指标有 4 个,营养结构及生境质量指标有 5 个。各参数对干扰的具体反应见表 8-36。

表 8-36　猫跳河构建 BIBI 指标体系的候选生物参数及对干扰的反应

类群	指标	对干扰的反应
多样性和丰富性	总物种数(M1)	↓
	蜉蝣目、毛翅目和襀翅目种类数(M2)	↓
	蜉蝣目种类数(M3)	↓
	襀翅目种类数(M4)	↓
	毛翅目种类数(M5)	↓
群落结构组成	蜉蝣目、毛翅目、襀翅目数量所占百分比(M6)	↓
	蜉蝣目数量所占百分比(M7)	↓
	摇蚊数量所占百分比(M8)	↑
耐污度(抗逆力)	敏感类群数量所占百分比(M9)	↓
	耐污类群数量所占百分比(M10)	↑
	Hisenhoff 生物指数(M11)	↑
	优势类群数量所占百分比(M12)	↑
营养结构及生境质量	过滤收集者数量所占百分比(M13)	↑
	直接收集者数量所占百分比(M14)	↑
	刮食者数量所占百分比(M15)	↓
	捕食者数量所占百分比(M16)	可变
	撕食者数量所占百分比(M17)	可变

(3)分布范围分析。

为识别各候选指标随干扰程度增强而体现的单向变化趋势,计算 7 个候选指标在 3 个参照断面的平均值、标准差、最小值、最大值、25%分位数、中位数和 75%分位数,计算结果如表 8-37 所示。

表 8-37　猫跳河生物指数值在参照点的分布范围及其对人类干扰的反应

采样时间	参数	平均值	标准差	最小值	最大值	25%分位数	中位数	75%分位数
2018 年 10 月	M1	6.16	5.48	1	20.00	9.00	11.00	20.00
	M3	1.08	1.40	1	6.00	4.00	1.00	1.00
	M4	1.29	1.75	1	8.00	4.00	1.00	2.00
	M7	5.85	19.32	0.92	96.03	0.93	55.93	96.03
	M8	19.12	30.45	0.08	100.00	62.96	1.69	68.08
	M9	5.62	11.49	0.35	46.15	25.00	10.17	46.15

续表 8-37

采样时间	参数	平均值	标准差	最小值	最大值	25%分位数	中位数	75%分位数
2019年1月	M1	4.0	1.41	1	15.00	3.00	5.00	25.00
	M3	1.08	0.05	1	4.00	1.00	3.00	4.00
	M4	1.08	0.10	1	4.00	1.00	3.00	4.00
	M7	2.0	0.07	1	63.00	4.00	12.00	63.00
	M8	29.0	5.0	3.0	100.00	17.00	50.00	100.00
	M9	34.0	5.22	17.0	100.00	17.003	50.00	100.00
2019年4月	M1	5.47	2.35	2.00	12.00	4.00	6.00	12.00
	M3	0.68	0.83	1.00	3.00	0	0	2.00
	M4	0.84	0.81	1.00	3.00	1.00	0	2.00
	M7	10.13	14.80	0.46	51.52	0.46	7.14	99.82
	M8	14.17	20.45	0.60	77.78	5.56	5.36	57.45
	M9	7.89	16.26	1.08	64.71	5.56	5.26	57.55
2019年8月	M1	5.66	2.12	2.00	12.00	4.00	6.00	12.00
	M3	0.50	0.60	1.00	2.00	0	0	2.00
	M4	0.71	0.68	1.00	2.00	1.00	0	2.00
	M7	13.02	23.05	0.46	98.82	0.46	7.14	98.82
	M8	5.18	11.61	0.60	57.45	5.56	5.66	57.45
	M9	4.28	11.47	1.08	57.45	5.56	5.66	57.45

(4)BIBI 指数值。

根据各指数值在参照点和所有样点中的分布,确定计算各指数分值的比值法计算公式(详见《河流健康评价指标、标准与方法》),并以此计算各样点的指数分值,要求计算后分值的分布范围为0~1,若大于1,则都记为1。将计算后的指数分值加和,即获得 BIBI 指数值。猫跳河4个季度38个监测断面的 BIBI 指数值结果见表8-38。

表 8-38　猫跳河 4 个季度 38 个监测断面的底栖动物完整性指数值

序号	监测断面	BIBI 指数值			
		秋季	冬季	春季	夏季
S1	稻香村	1.68	1.89	2.55	1.51
S2	杨家车	2.02	1.45	1.34	1.43
S3	姬昌桥	1.92	2.50	1.84	1.76
S4	花桥	1.43	2.41	1.31	0.46

续表 8-38

序号	监测断面	BIBI 指数值			
		秋季	冬季	春季	夏季
S5	百花坝下	1.20	2.41	2.01	1.43
S6	牟老	1.72	2.41	1.59	1.46
S7	吊岩	1.09	1.07	1.26	1.34
S8	山王庙	1.20	1.31	1.25	1.26
S9	修文坝下	1.05	1.56	1.79	1.51
S10	苦竹山	1.57	1.81	1.51	2.01
S11	龙滩	1.05	1.31	1.43	2.01
S12	黄草坝	1.62	2.06	1.34	2.61
S13	三岔河	1.10	1.27	1.35	2.05
S14	红岩坝前	1.05	1.20	2.06	1.53
S15	小岩头	1.15	1.33	1.68	2.66
S16	牛洞	1.05	1.31	1.34	1.93
S17	三岔口	1.15	1.45	1.68	1.29
S18	后午	1.47	1.44	1.68	1.34
S19	腰洞	1.05	1.45	2.61	1.47
S20	红枫坝前	1.05	1.45	1.43	2.09
S21	岩脚寨	1.27	1.13	1.88	1.58
S22	麦西河口	1.05	1.07	1.84	2.30
S23	贵铝泵	1.20	2.41	1.51	1.59
S24	百花坝前	1.22	2.41	1.96	1.77
S25	马场镇	1.63	1.38	2.09	2.59
S26	打鱼寨	1.44	1.36	2.01	1.59
S27	王家院村	1.05	1.37	2.01	1.46
S28	河西	1.05	1.38	1.26	1.26
S29	骆家桥	0.45	1.84	1.93	2.18
S30	偏山寨	1.50	1.45	2.09	1.51
S31	李官村	1.63	1.32	1.43	2.14
S32	贵黔高速	1.71	1.33	0.67	1.33
S33	小沙溪	1.77	1.13	1.26	1.95
S34	朱家湾	1.05	1.26	1.16	2.09

续表 8-38

序号	监测断面	BIBI 指数值			
		秋季	冬季	春季	夏季
S35	小田坝	2.70	1.06	1.43	1.58
S36	团山堡	1.32	1.07	1.59	1.66
S37	河边寨	2.09	1.09	1.47	1.99
S38	暗流乡	2.15	1.07	1.42	1.92

(5)BIBI 最佳预期值。

根据 3 个参照点 BIBI 指数值的 25%分位数，本次猫跳河底栖动物完整性评价中确定的 BIBI 最佳期望值见表 8-39。

表 8-39　猫跳河 4 个季度的 BIBI 最佳期望值

季节	秋季	冬季	春季	夏季
BIBI 最佳期望值	1.09	1.30	1.35	1.89

3)底栖动物完整性赋分

(1)监测断底栖动物完整性指标赋分。

根据《河流健康评价指标、标准与方法》的计算方法和评价标准，对猫跳河流域河流 38 个监测断面的底栖生物完整性状况进行评价，底栖动物完整性指标赋分计算成果见表 8-40。

表 8-40　猫跳河 38 个监测断面底栖动物完整性指标赋分结果

序号	监测断面	BIBI 赋分			
		秋季	冬季	春季	夏季
S1	稻香村	100	100	100	80
S2	杨家车	100	100	99	76
S3	姬昌桥	100	100	100	93
S4	花桥	100	100	97	24
S5	百花坝下	100	100	100	76
S6	牟老	100	100	100	77
S7	吊岩	100	82	93	71
S8	山王庙	100	100	93	67
S9	修文坝下	96	100	100	80
S10	苦竹山	100	100	100	100
S11	龙滩	96	100	100	100

续表 8-40

序号	监测断面	BIBI 赋分			
		秋季	冬季	春季	夏季
S12	黄草坝	100	100	99	100
S13	三岔河	100	98	100	100
S14	红岩坝前	96	92	100	81
S15	小岩头	100	100	100	100
S16	牛洞	96	100	99	100
S17	三岔口	100	100	100	68
S18	后午	100	100	100	71
S19	腰洞	96	100	100	78
S20	红枫坝前	96	100	100	100
S21	岩脚寨	100	87	100	84
S22	麦西河口	96	82	100	100
S23	贵铝泵	100	100	100	84
S24	百花坝前	100	100	100	94
S25	马场镇	100	100	100	100
S26	打鱼寨	100	100	100	84
S27	王家院村	96	100	100	77
S28	河西	96	100	93	67
S29	骆家桥	41	100	100	100
S30	偏山寨	100	100	100	80
S31	李官村	100	100	100	100
S32	贵黔高速	100	100	50	70
S33	小沙溪	100	87	93	100
S34	朱家湾	96	97	86	100
S35	小田坝	100	82	100	84
S36	团山堡	100	82	100	88
S37	河边寨	100	84	100	100
S38	暗流乡	100	82	100	100

(2)监测河段底栖动物完整性指标赋分。

本次猫跳河 19 个监测河段评价年(2018 年 10 月至 2019 年 8 月)的底栖动物完整性

指标赋分计算成果见表8-41。

表8-41　猫跳河监测河段底栖动物完整性指标评价赋分

序号	河段	BIBI赋分				
		秋季	冬季	春季	夏季	年均
1	干流入境—红枫	100	100	100	78	94
2	红枫—百花	100	100	99	59	89
3	百花—李官	100	100	100	76	94
4	李官—修文	100	91	93	69	88
5	修文—窄巷口	98	100	100	90	97
6	窄巷口—红林	98	100	100	100	99
7	红林—红岩	98	95	100	90	96
8	红岩—河口	98	100	100	100	99
9	红枫湖南湖	100	100	100	70	92
10	红枫湖北湖	96	100	100	89	96
11	百花湖南湖	98	85	100	92	94
12	百花湖北湖	100	100	100	89	97
13	后六河	100	100	100	92	98
14	麻线河	96	100	97	72	91
15	乐平河	71	100	100	90	90
16	麦架河	100	100	75	85	90
17	修文河	98	92	90	100	95
18	猫洞河	100	82	100	86	92
19	暗流河	100	83	100	100	96

2. 鱼类生物损失指数评价

1) 鱼类调查结果

采用文献查阅、走访调查和采样鉴定等方式，开展猫跳河流域河流鱼类品种信息收集和分析工作，结合历史记录和现状调查可知，猫跳河流域河流鱼类共有79种，隶属7目14科56属，其中包括鱼类外来种7种（青鱼、草鱼、鲢、鳙、团头鲂、罗非鱼、大银鱼）。按鱼类分类阶元的构成来进行分析，鲤形目的种类为主体，共58种，其次是鲇形目的种类，共12种。在鲤形目中又以鲤科鱼类居多，共54种。

(1)20世纪80年代文献记录鱼类品种。

历史调查（施颂发，1982；吕克强，1980；张明时，1991；牟洪民，2012）结果表明，20世纪80年代猫跳河流域河流有鱼类26种，隶属3目6科24属，其中包括土著鱼类22种，外来鱼类4种（青鱼、草鱼、鲢、鳙），见图8-14。

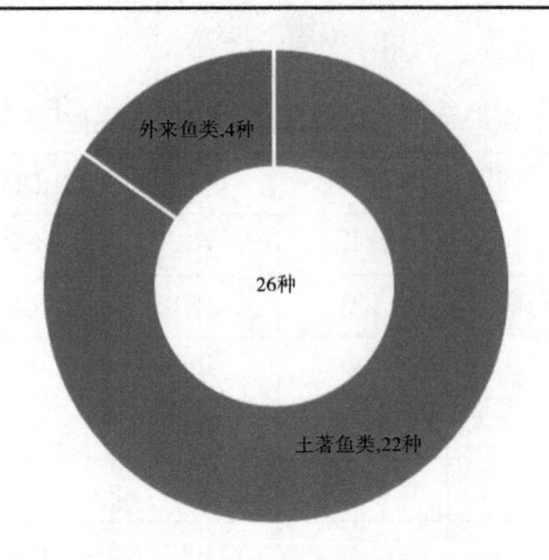

图 8-14　20 世纪 80 年代文献记录猫跳河鱼类品种组成

(2)20 世纪 80 年代后文献记录鱼类品种。

20 世纪 80 年代后文献(牟洪民,2012;李正友,2009)记录猫跳河鱼类共 53 种,隶属 4 目 9 科 42 属。其中,包含 20 世纪 80 年代文献记录的土著鱼类 20 种,20 世纪 80 年代后文献记录新增鱼类 27 种,鱼类外来种 6 种(青鱼、草鱼、鲢、鳙、团头鲂、罗非鱼),见图 8-15。

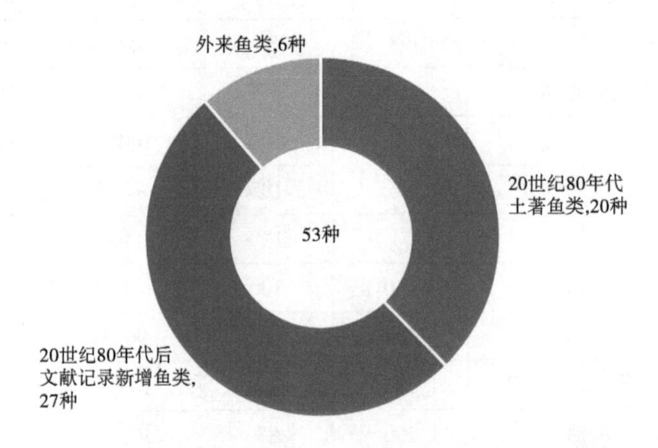

图 8-15　20 世纪 80 年代后文献记录猫跳河鱼类品种组成

(3)本次采样调查鉴定鱼类品种。

在猫跳河共采集得到 3 689 尾鱼,净重共计 5 539. 3 kg,结合现场咨询和系统分类,共鉴定出 61 种鱼类,隶属 7 目 14 科 47 属。其中,包含 20 世纪 80 年代文献记录的土著鱼类 17 种,20 世纪 80 年代后文献记录新增鱼类 14 种,本次新鉴定鱼类 23 种,鱼类外来种 7 种(青鱼、草鱼、鲢、鳙、团头鲂、罗非鱼),见图 8-16。

据调查、访问等统计,猫跳河流域共有经济价值的鱼类共计 43 种,主要为长薄鳅、泥鳅、青鱼、草鱼、鳡鱼、宽鳍鱲、大银鱼、长春鳊、三角鲂、翘嘴红鲌、银鲴、黄尾鲴、鳙、鲢、唇䱻、花䱻、麦穗鱼、铜鱼、圆口铜鱼、吻鮈、圆筒吻鮈、长鳍吻鮈、蛇鮈、中华倒刺鲃、云南光唇鱼、白甲鱼、瓣结鱼、华鲮、泉水鱼、墨头鱼、四川裂腹鱼、岩原鲤、鲤、鲫、胡鲇、鲇、黄颡鱼、江黄颡鱼、黄鳝、大眼鳜、斑鳜、栉鰕虎鱼、乌鳢。其中,属于重要经济价值的鱼类共 18 种,主要是青鱼、草鱼、银鱼、长春鳊、三角鲂、鳙、鲢、铜鱼、圆口铜鱼、中华倒刺鲃、云南光唇鱼、白甲

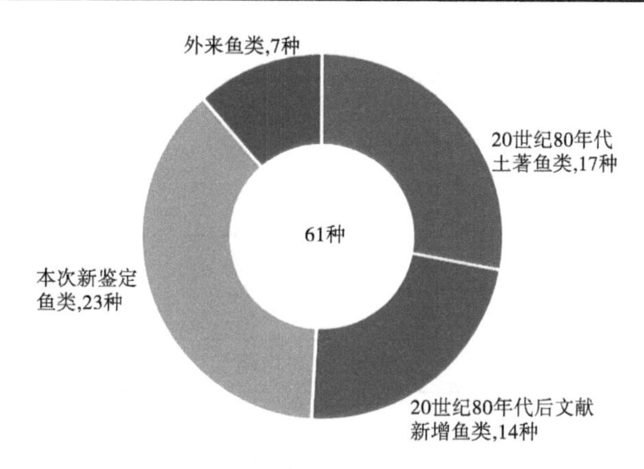

图 8-16　本次采样调查鉴定猫跳河鱼类品种组成

鱼、鲤、鲫、鲇、黄颡鱼、大眼鳜、中华鲟。但由于长期过度捕捞,多数鱼类数量偏少。

与文献调查成果相比,在本次采样调查中未发现的鱼类有 18 种,分别为赤眼鳟、大眼华鳊、伍氏华鳊、海南红鲌、红鳍鲌、翘嘴鲌、白甲鱼、昆明裂腹鱼、杞麓鲤、短盖巨脂鲤、须鱊、鳑鲏、大口鲇、瓦氏黄颡鱼、长吻鮠、大鳍鳠、乌鳢、月鳢。

2)鱼类生物损失指数赋分

综合 20 世纪 80 年代后文献记录及本次采样调查鉴定的成果,统计得到猫跳河流域河流的鱼类共有 78 种。与 20 世纪 80 年代文献记录相比,除去 7 种外来鱼类和 20 世纪 80 年代记录的 21 种土著鱼类,新增鱼类品种 49 种,损失鱼类 1 种(伍氏华鳊)。

由于历史资料缺乏,在本次评价中假定 20 世纪 80 年代后文献记录及本次采样调查中新增的 49 种鱼类不属于本地种类,暂时不纳入本次猫跳河的鱼类损失指数分析中。因此,本次猫跳河鱼类损失指数计算选用的参数包括:20 世纪 80 年代土著鱼类 22 种、20 世纪 80 年代后的土著鱼类 21 种、20 世纪 80 年代后损失的土著鱼类 1 种,根据鱼类生物损失指数计算公式,计算得到猫跳河的鱼类生物损失指数为 0.955,鱼类损失指数赋分结果为 94 分。

3. 生物准则层评价

由于缺乏猫跳河各个评价河段的 20 世纪 80 年代鱼类历史记录,本次评价以河流的鱼类损失指数赋分值代表各个评价河段的赋分值(94 分);底栖动物完整性指标赋分为 88~99 分,根据生物准则层赋分计算标准,本次猫跳河流域 19 个评价河段的生物准则层赋分为 91~97 分(见表 8-42)。

表 8-42　猫跳河生物准则层评价赋分结果

序号	河段	生物准则层赋分
1	干流入境—红枫	94
2	红枫—百花	92
3	百花—李官	94
4	李官—修文	91
5	修文—窄巷口	96

续表 8-42

序号	河段	生物准则层赋分
6	窄巷口—红林	97
7	红林—红岩	95
8	红岩—河口	97
9	红枫湖南湖	93
10	红枫湖北湖	95
11	百花湖南湖	94
12	百花湖北湖	96
13	后六河	96
14	麻线河	93
15	乐平河	92
16	麦架河	92
17	修文河	95
18	猫洞河	93
19	暗流河	95

(五)猫跳河河段生态完整性状况评价

1. 河段生态完整性评价

根据河段生态完整性赋分方法及权重,计算得到猫跳河流域各评价河段生态完整性赋分值,成果见表 8-43。本次猫跳河 19 个监测河段的生态完整性赋分为 63~88 分。

表 8-43　猫跳河生态完整性评价赋分

序号	河段	生态完整性赋分
1	干流入境—红枫	71
2	红枫—百花	66
3	百花—李官	66
4	李官—修文	66
5	修文—窄巷口	70
6	窄巷口—红林	71
7	红林—红岩	69
8	红岩—河口	71
9	红枫湖南湖	69
10	红枫湖北湖	63

续表 8-43

序号	河段	生态完整性赋分
11	百花湖南湖	68
12	百花湖北湖	64
13	后六河	84
14	麻线河	88
15	乐平河	86
16	麦架河	69
17	修文河	84
18	猫洞河	88
19	暗流河	67

2. 河流生态完整性评价

本次猫跳河流域河流健康评价的总河长为 147.7 km，根据评价总河长、19 个评价河段长度及其生态完整性赋分结果（见表 8-43），按照河流生态完整性评价赋分公式进行计算，本次猫跳河流域河流生态完整性状况赋分为 72 分。

（六）猫跳河社会服务功能完整性评价

1. 水功能区达标状况评价

根据《贵阳市水功能区划》中 2016 年的现状水质监测结果，11 个功能区中，共有 4 个水功能区（猫跳河修文保留区，暗流河平坝县源头水保护区，暗流河清镇市站街饮用水水源区，修文河修文工业、农业用水区）未达到水功能区水质目标。根据生态环境局 2019 年监测数据，水功能区覆盖不全，但从中可看出，相较于 2016 年的水质情况，暗流河的水质有所改善，麦架河水质下降（见表 8-44）。综合考虑后，为确保水功能区均有监测值进行评估，本次采用《贵阳市水功能区划》中 2016 年的现状水质监测结果，因而水功能区有 7 个达标、4 个不达标，达标率为 63.6%，水功能区达标状况指标赋分为 63.6 分。

表 8-44　各水功能区达标分析

<table>
<tr><th>序号</th><th>河流名称</th><th>水功能一级区</th><th>水功能二级区</th><th>水质目标</th><th>《贵州市水功能区划》中 2016 年水质监测成果</th><th>生态环境局 2019 年监测数据</th></tr>
<tr><td rowspan="4">1</td><td rowspan="4">猫跳河</td><td rowspan="3">猫跳河贵阳市开发利用区</td><td>猫跳河红枫湖饮用水水源、景观娱乐用水区</td><td>Ⅱ</td><td>Ⅱ</td><td>Ⅱ</td></tr>
<tr><td>猫跳河百花湖饮用水水源、景观娱乐用水区</td><td>Ⅱ～Ⅲ</td><td>Ⅲ</td><td>Ⅲ</td></tr>
<tr><td>猫跳河清镇、观山湖农业用水区</td><td>Ⅲ</td><td>Ⅲ</td><td>Ⅲ</td></tr>
<tr><td>猫跳河修文保留区</td><td>—</td><td>Ⅱ</td><td>Ⅲ</td><td>缺</td></tr>
</table>

续表 8-44

<table>
<tr><th>序号</th><th>河流名称</th><th>水功能一级区</th><th>水功能二级区</th><th>水质目标</th><th>《贵州市水功能区划》中 2016 年水质监测成果</th><th>生态环境局 2019 年监测数据</th></tr>
<tr><td rowspan="3">2</td><td rowspan="3">暗流河</td><td>暗流河平坝县源头水保护区</td><td>—</td><td>Ⅱ</td><td>Ⅳ,粪大肠菌群超 0.6 倍</td><td rowspan="3">Ⅲ</td></tr>
<tr><td rowspan="2">暗流河清镇开发利用区</td><td>暗流河清镇市站街饮用水水源区</td><td>Ⅱ</td><td>Ⅳ</td></tr>
<tr><td>暗流河清镇工业、农业用水区</td><td>Ⅲ</td><td>Ⅲ</td></tr>
<tr><td rowspan="2">3</td><td rowspan="2">麦架河</td><td rowspan="2">麦架河白云观山湖开发利用区</td><td>麦架河工业、农业用水区</td><td>Ⅳ</td><td>Ⅳ</td><td rowspan="2">劣Ⅴ</td></tr>
<tr><td>麦架河白云观山湖过渡区</td><td>Ⅳ</td><td>Ⅲ</td></tr>
<tr><td>4</td><td>修文河</td><td>修文河修文开发利用区</td><td>修文河修文工业、农业用水区</td><td>Ⅲ</td><td>Ⅳ</td><td>Ⅲ</td></tr>
<tr><td>5</td><td>猫洞河</td><td>猫洞河修文开发利用区</td><td>猫洞河修文农业用水区</td><td>Ⅲ</td><td>Ⅱ</td><td>Ⅱ</td></tr>
</table>

2. 水资源开发利用状况评价

猫跳河干流及支流为贵阳市重要饮用水水源地,贵阳市西郊水厂、清镇东郊水厂、金华水厂、窝坑水厂和艳山红水厂均从猫跳河流域取水。由于猫跳河供水工程缺乏供水台账,水资源公报中也未将猫跳河流域开发利用量单独统计,从猫跳河取水的金华水厂正在办理取水许可证,且农业取水基本无计量,所以统计现状开发利用量存在较大困难。本次根据历年贵阳市水资源公报供水量成果,利用 2011 年水利普查中取水口名录表中取水量数据,统计出 2011 年贵阳市取水口取水总量 9.74 亿 m^3,其中猫跳河 3.20 亿 m^3(见表 8-45)。根据《猫跳河流域水量分配方案》,红枫湖和百花湖现状供水量为 3.17 亿 m^3,两湖以外区域用水未做统计。由于 2011—2018 年贵阳市地表水供水量变幅不大,所以本次采用水利普查成果计算猫跳河流域水资源开发利用率。

表 8-45　2011—2018 年贵阳市供水量成果　　单位:亿 m^3

<table>
<tr><th>年份</th><th>地表水</th><th>地下水</th><th>其他</th><th>总供水量</th></tr>
<tr><td>2011</td><td>9.74</td><td colspan="2">0.41</td><td>10.15</td></tr>
<tr><td>2012</td><td>9.51</td><td>0.09</td><td>0.13</td><td>9.73</td></tr>
<tr><td>2013</td><td>10.27</td><td>0.18</td><td></td><td>10.45</td></tr>
<tr><td>2014</td><td>10.36</td><td>0.18</td><td>0.04</td><td>10.58</td></tr>
<tr><td>2015</td><td>9.99</td><td>0.19</td><td>0.33</td><td>10.51</td></tr>
<tr><td>2016</td><td>10.41</td><td>0.19</td><td>0.33</td><td>10.93</td></tr>
<tr><td>2017</td><td>10.69</td><td>0.08</td><td></td><td>10.77</td></tr>
<tr><td>2018</td><td>10.88</td><td>0.13</td><td>0.15</td><td>11.16</td></tr>
</table>

根据计算猫跳河流域水资源开发利用率为16.3%，根据概念模型公式计算，猫跳河流域水资源开发利用指标赋分为79分。

3. 防洪状况评价

根据《贵阳市观山湖区防洪规划》，猫跳河干流在观山湖区境内主要为百花湖水库库区及其下游河道，河道两岸防洪保护对象较少，没有规划建设项目。猫跳河干流上的红枫湖水库和百花湖水库防洪库容大，李官、修文、窄巷口、红林和红岩5座大坝均对径流有调节作用，经洪水调节后可以基本解决下游河道防洪问题。因此，根据《河流健康评价指标、标准与方法》的防洪状况指标适用性（该指标适用于有防洪需求河流，无此功能要求的河流可以不予评价），本次对猫跳河干流（红枫湖至河口河段）的防洪状况指标不予评价。

本次收集涉及猫跳河防洪状况的资料有《贵阳市城市防洪设施建设规划》《清镇市城市防洪规划报告》《修文县城区防洪规划》《贵阳市观山湖区防洪规划》，有防洪规划的仅包括修文县内的修文河5.7 km河段、麦架河及支流22.99 km河段。根据《河流健康评价指标、标准与方法》的数据获得原则，将上述防洪规划河段列为本次猫跳河防洪状况指标评价范围，其防洪规划和防洪工程信息见表8-46。经计算，猫跳河防洪指标值为94%，防洪状况指标赋分为95分。

表8-46　猫跳河流域河流防洪规划及防洪工程信息

河流	河段	防洪规划		防洪工程		资料来源
		河长/km	防洪标准重现期/年	整治长度/km	防洪标准重现期/年	
麦架河	白云区段	15.99	50	14.97	50	《贵阳市城市防洪设施建设规划》
	观山湖段	7	5	6	5	《贵阳市观山湖区防洪规划》
修文河	修文县段	5.7	20	5.7	20	《修文县城区防洪规划》

4. 公众满意度状况评价

在2018年10月至2019年9月期间，共发放公众参与调查问卷170份，回收170份，回收率达到100%。其中，84份问卷在猫跳河流域（贵州段）政府部门发放，86份在沿河居民群众中发放。

本次猫跳河流域河湖健康评价收回的调查问卷中，沿河居民（河岸以外1 km以内范围）的占9%，河湖管理者占25%，河湖周边从事生产活动的占21%，旅游经常来的占8%，旅游偶尔来的占37%。

根据收集的公众调查问卷，根据公众总体评价赋分，按照《河流健康评价指标、标准与方法》中的公式和公众类型权重计算公众满意度指标，赋分结果如下：

猫跳河流域 PPr=77.6

公众满意度赋分作为一个主观性较强的评价指标，可以量化反映出公众对河湖健康的满意度。猫跳河流域公众总体评价赋分为 77.6 分,表明公众对猫跳河流域河湖健康基本满意。在回收的意见中,公众对水量、鱼类情况、岸周树草的评价较低。

5. 社会服务功能准则层评价

根据上述水功能区达标状况、水资源开发利用状况、防洪状况和公众满意度状况 4 个评价指标的健康赋分值,经权重计算分析,本次猫跳河评价年(2018 年 10 月至 2019 年 8 月)的社会服务功能准则层综合赋分为 79 分。

(七)猫跳河健康综合评价

根据生态完整性状况和社会服务功能状况 2 个评价指标的健康赋分值(72 分和 79 分),经权重计算分析,本次猫跳河评价年(2018 年 10 月至 2019 年 8 月)的河流健康综合赋分为 74 分,属健康状态。

四、猫跳河健康状态的表征与压力分析

(一)猫跳河健康状态整体特征

从水文水资源状况、物理结构状况、水质状况、生物状况、社会服务功能状况 5 个准则层对猫跳河流域河流水生态功能特征进行健康评价。猫跳河流域河流 19 个监测河段的水文水资源状况评价结果为 4~90 分,属于病态—理想状态;物理结构状况评价结果范围为 45~86 分,属于亚健康—理想状态;水质状况评价结果范围为 36~95 分,属病态—理想;生物状况评价结果范围为 91~97 分,属于理想状态;生态完整性赋分为 63~88 分,属健康—理想状态。猫跳河流域河流的生态完整性状况评价结果为 72 分,属健康状态;社会服务功能状况评价结果为 79 分,属于健康状态。猫跳河流域河流的健康综合赋分为 74 分,属健康状态。

(二)猫跳河不健康主要表征

从猫跳河指标体系整体特征来看,猫跳河的生物状况评价分值普遍较高,生物健康状况较优,社会服务功能状况接近理想水平,水文水资源、物理结构和水质状况仍有部分河段达不到健康水平。造成该健康特征的主要原因如下:

(1)猫跳河干流多年平均流量变异程度(13~19 分)和生态流量满足程度(0~10 分)分数均偏低,在上述两个指标的综合作用下,猫跳河干流的多年平均水文水资源状况得分也偏低(4~13 分)。暗流河受 4 个梯级电站的影响,其水文水资源状况得分也偏低(5 分)。

(2)从涉及猫跳河物理结构状况的指标得分情况来看,干流河段梯级电站建设导致部分河段连通性较低,而且部分河段(如干流入境—红枫河段、后六河、麦架河)河岸带状况得分在 60 分以下,因此造成梯级电站所在干流部分河段物理结构状况得分较低。从河岸带状况的 3 个分指标来看,各监测河段河岸带稳定性状况得分均大于 60 分,河岸带植被覆盖度赋分均大于或等于 70 分,但有 32%的监测河段河岸带人工干扰状况赋分值低于 60 分,可见人工干扰现象对河岸带状况的影响较大。

(3)从猫跳河水质状况涉及的 5 个指标赋分特征来看,7 座梯级电站产生的低温水效应对河流土著鱼类的影响较小,水体重金属污染不明显;DO 水质状况良好,耗氧有机污染状况和营养盐状况除在麦架河中问题较为突出,在其余河段相对不明显。因此,水体耗

氧有机污染状况和营养盐状况是影响猫跳河水质赋分结果的主要限制因子。

(4)底栖动物完整性指标(88~99分)和鱼类损失指数(94分)得分较高,故生物状况得分较高。猫跳河整体生物状况对猫跳河的生态健康影响较小。

(5)从社会服务功能状况涵盖的4个指标中,水功能区达标状况指标为64分,水资源开发利用指标、防洪状况指标、公众满意度指标得分均在70分以上,表明猫跳河在上述4个指标层面均能发挥良好的服务功能。

(三)猫跳河不健康的压力来源

1. 河流尺度指标压力分析

从猫跳河河流尺度的5个指标健康分布特征(见图8-17)来看,鱼类生物损失指数、水功能区达标指标、防洪指标、水资源开发利用指标和公众满意度指标均达到健康或理想状态,因此不是猫跳河不健康的压力来源。

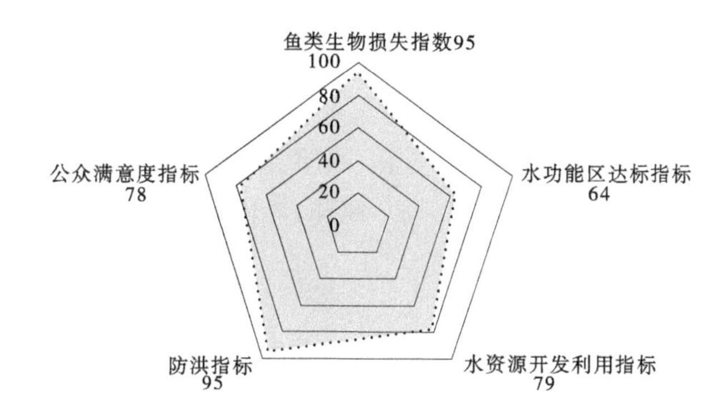

图8-17　猫跳河河流尺度指标(赋分)压力分析

2. 河段尺度指标压力分析

从猫跳河河段尺度的24个调查监测指标健康特征来看,干流监测河段的流量过程变异程度和生态流量满足程度均未达到健康水平,表明天然流量改变和生态流量不足是猫跳河干流普遍存在的不健康压力。

对于猫跳河干流河段和暗流河,李官—修文、修文—窄巷口、窄巷口—红林、红林—红岩、红枫湖北湖、百花湖北湖、暗流河,由于猫跳河梯级电站大坝的影响,该部分河段河流连通阻隔状况均未能达到健康水平,因此河流阻隔严重为该部分河段不健康的压力来源之一。猫跳河流域梯级开发程度较高,主要表现为:上游(安顺市)开发利用强度较大(部分时间段红枫湖入库流量为负值),致使中下游水源受限;部分梯级电站长时间不泄流,导致部分河段生态流量不足;由于隧洞引水发电,导致窄巷口至红林河段直接断流,生态流量不足。

对于猫跳河的7条支流,总植被覆盖度良好。暗流河和麻线河的12个水质指标状况均属于健康及以上水平,因此水质健康状况较好;后六河、乐平河和猫洞河均存在单个水质指标浓度过高的问题,因此水质健康状况稍差于暗流河和麻线河;修文河存在NH_3-N偏高及DO偏低的问题,因此水质健康状况略差于以上5条支流;而麦架河在7条支流中水质健康问题较为突出。

第三节　猫跳河流域健康管理对策

一、水文水资源健康管理对策

（一）保障生态流量下放

为了确保猫跳河流域水资源、水生态保护的顺利进行，应开展生态流量保障课题研究，梯级电站应从整体出发制订生态调度方案，通过生态调度及生态补水工程措施，确保河道下放足够的生态流量，加强河道水体的流动性，实现猫跳河生态系统良性发展。从保护流域生态、降低水电站对生态环境的不利影响角度，注重协调水电运行的经济目标与生态保护目标，尽可能调整现有水利工程的运行调度原则、规范和运行方式。

（二）加强猫跳河支流监测

猫跳河支流众多，支流上水文、水质监测以及取水户取水资料数据较少，为进一步保障猫跳河河流健康，满足水利现代化需求，以及为之后猫跳河流域保护工作做好数据支撑，应进一步完善对猫跳河重要断面流量过程、水质、取水量监测；建设好水库自动化监测系统；通过加强对支流水库生态流量下放日常监测，保护水库下游河道生态健康。

二、物理结构健康管理对策

（一）加强河岸带保护与治理

猫跳河部分河段（如麻线河、麦架河、修文河等）存在问题主要为垃圾堆放、畜禽散养、农业耕种等人为干扰。因此，需加强垃圾回收管理和监管，对随意丢弃垃圾行为进行处罚，保持河岸整洁；开展河岸带植物防护工程，恢复河岸带植被系统，提高植被覆盖度，控制河岸侵蚀；拆除非防洪功能河岸硬性砌护；清退河岸周边养殖。

在河岸带进行植物防护工程时，应综合考虑河流的行洪安全，保障主河道的畅通，利用岸坡漫滩段，选择土著植被群落，结合河流的水位变动情况，有选择性地进行分区种植。

（二）加大水土保持力度

为了防止猫跳河流域水土流失，在开展系统研究和生态监测的基础上，通过加大水土保持力度，加强水源林保护，优化、调整森林林种结构，同时建设和完善水利工程体系，提高上游水资源调蓄能力，改善生态环境。

（三）提高河流连通性

猫跳河干流和暗流河梯级电站大坝阻隔或下泄流量不足，支流滚水坝壅水，降低了河流纵向连通性。建议对红枫、百花、修文、李官、窄巷口、红林、红岩和暗流河梯级大坝开展鱼道设计研究，尽快进行鱼道建设，恢复鱼类迁徙通道；研究可满足生态基流的梯级电站运行调度规则，提升梯级电站下游河段的生态水量，维护河流水生态安全。干流入境—红枫河段（羊昌河）、麦架河、修文河、猫洞河、麻线河、后六河、乐平河，以上河段均建有较多的小型滚水坝，影响河流纵向连通性，建议对滚水坝进行拆除或改造，提升河流连通性。

猫跳河流域河流岸带健康问题见表8-47。

表8-47　猫跳河流域河流岸带健康问题

序号	主要问题	健康提升对象	健康管理对策
1	提升乔木覆盖度	红枫—百花、百花—李官、后六河、乐平河、麦架河、暗流河	开展河岸带植物防护工程,对问题河段针对性补种植物,恢复河岸带植被系统,提高植被覆盖度,控制河岸侵蚀
2	提升灌木覆盖度	干流入境—红枫、红枫—百花、百花—李官、后六河、乐平河、麦架河、暗流河	
3	提升草本覆盖度	干流入境—红枫、百花—李官、后六河、麦架河	
4	房屋侵占现象严重	后六河	清理违法侵占岸线设施
5	垃圾堆弃现象严重	干流入境—红枫、百花—李官、后六河、乐平河、麦架河	加强垃圾回收管理和监管,对随意丢弃垃圾行为进行处罚
6	农业耕种	干流入境—红枫、红枫—百花、后六河、乐平河、麦架河、暗流河	开展河岸周边耕地综合治理工作
7	禽畜养殖	干流入境—红枫、后六河、乐平河、麦架河、暗流河	河岸周边养殖清退
8	梯级大坝阻隔严重	猫跳河干流及暗流河	开展鱼道设计研究,尽快进行鱼道建设;研究可满足生态基流的梯级电站运行调度规则

三、水质健康管理对策

本次猫跳河流域河流健康评价中,发现猫跳河水质健康存在着多重压力,分别有DO偏低、NH_3-N污染、COD_{Cr}污染、BOD_5污染、TP污染等,主要水质健康问题为DO偏低和NH_3-N污染,其中,麦架河水质健康问题较为突出(见表8-48)。猫跳河干流部分河段DO偏低,可能由干流梯级电站下泄流量不足水体流动性下降引起;而部分支流DO偏低,可能由耗氧有机物污染和小型滚水坝降低水体流动性引起。因此,建议对该部分问题河段开展污染源调查工作,明晰污染源特征,针对性地开展污染防治工作,消除污染源影响,改善污染河段水质,提高水功能区达标率。

从本次水质监测的各个河湖(段)整体而言,仅麦架河的水质健康状况问题显著,其他河湖(段)的水质健康状况相对较好。但仍有部分河湖(段)的监测断面出现季节性的水质健康问题(见表8-48)。

表 8-48　猫跳河流域河流水质健康问题

河湖(段)	水质健康问题(部分断面季节性赋分<60)				
	DO	NH_3-N	COD_{Cr}	BOD_5	TP
干流入境—红枫	√				
红枫—百花	√	√			
百花—李官	√				
红林—红岩	√	√			
红岩—河口	√				
红枫湖					√
百花湖					√
后六河	√	√			
麻线河	√	√			
乐平河	√				
麦架河	√	√	√	√	√
修文河	√	√			
猫洞河		√			

对猫跳河流域开展污染源调查工作,深入分析干流和支流的点源、面源和内源污染现状和特征,制订污染源源头减排方案和污染物迁移过程阻断方案。源头减排措施包括空间管控方案、工业企业污染监管方案、城乡生活垃圾管控方案、农业面源污染管控方案、“散乱污”整治方案等。

(一)加强污染综合整治

1. 红枫湖入库支流综合整治

针对红枫湖4条入库支流,在清镇市麦包河河口、四百路河河口、骆家桥河河口、簸箩河河口、民联村河河口采用生态处理方法,进行入湖河流综合整治;建设红枫湖排污沟,从源头减少入湖污染。

在“十一五”期间,两湖水源地保护区的工业污染已经基本得到治理,但是羊昌河下游(干流入红枫湖前河段),以及其他干流河段支流区域,工业污染依然存在,需进一步整治和监管。例如贵州水晶有机化工(集团)有限公司、五矿(贵州)铁合金有限责任公司、清镇电厂、清镇创新铁合金厂、清镇医药工业园区等工业企业仍存在着工业污染问题,而一些工业园区的生活污水例如清镇市高科技产业园区也需要加强治理。乐平河流域煤矿企业较多,存在安全隐患、无污水处理设施或不运行等问题,采煤污水就近排入乐平河。麻线河流域分布着建材、印染、油脂生产、食品类工业企业。

因此,应对以上河流流域建立工业企业和区域环境风险分级管理制度,对不同风险级别的工业企业和区域实行不同的管理模式;调整工业企业布局,对频繁涉及危险工艺和危险物质的高风险企业,尽量控制在远离取水口的区域或水源保护区外发展;对入库口及取水口附近水体加强在线监测;加强环境执法力度。

后六河于红枫湖入库前流经马场镇和多个村庄,应加强对生活垃圾、生活污水和农业面源污染的管控。

2. 百花湖入库支流整治

对百花湖影响较大的两条入库支流东门桥河和南门河,深入推进综合治理工作。

重点针对东门桥至火车站河段进行清淤疏浚和河道整治,维护河流水动力条件,提升河道水环境容量;开展河道两岸截污沟建设,将两岸污水引入朱家河污水处理厂处理,污水处理厂出水需采取深度处理,水质须达到相应水功能区水质目标要求,以减少入河污染负荷。

南门河流域主要污染源为村镇生活污水、农村生活垃圾、农业面源污染。应开展城乡生活垃圾分类收集,推进城镇雨污分流管网、污水处理设施建设和提标改造,提高村庄生活污水处理设施覆盖率,加强水系沟通,实施清淤疏浚,构建健康水循环体系。强化农业面源污染控制,优化养殖业布局,推进规模化畜禽养殖场粪便综合利用和污染治理。

3. 干流下游支流整治

对猫跳河下游水质健康问题支流(麦架河、修文河、猫洞河),加强综合治理工作。

从本次水质健康评价结果来看,麦架河为水污染最为严重的支流。麦架河流域污染源主要有农业面源污染、农村生活污水、农村生活垃圾、工业废水不达标排放、河道底泥污染。麦架河流域已建有白云大山洞和金百 2 座污水处理厂,出水水质执行《城镇污水处理厂污染物排放标准》(GB 18918—2002)的一级 A 标准。尽管如此,麦架河流域的其余地区如沙文片区、白云北片区(含麦架镇、龚家寨)的污水均未得到收集和处理,对周边环境造成了较大的危害。针对以上问题,应开展河湖沿岸生活污水的截污纳管系统建设、改造和污水集中处理;建设生态河堤,减少水体污染物排放;大力发展绿色产业,减少面源污染;强化水域岸线环境卫生管理。

对于修文河,以污水处理厂及其配套设施建设为主,重点推进下游修文县龙场城区污水处理二期工程项目,实施污水处理厂扩建、新增配套管网;加快推进修文县扎佐城区污水处理工程项目,实施污水处理厂及配套管网建设;推进修文县久长城区污水处理工程项目,开展污水处理厂及配套管网建设,实现处理后出水达标排放。

猫洞河流域污染源主要为农业灌溉面源污染和农村生活废污水污染。猫洞河仍有监测断面出现季节性氨氮健康问题,应在建设和完善建设污水收集系统的同时,加强对现状污染源的监管,更改灌溉方式,提高用水效率。

(二)开展点源污染综合整治

对红枫湖、百花湖等市县集中式饮用水水源保护区内污染点源等进行关停、搬迁和集中处理,清拆一级保护区内已建成的与供水设施和保护水源无关的建设项目,建设拦污沟及氧化沟。开展面源污染治理,在饮用水水源地库区淹没线以上地段营造完整连续的环湖林草带,采取农田氮磷流失生态拦截工程,防止或减缓入库泥沙和农业面源污染;建设生态护岸、强化绿化岸坡等农村河道综合治理工程。加强内源污染削减,实施水产养殖治理工程,削减湖库内藻类和浮游生物;开展流动污染线源治理,对水上娱乐等流动污染线源提出禁止、限制、设备改造等治理措施。

(三)加强隔离防护

在红枫湖和百花湖水库饮用水水源保护区内取水口和取水设施周边进行物理隔离和生物隔离工程,设置警示标志牌,修建水库水源地隔离防护网和环湖林带,种植水源涵养林,建设汪家大井水源地隔离防护生态带。

(四)推进生态保护与修复

依据《贵阳红枫湖百花湖国家湿地公园规划》,对饮用水水源地沿湖区域(含准保护区)实施严格保护,留足生态缓冲区。实施人工湿地治理工程、河湖岸边带生态修复工程、湖库内生态修复工程等。开展红枫湖、百花湖前置库建设工程、生物净化工程、周边生态修复工程,保护区生物隔离工程、库周滩地和湿地恢复工程,建立湖库生态屏障;开展入库河道生物净化工程、河岸带修复和隔离防护工程,保障水源地供水与生态安全。

(五)协调河湖水环境指标的差异

《地表水环境质量标准》(GB 3838)规定,河流和湖库中总磷的Ⅲ类水质标准限值分别为 0.2 mg/L 和 0.05 mg/L。从标准限值看,入湖河流的总磷浓度稳定达到Ⅲ类,甚至优于Ⅲ类的情景下,一旦进入湖体,执行库区标准,总磷立即超标。由于红枫湖属于跨流域管辖的特殊湖库,库区主要由贵阳市管辖,上游河流主要由安顺市管辖,安顺市的入湖河流水质达标,但入库区后仍然超标。对于百花湖同样存在此类问题,只是百花湖湖区和入湖支流都属于贵阳市管辖,协调时难度较小。因此,基于以上问题,急需扩大红枫湖保护区的范围,协调河湖水环境指标的差异。

(六)完善水质监测体系

猫跳河的水质安全主要有 3 个方面的问题:来自安顺市入库(红枫湖)河流的污染汇入风险,来自麦架河、修文河等支流的污染汇入风险,来自猫跳河两岸的污染汇入风险。为了保障猫跳河水质安全,及时反馈河流的水质情况,建立行之有效的长期监测方案是必不可少的手段。

根据实际需要与当前监测能力,猫跳河流域河流的监测项目以反映河湖水质重要指标与国家规范指标为核心内容,兼顾常规监测(增设监测断面和增加水质监测指标)和应急监测。同时,加强河湖自动在线系统的建设,提高实时监控和预警能力。

(七)低温水减缓措施

猫跳河的 7 座梯级电站大坝均存在不同程度的低温水效应,尽管大坝建设产生的低温水对产卵期的主要土著鱼类影响有限,但是可能对其他鱼类品种产生潜在影响。因此,建议对猫跳河开展低温水效应削弱的相关研究,如分层取水工程,以降低或消除水利水电工程造成的低温水影响。

在水库中采用分层取水措施是解决下泄低温水影响的一种有效方法。分层取水措施指的是水温分层型水库中,水体由于水温分层存在一定的密度梯度,此时在一定高度取水时,其流速分布以及取水范围与温度均一水库取水有很大区别。对于温度分层取水,取水层厚度限定在以取水口为中心的上下一定范围内,水库内的水体也因此被分为层状流动区和停滞区两部分。这种只取一定厚度内水体的方式称为分离取水,被抽离的水层称为取水层。通过设置在不同高程处的取水口,可抽取到不同取水层内的水体,这种取水形式就是分层取水。表征分层取水的参数主要有取水层的位置和厚度,影响这两者的因素有很多,如取水口的形式、尺寸,取水量的大小等。分层取水措施的效果较好,能较好地满足大型水库的取水需求。

因此,建议对猫跳河部分梯级大坝(低温水影响较大)开展分层取水工程水温恢复措施研究。对猫跳河梯级电站大坝进行分层取水的分阶段式改造,建筑物形式可结合猫跳河梯级电站大坝的特征进行设计,可选择的形式有多层取水口、溢流式取水口、管式取水口和控制幕取水口等。水温恢复建议重点关注的梯级大坝有红枫、百花、修文和红岩大坝。

四、水生生物健康管理对策

随着猫跳河流域7级水电开发完成,干流大部分河段从天然的"河流型"向"水库型"方向发展。由于湖库生态环境演变导致水生植被特别是沉水植物的衰退和消失,生态系统的初级生产者从以大型水生植物为主转变为以藻类等浮游植物为主。随着流域水文条件的改变,尤其是峡谷急流生境的消失,造成珍稀和特有鱼类水生动物种类及数量减少。在新的以水库为主体的河道生态环境中这些鱼类已很难恢复。

(一)开展水生生物长期监测评价工作

生态完整性评价是河湖健康评价的核心之一。由于我国水生态监测起步较晚,藻类、底栖生物、鱼类等生物完整性监测技术力量尚不足以应对现阶段的河湖健康评价的要求,大部分河流的多年水生态指数数据不足或尚未进行整理,不能真实反映河流多年水生态状况。如何充分利用现有的技术基础和技术力量,对河湖健康进行充分的水生态监测,是下一阶段需要充分考虑的问题。

(二)增设水生生物评价指标

建议开展猫跳河流域河流生物状况长期监测和健康评价工作,并增加浮游植物密度、浮游动物损失指数、大型水生植物覆盖度等评价指标,使评价结果更充分体现猫跳河流域河流的生物健康状况。

(三)保护水生生物

针对猫跳河现状底栖动物完整性普遍较好,少部分河段(花桥、骆家桥和S82贵黔高速监测断面)受损的情况,建议对现状较优河段水生生物以保护为主,对受损河段以修复为主。

保护工作的主要内容为:保护水中生物及其多样性,保护水生物群落结构,保护本地历史物种、特有物种、珍稀濒危物种,保护生物栖息地。

修复工作的主要内容为:对已经退化或受到损害的水生态环境采取工程技术措施进行修复,遏制退化趋势,使其转为良性循环。

(四)加强鱼类资源保护

猫跳河整体鱼类群落组成现状良好,为了确保猫跳河流域鱼类种类不会进一步遭受破坏,应结合贵州省禁渔制度,制定适合猫跳河流域的渔业捕捞管理制度,保护河流生物多样性资源,为鱼类等提供栖息场所,形成良好的食物链。

鉴于猫跳河鱼类资源历史和现状数据匮乏的情况,尤其是缺乏覆盖全流域的鱼类数据,梯级电站大坝对鱼类分布的影响仍有待明晰。应对猫跳河梯级大坝分开的各个河段和主要支流进行鱼类资源调查分析,明确猫跳河的鱼类分布和多样性特征,并建立鱼类资源长期监测机制，为流域内鱼类资源保护工作提供基础支撑。建设鱼类资源数据库和信息系统，加强鱼类资源保护，加强对水产遗传资源特别是珍稀水产遗传资源的保护，加强水生生物遗传资源的开发与利用研究，提升生物遗传资源的可持续利用水平。对各濒危鱼类的濒危状况、致危因素保护措施、保护建议、保护级别和颁布年代及图片等资料进行系统收集和整合，以数据库的形式保存，实现资源共享，使政府部门、科学界和公众较为清晰地了解濒危物种的现状，为政府决策提供依据，提高政府人员及公众对濒危物种的保护意识，并针对现状制定和实施相应的保护措施，为水生生物物种的保护和持续利用提供科学依据。

五、社会服务功能健康管理对策

（一）水功能区达标状况

从水功能区达标状况评价结果中可以看到，猫跳河流域的水功能区达标率并未达到100%，水质超标因子主要为DO和NH_3-N、BOD_5和TP等，因此初步判断污染来源主要为生活污染、农业面源污染。

（二）公众满意度状况

猫跳河流域河流空间差异大，生物类群多样，且部分地区人口密度较大，处于快速城市化发展进程中，对河湖生态存在多重胁迫，人水矛盾问题难以在近期根本缓解。由于民众对生活质量的需求逐渐提高，对地域文化的归属感、认同感的需求也在增加。从公众评价看，对猫跳河的不满集中在水质、鱼类生物、景观、休闲、文化方面，建议适度对猫跳河进行休闲开发，提高河流的社会服务功能，让民众得到切实的利益，可以更好地激发民众对猫跳河的保护意识。

（三）完善公众参与机制

各地各部门要广泛宣传江河湖库管理保护的法律法规。各级河长名单应当向社会公布，在主要媒体上公布河长名单，在水域岸线显著位置竖立河长公示牌，标明河长姓名及职务、河长职责、水域名称、水域长度或者面积、管理保护目标、监督电话、微信公众号等内容，接受群众监督和举报。开发河长制管理应用软件，提高全社会对河湖保护工作的责任意识、参与意识和监督意识。

加大全面推行河长制工作的宣传力度，发动、依靠、鼓励群众参与河长制工作，拓宽公众参与渠道，广泛开展生态文明建设和河湖健康维护的宣传教育，树立河湖管理保护先进典型，曝光涉水违法行为，有效发挥媒体舆论的引导和监督作用，增强社会各界保护河湖生态环境的忧患意识和主人翁意识，着力引导企业履行社会责任，自觉防污治污，大力发展绿色循环经济。进一步增强城市、乡村、企事业单位以及社会各界的江河湖库管理保护责任意识，积极营造社会各界共同关心、支持、参与和监督江河湖库管理保护的良好氛围。

六、基础数据完善建议

在本次猫跳河流域河流健康评价中，发现存在基础数据不全面及相关指标、生态变化数据监测不全面的问题。经分析，主要涉及指标为水文水资源状况指标、河岸带人工干扰程度、水温变异状况、水质状况、底栖动物完整性指数、鱼类生物损失指数、水资源开发利用指标、防洪指标、公众满意度指标。对于以上指标的基础数据相关问题及对应的建议，见表8-49、表8-50。

表 8-49 猫跳河流域河流健康评价基础数据相关问题及建议

序号	指标	基础数据相关问题	建议
1	水文水资源状况指标	缺红林电站(1992 年)和李官电站(长系列)逐日实测出入库流量数据、主要支流实测逐日径流量数据	尽快完善和开展流域内各梯级电站和主要支流的流量监测记录工作
2	河岸带人工干扰程度	猫跳河流域分布有饮用水水源地,饮用水水源地相关干扰活动的影响也应有所考虑	建议在后期两湖(红枫湖和百花湖)的岸带人工干扰情况调查工作中,补充饮用水水源地相关干扰活动项情况记录
3	水温变异状况	猫跳河干流和暗流河各个梯级电站坝前断面及坝下泄水入河断面水温监测数据同步性不足	建议在猫跳河干流和暗流河各个梯级电站坝前断面及坝下泄水入河断面,建立水温实时监测系统
4	水质状况	水质监测断面可适当增设,饮用水水源地相关指标有待补充完善,两湖一库水质监测站近 10 年来的水质监测指标有部分缺项或不统一,重金属指标数据精确度有待提高	在本次工作的基础上,适当补设水质监测断面。根据《地表水环境质量标准》(GB 3838)中表 1 基本项目 24 项、表 2 饮用水源地补充项目 5 项和表 3 集中式生活饮用水地表水源地特定项目 80 项,补充完善流域内水质长期监测机制。重金属等含量较低的监测指标应运用精度更高的技术进行检测
5	底栖动物完整性指数	水生生物历史调查资料不能覆盖全流域、与相关部门水质监测缺乏同步性、监测指标不够全面	建议开展猫跳河流域河流生物状况长期监测和健康评价工作,并增加浮游植物密度、浮游动物损失指数、大型水生植物覆盖度等评价指标
6	鱼类生物损失指数	鱼类资源历史数据匮乏,流域内鱼类分布现状情况有待摸清	建立健全覆盖全流域的鱼类资源长期调查监测机制,开展流域内梯级电站大坝的鱼类分布影响研究工作
7	水资源开发利用指标	流域内取水、供水和用水数据有待补充完善	补充完善猫跳河供水工程供水台账记录,水资源公报中需将猫跳河流域开发利用量单独统计,全面统计流域内农业取水量,开展两湖以外区域用水统计工作
8	防洪指标	有待摸清全流域内防洪规划和现状	尽快开展流域内防洪情况全面调查统计工作
9	公众满意度指标	贵阳市经济发展快速且治水成绩突出,应在公众满意度中有所体现	建议每年(或间隔数年)进行猫跳河流域河流公众满意度调查和分析,关注民众需求,更好地发挥河流的社会服务功能

表 8-50　猫跳河流域河流健康问题及管理对策总表

序号	健康类型	问题对象	主要健康问题	健康管理对策
一	水文水资源			
1	水文情势	猫跳河干流、暗流河	猫跳河干流及暗流河梯级电站因蓄水发电需要，出库流量未充分考虑满足下游河道生态流量需求，生态流量满足程度较低	开展生态流量保障课题研究，通过生态调度及生态补水工程措施，确保河道下放足够的生态流量
2	水资源开发利用	猫跳河支流	支流上水文、水质监测以及取水户取水资料数据较少，难以满足水利现代化需求	进一步完善对猫跳河重要断面流量过程、水质、取水量监测；建设好水库自动化监测系统；通过加强对支流水库生态流量下放日常监测，保护水库下游河道生态健康；贯彻落实最严格水资源管理制度
二	物理结构			
1	河岸稳定性	猫跳河各河段左、右岸	由于基质组成、河岸冲刷或河岸高度等原因，部分河岸存在水土流失风险	通过加大水土保持力度，加强水源涵养林保护，优化、调整森林林种结构；对水土流失高风险河段岸坡，在水安全保障的前提下进行生态化改造
2	植被覆盖度	猫跳河各河段左、右岸	由于人类生产生活导致部分河岸的乔、灌、草三个类型植被覆盖度有偏低和组成不均衡现象	对生态性良好的自然河段开展植被保护工作，禁止乱砍滥伐；对周边人类活动影响较多的河岸，开展植物恢复工程，合理选种本土植物类型，调整河岸植被组成，恢复河岸带植被系统，提高植被覆盖度，控制河岸侵蚀
3	人类干扰活动	猫跳河各河段左、右岸	部分河岸存在垃圾堆放（或垃圾填埋场）、农业耕种、河岸侵占和畜禽养殖等现象	开展河岸周边退耕还林还草工作，加强垃圾回收管理，保持河岸整洁，清理违法侵占岸线设施，河岸周边养殖清退，岸坡耕地综合治理等
4	河流连通阻隔状况	猫跳河干流及支流	猫跳河干流和暗流河梯级电站大坝阻隔严重，支流滚水坝壅水，降低了河流纵向连通性	对红枫、百花、修文、李官、窄巷口、红林、红岩和暗流河梯级大坝开展鱼道设计研究，尽快进行鱼道建设，恢复鱼类迁徙通道；研究可满足生态基流的梯级电站运行调度规则，提升梯级电站下游河段的生态水量。对支流数量较多的小型滚水坝，建议拆除或改造，提升河流连通性

续表 8-50

序号	健康类型	问题对象	主要健康问题	健康管理对策
三	水质			
1	河流污染	猫跳河各河段	根据各问题河段的开发现状和水体污染物组成,初步判断污染来源主要为生活污染、农业面源污染,同时城镇面源和点源污染也不容忽视	重点针对水质问题河流(尤其是麦架河)流域范围开展农业和农村的面源污染治理工作;根据规划开展新污水处理厂建设和老污水处理厂改造,核查工业企业污水处理情况,对工业企业进行分类整治,对不能建设污水处理设施的工业企业予以关闭或搬迁整治等
2	水温	猫跳河干流	干流梯级大坝建设产生的低温水对部分水生动物可能存在威胁	开展分层取水工程和水温恢复措施研究
四	水生生物			
1	底栖动物	猫跳河流域河流	猫跳河现状底栖动物完整性普遍较好,少部分河段(花桥、骆家桥和 S82 贵黔高速监测断面)受损,缺乏全流域范围的定期水生动物监测评价机制	开展水生态保护和修复工作;开展猫跳河流域河流水生生物状况长期监测和健康评价工作,并增加水生生物指标
2	鱼类	猫跳河流域河流	猫跳河鱼类资源历史和现状数据匮乏,尤其是缺乏覆盖全流域的鱼类数据,梯级大坝建设对鱼类分布影响机制有待明晰	开展猫跳河全流域鱼类资源调查工作,建立鱼类资源长期调查监测机制,建设鱼类资源数据库和信息系统,加强鱼类资源保护,加强对水产遗传资源特别是珍稀水产遗传资源的保护,加强水生生物遗传资源的开发与利用研究,提升生物遗传资源的可持续利用水平
五	社会服务功能			
1	公众满意度	猫跳河流域	公众对猫跳河的不满集中在水质、鱼类生物、景观、休闲、文化方面	适度对猫跳河进行休闲开发,提高河流的社会服务功能,完善公众参与机制
六	其他	猫跳河流域河流	缺乏定期流域内水生态(水质和水生生物等)监测机制,环境监管能力仍有提升空间,生态环境违法处罚力度不够等	建立健全覆盖全流域的长期水生态监测机制;加强多部门联合执法和日常巡查;加强执法监管与司法的联动;加大对典型污染的处罚力度等

第九章　珠海市竹银水库健康评价应用实践

第一节　竹银水库现状分析

一、流域概况

(一)水系概况

银水库由珠海市和澳门特区共同投资兴建,位于珠海市斗门六乡镇银潭新村边竹高坑内(东经 113°16′11″,北纬 22°20′23″),东临珠江流域的西江磨刀门水道。竹银水库为注入式水库,由竹洲头泵站和平岗泵站联合调度,与其直接关联的水系主要是磨刀门水道水系。

(二)水库建设及运行调度

竹银水库主要建筑物包括一座主坝、两座副坝、溢洪道及排洪渠,主、副坝分别布置在库区的三个山口处,坝型为土石分区坝,主坝最大坝高 66 m,水库于 2011 年竣工并投入使用。竹银水库控制集水面积 2.99 km^2,正常蓄水位对应水域面积为 1.29 km^2;水库正常蓄水位 49.4 m(珠基,下同),死水位 7.4 m,汛限水位 47.9 m,总库容 4 018 万 m^3,调节库容 3 811 万 m^3。水库溢洪道堰顶高程 49.4 m,净宽 6 m,最大下泄流量为 9.74 m^3/s。竹银水库集水面积较小,集水范围内自产水量较少,水库水源主要来自泵站引水,近年来引水量约为 4 200 万 m^3/a,是典型的河道抽水型水库,主要通过 1#输水隧洞与外界进行水体交换,水库下游溢洪道无生态流量下放需求,枯水期为无闸门自由溢流方式泄洪。

从竹洲头泵站和平岗泵站向竹银水库输送原水量来看(见表 9-1),2015—2018 年平岗泵站为竹银水库输送了大部分原水,一定程度上反映磨刀门水道平岗泵站处的水质影响着竹银水库的水质。

表 9-1　泵站向竹银水库输送原水量

年份	泵站输送原水量合计/万 m^3	竹洲头泵站		平岗泵站	
		供竹银水库水量/万 m^3	占比/%	供竹银水库水量/万 m^3	占比/%
2015	4 249	833	20	3 316	80
2016	3 104	1 638	55	1 366	45
2017	5 157	748	15	4 309	85
2018	4 177	642	16	3 435	84

竹银水库与外界水体交换主要通过两条输水隧洞，其中一条位于库区东北角，连接竹洲头泵站至平岗泵站之间的输水管道，以下简称“1#输水隧洞”；另外一条处于水库南侧，连接月坑水库，以下简称“2#输水隧洞”。竹银水库主要由泵站抽水经1#输水隧洞补给；当供水系统受咸潮影响无法取水时，水库经由1#、2#输水隧洞所在管网系统向澳门、珠海供水。

竹银水源工程为蓄淡调咸工程，竹银水库和月坑水库汛期保持低水位运行，根据历年遭遇咸潮时间及供水要求，工程8月底开始由竹洲头泵站抽水充库，约10月底水库蓄满。当供水系统的广昌、洪湾泵站受咸潮影响无法取水时，由竹银水源工程配合平岗泵站进行供水；当平岗泵站受咸潮影响无法取水时，由竹洲头泵站和竹银水库同时向广昌泵站前池输水，保障澳门和香洲区用水，同时通过月坑水库向西区水厂供水；当竹洲头泵站也无法取水时，则由竹银和月坑水库向东区和西区水厂供水。当大潮过去，咸线下移，竹洲头和平岗泵站咸度达标后，由平岗泵站向东区供水，竹洲头泵站抽水补库，以备咸线再次上移时使用。

汛期该工程无供水任务，两水库在枯水期结束时，若水库因供水而放空，则不再抽水蓄淡；若水库水位较高，则应密切关注水库水质情况；若水库水质恶化严重，应通过输水管道和放空底孔将水库放空，整个汛期保持低水位运行。

（三）水库岸带状况

根据《珠海市重大水源工程——竹银水库建成初期水质模拟与水质管理措施》，竹银水库库周岸坡均由侏罗系中上统下亚群碎屑岩及其残坡积构成。天然状态下，水库库岸基本处于稳定状态，仅见少量小型坍塌，未见大的滑坡。水库运行期间，水位变化较为频繁，变幅亦较大，对水库岸坡稳定不利。库区岩层走向NE20°~50°，倾NW，倾角30°~50°，水库右岸山体岩层走向与山坡走向近于平行，岩层倾向坡外，构成层状结构的斜顺向坡，右岸地层主要为侏罗系中上统百足山群下亚群的砂岩、细砂岩，岩体完整性较好，强度较高，抗风化能力较强，但局部砂岩中夹有相对较软的粉砂岩、页岩等形成软弱夹层，因此在水库水位变化较为频繁、变幅较大时，库岸可能失稳。水库的岸坡主要为混合型边坡，即上为残坡积土，下为基岩，残坡积层包括粉质黏土、含砾黏土以及碎石土，覆盖于基岩之上。岸坡自然边坡20°~35°，小于岩层倾角，因此发生基岩边坡失稳的可能性不大。库内小型冲沟两侧，由于冲刷作用边坡较陡，且局部堆积较厚洪冲积层。

（四）水环境状况

竹银水库建成后，珠海市水质监测中心对其开展了长期的水质常规监测，以掌握水源地水质状况。

珠海市水质监测中心在竹银水库设置监测断面3个，分别位于主坝、副坝一和副坝二的坝前，以上断面每月（部分月份缺失）监测1次，监测指标包括pH、透明度、水温、溶解氧、高锰酸盐指数、氨氮、总氮、总磷、叶绿素a、氯化物和微囊藻毒素，共11项。此外，竹银水库通过平岗泵站及竹洲头泵站从磨刀门水道直接调水入库，珠海市水质监测中心在平岗泵站及竹洲头泵站各设1个监测断面，其中平岗泵站断面每月监测1次，竹洲头泵站则仅在取水的月份每月采样监测1次，监测指标包括pH、水温、溶解氧、高锰酸盐指数、氨氮、总磷和氯化物，共7项。根据《地表水水质评价办法（试行）》，评价指标选取《地表水环境质量标准》(GB 3838)表1基本项目中包含的溶解氧、高锰酸盐指数、氨氮和总磷共4项指标,按Ⅰ类到劣Ⅴ类6个类别进行评价,总氮作为参考指标。

通过分析近年来(2016—2019年)的水质监测资料,发现竹银水库、竹洲头泵站和平岗泵站多数月份水质类别满足《地表水环境质量标准》(GB 3838)Ⅲ类要求,极少数月份(2017年4月、2018年4月)在部分断面出现总磷浓度劣于Ⅲ类的情况,而参考指标总氮仅在少数月份满足Ⅲ类要求。从时间维度来看,近3年来,竹银水库高锰酸盐指数和总磷浓度呈现逐渐下降的趋势,总氮浓度变化不大。平岗泵站和竹洲头泵站取水水源高锰酸盐指数、总磷和总氮浓度变化不大。

磨刀门水道近3年水质基本达到《地表水环境质量标准》(GB 3838)Ⅲ类水质要求,其中总磷指标基本满足河流水Ⅲ类标准要求,但大部分时间超过湖、库Ⅲ类标准要求,总氮浓度也超过湖、库Ⅲ类水质标准。

(五)水生态状况

1. 竹银水库水体状况

根据竹银水库管理处提供的水库巡查记录(2017年2月至2018年3月),竹银水库在部分时间段发生水华现象,主要集中在2月下旬至4月中下旬,记录面积30~120 000 m²,其中3月中下旬最为严重(见图9-1)。根据《珠海市水库"一库一策"实施方案》,竹银水库中蓝藻是优势门类,蓝藻水华风险较高(Ⅱ~Ⅲ级)。

竹银水库发生区域主要分布在主坝右岸直至1#坝左岸(靠岸宽度20~50 m水域)、库中段西岸回弯处(靠岸宽度20 m水域)、2#坝右岸至隧洞(与月坑水库相连)附近(靠岸宽度300 m水域)、库尾沿岸(靠岸宽度50 m水域)。竹银水库在2017年、2018年和2019年均有人工放空和暴晒处理,藻类繁殖条件受限或改变,因此在2018年水华发生频次减少或区域缩减。在2019年未发现明显的水华迹象,水生态现状较好。

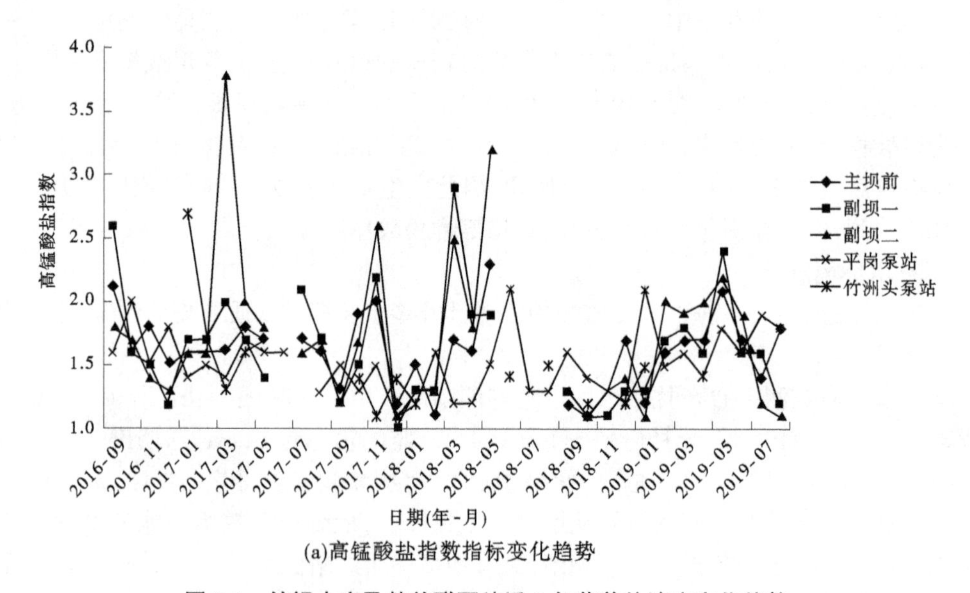

(a)高锰酸盐指数指标变化趋势

图9-1　竹银水库及其关联泵站近3年营养盐浓度变化趋势

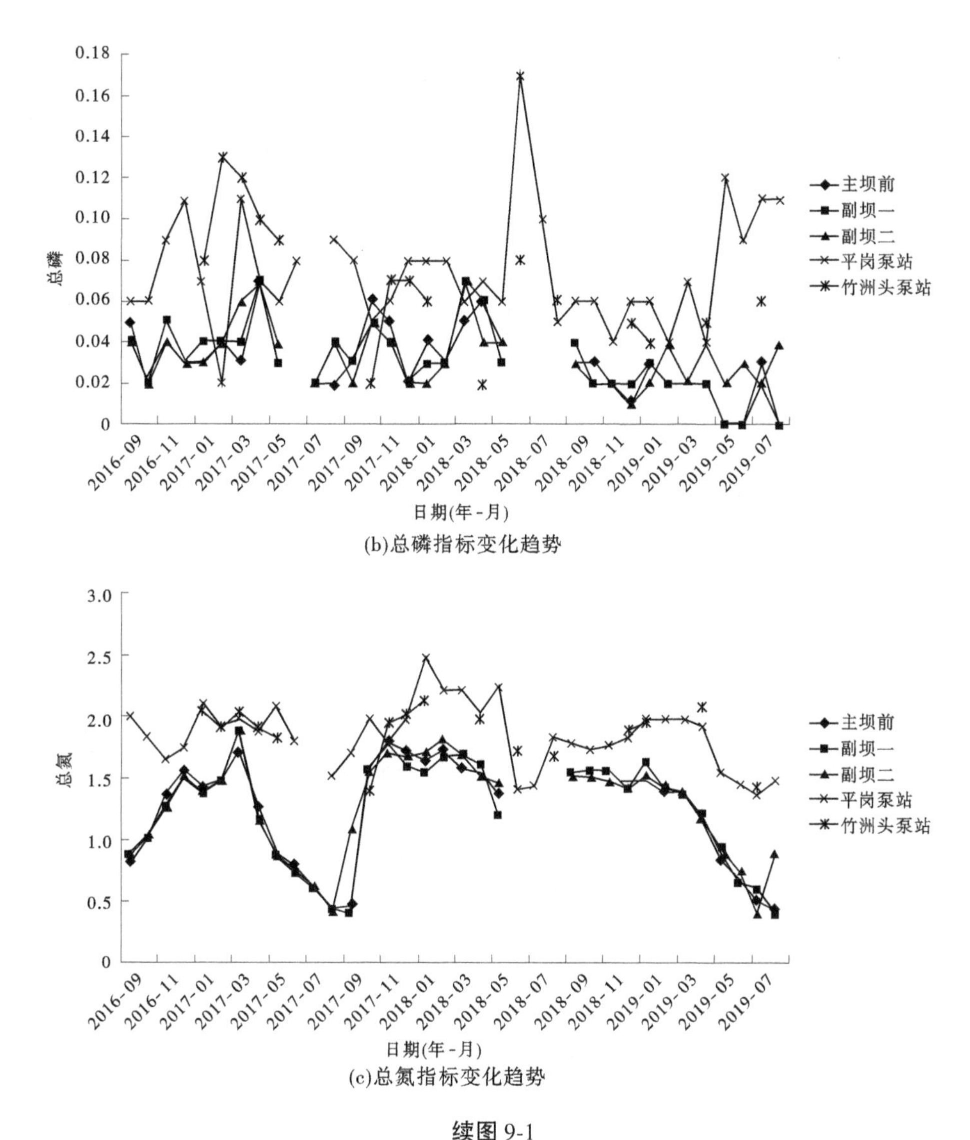

(b)总磷指标变化趋势

(c)总氮指标变化趋势

续图 9-1

2. 竹银水库底泥状况

竹银水库由于建库前既有农田、水塘、果园苗圃和蜂场等农业区域,还有奶牛养殖场、养鸡场等分布,区域存在氮、磷和有机污染问题。水库建成后底泥污染释放是水体污染物的主要来源之一。参照刘红涛等(2016)的研究成果,对比广东省 10 个不同水库底泥氮磷污染较为严重的范围值(魏岚,2012),竹银水库建库前 10 个库底土壤采样点总氮、总磷含量均处于污染严重范围内。竹银水库建成蓄水初期底泥营养盐主要风险源于氮的释放,若水库蓄水前期不对库底污染土壤采取措施,水库蓄水运行后,将对竹银水库水质造成威胁,由此推动了底泥清理工作的实施。

(六)饮用水水源保护状况

1. 饮用水水源保护区区划

根据《珠海市饮用水源保护区划报告》成果,竹银水库水源地保护区范围包括一级水域、一级陆域、二级水域和二级陆域。保护区范围一级保护区水域为取水点(113.287°E，22.343°N)半径300 m范围内的水域，一级保护区陆域为一级水域保护区沿岸正常水位线以上200 m范围内的陆域；二级保护区水域为一级保护区水域以外的水域，二级保护区陆域为竹银水库周边第一重山山脊线以内、一级保护区以外的范围。

2. 水质要求

饮用水地表水源一级保护区的水质基本项目限值不得低于国家规定的《地表水环境质量标准》(GB 3838)Ⅱ类标准且补充项目和特定检测项目满足表2和表3限值要求。二级保护区的水质基本项目限值不得低于国家规定的《地表水环境质量标准》(GB 3838)Ⅲ类标准，并且保证流入一级保护区的水质满足一级保护区水质标准的要求。

二、主要生态环境问题概况

(一)库岸带稳定性有待提升

竹银水库库区左岸山体地形坡度30°~40°，虽然坡度较陡，但地层倾向与库岸走向大角度斜交，倾向库外，库内构成反向坡，基本不存在大规模边坡向库内失稳的可能性，在残坡积层中局部可能存在坍滑。由于左岸单薄分水岭存在库水外渗问题，对其倾向库外的山体稳定有不利影响。库内未发现较大规模崩坡及松散堆积体，故不存在有大规模的塌岸和淤积问题，但小的滑塌依然存在。从2019年10月的库岸带状况调查结果可知，主坝前地被植物秋季长势一般，覆盖度不高；西北岸带植被茂密；西岸带少部分地表裸露；东侧岸带施工造成水土流失，影响岸带生态性，部分裸露区域有待修复；西南岸少部分山体裸露；东南岸未建道路，库岸带生态环境得到较好的保护。

(二)库区仍有水华发生风险

竹银水库水体中营养盐浓度较高，且氮磷比接近水华暴发高风险值。泵站取水导致氮、磷营养输入，引起竹银水库水质退化。磨刀门水道属于通航水道，大量的船只经过，河道两岸还有很多村落、养殖场和仓库，存在突发水污染事故风险。根据2015—2018年逐日出入库流量成果，水库换水周期大约1.1次/a，水体静置时间最长为77 d，水库只在蓄水和供水时才发生水体流动。水动力条件差是诱发竹银水库近年来(主要集中在2月下旬至4月中下旬)水华的原因之一。

第二节　竹银水库健康评价应用

一、竹银水库健康评价技术方案

(一)评价指标筛选

竹银水库水生态健康与否关系到珠海、澳门两地饮水安全，对促进粤港澳大湾区水安全保障有重要意义。采用多指标综合指数理论及方法原理构建包括目标层、准则层、指标层的水生态多因子监测及评价指标体系。指标体系结构力求较完整地体现竹银水库的健康程度，系统表征与水生态健康状况有关的各类要素健康水平，同时又能对水库存在问题、水源保护关键点水动力状况、水质和饮用水水源地保护情况等有所侧重反映。通过3个角度进行评价指标筛选：参考相关标准规范提取适宜指标，参考相关文献提取适宜指标,结合水库实际情况提出适宜指标。

1. 参考相关标准规范提取适宜指标

参照《河流健康评价指标、标准与方法》、《辽宁省河湖(库)健康评价导则》、《河湖健康评估技术导则》(SL/T 793)(见表9-2),结合水库实际情况筛选适宜指标。

表9-2　相关标准规范指标

<table>
<tr><th>目标层</th><th>准则层</th><th colspan="2">指标层</th><th>《河流健康评价指标、方法与标准》</th><th>《辽宁省河湖(库)健康评价导则》</th><th>《河湖健康评估技术导则》</th></tr>
<tr><td rowspan="31">水库健康</td><td rowspan="4">水文水资源</td><td colspan="2">入库流量变异程度</td><td>●</td><td>●</td><td>●</td></tr>
<tr><td colspan="2">生态基流满足程度</td><td>●</td><td></td><td>●</td></tr>
<tr><td colspan="2">水土流失治理程度</td><td></td><td></td><td>●</td></tr>
<tr><td colspan="2">最低生态水位满足程度</td><td></td><td>●</td><td></td></tr>
<tr><td rowspan="6">物理结构</td><td rowspan="3">库岸带状况</td><td>库岸带稳定性指标</td><td>●</td><td>●</td><td>●</td></tr>
<tr><td>库岸带植物覆盖度值</td><td>●</td><td>●</td><td>●</td></tr>
<tr><td>库岸带人工干扰程度</td><td>●</td><td>●</td><td>●</td></tr>
<tr><td colspan="2">湖库连通指数</td><td>●</td><td>●</td><td>●</td></tr>
<tr><td colspan="2">库容淤积损失率</td><td></td><td>●</td><td>●</td></tr>
<tr><td colspan="2">天然湿地保留率</td><td>●</td><td></td><td></td></tr>
<tr><td rowspan="10">水质</td><td colspan="2">入库排污口布局合理程度</td><td></td><td></td><td>●</td></tr>
<tr><td colspan="2">水体整洁程度</td><td></td><td></td><td>●</td></tr>
<tr><td colspan="2">水质优劣程度</td><td></td><td></td><td>●</td></tr>
<tr><td colspan="2">营养状态</td><td></td><td>●</td><td>●</td></tr>
<tr><td colspan="2">底泥污染状况</td><td></td><td></td><td>●</td></tr>
<tr><td colspan="2">水功能区达标率</td><td>●</td><td>●</td><td>●</td></tr>
<tr><td colspan="2">水温变异程度</td><td>●</td><td></td><td></td></tr>
<tr><td colspan="2">DO 水质状况</td><td>●</td><td>●</td><td></td></tr>
<tr><td colspan="2">耗氧有机污染状况</td><td>●</td><td>●</td><td></td></tr>
<tr><td colspan="2">重金属污染状况</td><td>●</td><td>●</td><td></td></tr>
<tr><td rowspan="5">生物</td><td colspan="2">浮游植物密度指标</td><td></td><td>●</td><td>●</td></tr>
<tr><td colspan="2">鱼类保有指数</td><td>●</td><td>●</td><td>●</td></tr>
<tr><td colspan="2">浮游动物生物损失指数</td><td></td><td></td><td>●</td></tr>
<tr><td colspan="2">大型水生植物覆盖度</td><td></td><td>●</td><td>●</td></tr>
<tr><td colspan="2">底栖动物生物完整性</td><td>●</td><td>●</td><td>●</td></tr>
<tr><td rowspan="6">社会服务功能</td><td colspan="2">公众满意度指标</td><td>●</td><td>●</td><td>●</td></tr>
<tr><td colspan="2">防洪指标</td><td>●</td><td>●</td><td>●</td></tr>
<tr><td colspan="2">供水指标</td><td></td><td></td><td>●</td></tr>
<tr><td colspan="2">航运指标</td><td></td><td></td><td>●</td></tr>
<tr><td colspan="2">水资源开发利用指标</td><td>●</td><td></td><td></td></tr>
<tr><td colspan="2">历史文化价值指数</td><td></td><td>●</td><td></td></tr>
</table>

注:“●”表示该项评价指南中包含此指标。

1) 水文水资源

上述标准规范水文水资源准则层下的指标包括入库流量变异程度、生态基流满足程度、水土流失治理程度、最低生态水位满足程度 4 个，结合水库实际情况筛选适宜指标。

竹银水库集水面积 2.99 km^2，建库前库区所在区域为干旱丘陵地，无明显河道，水库现状水源主要为磨刀门水道抽水，建库前后均无下放生态基流要求。因此，入库流量变异程度指标、生态基流满足程度不纳入评价指标体系。

珠海市竹银水源工程任务为供水，通过蓄水调咸、抢淡充库，增强蓄水调咸的能力，自 8 月底开始由竹洲头泵站抽水充库，约 10 月底水库蓄满。汛期该工程无供水任务，在枯水期结束时，若水库因供水而放空，则不再抽水蓄淡；若水库水位较高，则密切关注水库水质情况；若水库水质恶化严重，通过输水管道和放空底孔将水库放空，整个汛期保持低水位运行（死水位 7.4 m 高程到汛限水位 47.9 m 高程之间）。水库水位以服从调度规则为首要优先级，随调度而发生变化。因此，最低生态水位满足程度不纳入评价指标体系。

水土保持可涵养水源，减少地表径流，增加植被覆盖，防止土壤侵蚀，促进水库集水范围内生态环境的保护与修复。水土流失治理程度是评估河湖集水区范围内水土流失治理面积占总水土流失面积的比例，一定程度上可反映水库集水范围内的生态环境状况。因此，将水土流失治理程度纳入评价指标体系。

2) 物理结构

上述标准规范物理结构准则层下的指标包括库岸带稳定性指标、库岸带植物覆盖度值表、库岸带人工干扰程度、湖库连通指数、库容淤积损失率、天然湿地保留率 6 个。

竹银水库建库前库区所在区域为干旱丘陵地，建库后也无明显湖泊、湿地与其相连，因此湖库连通指数、天然湿地保留率不纳入评价指标体系。而库岸带稳定性指标、库岸带植物覆盖度值表、库岸带人工干扰程度代表水库库岸带状况，直接关系到物理结构状况，因此纳入评价指标体系。库容是表征水库规模的主要指标，库容损失与否直接关系到水库功能的发挥，因此将库容淤积损失率纳入指标体系。

3) 水质

水质是影响水源地功能发挥的重要因子，上述标准规范水质准则层下的指标包括入库排污口布局合理程度、水体整洁程度、水质优劣程度、营养状态、底泥污染状况、水功能区达标率、水温变异程度、DO 水质状况、耗氧有机污染状况、重金属污染状况。

根据指标选取相对独立原则，上述标准规范所列 10 个指标，部分指标相互之间有重复，在满足反映水质状况前提下，结合相关法规条例要求和水库实际情况进行指标选取。在《中华人民共和国水污染防治法》（2017 年 6 月修订）、《广东省饮用水源水质保护条例》（2010 年 7 月修订）、《广东省珠海市饮用水源水质保护条例》（2006 年 9 月）中对排污口设置、倾倒垃圾均提出相应禁止要求，因此选取入库排污口布局合理程度、水体整洁程度指标代表排污管理和水体感官方面。

其余 8 个指标均是代表水质具体检测值的指标，本次选取水质优劣程度代表水质整体状况，选取营养状态代表水库所面临的水华风险。水功能区达标率本次不选取，将会在自选指标中提出饮用水水源地水质达标率指标作为水源地水质达标的体现。

4）生物

上述标准规范生物准则层下的指标包括浮游植物密度指标、鱼类保有指数、浮游动物生物损失指数、大型水生植物覆盖度、底栖动物生物完整性。竹银水库为供水功能水库，无其他功能。

竹银水库建库前库区所在区域为干旱丘陵地，为陆生环境，无水生生物生境，且该水库消落带明显，不适合水生高等植物的生长，因此大型水生植物覆盖度指标不纳入本指标体系。上述标准规范中提出的浮游动物、底栖生物等指标为与历史数据（20世纪80年代）或理想背景参照的评价对比，且为备选指标，由于竹银水库无相关指标的历史数据和理想背景资料，开展浮游动物、底栖生物指标定性定量分析，仅为掌握其现状，但不纳入指标体系。本次结合竹银水库选取浮游植物密度指标进行评价分析，其余指标不纳入指标体系。

5）社会服务功能

上述标准规范社会服务功能准则层下的指标包括公众满意度指标、防洪指标、供水指标、航运指标、水资源开发利用指标、历史文化价值指数6个。

根据设计资料，竹银水源工程建设任务为供水，无防洪、航运功能，且建库前库区所在区域无特殊文物保护对象，因此不选取这3个方面指标。此外，由于竹银水源工程在枯水期且咸潮上溯导致竹洲头泵站无法取水时才发挥供水作用，工程设计供水保证率97%，在咸潮上溯前由河道抽取河水蓄存在水库，其供水保证率依赖河道取水得以保证，因此不对该指标进行评价。此外，水库现状水源主要为磨刀门水道抽水，因此水资源开发利用指标不纳入评价指标体系。公众满意度是评价公众对河湖环境、水质水量、舒适型等的满意程度，采用公众调查方法评估，本次纳入评价指标体系。

2. 参考相关文献提取适宜指标

参照5个位于广东省的水库健康评价研究（见表9-3），将研究中针对特别案例提出的自选指标进行梳理。安全指标与大坝质量状况指标内涵基本相同，主要是指对水库大坝安全进行鉴定。竹银水库暂未开展水库大坝安全鉴定工作，该类指标暂不纳入指标体系，以物理结构调查代替。竹银水库为饮用水水源地，以供水功能为主，库区阻隔状况不适用于本次评价。

表9-3　广东省相关水库健康评价研究案例提出指标

序号	研究案例	准则层	指标层	指标说明
1	杨宝林(2017)	物理结构	大坝质量状况	从地质因素和工程因素两个方面考虑大坝的稳定性及工程质量状况
2	陈昊（2014）	物理结构	库区阻隔状况	库区人工分割阻断状况（库区有无网箱养殖或围塘养殖等）
3	李丹（2018）	社会服务功能	安全指标	近年工程质量、运行管理、防洪安全、渗流安全、结构安全、抗震安全、金属结构安全评价成果

3. 自选指标

除以上相关标准规范、文献提出的指标外，结合水源地管理需要，提出水动力条件、饮用水水源地水质达标率、饮用水水源地规范化建设程度 3 个自选指标，水动力条件是影响水库水华的重要因子，饮用水水源地水质达标与否直接关系到饮水安全，饮用水水源地建设规范与否对于水源地水质、饮水安全又有重要影响，因此选择这 3 个指标与前述选取指标共同形成评价指标体系(见表 9-4)。

表 9-4　竹银水库健康评价指标筛选成果

<table>
<tr><th>目标层</th><th>亚目标层</th><th>准则层</th><th>指标层</th><th>指标选择</th></tr>
<tr><td rowspan="13">竹银水库水生态健康</td><td rowspan="10">生态健康</td><td rowspan="2">水文水资源</td><td>水土流失治理程度</td><td>基本</td></tr>
<tr><td>水动力条件</td><td>自选</td></tr>
<tr><td rowspan="2">物理形态</td><td>河岸带状况</td><td>基本</td></tr>
<tr><td>库容淤积损失率</td><td>基本</td></tr>
<tr><td rowspan="4">水质</td><td>入库排污口布局合理程度</td><td>基本</td></tr>
<tr><td>水体整洁程度</td><td>基本</td></tr>
<tr><td>水质优劣程度</td><td>基本</td></tr>
<tr><td>营养状态</td><td>基本</td></tr>
<tr><td>水生生物</td><td>水华蓝藻种类丰度</td><td>备选</td></tr>
<tr><td rowspan="3">功能健康</td><td rowspan="3">社会服务功能</td><td>公众满意度</td><td>基本</td></tr>
<tr><td>饮用水水源地水质达标率</td><td>自选</td></tr>
<tr><td>饮用水水源地规范化建设程度</td><td>自选</td></tr>
</table>

4. 指标筛选结果

根据上述指标筛选成果，以竹银水库水生态健康为目标层，并根据水库生态保护和功能服务设置生态健康、功能健康 2 个亚目标层，亚目标层下共分 5 个准则层及 12 个指标，其中，包含 8 个基本指标、1 个备选指标和 3 个自选指标(见表 9-4)。

(二)评价基准

竹银水库健康评价标准参照第八章第二节。

(三)评价方法

竹银水库健康评价方法，主要参照《河流健康评价指标、标准与方法》和《河湖健康评估技术导则》(SL/T 793)。此外，为使竹银水库健康评级结果更能体现该水库的生态特征，部分指标(或准则层)的健康赋分方法有所补充和调整，主要涉及水动力条件、水文水资源准则层、库岸带人工干扰程度等。补充和调整内容如下。

1. 水动力条件赋分

1)指标说明

水华发生受气温、流速、光照等因素影响，竹银水库近几年水华均发生在 3 月左右，本次评价主要考虑流速对其影响。水库地势较高，四周山体密集，附近无实测风速、风向等观测成果,本次流速计算暂不考虑其影响。

2)计算方法

采用 MIKE 21 模拟水库流场,结合水库水华易发生的位置以及两条输水隧洞的位置,选定 13 个流速评价点分析竹银水库的整体水动力条件是否良好。

根据水库水华相关研究成果,选择与竹银水库地理位置、气候等条件相近的水库作为参考,确定竹银水库水华暴发临界流速。根据《流速对不同浮游藻类的生长影响研究》,东江干流剑潭水库水体流速增加至 0.075 m/s 以上对藻类生长产生抑制作用,竹银水库与东江干流剑潭水库同属广东亚热带地区,其气候条件相近,因此选定 0.075 m/s 为竹银水库藻类生长的临界流速,小于该流速有水华暴发的潜在风险。将评价点流速与水库水华暴发临界流速的对比分析并赋分,所布设的流速评价点的赋分值经算术平均后作为水库整体的水动力条件赋分值。

3)评价标准

竹银水库水动力条件评分标准见表 9-5。

表 9-5　水动力条件评估赋分标准

大于临界流速天数比例/%	20	50	80	≥90
赋分	20	60	90	100

2. 水文水资源准则层赋分

水文水资源准则层包括 2 个指标,赋分计算公式如下:

$$HDr = SECr \cdot SECw + HCr \cdot HCw \tag{9-1}$$

式中　HDr——水文水资源准则层赋分;

其他变量说明如表 9-6 所示。

表 9-6　水文水资源准则层赋分公式变量说明

准则层	指标层	代码	赋分范围	权重	建议权重
水文水资源	水土流失治理程度	SECr	0~100	SECw	0.5
	水动力条件	HCr	0~100	HCw	0.5

3. 库岸带人工干扰程度赋分

1)指标说明

竹银水库作为重要的供水水源地,将水源地保护条例涉及库岸带的禁止行为,结合竹银水库库岸带特点,经筛选后列入库岸人工干扰程度调查内容中。而对于属于水库安全、水库管理和保护水源的相关人为活动,则不纳入竹银水库库岸带人工干扰程度评价中。对竹银水库库岸带及其邻近陆域典型人类干扰活动进行调查评价,并根据其与库岸带的远近关系区分其影响程度,评价具体内容见表 9-7。

2)计算方法

对竹银水库监测断面采用每出现一项人类活动减少其对应分值的方法进行库岸带人类影响评价。无上述人类干扰活动的监测断面赋分为 100 分,根据所出现人类活动的类型及其位置减除相应的分值,直至 0 分。

3）评价标准

对竹银水库水边线内、库岸带及其邻近陆域的人类干扰活动类型建议赋分值见表9-7，表中除部分干扰活动类型赋分标准参照《河流健康评价指标、标准与方法》，对其余部分干扰活动类型根据其对竹银水库的水生态潜在风险程度提供对应的建议赋分值。

表9-7　竹银水库库岸带人工干扰程度建议赋分标准

序号	人工干扰活动类型	水边线内	库岸带（水边线陆域延伸10 m）	库岸带邻近陆域（库岸带陆域延伸30 m）
1	库岸硬性砌护		-5	
2	采砂	-30	-40	
3	围库造塘	-50		
4	游泳	-5		
5	钓鱼	-5		
6	洗涤	-10		
7	放生	-50		
8	网箱养殖/捕捞	-50		
9	船舶/排筏	-10		
10	丢弃/掩埋动物尸体	-30	-20	-10
11	建筑物	-15	-10	-5
12	公路/铁路/桥梁	-5	-10	-5
13	倾倒废弃物/垃圾填埋场/垃圾堆放	-60	-60	-40
14	排污口/偷排污水	-60	-50	-40
15	库滨公园		-5	-2
16	娱乐设施/场所	-5	-5	-2
17	管道	-5	-5	-2
18	耕种/果园/破坏植被		-15	-5
19	畜牧养殖		-10	-5
20	屠宰场		-60	-40
21	煤场/灰场		-60	-40
23	采矿/采石/采土及其加工		-50	-40
24	危险化学品、煤炭、矿砂、水泥等装卸作业		-50	-40
25	露营/野炊/影视拍摄		-5	-2
26	墓地		-10	-5

注：以上人类干扰活动均与水库安全、水库管理和保护水源无关。

4. 库容淤积状况赋分

1）指标说明

竹银水库无河湖与之直接连通，其水源主要来自竹洲头泵站和平岗泵站供水，其底泥淤积主要受上述两个泵站供水含沙量和库岸物质输入影响。

2）计算方法

通过现场测定竹银水库3个库区监测断面的底泥厚度，以底泥厚度与库区水域面积相乘，获得评价基准年竹银水库监测断面淤积损失库容，该损失库容占竹银水库建库库容的百分比即为评价基准年竹银水库监测断面的库容淤积损失率。

3）评价标准

库容淤积状况赋分标准参照《河湖健康评估技术导则》（SL/T 793）。

5. 物理结构准则层赋分

库岸带状况是水库物理形态的首要指标，所以权重较大，而库容淤积状况为重要指标，权重次之。库岸带状况和库容淤积状况指标之间采用分类权重法计算各指标的评价分值，具体如下：

$$RMr = RSr \cdot RSw + RDr \cdot RDw \tag{9-2}$$

式中　RSw、RDw——库岸带状况和库容淤积状况指标权重，见表9-8。

表9-8　竹银水库物理结构准则层赋分公式变量说明

指标层	代码	赋分范围	权重	建议权重
库岸带状况	RSw	0～100	RSr	0.7
库容淤积状况	RDw	0～100	RDr	0.3

6. 营养状态赋分

1）指标说明

水体总磷（TN）、总氮（TP）、叶绿素（Chla）含量过高，透明度（SD）降低是湖库营养状态的重要表征。因此，取总磷（TN）、总氮（TP）、叶绿素（Chla）和透明度（SD）4项指标对竹银水库3个调查区段的水体营养状态进行评估。

2）计算方法

参照《珠海市供水水库蓝藻水华管理与应急预案》研究成果，在同等温度条件及水力滞留时间的影响可以忽略不计的情况下，珠海市江库联通水库叶绿素a与透明度、总磷和总氮的相关性公式分别为：

$$\left.\begin{aligned} \ln(\mathrm{Chla}) &= 3.0864-2.322\ln(\mathrm{SD}),\ R^2=0.6553 \\ \ln(\mathrm{Chla}) &= 6.7077+1.1573\ln(\mathrm{TP}),\ R^2=0.7289 \\ \ln(\mathrm{Chla}) &= 3.1018+1.5334\ln(\mathrm{TN}),\ R^2=0.7205 \end{aligned}\right\} \tag{9-3}$$

考虑温度和水力滞留时间的影响，经过修正的营养状态指数计算公式如下：

$$\mathrm{TSI}(\mathrm{Chla}) = 10[2.46 + \ln(\mathrm{Chla})/\ln 2.5] \tag{9-4}$$

$$\mathrm{TSI}(\mathrm{SD}) = 10\{2.46 + 1.05(T-20)[R^2/(R^2+0.15)](-2.322\ln(\mathrm{SD})+3.0864)/\ln 2.5\} \tag{9-5}$$

$$TSI(TP) = 10\{2.46 + 1.05(T - 20)[R^2/(R^2 + 0.15)](1.1573\ln(TP) + 6.7077)/\ln 2.5\} \tag{9-6}$$

$$TSI(TN) = 10\{2.46 + 1.05(T - 20)[R^2/(R^2 + 0.15)](1.5334\ln(TN) + 3.1018)/\ln 2.5\} \tag{9-7}$$

修正的相关加权综合营养状态指数为：

$$TSI(\sum) = \sum W_j \cdot TSI_{(j)} \tag{9-8}$$

式中　$TSI(\Sigma)$——综合营养状态指数；

$TSI_{(j)}$——第 j 种参数的营养状态指数；

W_j——第 j 种参数的营养状态指数的相关权重，其计算公式如下：

$$W_j = R_{1j}^2 / \sum R_{1j}^2 \tag{9-9}$$

式中　R_{1j}^2——第 j 个参数与 Chla 的相关系数（共有 4 个参数，分别为叶绿素、透明度、总磷和总氮）。

3）评估标准

竹银水库营养状态划分标准、水体营养状态指数赋分标准参照《河湖健康评估技术导则》（SL/T 793）。

7. 水质准则层赋分

水质准则层包括入库排污口布局合理程度、水体整洁程度、水质优劣程度和营养状态 4 个指标，分别从污染物入库、水体感官效果、水质等级和营养状态 4 个方面对水体做出客观评价，因此以 4 个评估指标的加权平均作为水质准则层赋分，具体如下：

$$WQSr = SOLr \cdot SOLw + CWr \cdot CWw + WQr \cdot WQw + ESr \cdot ESw \tag{9-10}$$

式中　SOLw、CWw、WQw 和 ESw——水库排污口布局合理程度、水体整洁程度、水质优劣程度和营养状态指标权重，分别见表 9-9。

表 9-9　竹银水库水质准则层

准则层	指标层	代码	赋分范围	权重
水质	入库排污口布局合理程度	SOL	0~100	0.2
	水体整洁程度	CW	0~100	0.2
	水质优劣程度	WQ	0~100	0.3
	营养状态	ES	0~100	0.3

8. 水华蓝藻种类丰度

1）指标说明

采用水华蓝藻种类丰度评估水库水质生态状况，水华蓝藻种类丰度是指单位体积湖库水体中的蓝藻细胞个数，用于判断水库是否存在蓝藻水华风险。

2）计算方法

根据《珠海市全面推行河长制阶段性专业技术标准和实施计划》提出的蓝藻水华风险预警分级，结合调查断面的蓝藻细胞密度值，制定竹银水库水华蓝藻种类丰度指标赋分标准，并以库区所调查的断面赋分算术平均值作为库区赋分。

3)评价标准

水华蓝藻种类丰度及对应的赋分标准见表9-10。

表9-10　竹银水库水华蓝藻种类丰度指标评估赋分标准

蓝藻水华分级预警	Ⅳ级	Ⅲ级	Ⅱ级	Ⅰ级
蓝藻细胞数/(cells/L)	$<2\times10^6$	$2\times10^6\sim15\times10^6$	$15\times10^6\sim2\times10^7$	$>1\times10^8$
赋分	[75,100]	[50,75)	[25,50)	0

9.生物准则层评价赋分

竹银水库仅使用水华蓝藻种类丰度指标进行生物状况健康评价,因此生物准则层评价赋分结果与水华蓝藻种类丰度指标评价赋分结果一致。

10.饮用水规范化建设程度

1)指标说明

参照《集中式饮用水水源地环境保护状况评估技术规范》(HJ 774),将饮用水水源地环境管理状况的内容经筛选纳入竹银水库饮用水规范化建设程度评价工作中。竹银水库饮用水规范化建设程度涵盖5个方面:监控能力(RMC, Reservoir Monitoring Copability)、保护区建设完成情况(RCC, Reservoir Constructional Condition)、管理措施落实情况(RMM, Reservoir Management Measure)、风险防控情况(RPC, Reservoir Prevention and Control)、应急能力情况(RES, Reservoir Emergency Situation)。

2)计算方法

根据《集中式饮用水水源地环境保护状况评估技术规范》(HJ 774)和《集中式饮用水水源地规范化建设环境保护技术要求》(HJ 773),结合竹银水库功能和现状运行情况,从监控能力、保护区建设完成情况、管理措施落实情况、风险防控情况和应急能力情况五个方面,选定19项调查内容,对饮用水水源地规范化建设程度进行评估。通过开展饮用水规范化建设程度调查工作,具体调查项目见表9-11,其结果分“是”和“否”两种情况,“是”则根据建议赋分值进行赋分,“否”则为0分。在各分类指标中的调查项目得分加和后乘以对应的建议权重即为该类指标赋分结果,然后按照下式计算饮用水规范化建设程度指标赋分:

$$DWSr = RMCr \cdot RMCw + RCCr \cdot RCCw + RMMr \cdot RMMw + RPCr \cdot RPCw + RESr \cdot RESw \quad (9\text{-}11)$$

式中　DWSr——饮用水规范化建设程度指标赋分;

RMCr、RCCr、RMMr、RPCr、RESr——分类指标赋分;

RMCw、RCCw、RMMw、RPCw、RESw——分类指标权重(见表9-11)。

3)评价标准

竹银水库饮用水规范化建设程度指标建议赋分值及权重见表9-11。

表 9-11　竹银水库饮用水规范化建设程度指标评估赋分标准

分类指标	建议权重	调查项目	建议赋分
监控能力	0.2	水质全分析	40
		预警监控	30
		视频监控	30
保护区建设完成情况	0.1	保护区标志设置	50
		一级保护区隔离	50
管理措施落实情况	0.3	水源编码规范性	15
		水源档案	15
		定期巡查	20
		定期评估	20
		水源地信息化管理平台	15
		信息公开	15
风险防控情况	0.1	风险源名录	50
		危险化学品运输管理制度	50
应急能力情况	0.3	应急预案编制、修订与备案	15
		应急演练	20
		应对重大突发环境事件的物资和技术储备	20
		应急防护工程设施建设	15
		应急专家库	15
		应急监测能力	15

11. 饮用水水源地水质达标率

1)指标说明

饮用水水源地水质达标率是指流域内所有集中式饮用水水源地的水质监测中,达到或优于饮用水水源地水质目标的检查频次占全年检查总频次的比例。根据《集中式饮用水水源地环境保护评估技术规范》(HJ 774)和《集中式饮用水水源地规范化建设环境保护技术要求》(HJ 773),一级保护区水质要求为:基本项目满足Ⅱ类标准,补充和特定项目满足相应限值要求;二级保护区水质要求为:基本项目满足Ⅲ类标准,补充和特定项目满足相应限值要求。

2)计算方法

评价达标水功能区个数占评价水功能区个数比例,水质达标率按全因子评价。评价标准与方法遵循《地表水资源质量评价技术规程》(SL 395)的相关规定。

$$集中饮用水水质达标率 = (所有断面达标频次之和 / 全年所有断面监测总频次) \times 100\% \quad (9\text{-}12)$$

3) 评估标准

$$集中饮用水水质达标率指标赋分 = 集中饮用水水质达标率 \times 100 \tag{9-13}$$

12. 社会服务功能准则层赋分

社会服务功能准则层包括 3 个指标，赋分计算公式如下：

$$SSr = PPr \cdot PPw + DWZr \cdot DWZw + DWSr \cdot DWSw \tag{9-14}$$

式中 SSr——社会服务功能准则层赋分；

其他变量说明如表 9-12 所示。

表 9-12 社会服务功能准则层赋分公式变量说明

准则层	指标层	代码	赋分范围	权重	建议权重
社会服务功能	公众满意度	PP	0~100	PPw	0.3
	饮用水水源地水质达标率	DWZ	0~100	DWZw	0.4
	饮用水水源地规范化建设程度	DWS	0~100	DWSw	0.3

(四) 评价指标体系构成

根据上述评价指标筛选结果及评价方法，形成“珠海市竹银水库水生态多因子监测及评价指标体系”，该指标体系结构力求较完整地体现竹银水生态健康程度，系统表征与水生态健康状况有关的各类要素的健康水平。除对指标体系权重赋值外，还需确定各调查评价断面对其所在库区的权重、各库区对水库水生态健康总体目标的权重(见表 9-13)。

表 9-13 珠海市竹银水库水生态多因子监测及评价指标体系权重

目标层	亚目标层		准则层		指标层		亚指标	
	名称	权重	名称	权重	名称	权重	名称	权重
竹银水库水生态健康	生态健康	0.7	水文水资源	0.2	水土流失治理程度	0.5	—	—
					水动力条件	0.5	—	—
			物理形态	0.3	库岸带状况	0.7	库岸带稳定性指标	0.25
							库岸带植被覆盖度指标	0.5
							库岸带人工干扰程度	0.25
					库容淤积损失率	0.3	—	—
			水质	0.35	入库排污口布局合理程度	0.2	—	—
					水体整洁程度	0.2	—	—
					水质优劣程度	0.3	—	—
					营养状态	0.3	—	—
			生物	0.15	水华蓝藻种类丰度	1.0	—	—
	功能健康	0.3	社会服务功能	1	公众满意度	0.3	—	—
					饮用水水源地水质达标率	0.4	—	—
					饮用水水源地规范化建设程度	0.3	—	—

（五）评价计算模型

珠海市竹银水库水生态多因子监测及评价指标体系分为指标层评分、要素层评分、准则层评分、各个库区水生态健康评分及竹银水库水生态健康综合评分 5 个模块：①指标层评分，选取适宜方法采集参评库区（断面）数据，依据各指标评价标准进行评价，获得水生态多因子监测及评价指标体系各指标层指标分值；②要素层评分，将要素层下设指标层分值根据各自权重进行加权，并求和获得要素层分值；③准则层评分，将准则层下设各要素层分值根据各自权重进行加权，并求和获得准则层分值；④将准则层指标分值加权求和，得到各个库区水生态健康评分；⑤综合各个库区水生态健康评分，得到竹银水库水生态健康综合评分。其中库区计算公式见式(9-15)，竹银水库水生态健康综合评分计算公式见式(9-16)。

$$ECGI = (HDr \cdot HDw + PHr \cdot PHw + WQr \cdot WQw + AFr \cdot AFw) \cdot SGEw + SSr \cdot SSw \cdot SGSw \tag{9-15}$$

式中　ECGI(Each object Composite Grade Index)——各库区水生态健康评分；

HDr——水文水资源准则层赋分；

HDw——水文水资源准则层权重；

PHr——物理结构准则层赋分；

PHw——物理结构准则层权重；

WQr——水质准则层赋分；

WQw——水质准则层权重；

AFr——生物准则层赋分；

AFw——生物准则层权重；

SGEw——生态健康亚目标权重；

SSr——社会服务功能准则层赋分；

SSw——社会服务功能准则层权重；

SGSw——功能健康亚目标权重。

$$CGI = \sum_{k=1}^{n} ECGI_k \cdot EW_k \tag{9-16}$$

式中　CGI(Composite Grade Index)——水库水生态健康综合评分；

ECGI——各库区水生态健康评分；

EW——各库区水生态健康权重。

“水土流失治理程度、水动力条件、库容淤积损失率、公众满意度、饮用水水源地规范化建设程度”5 个指标评价，由于无法细分至断面进行评分，以水库的总体分数作为各断面评分，再按确定的权重计算对整体目标的贡献率。

二、竹银水库健康调查监测技术方案

为满足竹银水库水生态多因子评价需求，于 2019 年 10 月从水文水资源、物理结构、水质、水生生物和社会服务功能 5 个方面开展资料收集、现场调查和监测分析工作，获取竹银水库 2019 年（评价年）水生态评价的基础数据。

调查监测工作涉及竹银水库库区及其库岸带。由于竹洲头泵站取水口是竹银水库的重要水源地，其供水可能影响竹银水库水质，因此将竹洲头泵站取水口列入本次调查监测的工作范围，作为参照区与竹银水库进行对比分析。

(一)调查监测范围

1. 竹银水库评价库区划分

竹银水库水面形状呈现南北走向，根据水库形状特征，按南北向划分成3个评价库区，由北向南分别为坝前区、库中区、库尾区，见图9-2。坝前区分布有主坝、副坝一，同时是取水口分布所在水域；库中区水域岸线为自然岸线；库尾区分布有副坝二。各评价库区将结合需要设置若干调查断面。

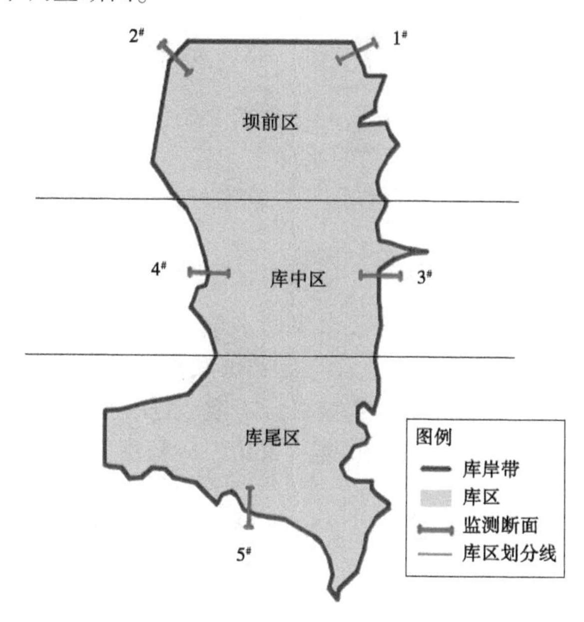

图9-2　竹银水库监测区段和断面布设

2. 竹银水库监测断面布设

在坝前区(东北侧和西北侧)和库中区(东侧和西侧)各布设2个监测断面，库尾区布设1个监测断面，共布设5个监测断面(见表9-14)，布设断面位置见图9-2，该布设方式将监测断面较均匀地覆盖竹银水库整个库区。

表9-14　竹银水库和竹洲头泵站监测断面

断面	位置	岸侧	经纬度
1#	竹银水库东北角(取水口)	东北岸	113.295 66°E,22.341 30°N
2#	竹银水库西北角	西北岸	113.289 10°E,22.341 08°N
3#	竹银水库中部东	东岸	113.296 41°E,22.333 75°N
4#	竹银水库中部西	西岸	113.290 39°E,22.334 09°N
5#	竹银水库库尾	南岸	113.291 59°E,22.326 79°N
6#	竹洲头泵站下游500 m	西岸	113.278 97°E,22.376 51°N

3. 竹洲头泵站取水口参照区及其断面布设

将竹洲头泵站取水口设为1个参照区，并布设1个监测断面，综合考虑安全性和可涉水性,经现场考察后,将该监测断面设置于泵站下游约 500 m 处。

4. 评价范围权重确定

1)评价断面对评价库区的权重

各个评价断面在其所在库区占有同等权重。

2)评价库区对水库水生态健康总体目标的权重

3 个评价库区水生态状况对水库水生态整体健康状况都具有重要影响,但坝前区为饮用水水源地取水口所在区域,与水库功能健康联系更密切。因此,建议各个库区对水库水生态健康总体目标的权重如下:坝前区,0.4;库中区,0.3;库尾区,0.3。

(二)调查监测分析方法

1. 水土流失治理程度调查

为确定竹银水库水土流失治理程度,需分析水库集水范围内植被覆盖率、水土流失程度以及相关水土流失防范治理资料。竹银水库水土流失治理程度根据《珠海市水土流失现状调查》、珠江水利委员会珠江水利科学研究院编写的《珠海市水土保持规划》,以及现场查勘、水库现状确定。

2. 水动力条件调查分析

采用 MIKE 21 水动力模块模拟竹银水库的水位及流场变化。MIKE 21 软件是丹麦 DHI Water & Environment 机构开发的一个用于数值模拟各种流场问题(如海域、港湾、河流等)和基于流场下的环境问题(如污染物平流扩散、水质、重金属、泥沙输移)等工程问题的软件包。MIKE 21 是二维平面模型,模型采用二阶精度的有限差分法对动态流的连续方程和动量守衡方程求解。

本次对竹银水库的水动力数值模拟采用 2018 年 1#输水隧洞实测逐日流量资料(包括入库和出库),以及 2018 年库区逐日降雨蒸发监测资料。根据 MIKE 21 模拟的水位结果与实测水位对模型参数进行率定。

近年来 2#输水隧洞未使用,为研究 2#输水隧洞对水库水动力条件的影响,本次模拟水华发生月份 2#输水隧洞向月坑水库补水时水库流场。结合水库水华易发生的位置以及两条输水隧洞的位置,选定 13 个流速评价点(见图 9-3)分析竹银水库的整体水动力条件是否良好。根据水库水华暴发临界流速,将流速评价点的模拟流速与之比较,统计评价点流速大于该临界流速的时间占总模拟时间段的百分比,并根据水动力条件赋分标准进行评分。

3. 库(河)岸带状况调查

参考《河湖健康评价技术导则》(征求意见稿)和《辽宁省河湖(库)健康评价导则》(DB 21/T 2724)中的方法,结合竹银水库和竹洲头泵站取水口实际情况,设计库(河)岸带状况分析调查表,并于 2019 年 10 月 15 日和 16 日对竹银水库和竹洲头泵站的 6 个监测断面进行库(河)岸带状况调查和记录。库(河)岸带调查主要包括 3 个指标:岸带稳定性状况、岸带植被覆盖度、岸带人工干扰程度(水库安全、水库管理和保护水源无关)。

4. 水库淤积状况调查

通过采集水库底泥并测定底泥厚度的方法对竹银水库淤积状况进行分析。参照《淡水生物资源调查技术规范》(DB 43/T 432),采样人员于 2019 年 10 月 16 日和 17 日乘坐船只前往 6 个监测断面离岸约 10 m 的位置开展底泥采样监测工作,采样过程见图 9-4。

由于各底泥采样位置均位于深水区域，为更准确地测得底泥厚度，使用的采样测量工具包括彼得森采泥器和柱状采泥器，在采样器采集底泥后，缓慢拉出水面并记录底泥厚度，随后将底泥样品装入聚乙烯封口袋（见图9-5），并带回实验室待下一步处理分析。

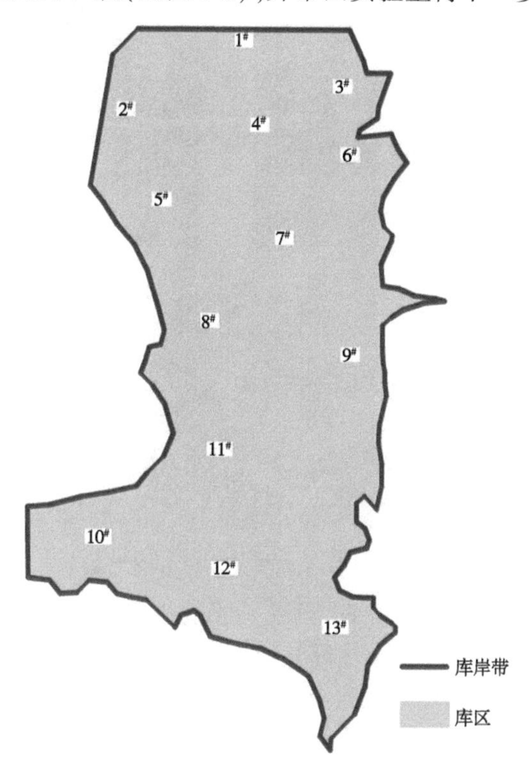

图9-3　竹银水库流速评价点分布位置示意图

图9-4　竹银水库和竹洲头泵站底泥采样过程

5. 水质监测

本次工作过程中，收集到珠海市水质监测中心竹银水库及平岗泵站、竹洲头泵站的长期水质监测数据。竹银水库范围内设置了3个长期水质监测断面，分别位于主坝、副坝一和副坝二（布置见图9-6）；另外，在平岗泵站、竹洲头泵站各设置有一个水质监测断面。以上断面每月（部分月份缺失）监测一次富营养化相关指标，包括pH、透明度、水温、溶解

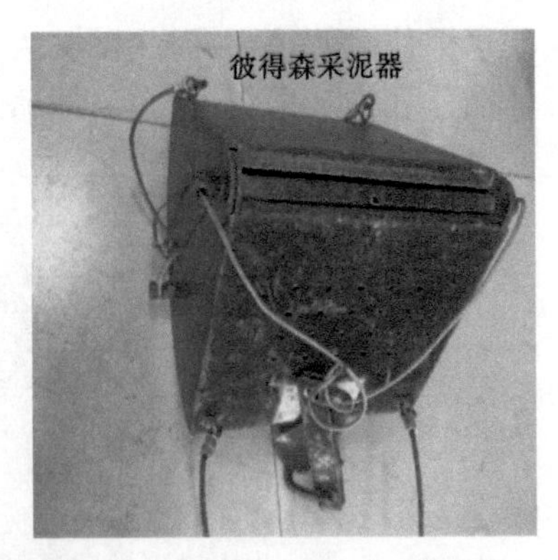

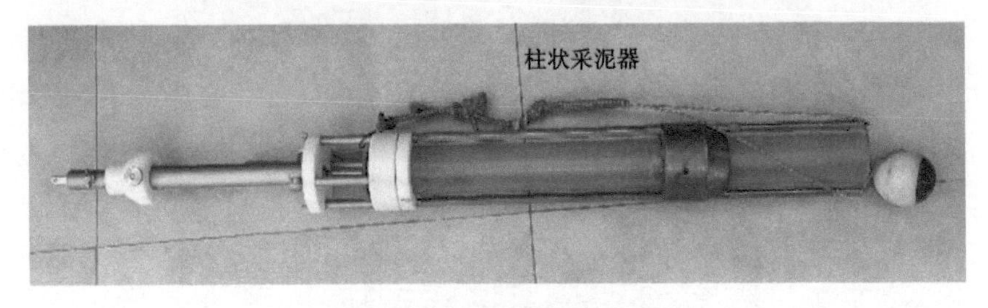

图 9-5　底泥样品及采集监测工具

氧、高锰酸盐指数、氨氮、总氮、总磷、叶绿素 a、氯化物和微囊藻毒素，共 11 项；每半年监测一次全指标，包括《地表水环境质量标准》(GB 3838)中表 1 基本项目 24 项、表 2 饮用水源地补充项目 5 项和叶绿素 a、微囊藻毒素，共 31 项。

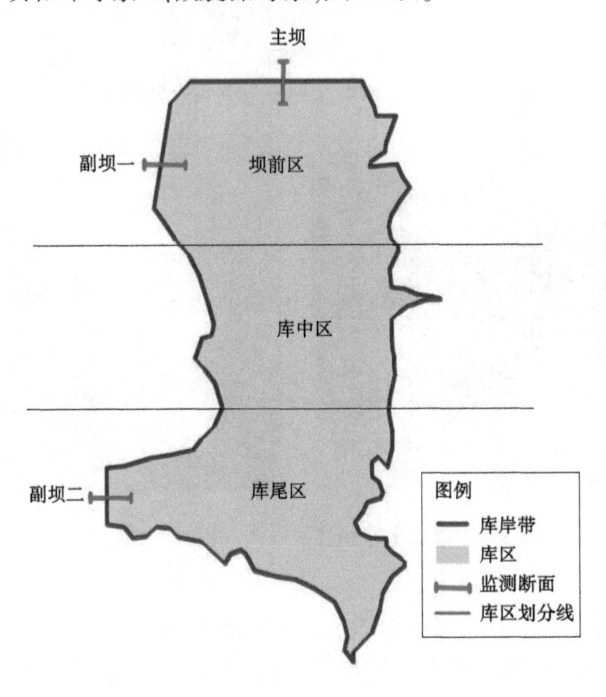

图 9-6　水质监测断面布置

在本次工作过程中，采用已有的水质监测数据（2018年9月至2019年8月），其中主坝水质监测断面数据代表坝前区水质，库中区缺乏水质监测断面，因此采用距离最接近的副坝一水质监测断面数据代表库中区水质，副坝二水质监测断面数据代表库尾区水质，进行分析和评价。

6. 底栖动物监测

1）样品采集

参照《淡水生物资源调查技术规范》（DB43T 432），采样人员乘坐船只前往采样位置［见图9-7(a)］，使用彼得森采泥器（1/16 m^2）采集底泥样品，将采集的底泥样品在现场使用60目筛网过筛冲洗，将筛网内所有采集物装入聚乙烯瓶，加入75%的酒精固定后打包带回实验室［见图9-7(b)］。6个监测断面共采集得到6份底栖动物样品。

(a)

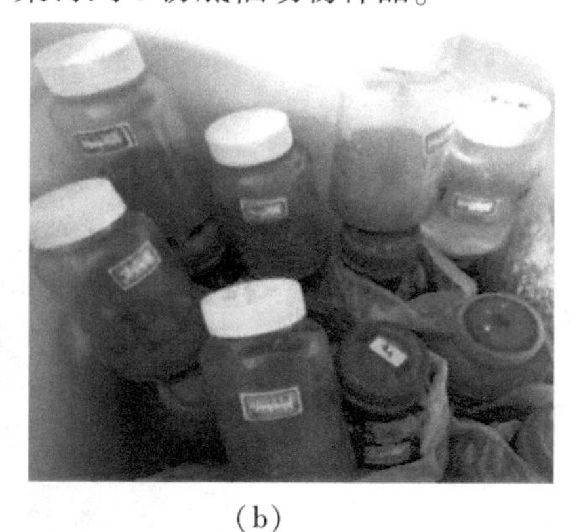

(b)

图9-7　竹银水库和竹洲头泵站底栖动物样品采集

2）底栖动物定量

在实验室内采用人工挑拣的方法将采集的底栖动物样品置于解剖盘中，将肉眼可见的底栖动物分拣出，转入50 mL的塑料瓶中，同时加入95%的酒精溶液保存，待下一步定性和定量分析。将分拣出的底栖动物置于六孔盘中，在显微镜和解剖镜下进行鉴定，底栖动物样本尽可能鉴定到种，同时拍照、计数和称重。称量时，先用吸水纸吸去样本表面水分，直到吸水纸表面无水痕迹。定量称重用电子天平，精确到0.000 1 g。每个位点采集的平行样品数据以算术平均值表示，并将每个样品中的个体数量和生物量换算成每平方米的单位含量。

3）底栖动物指数分析

底栖动物指数（BI）是以底栖动物耐污值为基础建立起来的底栖动物水质评价方法。BI指数计算公式为：

$$BI = \sum_{i=1}^{n} n_i \cdot \frac{t_i}{N} \tag{9-17}$$

式中　n_i——第i个分类单元（通常为属级或种级）的个体数；

t_i——第i个分类单元的耐污值；

N——样本总个体数。

BI指数分级标准应用水质生物评价指数值与分值转换方法计算，对参加计算样本中的 BI 值(最大值为 10)进行频数分析,以 5%分位数对应的值作为标准,小于该值表示水质最清洁,再将该值至最大值的分布范围 4 等分,分别代表清洁、轻污染、中污染和重污染(见表 9-15)。

表 9-15　BI 指数评价标准

评价结果	最清洁	清洁	轻污染	中污染	重污染
BI 值	<4.2	4.2~5.7	5.7~7.0	7.0~8.5	>8.5

7. 浮游动物监测

1)样品采集

在底泥和底栖动物样品采集完后,使用 64 μm 的浮游动物网于水平和垂直方向进行拖网采集浮游动物定性样品。浮游动物定量样品用 5 L 的采水器由表层 0.5 m 处均匀间隔打水至底部,采水量 50 L,用孔径为 38 μm 的浮游生物网现场过滤并装入 100 mL 聚乙烯瓶中,用 5%的福尔马林固定后带回实验室(见图 9-8)。6 个监测断面共采集得到 6 份浮游动物样品。

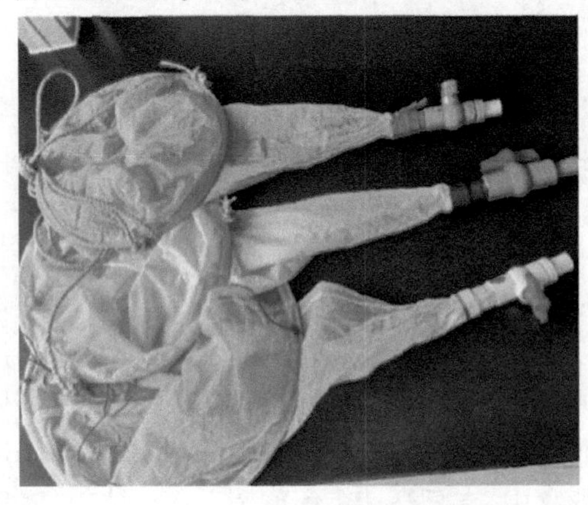

(a)浮游生物网

(b)采水器

图 9-8　竹银水库和竹洲头泵站浮游动物样品采集

2)样品分析

将各个断面采集的浮游动物样品在显微镜(Olympus CX41)下用高倍镜观察,并对浮游动物进行种类鉴定。

对轮虫计数的同时,测量各个体的体长、体宽或直径,对轮虫采用几何体积计算公式计算体积,用近似密度 1 g/cm^3 计算每个轮虫个体的生物量,枝角类和桡足类采用体长-生物量公式计算。每个样品计数及测量个体都在 500 个以上。

8. 浮游植物监测

1)样品采集

在浮游动物样品采集完后,浮游植物定性样品用 20 μm 的浮游植物网于水平和垂直方向进行拖网,定量样品用棕色瓶或塑料瓶采集表层 0.5 m 处水样 1 L,用鲁哥试剂固定(终浓度为 5%)后带回实验室(见图 9-9)。6 个监测断面共采集得到 6 份浮游植物样品。

图 9-9　竹银水库和竹洲头泵站浮游植物采样过程

2)样品分析

(1)浮游植物分类鉴定。

浮游植物定性样品于光学显微镜下进行种类鉴定,以《中国淡水藻类——系统、分类及生态》(胡鸿钧,2006)为主要参考书,并参考有关文献的描述、图鉴等(郭和清,2000;李利强,1999;高彩凤,2012)。

(2)浮游植物密度分析。

浮游植物定量样品采用倒置显微镜法进行定量计数,取 3 mL 摇匀后的藻液在沉淀杯中静置沉淀 6 h,移去上清液,浮游植物沉淀在沉淀杯计数框底座上。将计数框底座置于蔡司倒置显微镜下,在 10×10 倍镜下对所有体积较大的浮游植物(>20 μm)进行计数;然后在 10×40 倍镜下对较小浮游植物(2~20 μm)进行计数,计数 500 个个体,计数时将这 500 个个体分为 5 个 100 的计数段。浮游植物密度计算根据以下公式:

$$N = (A/A_c)(V_s/V)n \tag{9-18}$$

式中　N——每升原水样中浮游植物数量;

A——计数框的面积,mm^2;

A_c——计数面积,mm^2;

V_s——原水样浓缩后的样品体积,mL;

V——计数框取样的体积,mL;

n——计数所得浮游植物数目。

在对浮游植物计数同时,对水华蓝藻种类丰度进行分析统计,作为生物指标评价基础数据。

9. 竹银水库公众满意度调查

于 2019 年 10 月 14 日和 15 日,在走访珠海市水资源中心、竹银水库管理处、珠海市水文测报中心和斗门区水务局的过程中,向以上单位派发公众满意度调查问卷(见表 9-16),扫描后通过网络传输的方式收回填写完毕的问卷,并于 2019 年 10 月 15 日至 17 日对水库周边村庄(见表 9-17)村民以现场沟通询问的方式进行公众满意度调查。

表 9-16　珠海市竹银水库公众满意度调查表

姓名	(选填)	性别	男□　女□	年龄	15~30□　30~50□　50 以上□
文化程度	大学以上□	大学以下□	职业	自由职业者□　国家工作人员□　其他□	
联系方式	(选填)		住址	(选填)	

水库对个人生活的重要性		与水库的关系	水库周边村民(水库岸以外 1 km 范围以内)		
很重要			非水库周边村民	水库管理者	
较重要				水库周边从事生产活动	
一般				休闲经常来	
不重要				休闲偶尔来	

水库状况评价

水库水量		水库水质		水库岸带状况		
太少		清洁		树草状况	岸上的树草太少	
还可以		一般			岸上树草数量还可以	
太多		比较脏		垃圾或废弃物堆放	无堆放	
不好判断		太脏			有堆放	

供水状况

供水水质满意度		11 月至来年 3 月水质异常		水质异常主要表现(可多选)		水库后影响	供水保障		水库及周边生态环境质量	
非常满意		无		水黄			无影响		无影响	
满意		1~2 次		水白			仍不足		有改善(请注明)	
一般满意		3~5 次		异味						
不满意		5 次以上(或间断)		杂质或沉淀			有提高		有下降(请注明)	
非常不满意		一直存在		其他(请注明)						

对水库的满意程度调查

总体满意度		不满意的原因是什么?	希望状况是什么样的?
很满意			
满意			
基本满意			
不满意			
很不满意			

填表说明:表中姓名、联系方式等需填写具体内容,其余单选或多选内容对所选选项用“√”表示,如选择含“请注明”选项,请填写详细情况。

表 9-17　珠海市竹银水库周边公众满意度调查村庄分布

序号	调查村庄	分布位置
1	禾丰村	113.273 90°E,22.361 53°N
2	布洲村	113.287 69°E,22.360 77°N
3	孖湾村	113.283 65°E,22.342 06°N
4	南澳村	113.276 21°E,22.322 40°N
5	螺洲	113.311 73°E,22.321 42°N
6	月坑村	113.282 31°E,22.304 04°N
7	溢涌村	113.295 118°E,22.307 40°N

公众满意度根据评价基准年(2019 年)公众调查数据确定,竹银水库建库时间不长、涉及流域范围不大,本次调查人数定为 100 人,调查过程见图 9-10。

图 9-10　竹银水库周边村民公众满意度调查过程

10. 竹银水库水源地环境保护状况调查

于 2019 年 10 月 14 日和 15 日,通过到竹银水库管理处座谈和水库现场查勘相结合的方式,对竹银水库水源地环境保护状况进行调查。调查项目包括监控能力、保护区建设完成情况、管理措施情况、风险防控情况、应急能力情况。将竹银水库水源地环境保护状况调查结果记录至表 9-18 中,并将与之相关的水库现场查勘结果进行拍照记录。

11. 饮用水水源地水质达标率调查

饮用水水源地水质达标率调查工作主要为向当地环境监测部门获取资料并进行分析,本次评价采用 2018 年 9 月至 2019 年 8 月的水质监测数据,对集中式生活饮用水地表水源地规定的相关指标评价。

表 9-18　竹银水库水源地环境保护状况调查结果

调查项目	调查内容	结果(是:√,否:×)
监控能力	水质全分析	
	预警监控	
	视频监控	

续表 9-18

调查项目	调查内容	结果(是:√,否:×)
保护区建设完成情况	保护区标志设置	
	一级保护区隔离	
管理措施落实情况	水源编码规范性	
	水源档案	
	定期巡查	
	定期评价	
	水源地信息化管理平台	
	信息公开	
风险防控情况	风险源名录	
	危险化学品运输管理制度	
应急能力情况	应急预案编制、修订与备案	
	应急演练	
	应对重大突发环境事件的物资和技术储备	
	应急防护工程设施建设	
	应急专家库	
	应急监测能力	

三、竹银水库健康评价结果

(一)竹银水库水文水资源状况评价

1. 水土流失治理程度评价

据珠江水利委员会珠江水利科学研究院编写的《珠海市水土保持规划》报告,珠海市总侵蚀面积为 257.40 km^2,其中,自然侵蚀面积 176.36 km^2,人为侵蚀面积 81.04 km^2。自然侵蚀中,轻度侵蚀面积为 88.80 km^2,占侵蚀总面积的 34.50%;中度为 68.07 km^2,占总面积的 26.44%;强烈为 12.15 km^2,占总面积的 4.72%;极强烈为 5.11 km^2,占总面积的 1.98%;剧烈为 2.22 km^2,占总面积的 0.86%。

根据珠海市植被覆盖度图、水土流失图以及竹银水库地理位置可知,竹银水库集水范围内植被覆盖度良好,无明显水土流失情况,仅部分区域存在轻度水土流失现象。经现场查勘,竹银水库周边生态环境良好,植被覆盖率良好,无明显水土流失情况,与《珠海市水土保持规划》报告中相关成果一致。

根据竹银水库库岸带现状调查,结合《珠海市水土保持规划(2017—2030 年)》中相关成果可知,竹银水库集水范围内植被覆盖良好,水土流失强度属于轻度及以下。水库管理处严格按照水库运行管理要求,在竹银水库饮用水水源保护区内,严格禁止违法砍伐林木、开挖山体等行为,有效防止人为原因导致的水土流失现象。根据赋分标准,竹银水库水土流失治理程度赋分 100 分。

2. 水动力条件评价

1)水动力模型参数设置

MIKE 21 模型的参数设置包括模拟时间与时间步长、地形、克朗值、干湿边界、涡黏系数、降雨和蒸发数据、源和汇、边界条件以及初始条件等。通过模型率定主要参数见表 9-19。

表 9-19　MIKE 21FM 模型主要参数

参数	说明	取值
模拟时间与时间步长	水动力模型的模拟时间为 2018 年 1 月 1 日 8 时至 2018 年 12 月 31 日 8 时	模拟时间步长(time step)为 3 600 s,时间步数为 8 736 步
克朗值	网格分辨率、水深和时间步长决定了模型设置中的克朗值,因模型稳定运行要求克朗值<1,因此克朗值取值 0.8	0.8
干湿边界	MIKE 21 可根据每个网格的水深情况调整计算条件,灵活地调用公式参与计算。干湿水深是用来判断单元网格是否参与模型计算	干水深 0.005 m; 淹没水深 0.05 m; 湿水深 0.10 m
涡黏系数	选用 Smagorinsky 公式	0.28 $m^{1/3}/s$
底床摩擦力	底床摩擦力可以选择谢才系数、曼宁系数或者不选,这里选用曼宁系数	32 $m^{1/3}/s$
初始条件	设置模型初始水位,2018 年初竹银水库水位为 44.6 m	44.6 m

采用 MIKE 21 软件对竹银水库水动力条件数值模拟,考虑了水库进出库流量、降雨蒸发等主要因素,但由于斗门气象站风场资料不能代表水库实际风场情况,故没有将库区风场加入模型参与计算。但是风速、风向对水库流速有一定影响,因此模型计算存在一定的误差。

(1)模型网格设置。模型采用三角网格划分水库,三角网格能较好地拟合水库水陆边界,且能随意调整网格密度和网格大小。由水库实测地形得到水陆边界线数据以及水深数据,然后将水陆边界线数据导入生成水库网格,最后将水深数据导入生成水库地形图,共有 4 105 个网格,见图 9-11。

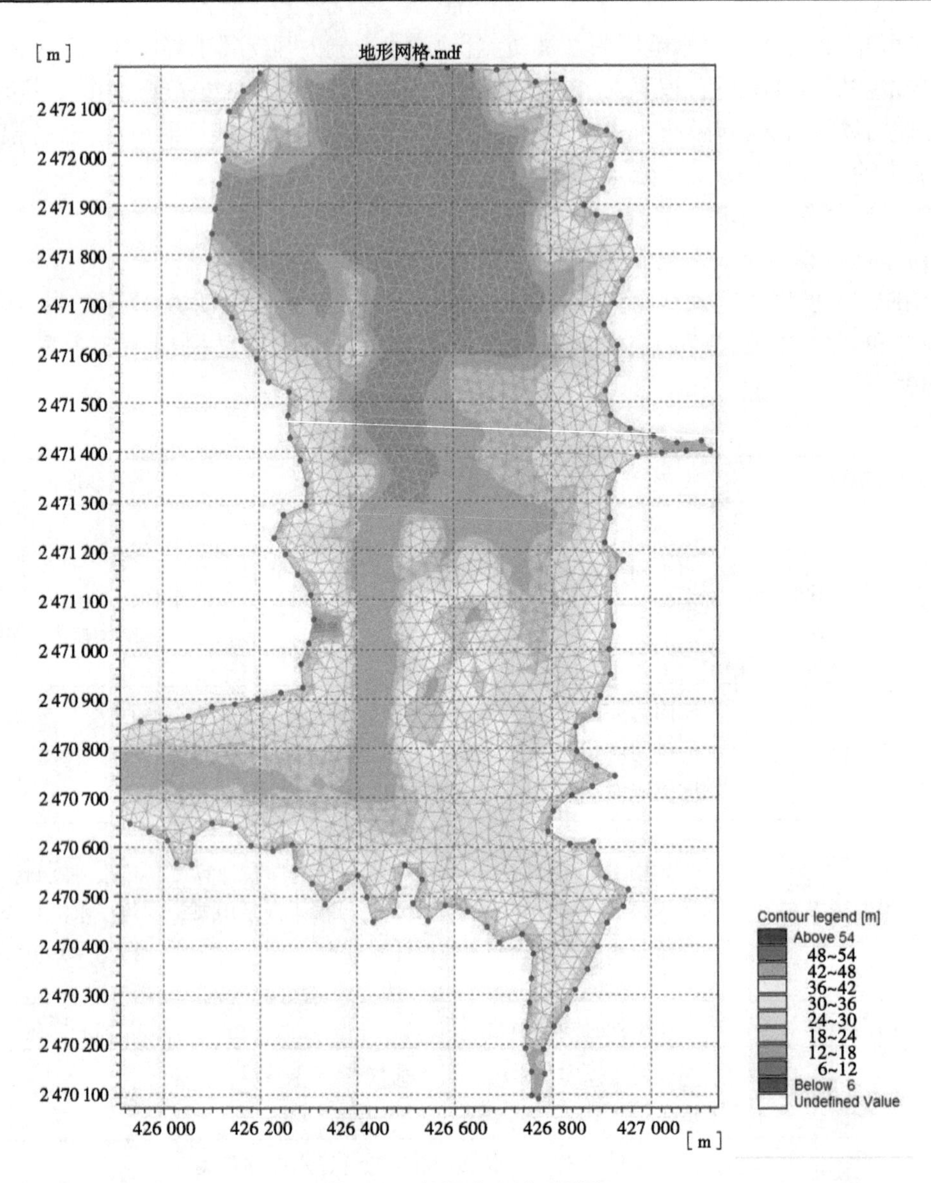

图 9-11 竹银水库地形网格

(2)模型源汇项及降雨蒸发。将水库 2018 年 1#输水隧洞实测出入库流量作为水库的源汇项,正值表示由泵站向水库补水,负值表示水库向供水管网供水。降雨蒸发采用 2018 年水库实测降雨蒸发资料,如图 9-12 所示。在模拟开启 2#输水隧洞水库水动力条件时,将 2#输水隧洞出库流量以一定值给出,以汇项概化,其余参数不变。

2)水动力模型计算结果

本次模型计算结果分为两种工况:①MIKE 21 模型源汇项为 1#输水隧洞进出库流量,此工况与水库实际运行管理调度情况一致,以下简称“工况 1”;②水库 1#输水隧洞和 2#输水隧洞进出库流量同时作为模型源汇项参与计算,在工况 1 基础上模拟竹银水库向月坑水库补水条件下竹银水库水动力状况改善程度,以下简称“工况 2”。

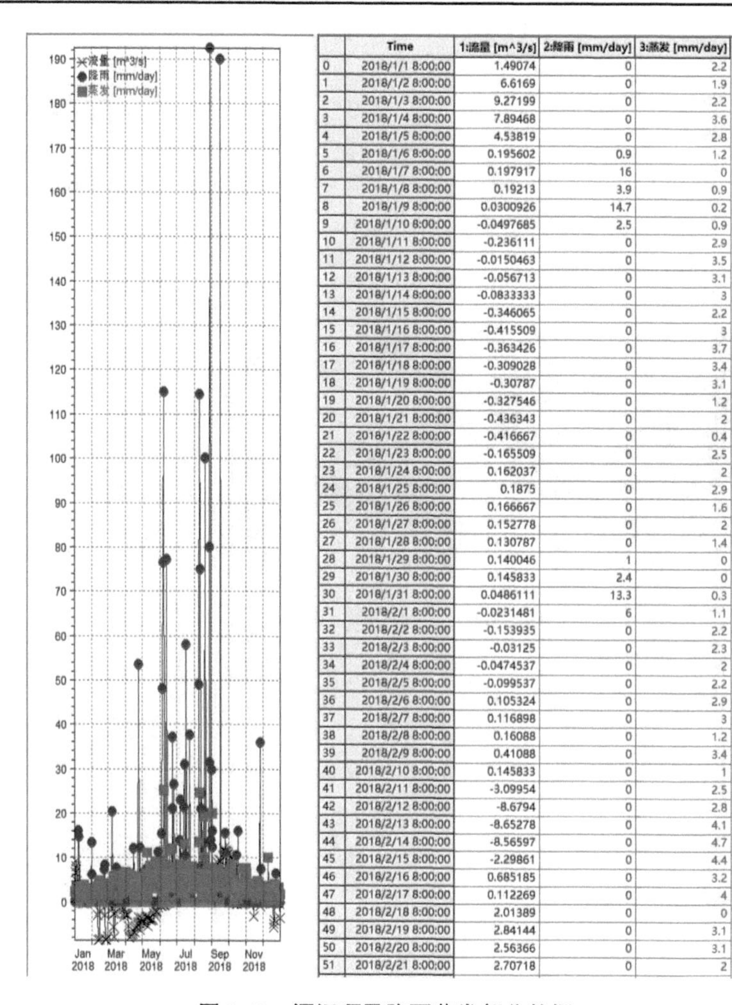

	Time	1:流量 [m^3/s]	2:降雨 [mm/day]	3:蒸发 [mm/day]
0	2018/1/1 8:00:00	1.49074	0	2.2
1	2018/1/2 8:00:00	6.6169	0	1.9
2	2018/1/3 8:00:00	9.27199	0	2.2
3	2018/1/4 8:00:00	7.89468	0	3.6
4	2018/1/5 8:00:00	4.53819	0	2.8
5	2018/1/6 8:00:00	0.195602	0.9	1.2
6	2018/1/7 8:00:00	0.197917	16	0
7	2018/1/8 8:00:00	0.19213	3.9	0.9
8	2018/1/9 8:00:00	0.0300926	14.7	0.2
9	2018/1/10 8:00:00	-0.0497685	2.5	0.9
10	2018/1/11 8:00:00	-0.236111	0	2.9
11	2018/1/12 8:00:00	-0.0150463	0	3.5
12	2018/1/13 8:00:00	-0.056713	0	3.1
13	2018/1/14 8:00:00	-0.0833333	0	3
14	2018/1/15 8:00:00	-0.346065	0	2.2
15	2018/1/16 8:00:00	-0.415509	0	3
16	2018/1/17 8:00:00	-0.363426	0	3.7
17	2018/1/18 8:00:00	-0.309028	0	3.4
18	2018/1/19 8:00:00	-0.30787	0	3.1
19	2018/1/20 8:00:00	-0.327546	0	1.2
20	2018/1/21 8:00:00	-0.436343	0	2
21	2018/1/22 8:00:00	-0.416667	0	0.4
22	2018/1/23 8:00:00	-0.165509	0	2.5
23	2018/1/24 8:00:00	0.162037	0	2
24	2018/1/25 8:00:00	0.1875	0	2.9
25	2018/1/26 8:00:00	0.166667	0	1.6
26	2018/1/27 8:00:00	0.152778	0	2
27	2018/1/28 8:00:00	0.130787	0	1.4
28	2018/1/29 8:00:00	0.140046	1	0
29	2018/1/30 8:00:00	0.145833	2.4	0
30	2018/1/31 8:00:00	0.0486111	13.3	0.3
31	2018/2/1 8:00:00	-0.0231481	6	1.1
32	2018/2/2 8:00:00	-0.153935	0	2.2
33	2018/2/3 8:00:00	-0.03125	0	2.3
34	2018/2/4 8:00:00	-0.0474537	0	2
35	2018/2/5 8:00:00	-0.099537	0	2.2
36	2018/2/6 8:00:00	0.105324	0	2.9
37	2018/2/7 8:00:00	0.116898	0	3
38	2018/2/8 8:00:00	0.16088	0	1.2
39	2018/2/9 8:00:00	0.41088	0	3.4
40	2018/2/10 8:00:00	0.145833	0	1
41	2018/2/11 8:00:00	-3.09954	0	2.5
42	2018/2/12 8:00:00	-8.6794	0	2.8
43	2018/2/13 8:00:00	-8.65278	0	4.1
44	2018/2/14 8:00:00	-8.56597	0	4.7
45	2018/2/15 8:00:00	-2.29861	0	4.4
46	2018/2/16 8:00:00	0.685185	0	3.2
47	2018/2/17 8:00:00	0.112269	0	4
48	2018/2/18 8:00:00	2.01389	0	0
49	2018/2/19 8:00:00	2.84144	0	3.1
50	2018/2/20 8:00:00	2.56366	0	3.1
51	2018/2/21 8:00:00	2.70718	0	2

图 9-12　源汇项及降雨蒸发部分数据

3) 工况 1

(1) 流场分布。

图 9-13、图 9-14 分别为竹银水库 2018 年 2 月 13 日和 2018 年 8 月 28 日流场分布情况，其中，2 月 13 日水库为高水位，向供水管网供水，流量为 8.65 m^3/s；8 月 28 日水库为低水位，由泵站向水库补水，流量为 7.65 m^3/s。可以看出，水库在补水和供水时，在流量相近的情况下，流速的大小受到水库水位的影响，水位越高，流速越小。因水库进出水口位于水库北侧，水库南侧水体流动性与北侧相比，整体较差，水库在补水及供水时，易形成局部旋涡，水库进出水口附近水体流动性最好。

图 9-15 为竹银水库 2018 年 3 月 5 日流场分布情况，此时 1#输水隧洞入库流量为 3.42 m^3/s。因 2#输水隧洞关闭，北侧水体流动性明显优于南侧。

(2) 评价点流速。

为分析水库水动力条件是否良好，在模型运行后生成的结果文件中提取竹银水库 2018 年 13 个流速评价点模拟流速，如表 9-20 所示。

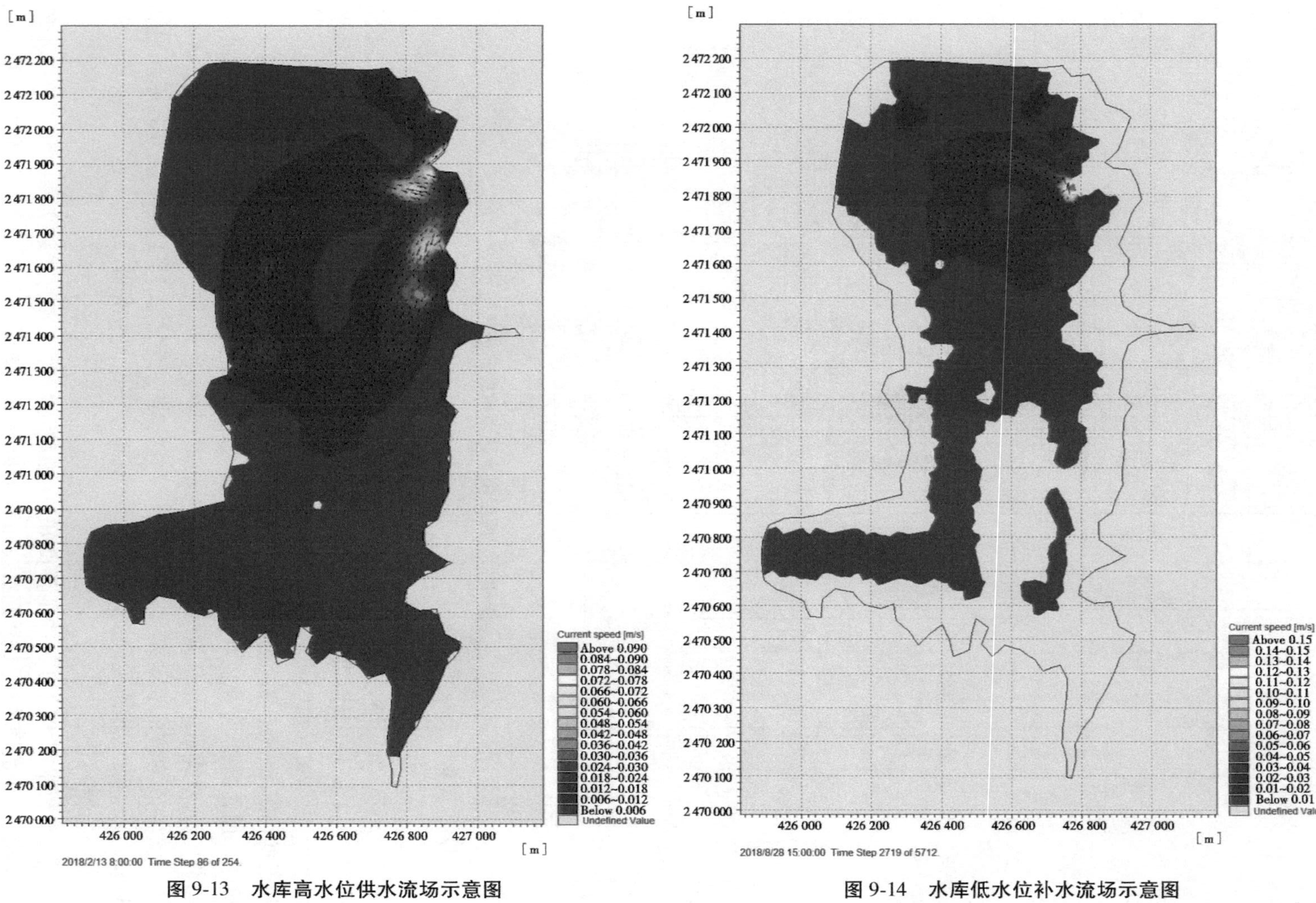

图 9-13　水库高水位供水流场示意图

图 9-14　水库低水位补水流场示意图

表 9-20 工况 1 竹银水库流速评价点模拟流速

单位:m/s

日期（年-月-日）	评价点1	评价点2	评价点3	评价点4	评价点5	评价点6	评价点7	评价点8	评价点9	评价点10	评价点11	评价点12	评价点13
2018-01-01	0.000	0.000	0.000	0.000	0.000	0.000	0.000	0.000	0.000	0.000	0.000	0.000	0.000
2018-01-02	0.006	0.001	0.011	0.017	0.004	0.011	0.004	0.001	0.001	0.000	0.000	0.000	0.000
2018-01-03	0.018	0.004	0.014	0.025	0.013	0.013	0.010	0.002	0.002	0.000	0.001	0.000	0.000
2018-01-04	0.019	0.004	0.014	0.022	0.011	0.014	0.007	0.001	0.003	0.000	0.001	0.000	0.000
2018-01-05	0.015	0.005	0.012	0.014	0.007	0.013	0.005	0.001	0.003	0.000	0.001	0.000	0.001
2018-01-06	0.011	0.005	0.008	0.007	0.003	0.007	0.002	0.001	0.003	0.000	0.001	0.000	0.001
2018-01-07	0.008	0.003	0.006	0.004	0.002	0.006	0.001	0.001	0.002	0.000	0.001	0.000	0.001
2018-01-08	0.006	0.003	0.004	0.002	0.002	0.005	0.001	0.001	0.002	0.000	0.001	0.000	0.001
2018-01-09	0.004	0.002	0.003	0.002	0.002	0.004	0.001	0.001	0.001	0.000	0.001	0.000	0.000
2018-01-10	0.004	0.002	0.003	0.001	0.001	0.002	0.001	0.001	0.001	0.000	0.001	0.000	0.000
2018-03-01	0.007	0.003	0.004	0.006	0.001	0.016	0.001	0.007	0.010	0.000	0.002	0.001	0.001
2018-03-02	0.005	0.003	0.008	0.003	0.002	0.011	0.002	0.003	0.004	0.000	0.002	0.001	0.001
2018-03-03	0.005	0.003	0.009	0.014	0.004	0.008	0.004	0.002	0.003	0.000	0.002	0.001	0.001
2018-03-04	0.010	0.004	0.010	0.015	0.007	0.008	0.005	0.001	0.002	0.000	0.001	0.001	0.001
2018-03-05	0.011	0.004	0.010	0.016	0.008	0.008	0.006	0.001	0.002	0.000	0.001	0.000	0.001
2018-03-06	0.011	0.004	0.010	0.017	0.009	0.008	0.007	0.001	0.001	0.000	0.001	0.000	0.001
2018-03-07	0.011	0.003	0.009	0.015	0.008	0.008	0.007	0.001	0.000	0.000	0.001	0.000	0.000

续表 9-20

日期（年-月-日）	评价点 1	评价点 2	评价点 3	评价点 4	评价点 5	评价点 6	评价点 7	评价点 8	评价点 9	评价点 10	评价点 11	评价点 12	评价点 13
2018-03-08	0.010	0.002	0.008	0.013	0.007	0.007	0.007	0.001	0.000	0.000	0.001	0.000	0.000
2018-03-09	0.008	0.002	0.005	0.008	0.005	0.010	0.005	0.001	0.001	0.000	0.000	0.000	0.000
2018-03-10	0.005	0.001	0.004	0.004	0.002	0.017	0.005	0.002	0.002	0.000	0.000	0.000	0.000
2018-03-11	0.002	0.001	0.003	0.003	0.002	0.024	0.003	0.005	0.009	0.000	0.000	0.000	0.000
2018-03-12	0.002	0.001	0.002	0.007	0.003	0.033	0.001	0.009	0.014	0.000	0.001	0.000	0.001
2018-03-13	0.007	0.002	0.002	0.007	0.001	0.023	0.001	0.008	0.012	0.000	0.001	0.001	0.001
2018-03-14	0.006	0.002	0.004	0.004	0.001	0.010	0.001	0.005	0.007	0.000	0.002	0.001	0.001
2018-03-15	0.004	0.002	0.003	0.003	0.001	0.006	0.001	0.003	0.003	0.000	0.002	0.001	0.001
2018-03-16	0.003	0.002	0.003	0.003	0.001	0.005	0.001	0.002	0.002	0.000	0.002	0.001	0.001
2018-03-17	0.002	0.002	0.007	0.002	0.001	0.007	0.002	0.001	0.001	0.000	0.001	0.001	0.001
2018-03-18	0.004	0.002	0.007	0.010	0.003	0.005	0.003	0.001	0.001	0.000	0.001	0.000	0.001
2018-03-19	0.007	0.003	0.008	0.012	0.005	0.007	0.004	0.001	0.001	0.000	0.001	0.000	0.001
2018-03-20	0.010	0.003	0.009	0.015	0.007	0.008	0.005	0.001	0.001	0.000	0.001	0.000	0.000
2018-03-21	0.010	0.003	0.008	0.014	0.008	0.007	0.006	0.001	0.001	0.000	0.001	0.000	0.000
2018-03-22	0.009	0.003	0.007	0.012	0.007	0.006	0.006	0.001	0.000	0.000	0.001	0.000	0.000
2018-03-23	0.008	0.002	0.006	0.010	0.005	0.005	0.005	0.001	0.000	0.000	0.000	0.000	0.000
2018-03-24	0.006	0.001	0.004	0.007	0.004	0.004	0.004	0.001	0.001	0.000	0.000	0.000	0.000

续表 9-20

日期（年-月-日）	评价点1	评价点2	评价点3	评价点4	评价点5	评价点6	评价点7	评价点8	评价点9	评价点10	评价点11	评价点12	评价点13
2018-03-25	0.005	0.001	0.003	0.005	0.003	0.004	0.003	0.001	0.001	0.000	0.000	0.000	0.000
2018-03-26	0.004	0.001	0.004	0.004	0.002	0.012	0.003	0.001	0.001	0.000	0.000	0.000	0.000
2018-03-27	0.002	0.001	0.001	0.002	0.001	0.011	0.003	0.002	0.003	0.000	0.000	0.000	0.000
2018-03-28	0.001	0.001	0.002	0.001	0.001	0.013	0.002	0.003	0.006	0.000	0.000	0.000	0.000
2018-03-29	0.000	0.001	0.002	0.003	0.001	0.020	0.001	0.005	0.008	0.000	0.000	0.000	0.000
2018-03-30	0.002	0.001	0.001	0.004	0.001	0.019	0.000	0.006	0.009	0.000	0.000	0.000	0.000
2018-03-31	0.004	0.001	0.001	0.005	0.001	0.019	0.001	0.006	0.009	0.000	0.000	0.000	0.000
2018-12-21	0.000	0.001	0.002	0.008	0.006	0.023	0.001	0.008	0.014	0.000	0.000	0.000	0.000
2018-12-22	0.003	0.002	0.005	0.006	0.001	0.012	0.002	0.005	0.008	0.000	0.002	0.001	0.001
2018-12-23	0.001	0.001	0.008	0.011	0.003	0.015	0.006	0.002	0.004	0.000	0.002	0.001	0.001
2018-12-24	0.009	0.002	0.007	0.015	0.008	0.012	0.008	0.001	0.002	0.000	0.002	0.001	0.001
2018-12-25	0.010	0.002	0.006	0.011	0.006	0.006	0.006	0.001	0.001	0.000	0.002	0.001	0.001
2018-12-26	0.007	0.001	0.005	0.006	0.004	0.003	0.004	0.001	0.001	0.000	0.001	0.001	0.001
2018-12-27	0.005	0.001	0.004	0.004	0.002	0.002	0.002	0.000	0.000	0.000	0.001	0.001	0.001
2018-12-28	0.004	0.001	0.003	0.003	0.001	0.003	0.001	0.000	0.000	0.000	0.001	0.001	0.001
2018-12-29	0.003	0.001	0.003	0.002	0.001	0.003	0.001	0.000	0.000	0.000	0.001	0.001	0.001
2018-12-30	0.003	0.001	0.002	0.002	0.001	0.005	0.001	0.000	0.000	0.000	0.001	0.001	0.001
2018-12-31	0.003	0.001	0.005	0.002	0.001	0.018	0.007	0.001	0.002	0.000	0.001	0.000	0.000

根据水库水华相关研究成果,选择与竹银水库地理位置、气候等条件相近的水库作为参考,确定竹银水库水华暴发临界流速。东江干流剑潭水库(周静,2018)水体流速增加至 0.075 m/s 以上对藻类生长产生抑制作用,竹银水库与东江干流剑潭水库同属广东亚热带地区,其气候条件相近,因此选定 0.075 m/s 为竹银水库藻类生长的临界流速,小于该流速有水华暴发的潜在风险。

根据表 9-20 中提取出的评价点模拟流速,统计评价点流速大于该临界流速的时间占总模拟时间段的百分比,各点赋分及水库水动力条件总得分见表 9-21。

表 9-21　竹银水库水动力条件赋分

评价点序号	大于临界流速天数/d	占模拟时段百分比/%	得分	总得分
1	0	0	0	0.46
2	0	0	0	
3	0	0	0	
4	0	0	0	
5	0	0	0	
6	22	6.03	6.03	
7	0	0	0	
8	0	0	0	
9	0	0	0	
10	0	0	0	
11	0	0	0	
12	0	0	0	
13	0	0	0	

由表 9-21 可知,竹银水库 2018 年水动力条件总得分为 0.46 分。13 个流速评价点中,有 12 个评价点流速全年小于水华发生临界流速,只有评价点 6#水动力条件较好,但持续时间较短。

4)工况 2

2#输水隧洞流量根据其规模,本次计算取 2.75 m^3/s,仅模拟水华易暴发的 3 月,模拟时段为 2018 年 3 月 1 日至 3 月 31 日。

(1)流场分布。

竹银水库 2018 年 3 月 5 日工况 2 下的流场分布情况见图 9-16,1#输水隧洞入库流量为 3.42 m^3/s。

由图 9-15 和图 9-16 可知,工况 1 下南侧水域流速约为 0,工况 2 下水库南侧水体流动性较工况 1 有一定改善。在启用 2#输水隧洞后,南侧水域局部流动性大大加强。

(2)评价点流速。

在运行模型得到竹银水库工况 2 下 2018 年 3 月流场分布情况后,提取 13 个流速评价点所模拟出来的流速,如表 9-22 所示。

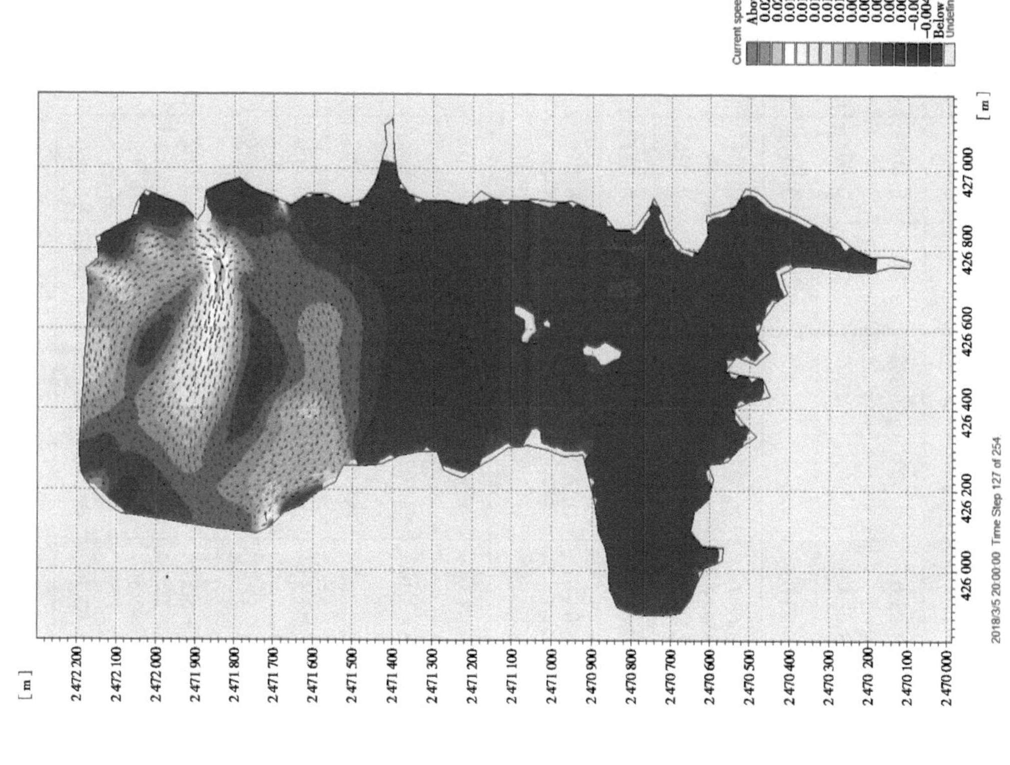

图 9-15　工况 1 下 2018 年 3 月 5 日水库流场分布示意图

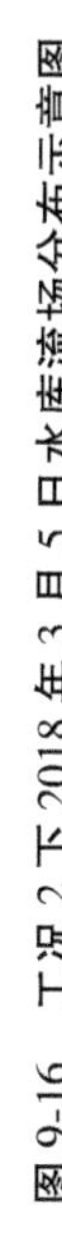
图 9-16　工况 2 下 2018 年 3 月 5 日水库流场分布示意图

表 9-22　工况 2 竹银水库流速评价点模拟流速

单位:m/s

日期（年-月-日）	评价点 1	评价点 2	评价点 3	评价点 4	评价点 5	评价点 6	评价点 7	评价点 8	评价点 9	评价点 10	评价点 11	评价点 12	评价点 13
2018-03-01	0.002	0.003	0.002	0.003	0.010	0.020	0.008	0.003	0.002	0.001	0.003	0.069	0.002
2018-03-02	0.001	0.002	0.007	0.003	0.005	0.030	0.004	0.003	0.002	0.000	0.004	0.069	0.002
2018-03-03	0.003	0.003	0.008	0.013	0.005	0.033	0.007	0.002	0.002	0.000	0.003	0.069	0.002
2018-03-04	0.007	0.002	0.008	0.016	0.007	0.035	0.006	0.002	0.002	0.001	0.003	0.069	0.002
2018-03-05	0.009	0.001	0.008	0.016	0.008	0.036	0.007	0.001	0.002	0.001	0.003	0.069	0.002
2018-03-06	0.009	0.001	0.008	0.017	0.009	0.036	0.008	0.001	0.001	0.001	0.003	0.069	0.002
2018-03-07	0.009	0.001	0.007	0.015	0.008	0.032	0.008	0.001	0.001	0.001	0.003	0.069	0.002
2018-03-08	0.008	0.001	0.007	0.013	0.008	0.029	0.007	0.001	0.001	0.001	0.003	0.069	0.002
2018-03-09	0.006	0.001	0.005	0.007	0.005	0.024	0.005	0.001	0.001	0.000	0.003	0.070	0.002
2018-03-10	0.002	0.000	0.012	0.004	0.002	0.053	0.003	0.001	0.000	0.000	0.003	0.070	0.003
2018-03-11	0.002	0.001	0.016	0.002	0.002	0.084	0.007	0.001	0.000	0.001	0.003	0.072	0.003
2018-03-12	0.002	0.000	0.009	0.008	0.008	0.117	0.012	0.002	0.001	0.001	0.002	0.077	0.003
2018-03-13	0.001	0.001	0.002	0.005	0.007	0.079	0.009	0.002	0.001	0.001	0.003	0.081	0.003
2018-03-14	0.001	0.002	0.004	0.002	0.004	0.036	0.006	0.002	0.001	0.000	0.003	0.083	0.003
2018-03-15	0.001	0.002	0.004	0.002	0.003	0.027	0.004	0.002	0.001	0.000	0.003	0.084	0.003
2018-03-16	0.001	0.001	0.004	0.000	0.001	0.038	0.003	0.002	0.001	0.000	0.003	0.085	0.003

续表 9-22

日期（年-月-日）	评价点1	评价点2	评价点3	评价点4	评价点5	评价点6	评价点7	评价点8	评价点9	评价点10	评价点11	评价点12	评价点13
2018-03-17	0.001	0.001	0.005	0.007	0.001	0.071	0.003	0.002	0.000	0.000	0.003	0.086	0.003
2018-03-18	0.002	0.001	0.005	0.011	0.004	0.073	0.005	0.002	0.001	0.000	0.003	0.086	0.003
2018-03-19	0.005	0.001	0.006	0.013	0.006	0.093	0.007	0.002	0.001	0.000	0.004	0.086	0.003
2018-03-20	0.007	0.002	0.007	0.015	0.008	0.105	0.008	0.002	0.001	0.000	0.004	0.086	0.003
2018-03-21	0.007	0.002	0.006	0.014	0.007	0.089	0.008	0.002	0.000	0.000	0.004	0.086	0.003
2018-03-22	0.006	0.002	0.005	0.012	0.006	0.071	0.007	0.002	0.000	0.000	0.004	0.087	0.003
2018-03-23	0.005	0.001	0.004	0.009	0.005	0.056	0.006	0.002	0.001	0.000	0.004	0.087	0.003
2018-03-24	0.004	0.001	0.003	0.007	0.003	0.032	0.004	0.002	0.001	0.000	0.003	0.087	0.003
2018-03-25	0.003	0.001	0.002	0.004	0.002	0.051	0.003	0.002	0.001	0.000	0.003	0.089	0.003
2018-03-26	0.002	0.000	0.004	0.002	0.001	0.085	0.001	0.002	0.001	0.000	0.003	0.092	0.003
2018-03-27	0.001	0.000	0.023	0.001	0.001	0.001	0.002	0.001	0.000	0.003	0.004	0.093	0.003
2018-03-28	0.000	0.000	0.026	0.003	0.000	0.002	0.002	0.001	0.001	0.003	0.002	0.098	0.002
2018-03-29	0.000	0.000	0.035	0.004	0.001	0.003	0.001	0.000	0.001	0.002	0.001	0.103	0.001
2018-03-30	0.002	0.000	0.031	0.004	0.001	0.006	0.002	0.001	0.001	0.002	0.000	0.115	0.000
2018-03-31	0.002	0.001	0.028	0.004	0.001	0.007	0.002	0.000	0.001	0.002	0.000	0.127	0.001

将此工况下的评价点流速与工况 1 下 3 月评价点流速对比发现，工况 1 下 3 月所有流速均小于水库水华发生临界流速；工况 2 下 3 月流速评价点 6#和流速评价点 12#分别有 7 d 和 12 d 流速大于临界流速，可知 2#输水隧洞启用后，水库流动性得到一定改善，南侧水体尤为明显。根据表 9-22 中提取出的评价点模拟流速，统计评价点流速大于该临界流速的时间占总模拟时间段的百分比，依据赋分标准，各点赋分及工况 2 竹银水库 3 月水动力条件得分见表 9-23。

表 9-23　工况 2 竹银水库 3 月水动力条件赋分

评价点序号	大于临界流速天数/d	占模拟时段百分比/%	得分	总得分
1	0	0	0	5. 26
2	0	0	0	
3	0	0	0	
4	0	0	0	
5	0	0	0	
6	7	22. 58	23. 44	
7	0	0	0	
8	0	0	0	
9	0	0	0	
10	0	0	0	
11	0	0	0	
12	12	38. 71	44. 95	
13	0	0	0	

3. 水文水资源准则层赋分

水文水资源准则层包括 2 个指标：水土流失治理程度、水动力条件。水文水资源准则层 2 个指标无法细分至断面进行评分，以水库的总体分数作为各断面评分，再按确定的权重计算对整体目标的贡献率。经过计算，水土流失治理程度得分 100 分，水动力条件得分 0. 46 分（见表 9-24）。

表 9-24　竹银水库水文水资源准则层

准则层	准则层赋分	指标层	建议权重	指标层赋分
水文水资源	50. 23	水土流失治理程度	0. 5	100
		水动力条件	0. 5	0. 46

(二)物理结构评价

在2019年10月15日和16日对竹银水库的5个监测断面及其参照断面(竹洲头泵站取水口监测断面)进行了库(河)岸带状况查勘和底泥采集监测,根据本次查勘结果,对竹银水库的物理结构进行评价。

1. 库岸带状况评价

1)库岸带稳定性评价

竹银水库和竹洲头泵站库(河)岸带稳定性调查结果见表9-25。从调查结果可知,竹银水库岸带多为山体,坡度较大,库岸带为岩土土质,无明显冲刷痕迹。

表9-25　竹银水库和竹洲头泵站库(河)岸带稳定性调查结果

区域	竹银水库					竹洲头泵站
断面名称	1#	2#	3#	4#	5#	6#
经度	113.296 70°E	113.288 50°E	113.296 59°E	113.290 20°E	113.291 44°E	113.275 73°E
纬度	22.340 37°N	22.340 82°N	22.334 00°N	22.333 70°N	22.326 67°N	22.378 17°N
斜坡倾角/(°)	5~30	20~30	40~50	35~45	30~40	0~15
植被覆盖度/%	20	45	90	98	93	70
岸坡高度/m	7	5	8	6	5	1
岸坡基质	岩土	岩土	岩土	岩土	岩土	黏土
坡脚冲刷强度	无冲刷	无冲刷	无冲刷	无冲刷	无冲刷	轻度冲刷

竹洲头泵站监测断面与竹银水库监测断面间的物理结构状况整体差异较大。竹洲头泵站监测断面岸坡倾角小于竹银水库监测断面。竹洲头泵站岸带为黏土土质,受西江水体流动影响,存在冲刷现象,但冲刷强度不大。

竹银水库库岸带稳定性指标赋分结果见表9-26。

表9-26　竹银水库库岸带稳定性指标赋分结果

区域	竹银水库				
断面名称	1#	2#	3#	4#	5#
斜坡倾角分值	88	80	25	42	58
植被覆盖度分值	20	65	96	99	97
岸坡高度分值	0	0	0	0	0
岸坡基质分值	75	75	75	75	75
坡脚冲刷强度分值	90	90	90	90	90
岸坡稳定性指标赋分	55	62	57	61	64

2)库岸带植被覆盖度评价

竹银水库和竹洲头泵站库(河)岸带植被覆盖度调查结果和指标赋分结果分别见

表 9-27 和表 9-28。

表 9-27　竹银水库和竹洲头泵站库(河)岸带植被覆盖度调查结果

区域	竹银水库					竹洲头泵站
断面名称	1#	2#	3#	4#	5#	6#
乔木覆盖度/%	14	40	80	85	65	35
灌木覆盖度/%	17	34	55	60	47	40
草本覆盖度/%	18	42	60	75	62	60

表 9-28　竹银水库库岸带植被覆盖度指标赋分结果

区域	竹银水库				
断面名称	1#	2#	3#	4#	5#
乔木覆盖度分值	28	50	80	85	68
灌木覆盖度分值	31	45	61	64	55
草本覆盖度分值	32	51	64	75	66
植被覆盖度指标赋分	30	49	68	75	63

3) 库岸带人工干扰程度

在对竹银水库的现状查勘过程中,并未发现其库岸带存在表 9-7 中所列的人为干扰活动(水库安全、水库管理和保护水源无关)。

对于竹洲头泵站参照断面,在查勘过程中发现,泵站周围未见有垃圾堆放现象,靠近西江一侧岸边由大草本和灌木植被覆盖,部分山腰种有果树。泵站背侧山体部分裸露,存在水土流失风险。泵站下游分布有较多农田和鱼塘,其农灌和鱼塘取水口与西江相通,水体交换频繁,易带来农业污染风险;此外,下游沿岸建筑垃圾较多且夹杂部分生活垃圾。竹洲头泵站周边现场情况见图 9-17。

图 9-17　竹洲头泵站河岸带现状

根据项目组对竹银水库库岸带的现状查勘结果,竹银水库 5 个监测断面的库岸带人工干扰程度指标均赋分为100分。

4)库岸带状况指标赋分

竹银水库库岸带状况指标赋分结果见表9-29。

表9-29 竹银水库库岸带状况指标赋分结果

库区	库岸带状况指标赋分	监测断面	库岸带状况指标赋分
坝前区	60	1#	54
		2#	65
库中区	76	3#	73
		4#	78
库尾区	73	5#	73

2. 库容淤积状况评价

1)底泥厚度分布特征

2019年10月15日和16日的竹银水库采集的底泥厚度和氮磷含量,结果见图9-18。本次调查中,5个断面的沉积物厚度范围为9~30 cm。其中,5#沉积物最厚;其次是位于库中的4#和3#,沉积物厚度分别为17 cm和15 cm;位于大坝的1#和2#,沉积物厚度相对较薄。

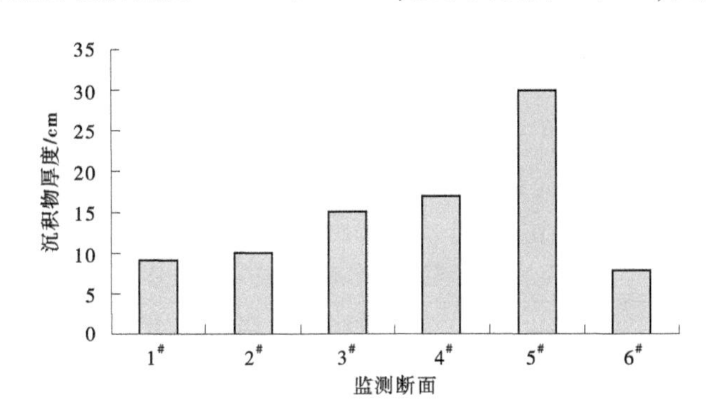

图9-18 竹银水库和竹洲头泵站底泥厚度分布特征

2)库容淤积损失率

竹银水库正常蓄水位49.4 m,死水位7.4 m,总库容4 018万m^3。竹银水库5个采样断面底泥厚度为9~30 cm。根据以上信息计算可知,在本评价基准年竹银水库5个监测断面的库容淤积损失率为0.2%~0.7%。

3)赋分结果

由于在本评价基准年竹银水库3个库区的库容淤积损失率均小于10%,因此竹银水库3个库区(或5个监测断面)库容淤积状况指标赋分为100分。

3. 物理结构准则层赋分

竹银水库物理结构准则层包括2个指标(库岸带状况和库容淤积状况),以2个指标的加权平均作为物理结构准则层赋分。经过计算,得到坝前区、库中区和库尾区的物理结构准则层得分分别为72分、83分和81分(见表9-30)。

表 9-30 竹银水库物理结构准则层赋分结果

库区	物理结构准则层赋分	监测断面	物理结构准则层赋分
坝前区	72	1#	68
		2#	76
库中区	83	3#	81
		4#	85
库尾区	81	5#	81

(三)竹银水库水质评价

1. 入库排污口布局合理程度

入库排污口布局合理程度评估入河湖排污口合规性及其混合区规模。

根据现场调查与资料分析,竹银水库划定了集中式饮用水水源地保护区域,对集水范围实行封闭管理,除饮用水水源地相关的水资源利用、水环境保护和监测措施外,不存在人类生产生活活动。水库管理处设置于坝下,水库坝前区、库中区和库尾区均不存在入库排污口,因此本分项指标得分为 100 分。

2. 水体整洁程度

水体整洁程度根据水域感官状况评估,主要从是否散发令人不悦的嗅和味、水面是否漂浮废弃物两项进行判断。

1)坝前区

根据现场调查,竹银水库水体无异常嗅和味,实行封闭管理,水库大坝附近有极少量漂浮垃圾,由于二期引水隧洞施工原因,部分施工迹地有水土流失倾向,造成局部水体浑浊。总体上,坝前区水体感官指标为良,得分为 80 分(见表 9-31)。

表 9-31 坝前区水体整洁程度评估赋分

感官指标	良
嗅和味	仅敏感者可以感觉
漂浮废弃物	有极少量漂浮废弃物
赋分	80

2)库中区

根据现场调查,竹银水库库中区水体无异常嗅和味,由于二期引水隧洞施工的原因,部分施工迹地有水土流失倾向,造成局部水体浑浊。总体上,库中区水体感官指标为优,本分项指标得分为 100 分(见表 9-32)。

表 9-32 库中区水体整洁程度评估赋分

感官指标	优
嗅和味	无任何异味
漂浮废弃物	无漂浮废弃物
赋分	100

3)库尾区

根据现场调查,竹银水库库尾区无人类活动,水体无异常嗅和味。总体上,库尾区水体感官指标为优,本分项指标得分为100分(见表9-33)。

表9-33　库尾区水体整洁程度评估赋分

感官指标	优
嗅和味	无任何异味
漂浮废弃物	无漂浮废弃物
赋分	100

3. 水质优劣程度

本次针对竹银水库2018年12月5日、2019年6月26日两次全指标监测数据,并对两次监测数据取平均值作为年度水质代表值。根据《地表水水质评价办法》,评价指标选取《地表水环境质量标准》(GB 3838)表1基本项目中除水温、总氮、粪大肠菌群外的21项指标,按Ⅰ类到劣Ⅴ类6个类别进行评价,总氮、粪大肠菌群作为参考指标。

水质评价结果(见表9-34)显示:2018年12月5日,主坝断面水质类别为《地表水环境质量标准》(GB 3838)Ⅰ类,副坝一和副坝二断面则均为Ⅱ类;2019年6月26日,主坝和副坝一断面水质类别均为《地表水环境质量标准》(GB 3838)Ⅰ类,副坝二断面则为Ⅲ类(除总磷外,其他指标均达到Ⅱ类水质)。

对2018年12月5日和2019年6月26日两次水质监测数据的平均值进行分析,主坝断面水质类别为《地表水环境质量标准》(GB 3838)Ⅰ类,副坝一断面为Ⅱ类,副坝二断面则为Ⅲ类,且饮用水水源地补充项目5项均满足饮用水水源地标准,具体见表9-34。

采用主坝水质监测断面数据代表坝前区水质,副坝一水质监测断面数据代表库中区水质,副坝二水质监测断面数据代表库尾区水质,计算三个调查区段的水质优劣程度指标得分。

1)坝前区

主坝水质监测断面的水质类别为《地表水环境质量标准》(GB 3838)Ⅰ类,即Ⅰ~Ⅲ类水质比例为100%,Ⅳ类水质比例为0,Ⅴ~劣Ⅴ类水质比例为0。根据赋分标准,坝前区水质优劣程度指标得分为100分。

2)库中区

副坝一水质监测断面的水质类别为《地表水环境质量标准》(GB 3838)Ⅱ类,即Ⅰ~Ⅲ类水质比例为100%,Ⅳ类水质比例为0,Ⅴ~劣Ⅴ类水质比例为0。根据赋分标准,库中区水质优劣程度指标得分为100分。

3)库尾区

副坝二水质监测断面的水质类别为《地表水环境质量标准》(GB 3838)Ⅲ类,即Ⅰ~Ⅲ类水质比例为100%,Ⅳ类水质比例为0,Ⅴ~劣Ⅴ类水质比例为0。根据赋分标准,库尾区水质优劣程度指标得分为100分。

表 9-34 竹银水库水质类别

单位:mg/L,特殊除外

采样断面	采样时间（年-月-日）	数据类型	水温/℃	pH	溶解氧	高锰酸盐指数	五日生化需氧量（BOD_5）	氨氮（NH_3-N）	总磷（以 P 计）	铜	锌	氟化物（以 F^- 计）	硒
主坝	2018-12-05	监测值	20	8.29	8.6	1.7	<2	<0.02	0.01	0.001 3	<0.000 8	0.1	<0.000 4
		水质类别	—	Ⅰ类	Ⅰ类	Ⅰ类	Ⅰ类	Ⅰ类	Ⅰ类	Ⅰ类	Ⅰ类	Ⅰ类	Ⅰ类
	2019-06-26	监测值	27	7.72	7.9	1.7	<2	<0.02	<0.01	0.000 8	<0.000 8	<0.1	<0.000 4
		水质类别	—	Ⅰ类	Ⅰ类	Ⅰ类	Ⅰ类	Ⅰ类	Ⅰ类	Ⅰ类	Ⅰ类	Ⅰ类	Ⅰ类
	年平均	监测值		8.005	8.25	1.7	<2	<0.02	0.01	0.001 0	<0.000 8	0.1	<0.000 4
		水质类别		Ⅰ类	Ⅰ类	Ⅰ类	Ⅰ类	Ⅰ类	Ⅰ类	Ⅰ类	Ⅰ类	Ⅰ类	Ⅰ类
副坝一	2018-12-05	监测值	20	8.18	6.2	1.3	<2	0.06	0.02	0.000 9	<0.000 8	0.1	<0.000 4
		水质类别	—	Ⅰ类	Ⅱ类	Ⅰ类	Ⅰ类	Ⅰ类	Ⅱ类	Ⅰ类	Ⅰ类	Ⅰ类	Ⅰ类
	2019-06-26	监测值	27	8.16	8.1	1.6	<2	<0.02	<0.01	0.001 9	0.003 8	<0.1	<0.000 4
		水质类别	—	Ⅰ类	Ⅰ类	Ⅰ类	Ⅰ类	Ⅰ类	Ⅰ类	Ⅰ类	Ⅰ类	Ⅰ类	Ⅰ类
	年平均	监测值		8.17	7.15	1.45	<2	0.06	0.02	0.001 4	0.003 8	0.1	<0.000 4
		水质类别		Ⅰ类	Ⅱ类	Ⅰ类	Ⅰ类	Ⅰ类	Ⅱ类	Ⅰ类	Ⅰ类	Ⅰ类	Ⅰ类
副坝二	2018-12-05	监测值	20	8.12	7.1	1.4	<2	0.03	0.01	0.001 0	<0.000 8	0.1	<0.000 4
		水质类别	—	Ⅰ类	Ⅱ类	Ⅰ类	Ⅰ类	Ⅰ类	Ⅰ类	Ⅰ类	Ⅰ类	Ⅰ类	Ⅰ类
	2019-06-26	监测值	27	7.93	8.1	1.9	<2	<0.02	0.03	0.000 8	0.001	<0.1	<0.000 4
		水质类别	—	Ⅰ类	Ⅰ类	Ⅰ类	Ⅰ类	Ⅰ类	Ⅲ类	Ⅰ类	Ⅰ类	Ⅰ类	Ⅰ类
	年平均	监测值		8.025	7.6	1.65	<2	0.03	0.02	0.000 9	0.001	0.1	<0.000 4
		水质类别		Ⅰ类	Ⅰ类	Ⅰ类	Ⅰ类	Ⅰ类	Ⅲ类	Ⅰ类	Ⅰ类	Ⅰ类	Ⅰ类

续表 9-34

采样断面	采样时间（年-月-日）	数据类型	砷	汞	镉	铬（六价）	铅	氰化物	挥发酚	阴离子表面活性剂	硫化物	水质综合类别
主坝	2018-12-05	监测值	0.001 15	<0.000 05	<0.000 06	<0.004	0.000 15	<0.002	<0.002	<0.02	<0.01	Ⅰ类
		水质类别	Ⅰ类	Ⅰ类	Ⅰ类	Ⅰ类	Ⅰ类	Ⅰ类	Ⅰ类	Ⅰ类	Ⅰ类	
	2019-06-26	监测值	0.000 68	<0.000 05	<0.000 06	<0.004	<0.000 07	—	—	—	—	Ⅰ类
		水质类别	Ⅰ类	Ⅰ类	Ⅰ类	Ⅰ类	Ⅰ类	—	—	—	—	
	年平均	监测值	0.000 915	<0.000 05	<0.000 06	<0.004	0.000 15	<0.002	<0.002	<0.02	<0.01	Ⅰ类
		水质类别	Ⅰ类	Ⅰ类	Ⅰ类	Ⅰ类	Ⅰ类	Ⅰ类	Ⅰ类	Ⅰ类	Ⅰ类	
副坝一	2018-12-05	监测值	0.001 18	<0.000 05	<0.000 06	<0.004	<0.000 07	<0.002	<0.002	<0.02	<0.01	Ⅱ类
		水质类别	Ⅰ类	Ⅰ类	Ⅰ类	Ⅰ类	Ⅰ类	Ⅰ类	Ⅰ类	Ⅰ类	Ⅰ类	
	2019-06-26	监测值	0.000 59	<0.000 05	<0.000 06	<0.004	0.000 23	—	—	—	—	Ⅰ类
		水质类别	Ⅰ类	Ⅰ类	Ⅰ类	Ⅰ类	Ⅰ类	—	—	—	—	
	年平均	监测值	0.000 885	<0.000 05	<0.000 06	<0.004	0.000 23	<0.002	<0.002	<0.02	<0.01	Ⅱ类
		水质类别	Ⅰ类	Ⅰ类	Ⅰ类	Ⅰ类	Ⅰ类	Ⅰ类	Ⅰ类	Ⅰ类	Ⅰ类	
副坝二	2018-12-05	监测值	0.001 18	<0.000 05	<0.000 06	<0.004	<0.000 07	<0.002	<0.002	<0.02	<0.01	Ⅱ类
		水质类别	Ⅰ类	Ⅰ类	Ⅰ类	Ⅰ类	Ⅰ类	Ⅰ类	Ⅰ类	Ⅰ类	Ⅰ类	
	2019-06-26	监测值	0.000 59	<0.000 05	<0.000 06	<0.004	0.000 07	—	—	—	—	Ⅲ类
		水质类别	Ⅰ类	Ⅰ类	Ⅰ类	Ⅰ类	Ⅰ类	—	—	—	—	
	年平均	监测值	0.000 885	<0.000 05	<0.000 06	<0.004	0.000 07	<0.002	<0.002	<0.02	<0.01	Ⅲ类
		水质类别	Ⅰ类	Ⅰ类	Ⅰ类	Ⅰ类	Ⅰ类	Ⅰ类	Ⅰ类	Ⅰ类	Ⅰ类	

续表 9-34

采样断面	采样时间（年-月-日）	数据类型	硫酸盐（以 SO_4^{2-} 计）	氯化物（以 Cl^- 计）	硝酸盐（以 N 计）	铁	锰	总氮（湖、库，以 N 计）
主坝	2018-12-05	监测值	14.8	6.84	1.21	0.003 9	0.000 65	1.46
		是否满足饮用标准	满足	满足	满足	满足	满足	—
	2019-06-26	监测值	15	5.8	0.42	0.011 7	0.001 28	0.66
		是否满足饮用标准	满足	满足	满足	满足	满足	—
	年平均	监测值	14.9	6.32	0.815	0.007 8	0.000 965	1.06
		是否满足饮用标准	满足	满足	满足	满足	满足	—
副坝一	2018-12-05	监测值	15	6.96	1.24	0.004 4	0.001 22	1.41
		是否满足饮用标准	满足	满足	满足	满足	满足	—
	2019-06-26	监测值	15.5	6.2	0.42	0.014 3	0.001 6	0.66
		是否满足饮用标准	满足	满足	满足	满足	满足	—
	年平均	监测值	15.25	6.58	0.83	0.009 35	0.001 41	1.04
		是否满足饮用标准	满足	满足	满足	满足	满足	—
副坝二	2018-12-05	监测值	14.8	6.84	1.31	0.003 9	0.001 1	1.45
		是否满足饮用标准	满足	满足	满足	满足	满足	—
	2019-06-26	监测值	4.62	3.1	0.51	0.053 5	0.015 6	0.75
		是否满足饮用标准	满足	满足	满足	满足	满足	—
	年平均	监测值	9.71	4.97	0.91	0.028 7	0.008 35	1.10
		是否满足饮用标准	满足	满足	满足	满足	满足	—

4. 营养状态

竹银水库范围内设置了3个长期监测水质断面，分别位于主坝、副坝一和副坝二，每月监测一次富营养化相关指标，包括pH、透明度、水温、溶解氧、高锰酸盐指数、氨氮、总磷、叶绿素a、氯化物和微囊藻毒素，共10项。本次营养状态评价将各个监测断面2018年9月至2019年8月的监测数据进行平均，得到各指标的年平均值，根据《珠海市供水水库蓝藻水华管理与应急预案》研究成果，分别计算总磷(TN)、总氮(TP)、叶绿素a和透明度(SD)4项指标的营养状态指数，再根据赋分原则，计算得到各个水质断面的综合营养状态指标得分，具体见表9-35。

表9-35　营养状态指标评估赋分

监测指标		监测点位		
		主坝前	副坝一	副坝二
总磷	监测值/(mg/L)	0.02	0.02	0.03
	营养状态指数	25.93	25.93	26.94
总氮	监测值/(mg/L)	1.18	1.2	1.21
	营养状态指数	34	34.21	34.37
叶绿素a	监测值/(μg/L)	6.45	7.4	11.15
	营养状态指数	34.27	36.22	42.01
透明度	监测值/m	1.14	1.11	1.14
	营养状态指数	26.2	26.58	26.24
综合营养状态指数		30.55	31.3	33.37
综合营养状态指数赋分		87.16	86.69	85.39

1) 坝前区

主坝水质监测断面的综合营养状态指数为30.55，处于中营养化状态，氮和磷的质量浓度之比为59∶1。根据赋分标准，坝前区综合营养状态指标得分为87.16分。

2) 库中区

副坝一水质监测断面的综合营养状态指数为31.30，处于中营养化状态，氮和磷的质量浓度之比为60∶1。根据赋分标准，坝前区综合营养状态指标得分为86.69分。

3) 库尾区

副坝二水质监测断面的综合营养状态指数为33.37，处于中营养化状态，氮和磷的质量浓度之比为40.3∶1。根据赋分标准，坝前区综合营养状态指标得分为85.39分。

5. 水质准则层赋分

水质准则层包括4个指标(入库排污口布局合理程度、水体整洁程度、水质优劣程度、营养状态)，以4个评估指标加权平均作为水质准则层赋分。经过计算，得到坝前区、库中区和库尾区的水质准则层得分分别为92分、96分和96分(见表9-36)。

表 9-36 竹银水库水质准则层

准则层	评价区段	准则层赋分	指标层	权重	指标层赋分
水质	坝前区	92	入库排污口布局合理程度	0.2	100
			水体整洁程度	0.2	80
			水质优劣程度	0.3	100
			营养状态	0.3	87.16
	库中区	96	入库排污口布局合理程度	0.2	100
			水体整洁程度	0.2	100
			水质优劣程度	0.3	100
			营养状态	0.3	86.69
	库尾区	96	入库排污口布局合理程度	0.2	100
			水体整洁程度	0.2	100
			水质优劣程度	0.3	100
			营养状态	0.3	85.39

(四)竹银水库水生生物评价

1. 浮游植物种类组成

本次采集样品中共检出 4 门 42 种(属)浮游植物。绿藻门的种类最多,达 23 种(变种)/属(55%);硅藻门次之,为 11 种(26%);蓝藻门 7 种(17%);隐藻门只有 1 种(2%)。

使用韦恩图(见图 9-19)对竹银水库和竹洲头泵站的藻种类相似性进行分析,结果发现,竹银水库的藻类种类数为 37 种,是竹洲头泵站(17 种)的 2 倍以上;竹银水库的特有藻种有 25 种,竹洲头泵站的特有藻种仅为 5 种,两者藻种类相似度仅为 29%。竹洲头泵站从西江调水入竹银水库,为竹银水库提供了浮游植物的种源。竹银水库库区原本是农业用地,建库蓄水后,其浮游植物种源一方面来源于泵站的调水输入,另一方面其周边水体的物种也可以通过扩散进入水库。由于竹银水库水力滞留时间相对比较长,水力冲刷对浮游植物的影响比竹洲头泵站小得多,因此浮游植物种类是竹洲头泵站的 2 倍左右。

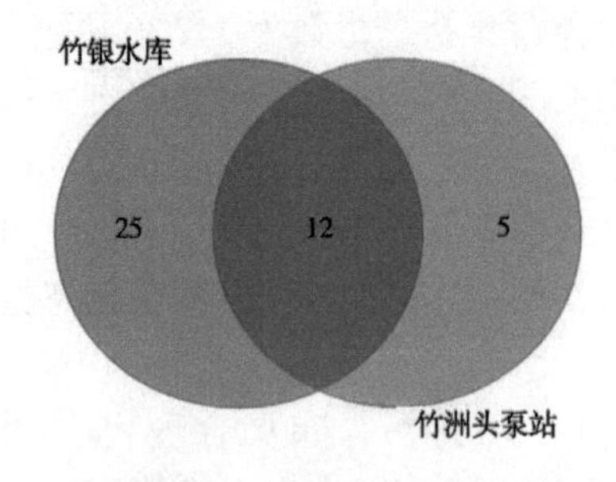

图 9-19 竹银水库与竹洲头泵站浮游植物种类相似性分析(韦恩图)

2. 浮游植物密度分布特征

6 个监测断面浮游植物密度为 $0.92\times10^6 \sim 3.32\times10^6$ cells/L,其中,除 3#断面浮游植物

密度相对较高外，其他5个样点浮游植物密度相差不大(见图9-20)。基于浮游植物细胞密度，调查期间竹银水库呈现中营养水平特征。竹洲头泵站氮、磷营养盐浓度高于竹银水库，但水流冲刷对浮游植物影响较大，浮游植物损失率高，导致浮游植物密度与氮、磷营养水平并不相符。

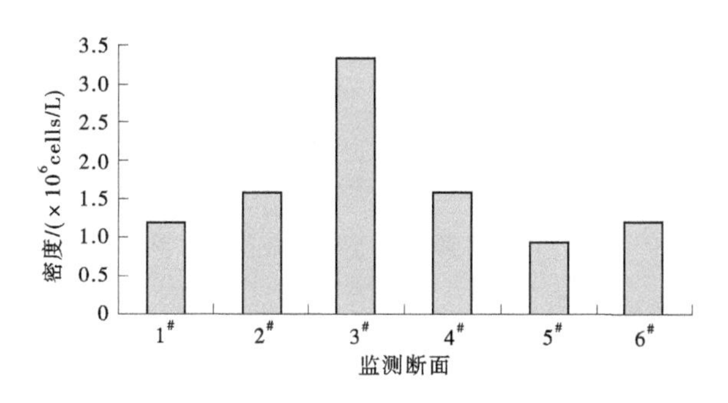

图9-20　竹银水库和竹洲头泵站浮游植物密度

3. 蓝藻水华风险评估(水华蓝藻种类丰度)

藻华的发生是富营养化的主要表征之一。水库藻华主要是指蓝藻水华，是水华蓝藻达到一定丰度或生物量而呈现出聚集的、肉眼可见的团块状漂浮物。

竹银水库3#断面浮游植物以蓝藻为主要的优势类群，优势种为微囊藻和隐球藻(见图9-21)；其他4个断面浮游植物以硅藻和绿藻为优势类群，优势种类为小环藻和胶网藻。竹洲头泵站浮游植物主要由绿藻、硅藻和蓝藻组成，优势种类为小环藻、假鱼腥藻和束丝藻。西江水进入竹银水库后，由于水动力学条件发生了变化，因此竹银水库浮游植物群落结构和竹洲头泵站不完全相同。在竹银水库中，各断面的水动力学特征也不完全相同，3#断面浮游植物密度和群落结构不同于其他几个断面。

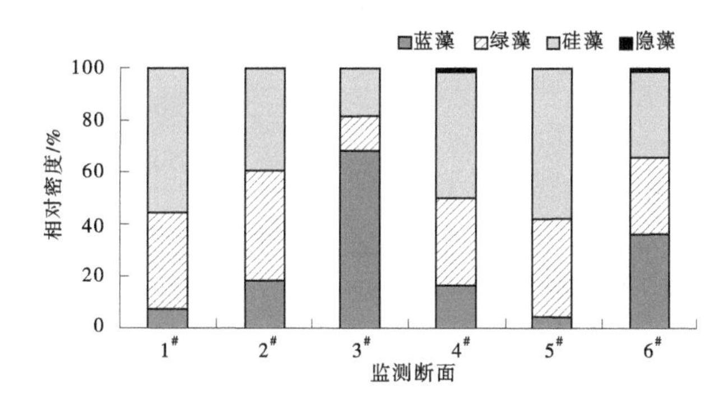

图9-21　竹银水库和竹洲头泵站浮游植物总细胞密度和相对密度

竹银水库分布有水华蓝藻种类：微囊藻、假鱼腥藻和长胞藻，密度在0~5.6×10^5 cells/L(见图9-22)。根据《珠海市全面推行河长制阶段性专业技术标准和实施计划》中蓝藻水华风险评估标准，本次调查期间竹银水库发生蓝藻水华的风险较低。但是，由于水华蓝藻种源的存在，只要营养盐和水动力学条件合适，具有发生蓝藻水华的潜在风险。

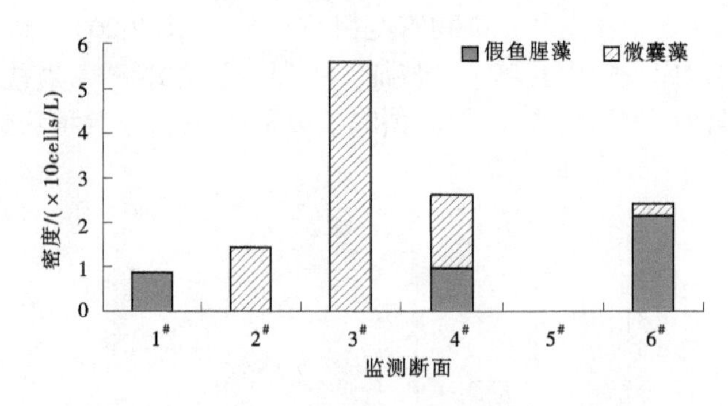

图 9-22 竹银水库和竹洲头泵站蓝藻水华密度

4. 蓝藻水华种类丰度指标赋分

竹银水库蓝藻水华种类丰度指标赋分结果见表 9-37。生物准则层包含 1 个指标(蓝藻水华种类丰度)。坝前区、库中区和库尾区的生物准则层得分分别为 98 分、86 分和 99 分。

表 9-37 竹银水库和竹洲头泵站监测断面蓝藻水华种类丰度指标赋分结果

库区	水华蓝藻种类丰度指标/生物准则层赋分	监测断面	水华蓝藻种类丰度指标/生物准则层赋分	水华蓝藻种类丰度/(cells/L)
坝前区	98	1#	99	0.09×10^6
		2#	97	0.28×10^6
库中区	86	3#	74	2.27×10^6
		4#	97	0.26×10^6
库尾区	99	5#	99	0.04×10^6

(五)竹银水库社会服务功能评价

1. 公众满意度指标评价

1)调查问卷回收情况

本项目组在 2018 年 10 月 15—17 日,对竹银水库的 4 个相关管理单位和水库周边居民共发放 100 份调查问卷,水库管理者共 36 份,水库周边村民 64 份(见表 9-38),最后回收填写完毕的调查问卷 100 份,回收率达 100%。

表 9-38 竹银水库公众满意度调查对象

问卷调查对象		发放份数
水库管理者	珠海市水资源中心	21
	斗门区水务局	5
	竹银水库管理处	5
	珠海水文测报中心	5

续表 9-38

问卷调查对象		发放份数
水库周边村民	螺洲	3
	布洲村	8
	禾丰村	12
	孖湾村	10
	南澳村	8
	月坑村	15
	湴涌村	8

2) 调查对象身份情况

在对收回的调查问卷中,竹银水库周边村民(水库岸以外 1 km 范围以内)占 30%,水库管理者占 10%,水库周边从事生产活动者占 17%,休闲经常来者占 3%,休闲偶尔来者占 40%。具体见图 9-23。

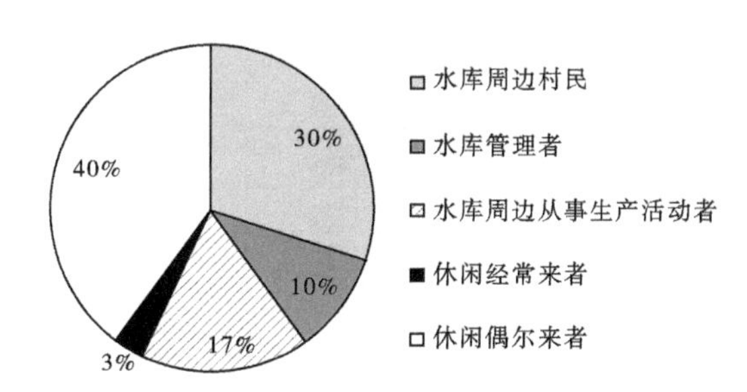

图 9-23　竹银水库调查公众身份比例

3) 公众满意度赋分

在本次公众满意度调查的 100 个对象中,5 类调查对象的总体满意度及其人数分配见表 9-39。基于该调查成果,依照公众满意度指标赋分标准进行赋分。竹银水库的公众满意度赋分值为 76 分,可见公众对竹银水库基本满意。

表 9-39　竹银水库公众调查对象类型的满意度及人数分配

调查对象类型	总体满意度及人数分配				
	很满意	满意	基本满意	不满意	很不满意
水库周边居民	3	16	9	1	0
水库管理者	6	4	0	0	0
水库周边从事生产活动者	2	5	8	3	0
休闲经常来者	0	3	0	0	0
休闲偶尔来者	9	21	9	1	0

2. 水源地环境保护状况指标评价

1)监控能力

珠海市水质监测中心在竹银水库范围内设置了3个长期水质监测断面,分别位于主坝、副坝一和副坝二,每月(部分月份缺失)监测一次富营养化相关指标,包括pH、透明度、水温、溶解氧、高锰酸盐指数、氨氮、总磷、叶绿素a、氯化物和微囊藻毒素,共10项;每半年监测一次全指标,包括《地表水环境质量标准》(GB 3838)中表1基本项目24项、表2饮用水水源地补充项目5项和叶绿素a、微囊藻毒素,共31项。另外,水质采样监测均为采样监测,未设置自动在线监测。但水库库岸上布设有多个视频监控设备(见图9-24)。同时,作为珠海市核应急与辐射管理系统的一部分,在竹银水库还设置了饮用水放射性自动监测基站,监测数据每30 s发送一次到数据中心,数据中断传输或有遗漏,数据中心平台将告警,数据超过阈值时也将自动发送报警信息给管理人员。竹银水库水源地环境保护状况调查结果见表9-40。

表9-40　竹银水库水源地环境保护状况调查结果

调查项目	调查内容	结果(是:√,否:×)
监控能力	水质全分析	√
	预警监控	√
	视频监控	√
保护区建设完成情况	保护区标志设置	√
	一级保护区隔离	√
管理措施落实情况	水源编码规范性	×
	水源档案	×
	定期巡查	√
	定期评价	√
	水源地信息化管理平台	√
	信息公开	√
风险防控情况	风险源名录	×
	危险化学品运输管理制度	×
应急能力情况	应急预案编制、修订与备案	√
	应急演练	√
	应对重大突发环境事件的物资和技术储备	√
	应急防护工程设施建设	√
	应急专家库	√
	应急监测能力	√

图 9-24　竹银水库预警和视频监控设备

2)保护区建设完成情况

竹银水库已于 2013 年划定饮用水水源保护区,保护区范围一级保护区水域为取水点(113. 287°E,22. 343°N)半径 300 m 范围内的水域,一级保护区陆域为一级水域保护区沿岸正常水位线以上 200 m 范围内的陆域;二级保护区水域为一级保护区水域以外的水域,二级保护区陆域为竹银水库周边第一重山山脊线以内、一级保护区以外的范围。目前,竹银水库实行封闭管理,依法设置界碑和宣传牌等标志(见图 9-25),保护区范围内无居民,不存在与水源利用、保护无关的建设活动。

图 9-25　竹银水库保护区标志

3)管理措施落实情况

早在水库建设期,即开展了“竹银水库建成初期水质模拟与水质管理措施”的课题研究,动工前即检测采集的水库内部各区域土样的相关指标,对竹银水库建成后的蓄水系统进行模拟,创造一个与实际相类似的水库环境,把采得的发生变动后特定区域的土壤作为蓄水系统的底泥,检测其释放到水体中的营养盐(包括总氮、总磷)含量,进而推断竹银水库的水体质量对浮游植物生长活动及群落演替的影响,对竹银水库未来的水质安全管理和水华风险进行评价和预测。

2018 年,珠海市委托专业技术团队编制了《珠海市水库“一库一策”报告》,包括监测报告分册、水安全评估报告分册、实施方案报告分册、阶段性专业技术标准和实施计划分册,对包括竹银水库在内的珠海市水库进行了主要理化因子、底泥内源污染和浮游植物组成三个方面的采样监测,进行了水资源安全、水工程安全和水环境安全方面的评估,提出了保护水资源、保障水安全、防治水污染、治理水环境、修复水生态、管理水域岸线和强化巡查监管等一系列治理措施。

珠海市供水有限公司针对竹银水库的管理，制定了《珠海市供水有限公司竹银水库管理制度》，对水库的巡查、观测、养护、安全鉴定、三防和资料管理等方面做出了具体的要求。但竹银水库的水源编码规范性和水源档案的管理措施有待进一步落实。

4）风险防控情况

由于竹银水库实行封闭管理，保护区范围内无居民，不存在与水源利用、保护无关的建设活动，除防汛抢险外，也不存在物资运输，故也未明确风险源名录和危险化学品运输管理制度。

5）应急能力情况

2019年珠海市供水有限公司第三制水分公司竹银水源管理中心编制了《竹银水库大坝安全管理应急预案》，包括应急保障物资储备、应急指挥机构、应急保障队伍组成名单等，目的是提高水库工程安全突发事件的应对能力，力保水库工程安全，最大程度保障人民群众生命安全。但在重大突发环境事件方面，相应的应急工作缺位，应急预案、演练、防护工程设施、专家库、监测能力和物资及技术储备均处于空白状态。

6）赋分结果

基于竹银水库水源地环境保护状况调查结果，计算得到竹银水库的水源地环境保护状况指标及其分指标赋分，结果见表9-41，竹银水库的水源地环境保护状况指标赋分为81分。

表9-41 竹银水库饮用水规范化建设程度指标评估赋分标准

指标	监控能力	保护区建设完成情况	管理措施落实情况	风险防控情况	应急能力情况	水源地环境保护状况指标
赋分	100	100	70	0	100	81

3.饮用水水源地水质达标率指标评价

依据收集到的水质资料，竹银水库每年度开展2次集中式饮用水水源地的水质监测，监测指标包括《地表水环境质量标准》（GB 3838）中表1基本项目24项、表2饮用水水源地补充项目5项和叶绿素a、微囊藻毒素，共31项，设置3个监测断面，因此每个调查区段的监测断面全年监测总频次为2。

通过对水质监测数据的分析，竹银水库三个水质监测断面的水质类别为《地表水环境质量标准》（GB 3838）的Ⅰ类、Ⅱ类和Ⅲ类水质标准，饮用水水源地补充项目5项：硫酸盐、氯化物、硝酸盐、铁和锰均达到饮用标准。

根据《集中式饮用水水源地环境保护评估技术规范》（HJ 774）和《集中式饮用水水源地规范化建设环境保护技术要求》（HJ 773），一级保护区水质要求为：基本项目满足Ⅱ类标准，补充和特定项目满足相应限值要求；二级保护区水质要求为：基本项目满足Ⅲ类标准，补充和特定项目满足相应限值要求。根据《珠海市饮用水源保护区划报告》成果，主坝水质监测断面按照一级保护区水质要求进行评估，库中区和库尾区按照二级保护区水质要求进行评估。

饮用水水源地水质达标率评估赋分见表9-42。

表 9-42　饮用水水源地水质达标率评估赋分

评价区段	断面名称	监测时间	水质类别	水质目标	饮用水水源地水质达标率/%	指标赋分
主坝区	主坝	2018 年 12 月	Ⅰ	Ⅱ	100	100
		2019 年 6 月	Ⅰ	Ⅱ		
库中区	副坝一	2018 年 12 月	Ⅱ	Ⅲ	100	100
		2019 年 6 月	Ⅰ	Ⅲ		
库尾区	副坝二	2018 年 12 月	Ⅱ	Ⅲ	100	100
		2019 年 6 月	Ⅲ	Ⅲ		

1) 主坝区

主坝水质监测断面的饮用水水源地水质达标率为 100%,根据赋分标准,主坝区饮用水水源地水质达标率指标得分为 100 分。

2) 库中区

副坝一水质监测断面的饮用水水源地水质达标率为 100%,根据赋分标准,库中区饮用水水源地水质达标率指标得分为 100 分。

3) 库尾区

副坝二水质监测断面的饮用水水源地水质达标率为 100%,根据赋分标准,库尾区饮用水水源地水质达标率指标得分为 100 分。

4. 社会服务功能准则层赋分

基于竹银水库的公众满意度、饮用水水源地水质达标率和饮用水水源地规范化建设程度指标赋分结果,根据指标建议权重,计算得到竹银水库的社会服务功能准则层赋分值为 87 分。

(六) 竹银水库水生态状况综合评价

综合分析指标体系和公众满意度,对竹银水库进行总体评估,竹银水库总体健康状况如表 9-43 所示,由表 9-43 可知,竹银水库总体评估分数为 77 分,处于健康状态。

表 9-43　竹银水库水生态健康总体评价

亚目标层			评价库区得分			综合评价得分	
名称	计算得分	对上层权重	名称	计算得分	对水库综合评价权重	名称	计算得分
生态健康	71	0.7	主坝区	76	0.4	竹银水库水生态健康	77
功能健康	87	0.3					
生态健康	73	0.7	库中区	77	0.3		
功能健康	87	0.3					
生态健康	75	0.7	库尾区	78	0.3		
功能健康	87	0.3					

四、结果分析及问题诊断

(一)健康状态整体特征

从水文水资源状况、物理结构状况、水质状况、水生生物状况、社会服务功能状况5个准则层对竹银水库水生态功能特征进行健康评价。对于竹银水库监测断面,水文水资源状况评价结果为50分,属于亚健康状态;各库区物理结构状况评价结果范围为72~83分,属于健康到理想状态;除总氮指标外,水质状况评价结果范围为92~96分,营养状态为中营养状态;水生生物状况评价结果范围为86~99分,本次蓝藻水华风险较低;社会服务功能状况评价结果为87分,属于理想状态。竹银水库水生态状况综合评价结果为77分,属于健康状态,该结果表明竹银水库水生态现状总体良好。

(二)评价结果分析

1. 水文水资源

根据珠江水利委员会珠江水利科学研究院编写的《珠海市水土保持规划》成果及水库现场查勘,竹银水库水土流失治理程度赋分为100分。水库集水范围内无严重水土流失现象,植被覆盖率良好。

2018年竹银水库水动力条件总得分为0.46分。竹银水库与外界水体交换方式单一,是其水动力条件较差的主要原因。水库换水周期约为1.1次/a,周期较长,不利于水体流动。在其日常运行调度中,2#输水隧洞极少启用,水库仅通过1#输水隧洞补水及供水,南侧水体流动性较差。当水库在无供水任务且无须补水时,水库水体静置最长77 d,无流动。

2. 物理结构

竹银水库库岸带多为山体岸坡较高(≥5 m),该指标的赋分值均为0分,是库岸带稳定性得分较低(55~64分)的主要原因。此外,对于坝前区,主坝和1#副坝建筑占据了坝前区库岸带的绝大部分范围,该固化区域临库侧无植物分布,坝前区植被覆盖度<45%,致使库岸稳定性评价得分较低(59分);而库中区和库尾区库岸斜坡倾角较大(均值>17.5°),是影响岸坡稳定性的重要因素。

竹银水库坝前区(1#和2#断面)库岸带植被覆盖度偏低,在该本底值的前提下,坝前区内的乔木、灌木和草本植物的覆盖度也较低(<51%),因此三类生活型植被的覆盖度指标赋分也偏低(40分)。环库路施工对4#断面库岸带植被的破坏已基本修复,影响较小,3#断面库岸带正在施工,对植被造成一定程度破坏,5#断面库岸带残留有较明显和范围较大的施工植被破坏迹象,因此4#断面库岸带的植被总体覆盖度和三种生活型植被搭配优于3#断面和5#断面。

竹银水库坝库中区和库尾区库岸带现状为健康(73~78分),与之相比,坝前区为亚健康-健康(54~64分),该库岸带状况指标现状,主要受斜坡倾角、岸坡高度和植被覆盖度3个因素综合影响。

竹洲头泵站和平岗泵站上下游分布有较多农田、鱼塘和村庄,其面源污染汇入西江,随涨落潮进入泵站取水口,当泵站抽水时,容易进入竹银水库造成污染。

3. 水质

从入库排污口布局合理程度、水体整洁程度、水质优劣程度和营养状态4个准则层对竹银水库水体质量进行健康评价。竹银水库划定了集中式饮用水水源地保护区域,对集水范围实行封闭管理,无入库排污口分布,3个评价区段的入库排污口布局合理程度指标评价结果为100分,属于理想状态;水体整洁程度评价结果范围为80~100分,属于理想状态;在不考核总氮指标的情况下,3个评价区段的水质分别为《地表水环境质量标准》(GB 3838)Ⅰ类、Ⅱ类和Ⅲ类,且饮用水水源地补充项目5项均满足饮用水水源地标准,水质优劣程度评估结果均为100分,属于理想状态;营养状态指标评估结果范围为85.39~87.16分,属于理想状态。

竹银水库坝前区、库中区和库尾区的水质准则层得分分别为92.15分、96.01分和95.62分,其中营养状态指标是水质状态的主要制约因素。由于水库通过竹洲头泵站及平岗泵站从磨刀门水道直接调水入库,两泵站处抽调的江水总氮和总磷浓度较高,抽调江水入库的过程向水库内输入了氮、磷营养盐,因此水库呈现营养化趋势。

4. 水生生物

本次调查结果显示,水生态生物准则层得分95分,其中库中区3#监测断面藻类密度相对较高,但蓝藻水华种类丰度指标处理想状态(86分),由于采样期间为10月,蓝藻水华风险较低。但是各个断面样品分析结果显示,水库水体均存在蓝藻水华种类,当气候、水动力条件适宜时,易引发蓝藻水华,水华风险不容忽视。

蓝藻种类中,微囊藻、假鱼腥藻和长胞藻均能形成表面水华,其在竹银水库中分布较为普遍,竹洲头泵站取水是该部分蓝藻水华的来源之一,在抽水进入竹银水库后水文条件改变,易形成优势藻类。

竹银水库浮游动物生物量较低,以桡足类为优势,无较高牧食能力的大型枝角类分布,该特征与我国华南地区其他水库相似,较高的鱼类捕食压力是主导因素之一。

由本次竹银水库底栖动物指数(BI)评价结果可知,竹银水库2#和3#断面BI指数分别为7.2和6,有机污染程度为轻-中污染;竹洲头泵站BI指数为6.2,为轻污染。竹银水库建库前为农业用地,无底栖动物分布,基于本次监测的竹洲头泵站和竹银水库底栖动物优势种对比分析结果推测,竹银水库优势种摇蚊为水库周边地区迁入。

5. 社会服务功能

竹银水库公众满意度、水源地环境保护状况、饮用水水源地水质达标率3个指标赋分值均较高(76~100分),是竹银水库社会服务功能健康处于理想状态(87分)的重要基础。

然而,在竹银水库被调查的公众中,仍有5%的人对竹银水库总体表示不满意,原因主要有:①供水水压有待提高;②供水管需要清洁以提高水质;③供水存在水白、水黄等水质异常现象;④水库周边临时施工(如平岗泵站旁道路施工)致使道路损坏,影响周边居民出行等。竹银水库实行封闭化管理,其周边居民无法进入,大多对竹银水库状况认识模糊,或对竹银水库印象仍停留在数年前,信息公开不畅,是部分公众对竹银水库总体满意度较低的原因之一。

通过分析,竹银水库现有3个监测断面的水质均满足集中式饮用水水源地要求,能够保障竹银水库发挥其珠海市-澳门经济特区重要饮用水水源地的功能。但仍存在蓝藻水华风险等影响供水安全的威胁，在水源地管理保护中不容忽视。

（三）存在主要问题

1. 水文水资源

竹银水库水动力条件较差，是诱发水华的原因之一。水库与外界水体交换方式单一，日常运行调度中，仅开启1#输水隧洞进行补水及供水，此时1#输水隧洞周边水体流动性较好，但其范围较小。2#输水隧洞极少开启，与水库北侧水体相比，南侧水体流动性较差。水库无供水任务和补水需求时，水体静置，不利于水质健康。

2. 物理结构

竹银水库岸坡普遍偏高，库中区和库尾区斜坡倾角较大；坝前区植被覆盖度偏低；对库岸带的稳定性均有一定的不利影响。部分库岸带植被生活型有待优化或覆盖度有待提高。竹银水库涉及防渗和道路等工程施工，对库岸带岸坡稳定性和植被造成一定的破坏。

3. 水质

（1）水质监测断面设置不合理。

水库现有水质监测断面分布在坝前区和库尾区西侧，库中区和库尾区东侧均缺少水质监测断面，无法全面了解水库水质状态分布和水体混合情况。

（2）水质监测指标不全面。

竹银水库现有水质监测项目仅包括《地表水环境质量标准》（GB 3838）中表1基本项目24项、表2饮用水水源地补充项目5项和叶绿素a、微囊藻毒素，共31项，未包含《地表水环境质量标准》（GB 3838）中表3集中式生活饮用水地表水源地特定项目，不满足《集中式饮用水水源地规范化建设环境保护技术要求》（HJ 773）的要求。

（3）入库江水营养盐超标。

根据竹银水库调度运行原则，竹银水库集水面积较小，且不存在排污口入库，水库通过竹洲头泵站及平岗泵站从磨刀门水道直接调水入库。对比2018年12月与2019年6月竹银水库3个水质监测断面与竹洲头泵站、平岗泵站的水质监测数据，发现竹洲头泵站、平岗泵站水质监测断面的总氮、总磷浓度较高（见表9-44）；另外，底泥监测结果表明，竹洲头泵站处底泥氮、磷释放浓度也较水库断面的底泥氮、磷释放浓度高。抽调江水入库的过程向水库内输入了大量的氮和磷营养，成为竹银水库营养盐的主要来源。此外，竹洲头泵站和平岗泵站周边生产活动造成的污染，对竹银水库水质保障造成一定的威胁。

4. 水生生物

库中区藻类密度分布结果显示，竹银水库为Ⅳ级水华警报预警，属低风险。竹银水库库中含有部分蓝藻水华优势种（如库中区的优势藻种：假鱼腥藻），有水华发生的潜在风险。

5. 社会服务功能

根据调查，公众对水库现状认知有限，造成部分民众对竹银水库缺乏切实利益感，不利于水库与民众关系的和谐发展。其中竹银水库供水对供水水压保障仍有不足、水质异常现象仍有发生、水库周边施工活动影响周边居民生活出行是影响部分公众满意度的主要原因。

表 9-44　竹银水库水质类别　　单位:mg/L,特殊除外

采样断面	采样时间(年-月-日)	数据类型	pH	溶解氧	高锰酸盐指数	五日生化需氧量(BOD_5)	氨氮(NH_3-N)	总磷(以 P 计)	总氮(湖、库,以 N 计)
主坝	2018-12-05	监测值	8.29	8.6	1.7	<2	<0.02	0.01	1.46
		水质类别	Ⅰ类	Ⅰ类	Ⅰ类	Ⅰ类	Ⅰ类	Ⅰ类	Ⅳ类
	2019-06-26	监测值	7.72	7.9	1.7	<2	<0.02	<0.01	0.66
		水质类别	Ⅰ类	Ⅰ类	Ⅰ类	Ⅰ类	Ⅰ类	Ⅰ类	Ⅲ类
副坝一	2018-12-05	监测值	8.18	6.2	1.3	<2	0.06	0.02	1.41
		水质类别	Ⅰ类	Ⅱ类	Ⅰ类	Ⅰ类	Ⅰ类	Ⅱ类	Ⅳ类
	2019-06-26	监测值	8.16	8.1	1.6	<2	<0.02	<0.01	0.66
		水质类别	Ⅰ类	Ⅰ类	Ⅰ类	Ⅰ类	Ⅰ类	Ⅰ类	Ⅲ类
副坝二	2018-12-05	监测值	8.12	7.1	1.4	<2	0.03	0.01	1.45
		水质类别	Ⅰ类	Ⅱ类	Ⅰ类	Ⅰ类	Ⅰ类	Ⅰ类	Ⅳ类
	2019-06-26	监测值	7.93	8.1	1.9	<2	<0.02	0.03	0.75
		水质类别	Ⅰ类	Ⅰ类	Ⅰ类	Ⅰ类	Ⅰ类	Ⅲ类	Ⅲ类
竹洲头泵站	2018-12-05	监测值	7.94	7.2	1.2	<2	0.02	0.05	1.91
		水质类别	Ⅰ类	Ⅱ类	Ⅰ类	Ⅰ类	Ⅰ类	Ⅲ类	Ⅱ类
	2019-06-26	监测值	7.57	—	1.4	—	0.03	0.06	1.43
		水质类别	Ⅰ类	—	Ⅰ类	—	Ⅰ类	Ⅳ类	Ⅱ类
平岗泵站	2018-12-05	监测值	8.16	—	1.2	<2	0.05	0.06	1.84
		水质类别	Ⅰ类	—	Ⅰ类	Ⅰ类	Ⅰ类	Ⅳ类	Ⅱ类
	2019-06-26	监测值	7.83	—	1.6	<2	0.02	0.09	1.46
		水质类别	Ⅰ类	—	Ⅰ类	Ⅰ类	Ⅰ类	Ⅳ类	Ⅱ类

第三节　竹银水库健康管理对策

一、水文健康管理对策

(一)优化水库运行调度规则

竹银水库 2[#]输水隧洞在保证月坑水库安全的前提下,可适当开启,增加库区南侧的水体流动性,改善库区水动力条件,限制水库藻类繁殖,降低水华暴发风险。

(二)设置水库气象监测点

建议竹银水库设气象观测点,以观测库区风速、风向等气象要素,可为今后水库评价

工作提供资料支撑。

二、岸带健康管理对策

对竹银水库现状岸坡稳定性影响较大的岸坡高度、岸坡倾角和植被覆盖现状有待改善，针对该现状问题，提供如下健康维护策略建议：

（1）出于库坝安全考虑，库坝内侧固化不适宜种植植物，建议维持现状。同时，在类似的水库水生态健康评价中，建议在涉及库坝的库岸带区域评价中不考虑其植被状况。对于库坝外的其余坡高和坡度较大的库岸带，在条件允许的情况下应做适当缓坡处理，避免滑坡等发生。

（2）对于竹银水库东侧工程施工区域，以及即将施工的东南侧库岸带，应注意防止塌方和扬尘等乱象对水库安全和水质造成影响，并强化施工安全管理和进行后期岸坡修复。

（3）对正在施工或施工后遗留的损坏区域，主要包括东侧库岸带施工区域、西侧部分植被裸露区域和南侧裸露山体区域，开展植物补种等修复工作。

（4）对竹银水库库岸带区域进行植物多样性调查，结合园林植物特征，选择适宜的植物品种，增加乔木、灌木生物量，优化乔、灌、草植物生活型的结构组成。需要适当调整的有水库西北角、东北侧、南侧和西侧的临水区域，以上区域均需补植灌木和乔木，以构建多层次的植被群落系统。

（5）针对竹洲头泵站、平岗泵站周边的人类干扰活动，加强环保监管力度、规范人的行为。对竹银水库周边村的农田、鱼塘开展规范化整治工作，保障竹银水库引水水质安全。

三、水质健康管理对策

竹银水库的水质安全主要有两个方面的隐患：来自河流入水的突发污染物入库和长期调水引发的水体富营养化。为了保障竹银水库水质安全，及时反馈水库的水质情况，建立行之有效的长期监测方案是必不可少的手段。

根据实际需要与当前监测能力，竹银水库的监测项目以反映水库水质重要指标与国家规范指标为核心内容，兼顾常规监测和应急监测。同时，在竹洲头泵站、平岗泵站加强自动在线系统的建设，提高实时监控和预警能力。

（一）常规水质监测体系

1. 增设监测断面

综合考虑竹银水库的水动力条件、水库面积与库容、水库出入水口等因素，合理优化竹银水库水质断面，在库中区增设 2 个监测断面，在库尾区增设 1 个监测断面，并且与竹洲头泵站、平岗泵站同期监测，以便分析水体中营养盐分布及调水后水体混合过程，为优化水库水位控制和调度运行提供数据基础。

2. 增加水质监测指标

作为珠海市重要的饮用水水源地，竹银水库每半年一次的水质全指标监测，监测项目应包括《地表水环境质量标准》（GB 3838）中表 1 基本项目 24 项、表 2 饮用水水源地补充项目 5 项和《地表水环境质量标准》（GB 3838）中表 3 集中式生活饮用水地表水源地特定项目80项,以满足《集中式饮用水水源地规范化建设环境保护技术要求》(HJ 773)的要求。

3.建立水质在线监测系统

在水库进水口和出水口断面布设在线监测系统,实时监测水温、pH、溶解氧、透明度、总氮、总磷、叶绿素a、高锰酸盐指数和藻类总密度,为研究水库水华发生机制、优化水库调度运行、保障供水功能提供依据。同时,在水华风险较高时,可自动预警,启动水库应急调度和处置预案,例如开启自动除藻装置、增加进水量等,保障水库的饮用水供水功能。

(二)水库应急监测方案

1.设置应急监测断面

根据应急事件的性质、规模,在常规监测断面的基础上增设应急监测断面。监测断面位置以事故发生地为主,根据水流方向、扩散速度(或流速)和现场具体情况(如地形地貌等)进行布设采样,同时测定流量。另外,需要采集事故地的沉积物样品进行分析。

对发生在磨刀门水道的污染事故影响水库供水安全的情况,应急监测应根据当时的潮汐特征,在事故发生地的水流方向下游布设若干点位;在事故影响区域内的竹洲头泵站和平岗泵站取水口必须设置采样断面,并对其附近应急监测样点适当加密,同时在上游一定距离布设对照断面;根据污染物的特性,在不同深度的水层采样,必要时对水体同时布设沉积物采样断面;因磨刀门水道较宽,应在左、中、右三个断面采样后混合。

对发生于竹银水库内的污染事故,应在以事故发生地为中心的水流方向的出水口处,按一定间隔的扇形或圆形布设监测断面,并根据污染物的特性在不同水层采样,多个断面样品可混合成一个样。同时根据水流流向,在其上游适当距离布设对照断面。

2.设立应急监测项目

一般突发性水质污染主要分为化学污染与生物污染。对于化学污染,则根据污染物的来源、污染物在水体中迁移转化规律设立监测项目。生物污染主要是指生物的异常增殖与死亡,严重影响到水质,主要包括藻类水华的暴发与消亡、水生动植物的异常大规模死亡后腐烂变质。生物污染主要增设生物异常增殖与死亡后释放的有毒有害物质。具体如下:

(1)突发性化学污染。

对于已知化学污染物,可直接测定该污染源或排放口所排污染物在水环境中的浓度;对于已知污染源,未知污染物,可以从了解原材料入手,列出可能产生的污染物,进行监测分析;对于已知污染物,未知污染源,调查污染来源和污染范围;对于未知污染源和污染物,调查污染来源、种类、范围及可能造成的危害。应对河流、水库流域的地理环境和周围沿岸社会环境、工矿企业布局全面布设点位进行排查和监测。

根据事故的性质(爆炸、泄漏、火灾、非正常排放、非法丢弃等)、现场调查情况(危险源资料,现场人员提供的背景资料,污染物的气味、颜色、人员与动植物的中毒反应等)初步确定应监测的污染物。

利用检测试纸、快速检测管、便携式检测仪等分析手段,确定应监测的污染物。

快速采集样品,送至实验室分析确定应监测的污染物。

(2)水华污染。

监测主要发生水华的蓝藻种类,调查其发生的规模及水体环境参数。

蓝藻聚集阶段(量变到质变的过程):蓝藻群体种类和大小、产毒基因的定性分析。

蓝藻大量堆积阶段(质变后的持续阶段):藻类生物量的垂直空间分布、气象(风向、风速)及水文(流场、水位)、水体理化指标(温度、光强、DO、pH、营养盐)。

蓝藻衰亡阶段:藻类生物学活性指标体系、水体理化指标(温度、光强、DO、pH、营养盐)、细胞沉降速率、底泥氧化还原电位。

次生性灾害——蓝藻毒素、异味物质:蓝藻细胞内和水体溶解态蓝藻毒素和异味物质;水产品中蓝藻毒素的风险分析;人为控藻过程中,蓝藻毒素释放。

3. 合理规划应急监测频次

突发化学污染事件应急监测:污染物进入水体环境后,随着稀释、扩散、降解和沉降等自然作用以及应急处理处置后,其浓度会逐渐降低。为了掌握事故发生后的污染程度、范围及变化趋势,需要实时进行连续的跟踪监测,直至宣布应急响应行动的终止。应急监测全过程应在事发、事中和事后等不同阶段予以体现,但各阶段的监测频次不尽相同。原则上,采样频次主要根据现场污染状况确定。事故刚发生时,可适当加密采样频次(1 d 1 次),D 待摸清污染物变化规律后,可适当调整采样频次(2 d 1 次),污染物得到有效控制后,还可适当减少采样频次(3~7 d 1 次)。

突发水华事件应急监测:水华暴发有其生物学特性,同时也受环境因子的影响。在水华暴发初期,采样频次为 3~7 d 1 次,随着水华持续暴发,当肉眼可见明显的表观水华后,应适当增加采样频次(2 d 1 次)。随着人为控藻措施的实施,或者蓝藻自然消亡过程中,采样频次应保持 1 d 1 次,直至表观水华彻底消失。但应急监测仍需进行,监测频次可调整至 1 周 1 次,直至应急响应终止。

(三)加强污染源管理

1. 库区污染处理

1)水库一般污染物处理

对于一般固体废弃物、油污等进行清理、打捞;对于化学污染则上报水务局与环保部门,启动应急预案,并组织相关专业技术人员进行调查与评价。

2)水库水华处理

若竹银水库发生水华现象,建议使用红土沉藻的方法清除水华。在水库发生蓝藻水华情况下,为保证供水安全,提高水库蓝藻水华应急事件的处理能力,建议对应急设备进行储备,包括生态红土除藻剂喷洒艇和生态红土。在轻度蓝藻水华区域或蓝藻水华形成阶段,应用生态红土除藻剂絮凝除藻。

水华发生时,根据《珠海市水库蓝藻水华日常管理与应急预案》的相关程序,请相关专业技术人员对水华种类、发生规模进行综合评价,测定水体中的蓝藻毒素与异味物质,经专家分析论证后提出具体的解决方案及预防方案。

2. 集水区面源污染控制

集水区内面源污染类型主要有地表径流汇入、化肥农药、农村生活污水、固体废弃物、水土流失、分散式农牧业等。竹银水库集水范围内以天然林地、生态林地为主,建议采取管理保护为主的面源污染防治措施。

(1)严禁在竹银水库集水区和饮用水水源保护区内从事畜禽养殖,关闭、搬迁水库集水区内的畜禽养殖场，严禁将畜禽粪便排放到集水区内。

(2)严格管理与保护竹银水库集水范围内和消落带的天然林木，任何单位和个人未经允许不得种植、砍伐水库集雨区和消落带的植被。

(3)集水区定期巡查与报告。水库管理部门设置专门岗位对集水区定期巡查(1周1次)，巡查内容主要包括：集水区内点源污染与面源污染情况；集水区内有无污染水质行为；集水区内植被砍伐情况；库面污染情况；丰水期要加大巡查力度，对于重点地质灾害风险点，蓄水期间要明确专人，实行专门监测与群策群防相结合，加密监测。

巡查报告内容包括巡查时间、巡查范围、巡查内容、有无异常情况。巡查人亲笔签名后上报水库管理部门负责人，对于违法行为和污染集水区内水质行为，水库管理单位要及时上报珠海市水务、环境等主管部门。

3. 污染物控制的应急管理

1)不同来源突发污染的应急管理

对于竹银水库来说，影响水库水质的突发性污染事件存在两种来源：一是入库水源竹洲头泵站、平岗泵站上游出现突发性污染事件，二是水库周边发生突发性污染事件。这两种事件影响入库水质的方式不同，需要采取的应急措施也不同。对于河道中出现的污染事故，最有效的方法就是关闭泵站，停止调水入库。同时开展应急监测，待风险解除、各项水质指标正常后，再调水入库。而对于水库周边发生的污染事件，则应采取原位阻断和应急处置的办法进行处理。

2)不同种类突发污染的应急管理

就污染物的种类来说，突发性污染事件也可分为两类，即生物污染与化学污染。水库的生物污染事件主要为藻类水华，目前对珠海水库的蓝藻水华已经开展了大量的研究，并制订了蓝藻水华预警与管理方案，可直接应用于水库蓝藻水华事件的应急管理。详见《珠海市供水水库蓝藻水华日常管理与应急预案》。从河流调水的水库还可能发生硅藻水华。硅藻水华虽然不会产生毒素，但是会造成水厂的滤头堵塞以及产生异味物质。一旦发现有硅藻水华的发生，应停止从磨刀门水道调水。如果硅藻水华发生在竹银水库内，则应改变水动力条件，促使硅藻沉降。化学污染的情况复杂多变，处理的方法详见《国家突发环境污染事件应急预案》。

3)污染物控制的调度管理

很长一段时期内，珠海水库水质主要受到咸潮的影响，为此珠海水务局与供水公司为确保安全生产与供水安全，已制定了在咸潮条件下的水量调度规范，竹银水库的调度也应遵循此规范。然而，随着入库水源水质的下降与水库富营养化程度的增加，在枯水期，水库水质将主要面临水华及可能发生的河道内的化学品污染事件。因此，需要针对水华发生与化学品污染的突发事件做好水库调度。为提高竹银水库藻类水华污染抵御能力，通过科学、合理的优化调度，降低水库藻类水华发生的频次与规模，确保水库在突发藻类水华污染时，将影响降到最低。同时在水库藻类水华应急处理过程中，最大限度地避免和减少毒素与异味物质等次生灾害的威胁，确保供水水质安全。

水库水资源调度与管理是保障水库安全供水的重要途径之一。应及时将定期监测的水量、水质等信息反馈到水资源调度系统，对监测的信息进行评价与预报，并根据评价和预报的结果,按照事先制定的调度规则对竹银水库的水资源进行科学调配,以确保水库供水用量与供水水质。

四、水生生物健康管理对策

(一)建立水生生物长效监测评价机制

建立水生生物长效监测评价机制,利用水生生物对水质进行污染监测是生物监测的重要技术手段,也是掌握竹银水库水生生物动态变化规律的重要前提。利用连续监测数据研究竹银水库水华暴发的特征和规律,用于预测和预警竹银水库水华,也为水华治理和防控提供了理论依据。

水生生物群落结构是一个动态变化的过程,本次监测的水生生物指标,缺乏可对比的历史资料数据,并不能进行生物完整性指标和损失指数的评价分析。以本次监测结果为本底值,通过后续长期监测,实现对水生生物动态变化的评价分析,使结果更加具有连续性和可比性,使评价结果能更全面有效地反映水库的水生生物健康状态,为提高竹银水库的水生生物健康管理水平提供数据支撑。

(二)开展水生生物操纵技术研究

开展适宜竹银水库的生物操纵技术研究,探究竹银水库投放藻类滤食性鱼类的可行性及其鱼类科学捕捞机制,利用生物操纵理论和技术控制藻类密度。

由于现状缺乏竹银水库鱼类资源信息,建议对竹银水库的鱼类进行调查。根据水库水体营养状况、天然饵料与鱼类资源现状,以水库本身原有的鱼类物种为主,禁止引进新种,实行"人放天养"的生态养殖方式,严格控制放养品种和数量,不得投放肥料、饲料和任何药物,不得投加饵料。养殖密度视水库浮游生物生物量状况而定,但作为供水水库,鱼类密度一般不超过 30 kg/亩。

放养鱼类以土著种类为主,对于已经处于富营养状态或有富营养化趋势的水库则可搭配滤食性鲢鱼。由于鲢鱼处幼苗时期食物以藻类为主,体型较大的鲢鱼也捕食浮游动物,因此鲢鱼控藻采用投放鱼苗的方式进行,且需要对体型较大的鲢鱼进行定期捕捞。向水库中投放适当密度的鲢鱼后,藻类吸收水体中的氮、磷,鲢鱼再摄食藻类,成鱼被捕捞后带出氮、磷,从而达到清洁水质的作用。由水库管理单位组织实施捕捞,其他单位与个人不得擅自捕捞,违者将追究法律责任。向水库投放鱼类需向主管部门提出书面申请,经主管部门审核并请相关专家论证后方能实施,任何人不得未经允许私自投放鱼类至水库养殖。

第十章　结　语

本书从河湖健康保护角度出发，在综述国内外河湖健康已有研究成果基础上，探讨了河湖健康的概念及内涵，重点研究了河湖健康评价体系框架、指标体系构建、河湖健康评价方法及标准、河湖健康管理对策等相关问题。本书主要工作和成果如下：

(1)系统分析了当前国内外河湖健康评价研究进展，并从指标构成、适用条件、评价流程等方面对现阶段主要的河湖健康评价方法进行了综合论述。

(2)阐述了河湖水域生态系统类型及功能，研究探讨了河湖健康的内在机制；分析了河湖健康的影响因素，梳理了河湖健康评价体系框架；构建了河湖健康评价指标体系，为南方地区河湖健康评价工作提供参考。

(3)提出了河湖健康管理对策。分别从水资源开发利用、水域岸线保护与管理、水污染防治及水环境治理、水生态修复、执法监管等方面进行了探讨，提出相关河湖健康管理对策。

(4)分别选择了贵州猫跳河流域、珠海市竹银水库开展案例研究，并就评价结果进行分析，提出健康管理对策。

参考文献

前　言

[1] Daily G. Nature's services: societal dependence on natural ecosystems[M]. Island Press, 1997.
[2] MA (Millennium Ecosystem Assessment) Ecosystem and Human Well-beings[M]. A Framwork for Assessment. American Island Press, 2003.
[3] Macklin M G , Lewin J . River stresses in anthropogenic times[J]. Progress in Physical Geography, 2018.
[4] 郝利霞, 孙然好, 陈利顶. 海河流域河流生态系统健康评价[J]. 环境科学,2014(10):3692-3701.
[5] 马荣华, 杨桂山, 段洪涛,等. 中国湖泊的数量、面积与空间分布[J]. 中国科学:地球科学, 2011, 41(3):394-401.
[6] Grill G,Lehner B,Thieme M, et al. Mapping the world's free-flowing rivers[J]. Nature, 2019, 569:215-222.
[7] 欧阳志云. 我国生态系统面临的问题与对策[J]. 中国国情国力, 2017(3):5-10.
[8] 耿雷华,丰华丽,赵志轩,等. 河湖健康评价理论与实践[M].北京:中国环境出版社, 2016.

第一章

[9] 董哲仁. 河流生态系统研究的理论框架[J]. 水利学报, 2009(2):4-12.
[10] Huet M . Biologie, profiles en travers des eaux courantes[J] . Bull. Fr. Piscicul,1954, 175 :41-53.
[11] Vannote Robin L, et al. The River Continuum Concept[J]. Can. J. Fish. Aquat. Sci,1980,37(1): 130-137.
[12] Ward J V. The Four-dimensional nature of lotic ecosystem[J] . Canadian Journal of Fisheries and Aquatic Sciences,1980(37):130 -137.
[13] Bernhard, Statzner, Bert, et al. Stream hydraulics as a major determinant of benthic invertebrate zonation patterns[J]. Freshwater Biology, 1986.
[14] Wallace J B,Webster J R ,Woodall W R . The Role of Filter Feeders in Flowing Waters[J]. Archiv Fur Hydrobiolgie,1977,79.
[15] Ward J V, Stanford J A. The serial discontinuity concept of lotic ecosystem[Z]. Fontaine T D, Bartell S M (Eds). Dynamics of Lotic Ecosystems, Ann Arbor Science, Ann Arbor, 1983:29-42.
[16] Thorp J H , Delong M D . The Riverine Productivity Model: An Heuristic View of Carbon Sources and Organic Processing in Large River Ecosystems[J]. Oikos, 1994, 70(2):305-308.
[17] Nainan R J, et al. General principles of classification and the assessment of conservation potential in river [C]// Boon P J ,Clown(Eds). River conservation and management . John Wiley &Sons Ltd . Chichester, 1992 :93-123.
[18] Poff N L,Allan J D,et al. The natural flow regime—a paradigm for river conservation and restoration[J] . Dec. 1997 BioScience,1997,47(11):769-784.

[19] Schiemer F,Keckeis H . " The inshore retention concept" and its significance for large river[J] . Arch. Hydrobiol . Sppl. ,2001, 12(2-4):509-516.
[20] 董哲仁, 孙东亚, 赵进勇,等. 河流生态系统结构功能整体性概念模型[J]. 水科学进展, 2010, 21(4):550-559.
[21] 马克明, 孔红梅, 关文彬,等.生态系统健康评价:方法与方向[J]. 生态学报, 2001, 21(12):11.
[22] 杨文龙, 王文义. 湖泊生态系统的结构与功能——湖泊恢复与管理基础浅析[J]. 云南环境科学, 1997, 16(3):4.
[23] 郭文献, 夏自强, 王远坤,等. 三峡水库生态调度目标研究[J]. 水科学进展, 2009(4):6.
[24] Likens G E . Lake Ecosystem Ecology[M]. 2014.
[25] 王中根, 李宗礼, 刘昌明,等. 河湖水系连通的理论探讨[J]. 自然资源学报, 2011, 26(3):7.
[26] 傅伯杰. 地理学综合研究的途径与方法:格局与过程耦合[J]. 地理学报, 2014, 1(8):1052-1059.
[27] 董哲仁, 张爱静, 张晶. 河流生态状况分级系统及其应用[J]. 水利学报, 2013, 44(10):7.
[28] Sedell J R , Richey J E,Swanson F J . The river continuum concept: A basis for the expected ecosystem behavior of very large rivers? [J]. 1989.
[29] Karr J R,Karr J R. Defining and measuring river health. Freshwater Biology[J]. Freshwater Biology,[J] 1999, 41(2):221-234.
[30] Norris R H,Thomas M C. What is river health? [J]. Freshwater Biology, 1999, 41: 197-209.
[31] Fairweather P G. State of environmental indicators of river health: exploring the metaphor[J]. Freshwater-Biology, 1999, 41:221-234.
[32] Scrimgeour G J,Wicklum D. Aquatic ecosystem health and integrity:Problem and potential solution[J]. Journal of North American Benthlogical Society, 1996,15(2): 254-261.
[33] Ladson A R,White L J,Doolan J A,et al. Development and testing of an index of stream condition ofwaterway management in Australia[J]. Freshwater Biology, 1999, 41: 453-468.
[34] 唐涛,蔡庆华,刘健康.河流生态系统健康及其评价[J].应用生态学报,2002,13(9):1191-1194.
[35] 耿雷华, 刘恒, 钟华平,等. 健康河流的评价指标和评价标准[J]. 水利学报, 2006(3):3-8.
[36] Karr, J R. Assessment of Biotic Integrity Using Fish Communities[J]. Fisheries, 1981,6(6):21-27.
[37] 文伏波, 韩其为, 许炯心,等. 河流健康的定义与内涵[J]. 水科学进展, 2007,3(3):140-150.
[38] 耿雷华,丰华丽,赵志轩,等.河湖健康评价理论与实践[M].北京:中国环境出版社,2016.
[39] Schofield N J,Davies P E . Measuring the health of our rivers[J]. Water, 1996, 23:39-43.
[40] Meyer J L. JSTOR: Journal of the North American Benthological Society,1997,16(2):439-447.
[41] An K G,Park S S,Shin J Y . An evaluation of a river health using the index of biological integrity along with relations to chemical and habitat conditions[J]. Environment International, 2002, 28(5):411-420.
[42] Vugteveen P,Leuven R,Huijbregts M , et al. Redefinition and Elaboration of River Ecosystem Health: Perspective for River Management[J]. Hydrobiologia, 2006, 565(1):289-308.
[43] 刘晓燕. 河流健康理念的若干科学问题[J]. 人民黄河, 2008, 30(10):4.
[44] 李国英. 维持河流健康生命——以黄河为例[J]. 中国水利, 2005(21):24-27.
[45] 王光谦, 翟媛. 河流健康的内涵及其影响因素[J]. 河南水利与南水北调, 2007(3):2.
[46] 刘昌明, 刘晓燕. 河流健康理论初探[J]. 地理学报, 2008, 63(7):10.
[47] 卞锦宇, 耿雷华, 方瑞. 河流健康评价体系研究[J]. 中国农村水利水电, 2010(9):4.
[48] Karr J R, Fausch K D, Angermeier P L, et al. Assessing biological integrity in running water: a method and its rationale[J]. Special publication, 1986, 5.
[49] Costanza R, Norton B G, Haskell B D. Ecosystem health: new goals for environmental management[J].

Ecosystem health new goals for environmental management, 1992.
[50] Rapport D J , Gaudet C , Karr J R , et al. Evaluating landscape health: integrating societal goals and biophysical process[J]. Journal of Environmental Management, 1998, 53(1):1-15.
[51] Schaeffer D J, Cox D K. Establishing ecosystem threshold criteria[C]//Costanza R, Norton B, Haskell B. Ecosystem health-new goods for environmental management. Washington DC: Island Press, 1992.
[52] Haworth L , Brunk C , Jennex D , et al. A Dual-Perspective Model of Agroecosystem Health: System Functions and System Goals[J]. Journal of Agricultural and Environmental Ethics, 1997, 10(2):127-152.
[53] 杨斌, 隋鹏, 陈源泉,等. 生态系统健康评价研究进展[J]. 中国农学通报, 2010(21):301-306.
[54] Rapport D J . Ecosystem services and management options as blanket indicators of ecosystem health[J]. Journal of Aquatic Ecosystem Health, 1995, 4(2):97-105.
[55] Bird P M,Rapport D J. State of the environment report for Canada[J]. 1986.
[56] Walter G. Whitford. Desertification: Implications and Limitations of the Ecosystem Health Metaphor[J]. Springer Berlin Heidelberg, 1995.
[57] Rapport D J, Regier H A, Hutchinson T C. Ecosystem behavior under stress [J]. American Naturlist, 1985,125:617-640.
[58] Rapport D J. What is clinical ecology? Ecosystem Health, New Goals in Environmental Management [M]. Washington D. C. Covelo, California:Island Press,1992:144-156.
[59] Harris H J, Harris V A,Regier H A. Importance of the nearshore area for sustainable redevelopment in the Great Lakes with observations on the Baltic Sea[J]. Ambio, 1988(5):163-261.
[60] Hilden M,Rapport D J. Four centuries of cumulative impacts on a Finnish river and its estuary: and ecosystem health approach [J]. Aquatic Ecosystem Health, 1993(2):261-275.
[61] Chandler J R . A biological approach to water quality management[J]. Water Pollution Control, 1970, 69:415-422.
[62] Karr J R,Fausch K D,Angermeier P L , et al. Assessing biological integrity in running waters: a method and its rationale[J]. Special Publication,1986,5.
[63] 杨莲芳, 李佑文. 九华河水生昆虫群落结构和水质生物评价[J]. 生态学报, 1992, 12(1):8.
[64] 彭勃, 王化儒, 王瑞玲,等. 黄河下游河流健康评估指标体系研究[J]. 水生态学杂志, 2014, 35(6):7.
[65] 刘晓燕, 张原峰. 健康黄河的内涵及其指标[J]. 水利学报, 2006, 37(6):649-654.
[66] 郭建威, 黄薇. 健康长江评价方法初探[J]. 长江科学院院报, 2008, 25(4):4.
[67] 郑江丽, 邵东国, 王龙,等. 健康长江指标体系与综合评价研究[J]. 南水北调与水利科技, 2007, 5(4):61-63.
[68] 许继军,陈进,金小娟. 健康长江评价区划方法和尺度探讨[J]. 长江科学院院报,2011(10):49-53.
[69] 李向阳, 林木隆, 杨明海. 健康珠江的内涵[J]. 人民珠江, 2007(5):3.
[70] 金占伟, 李向阳, 林木隆,等. 健康珠江评价指标体系研究[J]. 人民珠江, 2009(1):3.
[71] 程南宁. 健康太湖的概念和内涵分析[J]. 水利发展研究, 2011, 11(10):4.
[72] 张远, 赵瑞, 渠晓东,等. 辽河流域河流健康综合评价方法研究[J]. 中国工程科学, 2013, 15(3):8.

第三章、第四章

[73] 蔡守华, 胡欣. 河流健康的概念及指标体系和评价方法[J]. 水利水电科技进展, 2008, 28(1):

23-27.

[74] 杨桂山，马荣华，张路，等. 中国湖泊现状及面临的重大问题与保护策略[J]. 湖泊科学，2010，22(6)：799-810.

[75] 王乐扬，李清洲，杜付然，等. 20年来中国河流水质变化特征及原因[J]. 华北水利水电大学学报(自然科学版)，2019，40(3)：5.

[76] 王根绪，程国栋，沈永平. 干旱区受水资源胁迫的下游绿洲动态变化趋势分析——以黑河流域额济纳绿洲为例[J]. 应用生态学报，2002，13(5)：564-568.

[77] 王让会，黄俊芳. 张慧芝，等. 干旱区生态用水量估算的方法与模式——以塔里木河下游断流区为例[C]//全国节水农业理论与技术学术讨论会. 中国农学会，2004.

[78] 同琳静，李晓宇，王倩，等. 中国退化河流生态系统修复的理论和实践[J]. 环境科学与技术，2018，41(S2)：235-240. .

[79] 马荣华，杨桂山，段洪涛，等. 中国湖泊的数量、面积与空间分布[J]. 中国科学：地球科学，2011，41(3)：394-401.

[80] 汪贻飞. 河湖水域侵占的法律规制研究[J]. 水利发展研究，2012，12(6)：5.

[81] 彭文启. 新时期水生态系统保护与修复的新思路[J]. 中国水利，2019(17)：6.

[82] Kilham P，Hecky R E. Comparative ecology of marine and freshwater phytoplankton[J]. Limnology & Oceanography，1988，33(4 part 2)：776-795

[83] 谢平. 长江的生物多样性危机——水利工程是祸首，酷渔乱捕是帮凶[J]. 湖泊科学，2017，29(6)：1279-1299. DOI：10. 18307/2017. 0601.

[84] 刘国华，傅伯杰，陈利顶，等. 中国生态退化的主要类型、特征及分布[J]. 生态学报，2000，20(1)：13-19.

[85] 王乙震，郭书英，崔文彦. 基于水功能区划的河湖健康内涵与评估原则[J]. 水资源保护，2016，32(6)：6.

[86] 赵银军. 河流分类综述与展望[J]. 水电能源科学，2016，34(2)：5.

[87] Rosgen D L. A Classification of Natural Rivers[J]. Catena，1994，22(3)：169-199.

[88] 金小娟，陈进. 河流健康评价的尺度转换问题初探[J]. 长江科学院院报，2010，27(3)：5.

[89] 赵进勇，董哲仁，孙东亚. 河流生物栖息地评估研究进展[J]. 科技导报，2008，26(17)：7.

[90] 王波，梁婕鹏. 基于不同空间尺度的河流健康评价方法探讨[J]. 长江科学院院报，2011(12)：32-35.

[91] 高喆，曹晓峰，樊灏，等. 基于保护目标制定的湖泊流域入湖河流河段划分方法——以滇池流域为例[J]. 环境科学学报，2016，36(3)：10.

[92] 倪晋仁，高晓薇. 河流综合分类及其生态特征分析 I：方法[J]. 水利学报，2011，42(9)：1009-1016.

[93] 孔维静，张远，王一涵，等. 基于空间数据的太子河河流生境分类[J]. 环境科学研究，2013，26(5)：7.

[94] 赵进勇，董哲仁，翟正丽，等. 基于图论的河道-滩区系统连通性评价方法[J]. 水利学报，2011，42(5)：537-543.

[95] 陈健，郎劢贤，王晓刚，等. 对河湖健康评价工作的认识与思考[J]. 中国水利，2020(20)：3.

[96] Karr J R. Assessment of Biotic Integrity Using Fish Communities[J]. Fisheries，1981，6(6)：21-27.

[97] Hughes R M，Gakstatter J H，Shirazi M A，et al. An approach for determining biological integrity in flowing waters [C]//Fish community structure，USA. Society of American Foresters，1982.

[98] John F. Wright，David W. Sutcliffe，Mike T. Furse. An introduction to RIVPACS[M]. Ambleside，

UK, Freshwater Biological Association, 2000: 1-24.

[99] Barbour M T , Gerritsen J , Snyder B D , et al. Rapid bioassessment protocols for use in streams and wadeable rivers: Periphyton, benthic macroinvertebrates, and fish, 2nd edition. 1999.

[100] Buss D F , Borges E L . Application of rapid bioassessment protocols (RBP) for benthic macroinvertebrates in Brazil: comparison between sampling techniques and mesh sizes[J]. Neotropical Entomology, 2008, 37(3):288-295.

[101] Wright J F , et al. A preliminary classification of running-water sites in Great Britain based on macroinvertebrate species and the prediction of community type using environmental data[J]. Freshwater Biology, 1984, 14(3) : 221-256.

[102] Helen Dallas. Ecological reference conditions for riverine macroinvertebrates and the River Health Programme[J]. South Africa, 2000(1) :224-235.

[103] 马克明, 孔红梅, 关文彬, 等. 生态系统健康评价:方法与方向[J]. 生态学报, 2001, 21(12): 11.

[104] 唐涛, 蔡庆华, 刘建康. 河流生态系统健康及其评价[J]. 应用生态学报, 2002(9):1191-1194.

[105] 张凤玲, 刘静玲, 杨志峰. 城市河湖生态系统健康评价——以北京市"六海"为例[J]. 生态学报, 2005, 25(11):9.

[106] 颜利, 王金坑, 黄浩. 基于PSR框架模型的东溪流域生态系统健康评价[J]. 资源科学, 2008(1):7.

[107] 董哲仁. 国外河流健康评估技术[J]. 水利水电技术, 2005(11):18-22.

[108] 王超, 夏军, 李凌程. 河流健康评价研究与进展[J]. Journal of Water Resources Research, 2014, 3(3):189-197.

[109] 苏辉东, 贾仰文, 牛存稳, 等. 河流健康评价指标与权重分配的统计分析[J]. 水资源保护, 2019, 35(6):7.

[110] 罗火钱, 李轶博, 刘华斌. 河流健康评价体系研究综述[J]. 水利科技, 2019(1):14-20.

[111] 任宪韶. 明确思路扎实工作努力打造"湿润海河, 清洁海河"[J]. 中国水利, 2006(24):74-76.

[112] 吴东浩, 朱玉东, 王玉, 等. 太湖健康评价体系的分析与比较[J]. 中国农村水利水电, 2013(2): 21-23.

[113] 张杰, 王晓青. 河流健康评价指标体系研究[J]. 环境科学与管理, 2017, 42(5):5.

[114] 李云, 李春明, 王晓刚, 等. 河湖健康评价指标体系的构建与思考[J]. 中国水利, 2020(20):4.

[115] 郭大平. 某一时期南渡江下游河流生态健康评价[J]. 吉林水利, 2018(5):41-44, 49.

[116] 刘存, 徐嘉, 张俊, 等. 国内河流健康研究综述[J]. 海河水利, 2018(4):7.

[117] 郑保, 罗文胜. 河流生态系统健康评价指标体系及权重的研究[J]. 水电与新能源, 2019, 33(8):6.

[118] 陆海田. 河流健康评价指标权重分析[J]. 水资源开发与管理, 2018(9):5.

[119] 彭文启. 河湖健康评估指标、标准与方法研究[J]. 中国水利水电科学研究院学报, 2018, 16(5):12.

[120] 耿雷华, 刘恒, 钟华平, 等. 健康河流的评价指标和评价标准[J]. 水利学报, 2006(3):3-8.

[121] 冯彦, 何大明, 杨丽萍. 河流健康评价的主评指标筛选[J]. 地理研究, 2012, 31(3):10.

[122] 杨丽萍. 河流健康评价关键指标的确定与验证[D]. 昆明:云南大学, 2012.

[123] 高凡, 蓝利, 黄强. 变化环境下河流健康评价研究进展[J]. 水利水电科技进展, 2017, 37(6): 81-87.

[124] 翁士创, 詹绍君, 杨静, 等. 改进河流压力指数法及在河流健康评估中的应用[J]. 人民长江,

2018, 49(6):6.

[125] Karr J R. Biological integrity: a long-neglected aspect of water resource management [J]. Ecological applications,1991,1 (1) : 66-84.

[126] Karr J R,Chu E W. Introduction: Sustai- ning living rivers,in Assessing the Ecological Integrity of Running Waters[M]. Springer,Dordrecht,2000:1-14.

[127] Charles P. Hawkins. Quantifying biological in- tegrity by taxonomic completeness: its utility in regional and global assessments[J]. Ecological Applications,2006,16(4):1277-1294.

[128] 杨文慧. 河流健康的理论构架与诊断体系的研究[D].南京:河海大学, 2007.

第五章

[129] 黄河水资源公报 2019[R].郑州:水利部黄河水利委员会,2020.

第七章

[130] 朱强,俞孔坚,李迪华.景观规划中的生态廊道宽度 [J].生态学报,2005,25(9):2406-2412.

第八章

[131] 黄先飞,秦樊鑫,胡继伟,等.红枫湖沉积物中重金属污染特征与生态危害风险评价[J].环境科学研究,2008(2):18-23.

[132] 王长娥,张明时. 红枫湖、百花湖底质现状调查及污染物来源分析[C]//2008 中国环境科学学会学术年会优秀论文集(上卷),2008:396-400.

[133] 孟忠常,杨琼,张明时,等.红枫湖、百花湖水库底质总磷负荷及其对湖泊富营养化贡献[J].贵州师范大学学报(自然科学版),2009,27(3):44-47.

[134] 刘峰,胡继伟,秦樊鑫,等.红枫湖沉积物中重金属元素溯源分析的初步探讨[J].环境科学学报,2010,30(9):1871-1879.

[135] 高婧,董娴,梁龙超,等.百花湖麦西河口底泥中重金属垂直分布特征及生态危害[J].贵州农业科学,2012,40(3):207-210.

[136] 田林锋,胡继伟,罗桂林,等.贵州百花湖沉积物重金属稳定性及潜在生态风险性研究[J].环境科学学报,2012,32(4):885-894.

[137] 施颂发.红枫湖的鱼类组成及群体结构的初步研究[J].贵州农业科学,1982(4):62-63.

[138] 吕克强.贵阳地区鱼类调查报告[J].贵州农业科学,1980(6):58-61.

[139] 张明时,王爱民,赵小毛,等.乌江上游水域水生生物中甲基汞污染调研[J].贵州科学,1991(2):155-159.

[140] 牟洪民,姚俊杰,倪朝辉,等.红枫湖鱼类资源及空间分布的水声学调查研究[J].南方水产科学,2012,8(4):62-69.

[141][李正友,李建光,杨兴,等.贵州省主要经济鱼类种类及开发应用前景[J].贵州农业科学,2009,37(10):142-145,148.

第九章

[142] 刘红涛,吴艳龙,招景添,等.竹银水库建库前底泥氮磷释放模拟研究及应用 I [J].佛山科学技术学院学报(自然科学版),2016,34(4):65-68.

[143] 魏岚,刘传平,邹献中,等.广东省不同水库底泥理化性质对内源氮磷释放影响[J].生态环境学

报,2012,21(7):1304-1310.
[144] 杨宝林.江门市大沙河水库健康评估分析[J].广东水利水电,2017(7):4-9.
[145] 陈昊.惠阳区试点水库健康评估分析及初步探讨[J].人民珠江,2014,35(6):134-136.
[146] 李丹,钟铮,余帆洋.广州市福源水库健康评估[J].广东水利水电,2019(7):66-72,77.
[147] 李丹,李品一,张明珠,等.广州市木强水库健康评估、病因诊断及预测预警[J].人民珠江,2018,39(10):39-43,62.
[148] 胡鸿钧.中国淡水藻类[M].北京:科学出版社,2006.
[149] 郭和清,于涛,姚杏珍,等.沙河水库的浮游植物[J].水利渔业,2000(3):45-47.
[150] 李利强,张建波.洞庭湖浮游植物调查与水质评价[J].江苏环境科技,1999(4):14-16.
[151] 高彩凤,李学军,毛战坡.北运河浮游植物调查及水质评价[J].水生态学,2012,33(2):85-90.
[152] 周静,苟婷,张洛红,等.流速对不同浮游藻类的生长影响研究[J].生态科学,2018,37(6):75-82.